Winfried Brecheler
Jürgen Friedrich
Alfons Hilmer
Richard Weiß

Baubetriebslehre –
Kosten- und Leistungsrechnung –
Bauverfahren

Aus dem Programm
Bauingenieurwesen

Baubetriebslehre – Grundlagen
von Kh. Stark und W. Brecheler

Baubetriebslehre – Projektmanagement
von P. Greiner, P. Mayer, und Kh. Stark

**Baubetriebslehre – Kosten- und Leistungsrechnung –
Bauverfahren**
von W. Brecheler, J. Friedrich, A. Hilmer, R. Weiß

Massivbau
von P. Bindseil

Statik
von K. Wohlhart

Dynamik
von K. Wohlhart

Bauchemie
von H. Cammenga u.a.

Grundwasserhydraulik
von I. David

Stahlbau
von Ch. Petersen

Vieweg

Winfried Brecheler, Jürgen Friedrich,
Alfons Hilmer, Richard Weiß

Baubetriebslehre –
Kosten- und Leistungsrechnung –
Bauverfahren

Mit 208 Bildern und 44 Tabellen

Die Deutsche Bibliothek – CIP-Einheitsaufnahme

Baubetriebslehre. Kosten- und Leistungsrechnung, Bauverfahren : mit 44 Tabellen /
Winfried Brecheler ... – Braunschweig ; Wiesbaden : Vieweg, 1998
  (Viewegs Fachbücher der Technik)
  ISBN 3-528-07708-5

Der Verlag Vieweg ist ein Unternehmen der Bertelsmann Fachinformation GmbH.

http://www.vieweg.de

Umschlaggestaltung: Klaus Birk, Wiesbaden
Satz: Hartmut Kühn von Burgsdorff
Druck und buchbinderische Verarbeitung: Lengericher Handelsdruckerei, Lengerich
Gedruckt auf säurefreiem Papier.
Printed in Germany

ISBN 3-528-07708-5

Vorwort

Der vorliegende Band Baubetriebslehre wurde in kollegialer Zusammenarbeit der Autoren Prof. Dipl.-Ing. Winfried Brecheler, Prof. Dipl.-Ing. Jürgen Friedrich, Prof. Dr.-Ing. Alfons Hilmer und Prof. Dipl.-Ing. Richard Weiß erstellt. Der besondere Dank der Autoren gilt Herrn Dipl.-Ing. Ewald-J. Weichenmeier von der Tiefbau-Berufsgenossenschaft für die Bearbeitung des Kapitels Sicherheitstechnik.

Der Band Baubetriebslehre gliedert sich ein in eine dreibändige Reihe, die unter den Oberbegriffen Projektmanagement und Baubetrieb steht. Die Zielsetzung dieser Reihe ist es, durch eine intensive Zusammenarbeit der beteiligten Autoren, dem Leser einen durchgängigen Überblick über die Vorgehens- und Arbeitsweisen aller am Bauwerk und am Baugeschehen Beteiligten zu ermöglichen. Die Inhalte wurden dementsprechend vorwiegend anwenderorientiert gestaltet und sind insbesondere für Studierende an Fachhochschulen als studienbegleitende Grundlage gedacht. Wir hoffen aber, daß auch Fachleute aus dem Bereich des Bauingenieurwesens und der Architektur hier wesentliche Informationen und Anregungen finden, die sie in ihrer beruflichen Arbeit unterstützen.

Die Zielsetzung eines möglichst weitgreifenden Überblicks bringt es naturgemäß mit sich, daß in manchen Bereichen auf die im Einzelfall wünschenswerte Ausführlichkeit oder die Vollständigkeit, zum Beispiel bei der Darstellung der Bauverfahren, verzichtet werden mußte, um den Gesamtrahmen nicht zu überfordern. In diesen Fällen haben wir uns bemüht, entsprechende Hinweise zu geben und die grundlegenden Verfahren und Arbeitsweisen so darzustellen, daß dem Leser die Bearbeitung weiterführender Problemstellungen erleichtert wird.

Wir danken allen Mitarbeitern des Verlages für die hervorragende Zusammenarbeit.

Unser besonderer Dank gilt den Autoren der weiteren Bände der Reihe für ihre kollegiale Unterstützung.

Augsburg, München, im April 1998

Winfried Brecheler
Jürgen Friedrich
Alfons Hilmer
Richard Weiß

Inhaltsverzeichnis

1 Baubetriebliche Kosten-Leistungs-Rechnung

1.1 Aufgaben und Systembereiche des baubetrieblichen Rechnungswesens

1.1.1 Aufgaben

Wozu benötigt man das Betriebliche Rechnungswesen?

Um diese Frage zu beantworten, müssen verschiedene grundsätzliche Überlegungen angestellt werden.

Das Bauprodukt wird im Gegensatz zu Produkten der stationären Industrie nach den gestalterischen, örtlichen und zeitlichen Vorstellungen bzw. Möglichkeiten des Kunden hergestellt. Deshalb ist der Bau – wie keine andere Branche dieser wirtschaftlichen Größenordnung – geprägt von häufig wechselnden Produktionsbedingungen. Erschwerend kommt hinzu, daß sich während der Bauausführung häufig die Produktionsarten und -umstände ändern, z B. durch Änderungswünsche des Auftraggebers oder Witterungseinflüsse.

Diese Probleme müssen bereits bei der *Planung* des Produktionsprozesses, für die häufig nur die kurze Zeit zwischen Auftragserteilung und Baubeginn zur Verfügung steht, berücksichtigt werden. Das erfordert eine hohe Flexibilität und Spontaneität bei der Gestaltung der vielschichtigen Produktionsprozesse.

Noch problematischer ist die *Ausführung* des vorausgeplanten Produktionsprozesses, denn kurzfristige Änderungen führen zur Improvisation, das bedeutet in der Regel unwirtschaftliche Arbeitsweise und damit Abweichungen von den verbindlichen Kostenvorgaben. Um einen geordneten und wirtschaftlichen Produktionsprozeß zu gewährleisten, werden deshalb hohe Anforderungen an die Führung und Steuerung eines Unternehmens gestellt.

Die wesentliche Aufgabe des Betrieblichen Rechnungswesens ist es, Daten und Kennzahlen des Produktionsprozesses als Entscheidungshilfe für die Unternehmensführung möglichst schnell bereitzustellen.

Welche Daten erforderlich sind, hängt von den gestellten Fragenkomplexen ab, die zu lösen sind. Um diese näher zu definieren, ist zunächst als oberste Aufgabe der Betriebsführung die Festlegung der Ziele erforderlich, die das Unternehmen erreichen will. Im zweiten Schritt muß dann die Umsetzung dieser Ziele geplant und kontrolliert werden.

Unternehmensziele

Triebfeder der freien Marktwirtschaft ist das Gewinnstreben. Wird dieses *wirtschaftliche Ziel* erfüllt, kann investiert und damit die Produktion erweitert und gesteigert werden.

Dadurch werden sowohl arbeitsmarktpolitische als auch volkswirtschaftliche Bedürfnisse und damit bereits *nicht wirtschaftliche Ziele* erfüllt.

Weitere nicht wirtschaftliche Ziele können sein:

– ethischer als auch sozialer Natur, z.B. beschäftigungspolitisch durch Bereitstellen von Arbeitsplätzen,

– machtpolitische Interessen, z.B. Marktbeherrschung in gewissen Produktionsbereichen,

– Prestigedenken, um z.B. volkswirtschaftliche und soziale Bedeutung zu erlangen („made in germany"),

– schöpferische Betätigung durch Innovationsfreudigkeit und Erfindungen, die sich auf die Marktentwicklung auswirken können,

– Streben nach Unabhängigkeit (z.B. von Subventionen) durch wirtschaftliche Selbständigkeit.

Unternehmensplanung

Sie ist erforderlich für die Umsetzung der Unternehmensziele, die sich mit folgenden Themen befaßt:

Etat: Das Eigenkapital bzw. die Kapitalverfügbarkeit bestimmt den Kreditrahmen und damit die Marktpräsenz, so kann z.B. eine kleine Firma mit 20 TDM Eigenkapital keinen Großauftrag mit 500 Mio. abwickeln, weil durch die Vorfinanzierung während der Produktionsphase der Kreditrahmen gesprengt würde.

Marktforschung: Verfolgen der Marktentwicklung, z.B.:

– Entwicklung des Wohnungsbaues bei sinkenden Geburtenraten, oder die

– Marktentwicklung aufgrund des geänderten Umweltbewußtseins, z.B. die Entwicklung neuer Verfahren,

– Markterschließung z.B. der „Dritten Welt" (Industrialisierung).

Akquisition: Auftraggeber-Betreuung für gegenwärtige und künftige Bauprojekte durch:

– Beratung in Technik, Ausführung und Wirtschaftlichkeit,

– Unterstützung in Planung und Entwurf.

Auftragsbeschaffung kann erreicht werden:

– als Ergebnis der Akquisition,

– durch Bearbeitung nationaler und internationaler Ausschreibungen,

– durch Bearbeitung von örtliche Ausschreibungen (Lokalzeitungen),

– durch direkte Kundenanfragen (entweder marktbeherrschende Firma oder mit gutem Ruf),

– durch Beziehungen (großer Bekanntheitsgrad).

Kalkulation: Die Häufigkeit der Auftragseingänge und damit die Anpassung an die Firmenkapazitäten kann mit der Kalkulation wie folgt beeinflußt werden:

- hohe Preise führen zu wenig Aufträgen,
- niedrige Preise zu viel Aufträgen (Stichwort: „Verdrängungswettbewerb", z.B. kapitalkräftige Firma könnte den Markt beherrschen, wenn sie genug Geld hat).

Unternehmensführung: Geplant, gestaltet und disponiert werden

- der Personal- und Gerätebestand, der zeitlich an die jeweilige Markt- und Auftragssituation angepaßt werden muß, weil beim Personal lange Kündigungs- und Ausbildungszeiten zu berücksichtigen sind, und bei Geräten lange Zeiten für Kapitalbeschaffung, Finanzierung und Amortisation anfallen;
- der fachliche Tätigkeitsbereich wird aufgrund von Ergebnissen aus der Marktforschung sowie der Kenntnis des eigenen Kapazitätsbestandes an Bereiche angepaßt, die gute Produktions- und Absatzchancen versprechen (z.B. wird eine kleine Maurerfirma keine Spannbetonbrücken bauen, weil i. d. R. die Erfahrung, geeignetes Personal und Geräte fehlen;
- die örtlichen Tätigkeitsbereiche durch Konzentration auf Gebiete mit großer Baunachfrage;
- der Grundstücks- und Gebäudebedarf. Hierzu gehören die Verwaltung, die Hilfsbetriebe und der Lagerplatz etc., sowie Überlegungen für Investitionen oder Leasing bei Kauf und Bebauung;
- die geographische Präsenz, z.B. Betätigungsfeld nur in Ballungszentren mit begrenztem Aktionsradius oder erweitertem Radius durch Schaffung von Niederlassungen oder Zweigstellen (flächendeckende oder gezielte Bedarfsabdeckung).

Unternehmenskontrolle

Die Umsetzung der geplanten Vorhaben muß überwacht und kontrolliert werden. Ob eine Maßnahme zum Erfolg führt oder nicht, läßt sich durch die Gegenüberstellung der Ausgaben und Einnahmen, also dem Ergebnis feststellen, d.h. die Aufgabe des betrieblichen Rechnungswesens muß es sein, diese Ergebnisse nach möglichst vielen Betrachtungsweisen zu liefern. Dabei sind folgende Unterscheidungsmerkmale zu beachten:

- organisatorische Firmeneinheiten, wie Baustelle; Hilfsbetrieb,Verwaltung etc.,
- regionale Bereiche, wie Zweigstellen, Niederlassungen, Gesamtunternehmen,
- Branchenbereiche wie Hoch-, Tief-, Straßenbau, Ingenieurabteilungen etc.,
- Kostenarten: getrennt nach Kostenverursachern wie Löhne, Baustoffe, Geräte und Fremdleistung. (Entscheidungshilfen für folgende Fragen: Ist eigenes Personal oder Fremdleistung billiger? Ist eigene Gerätehaltung oder Fremdanmietung billiger?).

1.1.2 Systembereiche und deren Bestandteile

Betrachten wir die Aufgaben des Rechnungswesens aus betriebswirtschaftlicher Sicht, so geht es im wesentlichen um die Erfassung, Verarbeitung und Auswertung aller in Zahlen ausdrückbaren Tatbestände und Vorgänge in einer Unternehmung nach Mengen und

Werten; d.h. das Rechnungswesen beschreibt die Aktivitäten des Betriebes, ausgedrückt in Zahlen, die Auskunft geben über:

- Vermögen und Kapital,
- Aufwendungen und Erträge,
- Einzahlungen und Auszahlungen,
- Kosten, Leistungen und Ergebnisse.

Nach den zu lösenden Aufgabenstellungen sind zwei Systeme zu unterscheiden:

a) die UNTERNEHMENSRECHNUNG. Sie dient der Darstellung bzw. der Rechenschafts-legung des Unternehmens nach außen, also gegenüber den Gesellschaftern, Kredit-gebern, Finanzbehörden, Lieferanten, Belegschaft und Öffentlichkeit, also die Ge-schäftsbuchführung für externe Bereiche.

b) die KOSTEN- UND LEISTUNGSRECHNUNG für interne und externe Aufgaben. Sie stellt im unternehmensinternen Bereich die Unterlagen bereit für:

  - die Kostenermittlung und -beurteilung, wobei für alle Kostenstellen eine Auftei-lung in die verschiedenen Kostenarten erfolgt;
  - die Steuerung und Überwachung der Leistungsermittlung;
  - das innerbetriebliche Berichtswesen sowie Sonderrechnungen, wie Vergleichs-und Investitionsrechnungen;
  - die Bewertung von Beständen an unfertigen Bauleistungen und für kurzfristige Ergebnisrechnungen.

  im unternehmensexternen Bereich für:

  - die Bewertung von Beständen zum Jahresabschluß, hier unter Beachtung der han-dels- und steuerrechtlichen Belange;
  - sonstige Zwecke, wie Preisnachweise bei öffentlichen Auftraggebern oder statisti-sche Erhebungen des Staates bzw. der Verbände.

Im Gegensatz zur Unternehmensrechnung, die sich mit der Gesamtfirma befaßt, werden bei der Kosten- und Leistungsrechnung einzelne Kostenstellen betrachtet, wobei für alle Kostenstellen eine Aufteilung in die verschiedenen Kostenarten erfolgt.

Das Rechnungswesen beider Systeme muß unter Berücksichtigung der Grundsätze einer ordnungsgemäßen Buchführung und Bilanzierung sowie fallweise unter Beachtung der handels-, steuer-, baupreisrechtlichen und sonstigen einschlägigen Vorschriften erfolgen. Für diese beiden Systeme, die in enger Verbindung zueinander stehen, wird dasselbe Zahlenmaterial je nach Anwendungsbereich verarbeitet. Bild 1.1 zeigt die Zuordnung der Inhalte zu diesen Bereichen.

Häufig wird speziell bei kleinen Firmen auf die Aufteilung in zwei Systembereiche ver-zichtet. Es genügt, die Finanzbuchhaltung im Sinne einer Betriebsbuchhaltung so aufzu-gliedern, daß sowohl die internen Aufgaben gelöst, als auch die für die Kalkulation not-wendigen Kennwerte entnommen werden können.

Baubetriebliches Rechnungswesen		
für externen Aufgabenbereich	**für internen Aufgabenbereich**	
Die Unternehmensrechnung	Die Kosten- und Leistungsrechnung	
Finanzbuchhaltung, Jahresabschluß	Bauauftragsrechnung	Baubetriebsrechnung
Gewinn- und Verlust- rechnung (Aufwand und Ertrag) — Bilanz (Kapital und Vermögen)	Vorkalkulation Arbeitskalkulation Nachkalkulation	Kostenrechnung Bauleistungsrechnung Ergebnisrechnung

Bild 1.1 Bereiche des betrieblichen Rechnungswesens in der Bauunternehmung

Die Unternehmensrechnung

Grundlage der Unternehmensrechnung ist die FINANZBUCHHALTUNG: In ihr werden alle Zahlungen, Forderungen und Verbindlichkeiten chronologisch erfaßt. Sie liefert die Zahlen für den JAHRESABSCHLUSS, in dem die Zahlen der Finanzbuchhaltung stichtags-bezogen (periodengerecht) gegenübergestellt werden. Er besteht aus der Erfolgsrechnung und der Bilanz.

– ERFOLGSRECHNUNG oder auch GEWINN- UND VERLUSTRECHNUNG
  Sie ermittelt als Zeitraumrechnung die Erträge des Geschäftsjahres und die daraus zu deckenden Aufwendungen. Wenn ein Gewinn entsteht, sind die Erträge höher als die Aufwendungen, entsprechend bei einem Verlust umgekehrt. Sie zeigt die Art des Zu-standekommens, wie auch die Höhe des Erfolgs der Abrechnungsperiode und damit nach außen die Erfolgskomponenten auf.

– Die BILANZ, die nach dem HGB §§ 39 bis 41 jeder Kaufmann jährlich aufzustellen hat, zeigt die Herkunft und Verwendung des Vermögens (Aktiva) und des Kapitals (Passiva). Sie stellt gegenüber die:

  • Aktiva: Wert aller im Betrieb vorhandenen Wirtschaftsgüter und Geldmittel sowie deren Verwendung (zu unterscheiden: Anlage-, Umlaufvermögen und Abgren-zungsposten),

  • Passiva: Schulden des Betriebes gegenüber Gläubigern und Inhabern, also die Mittelherkunft (zu unterscheiden: Eigen-, Fremdkapital und Abgrenzungsposten).

Vor der Erläuterung der Bestandteile der Kosten-Leistungsrechnung werden im folgen-den Abschnitt die wesentlichen Grundbegriffe des Rechnungswesens erläutert, die im Sinne einer einheitlichen Sprache in weiten Bereichen der KLR Bau [1] entnommen wurden.

1.2 Grundbegriffe und Baukontenrahmen

1.2.1 Grundbegriffe in der Unternehmensrechnung

Bei den AUS- UND EINZAHLUNGEN handelt es sich um Wertbewegungen in Bargeld oder Scheck, die die Abnahme bzw. die Zunahme liquider Mittel (z.B. Kassenbestand) zur Folge haben.

Im Gegensatz dazu erscheinen die Begriffe Forderungen bzw. Verbindlichkeiten (Schulden, auch Fremdkapital) bei den Ausgaben und Einnahmen.

AUSGABE ist die Gegenleistung für Güter oder Dienstleistungen mit der Wirkung einer Abnahme der liquiden Mittel oder einer Zunahme der Verbindlichkeiten; die

EINNAHME hat die Zunahme der liquiden Mittel sowie die Abnahme der Verbindlichkeiten zur Folge.

Periodenbezogen wird der AUFWAND *und* ERTRAG ermittelt. Der Aufwand stellt den Verzehr von Sachgütern, Dienstleistungen etc. dar, mit der Folge der:
- Abnahme von liquiden Mitteln, von Forderungen und von Sachanlagevermögen,
- sowie der Zunahme von Verbindlichkeiten.

Der Gegenposten zum Aufwand ist der Ertrag für die Erstellung von Sachgütern, Dienstleistungen etc. mit der Folge des Wertzuwachses in einer Periode.
Zu unterscheiden sind der BETRIEBSERTRAG und der NEUTRALE ERTRAG, wobei letzterer außerhalb des betrieblichen Leistungsprozesses entsteht (z.B. Gewinne aus Zinsen o.ä.). Durch die Gegenüberstellung des Jahresaufwandes und des -ertrages in der Gewinn- und Verlustrechnung ergibt sich der JAHRES- *oder* UNTERNEHMENSERFOLG.

Zum Ausgleich des tatsächlichen Wertes von Vermögensgegenständen ist eine WERT-BERICHTIGUNG durchzuführen. Dabei handelt es sich um Korrekturposten auf einer Bilanzseite, die zu hoch ausgewiesene Posten auf der Gegenseite ausgleichen.

Spezielle Anwendung: die bilanzielle Abschreibung, also die Wertminderung eines Anlagegegenstandes nach steuerrechtlichen Vorschriften (AfA) entweder durch:
Wertminderung auf der Aktivseite   = DIREKTE ABSCHREIBUNG, oder durch
Wertberichtigung auf der Passivseite = INDIREKTE ABSCHREIBUNG.

RÜCKSTELLUNGEN sind Passiva in der Bilanz, die als Vorsorge für Verbindlichkeiten gemacht werden, die ihrer Entstehung nach zwar bekannt, ihrer Höhe oder dem Zeitpunkt ihrer Fälligkeit nach aber ungewiß sind. Damit werden bereits in der Berichtsperiode Ausgaben berücksichtigt, die erst für die Zukunft erwartet werden, z.B.
- drohende Verluste aus laufenden Geschäften
- Gewährleistungen ohne rechtliche Verpflichtung
- unterlassene Instandhaltungsaufwendungen

RÜCKLAGEN sind Reserven, also der Überschuß des tatsächlich eingesetzten Eigenkapitals über dem vertraglich oder anderweitig festgelegten (nominellen) Eigenkapital. Zu unterscheiden sind:

OFFENE Rücklagen, die in der Bilanz ausgewiesen werden. Sie werden entweder aufgrund gesetzlicher Vorschriften oder auf freiwilliger Basis gebildet und

STILLE Rücklagen, sie entstehen entweder durch

– Unterbewertung von Vermögensgegenständen, oder
– Überbewertung von Schulden, oder
– Ermessensentscheidungen z.B. bei der Bemessung von Abschreibungen.

Willkürliche Bildung von Rücklagen verstoßen gegen die Grundsätze ordnungsgemäßer Buchführung.

1.2.2 Grundbegriffe in der Kosten-Leistungsrechnung (KLR)

1.2.2.1 Kosten

Kosten sind der bewertete Verbrauch von Gütern oder Dienstleistungen zur Erstellung von betrieblichen Leistungen. Grundmerkmale der Kosten sind:

a) es liegt ein mengenmäßiger Güterverbrauch z.B. von Sachgütern oder Dienstleistungen vor.

b) der Güterverbrauch ist leistungsbezogen.

c) der Güterverbrauch ist bewertet durch die verbrauchte Menge, multipliziert mit dem Preis pro Mengeneinheit.

Kosten haben in der Kosten-Leistungs-Rechnung zunächst nichts mit Preisen zu tun. Preise sind endgültige Bewertungen nach Ermittlung aller zugehöriger Kosten.

Nachfolgend aufgeführte Begriffe werden in der KLR verwendet:

ISTKOSTEN: die verbrauchten Güter werden mit effektiv zu bezahlenden Preisen bewertet.

NORMALKOSTEN werden hergeleitet aus den Kosten zurückliegender Bewertungsperioden. z.B. als statistisches Mittel von den Istkosten des letzten Jahres (Mittelwert für Beton).

PLANKOSTEN beruhen nicht auf Istkosten wie die Normalkosten, sondern auf geplanten bzw. erwarteten Werten, wie z.B. prognostizierte Marktpreise oder innerbetriebliche Verrechnungssätze.
In der baubetrieblichen Angebotskalkulation wird i. d. R. mit Plankosten gearbeitet.

SOLLKOSTEN haben eine Vorgabefunktion, d.h. bestimmte Kosten sollen eintreten, wenn der wirtschaftliche Erfolg gewährleistet werden soll. Bei Kostenkontrollen werden die Sollkosten den Istkosten gegenübergestellt (Soll-Ist-Vergleich). Dies geschieht i. d. R. beim Aufstellen der Arbeitskalkulation, die dann als Soll-Vorgabe dient (im Gegensatz dazu die Plankosten für die Auftragskalkulation).

PRIMÄRE KOSTEN entstehen für Güter oder Dienstleistungen, die ohne weitere Verarbeitung direkt vom Markt bezogen werden.

SEKUNDÄRE KOSTEN liegen vor, wenn im Bauunternehmen selbst Güter erstellt oder Dienstleistungen erbracht werden, wie z.B. selbst hergestellte Schalungen oder Ingenieurleistungen im eigenen Konstruktionsbüro, die dann innerhalb des Unternehmens weiterverrechnet werden. Sekundäre Kosten setzen sich häufig aus mehreren primären Kostenfaktoren zusammen (dann auch komplexe Kosten genannt), die im Rahmen der betrieblichen Kosten-Leistungsrechnung verrechnet werden.

BASISKOSTEN sind solche Kosten, denen mittels Zuschlagssätzen die

UMLAGEKOSTEN zugerechnet werden. Beispiel hierfür ist, wenn z.B. die Kosten für Kleingeräte und Werkzeuge mit 4 % auf die Löhne als Basiskosten umgelegt werden.

VARIABLE KOSTEN steigen mit der Produktmenge oder dem Beschäftigungsgrad. Dabei sind folgende Fälle zu unterscheiden:

- proportional, d.h. im gleichen Verhältnis (z.B. Löhne)
- progressiv, d.h. Kosten steigen schneller als die Produktmenge (z.B. Gemeinkosten der Baustelle)
- degressiv, d.h. die Kosten steigen langsamer als die Produktmenge (z.B. Verbilligung von Krediten).

SPRUNGFIXE KOSTEN entstehen dann, wenn sich die Kosten ab einer bestimmten Produktmenge ruckartig erhöhen, z.B. beim Einsatz eines zusätzlichen Baggers bei Überschreitung der Leistungsgrenze des vorhandenen Baggers.

FIXE KOSTEN sind von der Produktmenge oder dem Beschäftigungsgrad unbeeinflußt, wie beispielsweise Büromieten oder Materialpreise ohne Mengengleitung.

ZEITABHÄNGIGE BZW. ZEITUNABHÄNGIGE KOSTEN müssen besonders beachtet werden bei Verlängerung bzw. Verkürzung der Bauzeit, wenn sie in die Gemeinkosten der Baustelle oder in einer Einrichtungspauschale eingerechnet wurden. Beispiele hierzu: der zeitunabhängige Auf- und Abbau der Baustelleneinrichtung oder der zeitabhängige Unterhalt der Baustelle bzw. die Vorhaltung der Baustelleneinrichtung.

AUSGABEWIRKSAME KOSTEN sind alle, die zu Ausgaben, also Auszahlungen oder Verbindlichkeiten führen, wie z.B. Löhne (= Auszahlungen); Materialkosten (= Verbindlichkeiten).

Nicht ausgabewirksame Kosten liegen vor, wenn keine Ausgaben, aber Kosten verursacht werden, z.B. Abschreibung einer geschenkten Maschine oder kalkulatorische Zinsen auf Eigenkapital (sie werden zwar nicht bezahlt, müssen aber als Kostenfaktor berücksichtigt werden, da das Geld anderweitig nicht zur Verfügung steht).

EINZELKOSTEN lassen sich einem Kostenträger direkt zuordnen. Im Rahmen der Kalkulation z.B. die Zuschlagsstoffe zu Betonpositionen oder die Ziegel und der Mörtel zur betreffenden Mauerwerksposition.

GEMEINKOSTEN sind allgemeine Kosten, die für mehrere Kostenträger gemeinsam anfallen und diesen nicht direkt, sondern nur mittelbar über Zuschlagssätze (als Umlagekosten) zugerechnet werden können, z.B. sogenannte Bereitstellungs- oder Gemeinkostengeräte wie beispielsweise der Kran auf Hochbaustellen oder die Bauleitungskosten etc.

Die Gemeinkosten können für jede Baustelle separat ermittelt werden. Dies geschieht in der „Kalkulation über die Endsumme". In der „Kalkulation mit vorbestimmten Zuschlägen" werden sie nur als Betriebsgemeinkosten – also aus dem gesamten Betrieb, nicht baustellenbezogen – erfaßt und umgelegt.

HERSTELLKOSTEN sind im Sinne der KLR die Einzelkosten der Teilleistungen *(EKT)* und die *Gemeinkosten der Baustelle (BGK)*.

SELBSTKOSTEN sind im Sinne der KLR die Herstellkosten und die Allgemeinen Geschäftskosten (Verwaltungskosten).

Weitere häufig in der Bauwirtschaft vorkommende „Kostenbegriffe" sind die kalkulatorischen Kostenarten, wie:

– die KALKULATORISCHE ABSCHREIBUNG: Sie erfaßt die tatsächliche Wertminderung von Sachanlagen. Im Gegensatz zur bilanziellen Abschreibung in der Unternehmensrechnung, die vom Anschaffungswert ausgeht, richtet sich die KLR nach dem Wiederbeschaffungswert und nach der voraussichtlichen technischen und wirtschaftlichen Nutzungsdauer (siehe Baugeräteliste).

– die KALKULATORISCHE VERZINSUNG: in der KLR werden für das bei der Leistungserstellung eingesetzte Kapital kalkulatorische Zinsen angesetzt, z.B. Zinsen für die Vorfinanzierung bei einem Großgerätekauf. Im Gegensatz dazu werden in der Unternehmensrechnung nur tatsächliche Zinsaufwendungen berücksichtigt.

– das KALKULATORISCHE EINZELWAGNIS schlägt sich in der KLR als Kosten nieder, z.B. Mehrkosten bei risikoreichen Bauverfahren oder anderen nicht versicherbaren Risiken. Bei versicherbaren Risiken werden ersatzweise die speziellen Versicherungskosten (z.B. Hochwasser bei Flußbaustellen) angesetzt.

– der KALKULATORISCHE UNTERNEHMERLOHN stellt das Entgelt für die Tätigkeit des Inhabers oder mitarbeitender Familienmitglieder dar, die ohne feste Entlohnung arbeiten. Häufig wird hier ersatzweise das Gehalt eines vergleichbaren Angestellten in der Kostenaufstellung berücksichtigt.

Das UNTERNEHMENSWAGNIS: Im Gegensatz zum Einzelwagnis (= Sach- oder Baustellenrisiko) wird das Unternehmerwagnis (= Markt- oder Vertragsrisiko) meist als Zuschlagskostensatz bei „Wagnis und Gewinn" aktiviert.

Gliederung der Kosten

Zur Erfassung der Kosten wird ein Erfassungsrahmen aufgestellt, der nach den Bedürfnissen des jeweiligen Betriebes zu gestalten ist. Dabei gibt es drei klassische Elemente der Kostenrechnung:

a) **Kostenartenrechnung:** Sie geht der Frage nach: Welche Kosten entstehen im Betrieb und wie können sie nach ihrer Art eingeteilt werden?
Eine Gliederung der Kostenarten sollte die Forderungen erfüllen, daß sie für alle Teile des Unternehmens anwendbar ist, sie soll für alle Wiederholungsfälle anwendbar sein, wenn möglich, für die gesamte Bauwirtschaft gleich sein, um Strukturen mit anderen Firmen vergleichen zu können und schließlich den handels- und bilanzrechtlichen Anforderungen genügen (Ersparnis doppelter Arbeit). In der Bauwirtschaft hat sich deshalb die Gliederung in acht Kostengruppen i. W. nach dem für die Bauwirtschaft empfohlenen Baukontenrahmen BKR [2] Kostenklasse 6 bewährt:

BKR-Nr.	Kostenarten
60, 61	Lohn- und Gehaltskosten für Arbeiter und Poliere
62	Kosten der Baustoffe und der Fertigungskosten
63	Kosten des Rüst-, Schal- und Verbaumaterials einschließlich der Hilfsstoffe
64	Kosten der Geräte einschließlich der Betriebsstoffe
65	Kosten der Geschäfts-, Betriebs- und Baustellenausstattung
61, 66, 67	Allgemeine Kosten
662	Fremdarbeitskosten (i. d. R. ohne Gewährleistung, z.B. Lohnvergaben)
660	Kosten der Nachunternehmerleistungen.

Je nach Größe und Zielsetzung der Unternehmung kann diese Gliederung erweitert oder vertieft werden.

Bild 1.2 Baukontenrahmen: Kostenarten

b) **Kostenstellenrechnung:** Sie klärt die Frage: Wo entstehen die Kosten?

Die Stellen, an denen Kosten verursacht bzw. gesammelt werden, können nach
– räumlichen oder
– funktionalen Gesichtspunkten,
– nach Verantwortungsbereichen oder
– rechentechnischen Überlegungen gegliedert werden.

Es bietet sich die Anpassung an die Produktionsweise der Bauwirtschaft an, indem man die Unternehmensstruktur in organisatorisch abgrenzbare Untereinheiten gliedert (z.B. nach Firmenorganisation) mit dem Ziel, die Kosten diesen – so weit möglich – direkt zuzuordnen.

Häufig wird in der Bauwirtschaft wie folgt verfahren:

VERWALTUNG: Diese Kosten können entweder auf einer einzigen (kleine Firma) oder auf mehreren Kostenstellen erfaßt werden (große Firma),
– Beispiel: nach Verantwortungsbereichen untergliedert, wie: Geschäftsleitung, Personalabteilung, Buchhaltung, Steuern und Versicherung, Rechtabteilung, Einkauf, Geräteverwaltung, Kalkulation und Arbeitsvorbereitung, Technisches Büro, Rechenzentrum, etc.

und bei Unternehmen mit dezentraler Verwaltungsstruktur zusätzlich nach:
Hauptverwaltung, Niederlassungen, Geschäftsstellen etc.,

HILFSBETRIEBE *und* VERRECHNUNGSKOSTENSTELLEN: ein Hilfsbetrieb ist ein eigenständiger Betriebsteil, der sowohl für andere Hilfsbetriebe als auch für Baustellen tätig wird.
– Beispiele für Hilfsbetriebe: Magazin, Werkstätten, Fuhrpark, Gerätepark, Ladebetrieb, Biegebetrieb oder Fertigteilwerk, Schalungsbetrieb, Beton oder Kieswerk.
– Beispiele für Verrechnungskostenstellen, die keine eigenen Betriebsteile sind und im Gegensatz zu Hilfsbetrieben nur der Verrechnung von Kosten und Leistungen dienen, sind: Schalung und Rüstung, Geräte, Kleingeräte und Werkzeuge.

BAUSTELLEN: Für jede Baustelle wird eine eigene Kostenstelle zur Erfassung aller Kosten der baubetrieblichen Leistungen dieser Baustelle eingerichtet. Dabei ist zu unterscheiden zwischen

- eigenen Baustellen und

- Arbeitsgemeinschaften,

weil Arbeitsgemeinschaften als BGB-Gesellschaften ihre Ergebnisse selbstständig ermitteln. Die ARGE-Partner führen interne ARGE-Kostenstellen, in denen die Arge-Ergebnisse entsprechend dem Beteiligungsverhältnis anteilig übernommen werden.

c) **Kostenträgerrechnung** beantwortet die Frage: Wer verursacht die Kosten?

d.h. von welchen Produkten oder Produktgruppen werden die Kosten verursacht und in welcher Höhe. Die Bauleistung wird i. d. R. in den Positionen des Leistungsver-zeichnisses gefordert, die demzufolge auch als Kostenverursacher anzusehen sind. Eine entsprechende Kostenzuordnung wird auch in der Angebotskalkulation mit der Preiszuordnung zu den angefragten LV-Positionen durchgeführt; für diese Rechnung hat sich in der Bauwirtschaft der Terminus „Kalkulation" eingebürgert (Unterschied: in KLR werden Istkosten, in der Angebotskalkulation Plankosten erfaßt). Durch die Zuordnung der Kosten zu deren Verursachern, die i. d. R. monatlich oder quartalsweise erstellt wird, liefert die KLR kurzfristig wichtiges Zahlenmaterial für gesamte Unternehmung, auf das später bei der Nachkalkulation und der Kennzahlen-rechnung näher eingegangen wird.

Da in der Bauwirtschaft auch andere Leistungen erbracht werden, können die im folgenden Abschnitt beschriebenen Leistungsartengruppen ebenfalls zu Kostenträgern werden.

1.2.2.2 Leistung

Leistung ist das mit Preisen bewertete Resultat der betrieblichen Tätigkeiten. Die er-brachte Leistung pro Position = erbrachte Menge x Einheitspreis (i. d. R. Vertragspreis). Dabei werden neben den unternehmensexternen auch innerbetriebliche Leistungen erfaßt.

Leistung wird häufig etwas ungenau mit dem Begriff *Erlös* gleichgesetzt, der das Entgelt für alle betrieblichen Leistungarten ist, z.B. auch der Verkauf von Vermögensgegen-ständen. Dies trifft zu, wenn der Unternehmer neben der Bauleistung z.B. auch das Grundstück mit vermarktet.

Mit der Abrechnung (Schlußrechnung) oder der Abnahme einer Bauleistung wird aus der Leistung der *Umsatz*.

Wichtig ist eine einheitliche Gliederung der Leistungsarten in der Bauauftragsrechnung und in der Baubetriebsabrechnung, da nur bei Übereinstimmung der geplante Aufwand mit dem tatsächlichen Aufwand vergleichbar ist (Kostenkontrolle!). Hier bietet der **BKR** [2] mit der Gliederung der Erträge in der Unternehmensrechnung folgende Leistungs-gruppen an:

BKR-Nr.	Leistungsarten
010 – 014	Bauleistungen im Rahmen des Hauptauftrages (Einheitspreis-, Pauschal-, Stundenlohn- oder Selbstkostenerstattungsvertrag)
015	Leistungen aus Nachtragsaufträgen
016	Stundenlohnarbeiten gößeren Umfanges auf gesondertem Konto
017 – 018	Leistungskorrekturen aus Preisvorbehalten (z.B. Lohn-, Materialgleitklauseln)
020	Lieferungen und Leistungen an Arbeits- und Beihilfegemeinschaften (z.B. Argepartner rechnet beigestelltes Personal, Geräte etc. nicht mit AG, sondern mit der Baustelle ab)
030	Sonstige Lieferungen und Leistungen an Dritte, die keine Bauleistung für Dritte darstellen, z.B. 030 für eigene Erzeugnisse, 031 für Dienstleistungen, 032 für Waren etc.
040	Zu aktivierende Eigenleistungen wie Bau eines Bürogebäudes oder eines Gerätes für Eigenbedarf.

Bild 1.3 Baukontenrahmen: Leistungsarten

1.2.2.3 Ergebnis

Das Ergebnis ergibt sich aus der Gegenüberstellung der Kosten und Leistungen, bzw. des Aufwandes und des Erlöses. Dabei ist zwischen *objekt- und periodenbezogenen Ergebnissen* zu unterscheiden:

Objekte können sein die

- Kostenträger, wie LV-Positionen eines Bauauftrages (siehe technische Nachkalkulation)
- Kostenstellen, wie Baustellen, Hilfsbetriebe,
- Kostenstellenbereiche, wie alle Hoch- oder Tiefbaustellen, eine Niederlassung, etc.,
- der Betrieb als Ganzes, also alle Kostenstellen zusammen.

Perioden sind sowohl

- Abrechnungsperioden, wie Monat oder Quartal,
- der Zeitraum von Baustellenbeginn bis zum Stichtag,
- die gesamte Bauzeit, dieses Ergebnis entspricht dann dem Baustellenendergebnis.

Durch die Kombination beider Ergebnisarten lassen sich Betrachtungen anstellen, wie:

a) das Baustellenergebnis seit Baubeginn, im Berichtsjahr und monatlich. Aus dieser zeitlichen Entwicklung sind Ereignisse des Baugeschehens und Tendenzen ablesbar. Rasche Korrekturen des Bauablaufes bei Feststellung von Abweichungen, z.B. nicht ausreichende Gerätekapazität oder abweichende Lohnkosten können durchgeführt werden,

b) Überprüfung der Annahmen der Kalkulation in der Angebotsbearbeitung, die weitgehend mit geschätzten Zahlen arbeitet, wie Mittellöhne, Zuschlagssätze etc.,

c) die in der Unternehmensplanung und -kontrolle bereits erwähnten Möglichkeiten der Beurteilung von:

- einzelnen Baustellenbereichen, wie Hoch- oder Tiefbau, eigene oder Arge-Baustellen etc.
- gewissen Gebietsbereichen, wie Niederlassungen, Abteilungen und diese getrennt nach Sparten.
- Hilfsbetrieben, z.B. Ergebnis Betonwerk oder Biegebetrieb.
- Verwaltungsbereiche, z.B. Konstruktionsbüro, oder
- dem gesamten Betrieb = Betriebsergebnis.

Für die Ergebnisermittlung in der KLR stehen zwei Verfahren zur Verfügung: Das

Umsatzkostenverfahren:
Dabei wird das Betriebsergebnis ermittelt als Differenz zwischen den Leistungen, die im betrachteten Zeitraum (z.B. Monat) zu Umsatz geworden sind und den zugehörigen Kosten. Das hat den Nachteil, daß nur die Kosten erfaßt werden, die umsatzrelevant sind (also abgerechnet, siehe oben) und die tatsächliche Höhe der Kosten im Betrachtungszeitraum nicht ersichtlich ist.

Da im Bauwesen viele Leistungen erst relativ spät zu Umsatz (also auch wirklich verrechnet und bezahlt) werden, wählt man hier i. d. R. das

Gesamtkostenverfahren:
Hier wird das Betriebsergebnis als Differenz der Leistungen im Betrachtungszeitraum und der zugehörigen Kosten ermittelt. Die Leistung wird stichtagsbezogen ermittelt, d.h. sie muß gegenüber der Abrechnung abgegrenzt werden; z.B. durch *Vorleistung,* das ist noch nicht verrechnete, aber bereits angefallene Leistung und *Nachleistung,* das ist bereits verrechnete, aber noch nicht angefallene Leistung (Siehe Leistungsmeldung Teil C „Controlling").

1.3 Die Kosten-Leistungsrechnung

1.3.1 Die Bauauftragsrechnung

Sie befaßt sich mit dem einzelnen Bauauftrag von der Angebotsphase bis zur abschließenden Kostenfeststellung, d.h. sie verfolgt die Kostenentwicklung von den anfänglichen „Schätzzahlen" bei der Angebotserstellung über die sich nach Auftragserteilung und während der Bauausführung immer deutlicher abzeichnenden tatsächlichen Kosten bis hin zu den effektiven Istkosten am Bauende.

Entsprechend dieser Phasen unterscheidet man folgende Kalkulationsarten, die in der nachfolgenden Übersicht dargestellt sind.

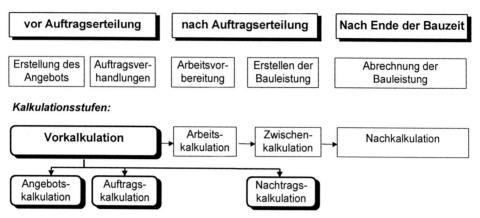

Bild 1.4 Bestandteile der Bauauftragsrechnung

VORKALKULATION

Die Vorkalkulation (siehe ausführlich in Abschnitt 2) kann als zusammenfassender Überbegriff für die im Auftragsfalle geschaffene Preisbasis des Vertrages betrachtet werden. Mit der

ANGEBOTSKALKULATION

dient sie zunächst der Preisfindung im Rahmen der Angebotsbeschaffung. Als Grundlagen stehen das Leistungsverzeichnis und die Baubeschreibung des Auftraggebers zur Verfügung. Die Preisbildung basiert auf den Mengen der Ausschreibung und der Annahme von Plankosten.

AUFTRAGSKALKULATION

Im Zuge der Auftragsverhandlungen werden u.U. vom Angebot abweichende Ergebnisse (z.B. Änderungen von Einheitspreisen oder Mengen, zusätzliche oder entfallende Leistungen) vereinbart. Nach Übernahme dieser Verhandlungsergebnisse in die Angebotskalkulation wird diese im Auftragsfalle zur Auftragskalkulation – auch Vertragskalkulation genannt –, die dann die Vertragsgrundlage bildet und weitgehend unverändert bis zur Beendigung des Bauvertrages bleibt.

NACHTRAGSKALKULATION

Treten während der Bauausführung Leistungsänderungen, unvorhergesehene Leistungen oder andere Abweichungen auf, für die der Vertrag keine Vergütungsmöglichkeit vorsieht, so sind dafür neue Preise auf der Basis der ursprünglich geplanten Kosten der Auftragskalkulation in einer Nachtragskalkulation zu ermitteln und nachzuweisen. Sie werden geprüft und erneut beauftragt. Die Zusammengehörigkeit dieser Kalkulationsarten aus bauvertragsrechtlicher Sicht ist in der Übersicht (Siehe Bild 1.4) dick umrandet dargestellt.

ARBEITSKALKULATION

Nach der Auftragserteilung beginnt die Vorbereitung und Planung des Bauablaufes i. d. R. in der Arbeitsvorbereitung. Um ein möglichst wirtschaftliches Ergebnis zu erzielen, werden u. U. Änderungen der ursprünglich geplanten Bauverfahren beschlossen, die Arbeitsmethoden bestimmt, Preise von Baustoffhändlern und Nachunternehmern eingeholt, die zu Abweichungen von der Auftragskalkulation führen können. Diese Preise werden nun als *Sollkosten* in die Arbeitskalkulation – auch Ausführungskalkulation genannt – übernommen. Sie übernimmt also die Funktion einer Soll-Vorgabe und dient dem Bauleiter bei der Bauabwicklung zur:

- Kostenkontrolle einzelner Positionen und des Gesamtauftrages,
- Steuerung und Optimierung des Bauablaufes z.B. durch Aufwands- und Leistungswertvorgaben, Wirtschaftlichkeitsvergleiche, Materialbestellungen, Nachunternehmervergaben, etc.,
- Leistungskontrolle durch vorgangsbezogene Vorgaben,
- Leistungsermittlung in den Berichtsperioden.

Über die Gestaltungsgrundsätze für eine Arbeitskalkulation Siehe Teil C „Controlling".

NACHKALKULATION

Sie dient der betriebsinternen Ermittlung der Ist-Kosten sowohl baubegleitend für in sich abgeschlossene Bauleistungen, als auch abschließend nach Beendigung für die gesamte Baumaßnahme.

Zu unterscheiden ist zwischen der

- *Technischen Nachkalkulation*, die den tatsächlichen Aufwand von menschlicher Arbeitskraft, den Einsatz von Maschinen und Stoffen mengenmäßig und bezogen auf die einzelnen Teilleistungen erfaßt. Sie liefert somit Erkenntnisse über die effektiven Aufwands- und Leistungswerte.

- *Kaufmännischen Nachkalkulation*, die die tatsächlichen Kosten erfaßt, wie Ansätze für den Mittellohn, Zuschläge für Soziallasten oder Lohnnebenkosten, Material- oder Gerätekosten. Will man die Istwerte der Buchhaltung mit den Plan- oder Sollkosten der Vor- oder Arbeitskalkulation vergleichen, müssen die Buchhaltungskonten nach den Kostenartengruppen der Kalkulation sortiert und in Einklang gebracht werden.

Mit diesen Ergebnissen erfüllt die Nachkalkulation Aufgaben wie:

- die Kalkulationsansätze der Vorkalkulation auf Richtigkeit zu überprüfen,
- wertvolle Erfahrungssätze für künftige Angebotskalkulationen zu erhalten,
- mögliche Verlustquellen zu lokalisieren und u. U. entsprechende Korrekturen in der Ablaufsteuerung vorzunehmen.

Die Zuordnung der tatsächlichen Aufwendungen zu den ausgeführten Leistungseinheiten erfolgt über das Berichtswesen der Baustelle (z.B. Lohnberichte). Das Gliederungsschema dieser Zuordnung sollte firmeneinheitlich, besser noch brancheneinheitlich erfolgen, um die Ergebnisse innerhalb verschiedener Bereiche eines Betriebes oder mit fremden Betrieben in der Branche vergleichen zu können. Hierzu wurde von einem Arbeitskreis von Bauunternehmen ein „Bauarbeitsschlüssel für das Bauhauptgewerbe (BAS)" als Muster geschaffen, der im Teil C dieses Bandes noch ausführlich behandelt wird.

1.3.2 Die Baubetriebsrechnung

Dient die Bauauftragsrechnung der Steuerung und Kontrolle der Baustelle, so bezieht sich die Baubetriebsrechnung auf alle eigenständigen Betriebsteile (Kostenstellen). Zu ihren Aufgaben gehören:

- stellenbezogene Ermittlungen, also die Kosten, Leistungen und Ergebnisse der einzelnen Organisationseinheiten eines Betriebes.
- bereichsbezogene Ermittlungen, wie Verantwortungsbereiche, Bausparten, Regionen, eigene oder Gemeinschaftsbaustellen.
- gesamtbetriebliche Ermittlungen für das Unternehmensergebnis sowie für statistische Auswertungen.
- Ermittlung innerbetrieblicher Verrechnungssätze.
- Ermittlung von Werten für die Kalkulation.
- Ermittlung der Herstellkosten nach Handels- und Steuerrecht.
- Bereitstellung von Zahlen für die Soll-Ist-Vergleichs- und die Planungsrechnung.

Sie bedient sich der bereits unter 1.2.2 erläuterten Kostenarten-, -stellen- und -trägerrechnung zur Ermittlung der Kosten z.B. jeder Abteilung.

Um Aussagen über den Erfolg einer Abteilung zu erhalten, muß auch die Leistung gegenübergestellt werden. Da in einem Betrieb ständig innerbetriebliche Leistungen ausgetauscht werden, müssen diese erfaßt, bewertet und weiterverrechnet werden. Dies geschieht bei Hilfs- und Verwaltungsbereichen i. d. R. durch einmal jährlich festzulegende *Verrechnungssätze*, die ersatzweise als Leistung der *empfangenden* Stelle belastet und der *abgebenden* Stelle gutgeschrieben werden.

Für die empfangende Stelle sind innerbetriebliche Leistungen nur Kosten und werden entsprechend auf der Kostenseite verbucht. Die abgebende Stelle muß die Gutschriften auf besonderen innerbetrieblichen Leistungskonten verbuchen, die in der Bilanz des Betriebes eliminiert werden müssen, um Scheinleistungen bzw. Gewinne zu vermeiden. Dies geschieht bei der Ergebnisrechnung nach folgendem Schema:

	Ergebnis der eigenen Baustellen
+/–	Ergebnis der Gemeinschaftsbaustellen und Beihilfegemeinschaften
Baustellenergebnis	
+/–	Ergebnis der Hilfsbetriebe und Verrechnungskostenstellen
+/–	Ergebnis der Verwaltung
Betriebsergebnis	

1.3.3 Die Soll-Ist-Vergleichsrechnung

Beim Soll-Ist-Vergleich (SIV) wird der tatsächliche Aufwand dem geplanten bzw. dem Soll-Aufwand gegenübergestellt.

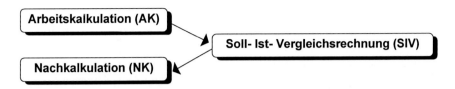

Dabei ist darauf zu achten, daß die zu vergleichenden Ausgangswerte auf eine gemeinsame Basis gestellt sind. Dies geschieht bei den:

- *Sollvorgaben* in der Arbeitskalkulation mit folgender Aufgabenstellung:
    - Aufbau analog der Auftragskalkulation, um die Vergleichbarkeit zu der vertraglich gebundenen Ertragsseite zu erhalten,
    - Schaffung baubarer Vorgänge, um die Zuordnung der Ist-Werte auf der Baustelle zu ermöglichen (z.B. Stunden durch die Poliere über BAS-Schlüssel),
    - Zuordenbarkeit zu den in der Baubetriebsrechnung erfaßten Ist-Kosten, (z.B. Lohn-, Stoff-, Geräte- u. Nachunternehmerkosten).

- *Ist-Daten* in der Nachkalkulation

Sie ermöglicht Abweichungsanalysen des Ist-Geschehens von den Sollvorgaben und vergleicht sowohl die Mengeneinheiten wie die Kosten. Zu ihrem Aufgabenbereich gehören schwerpunktmäßig:

- die Nachkalkulation als Kontrolle der Mengen- und Wertansätze der Vorkalkulation sowie deren Analyse für künftige Vorkalkulationen. Derartige Soll-Ist-Vergleiche können auch Anstöße für die Durchführung von Arbeitszeitstudien nach REFA geben.

- Kontrolle und Steuerung des baubetrieblichen Geschehens.

- Bildung von Kennzahlen.

- Ermittlung von Zeitabweichungen zwischen der Bauablaufplanung und dem tatsächlichen Bauablauf.

- Abweichungen zwischen den ausgeführten und den tatsächlichen Mengen.

Bei Soll-Ist-Vergleichen sollen klare Vorgaben über die Art der gewünschten Untersuchung gemacht werden. Diese können sich richten nach:

- der Art der Zahlen, z.B. Mengen (h, m^3, m^2, to), Werte (Kosten oder Ergebnisse) oder Verhältniszahlen (h/ME, ME/h). Auf Baustellen werden häufig als Hauptkostenverursacher die Lohnkosten der eigenen Leute (Stundenlohn und Stundenverbrauch), die Hauptbaustoffe (Menge und Kosten) und bei geräteintensiven Arbeiten die Gerätestunden und -kosten untersucht. Bei der Gegenüberstellung von Lohnleistungen (z.B. Aufwandswerten) ist darauf zu achten, daß sich die Ist-Stunden auf die tatsächlich ausgeführte Menge beziehen. Dagegen können die Soll-Bezugsmengen durchaus von den Ist-Mengen abweichen, z.B. bei nicht ausführungskonformen Abrechnungsvorgaben, garantierten Massen oder beim Pauschalvertrag.

- bestimmten Leistungszeiträumen, wie Tag, Monat, Quartal, Jahr oder nach Beendigung der gesamten Leistung. Letzteres ist die gebräuchlichste Anwendung, weil es bei stichtagsbezogenen wie auch bauabschnittsbezogenen Untersuchungen zu Abgrenzungsungenauigkeiten kommt.

- Bezugsbereichen, wie die gesamte Baustelle, bestimmte Bauabschnitte oder Leistungseinheiten gemäß Bauarbeitsschlüssel. Die Untersuchung von Positionen des Leistungsverzeichnisses ist i. d. R. ungeeignet, da diese selten den baubaren Arbeitsvorgängen entsprechen z.B. LV-Pos. für „liefern, biegen und verlegen von Stahl"; i. d. R. sind es zwei getrennte Leistungen: die Lieferung des gebogenen Stahls übernimmt ein Biegebetrieb (Kosten), das Verlegen erfolgt mit dem Personal der Baustelle (Stunden).

1.3.4 Die Kennzahlenrechnung

Aus dem umfangreichen Zahlenwerk der Bauauftrags-, Baubetriebs- und Soll-Ist-Vergleichsrechnung lassen sich charakteristische Kennzahlen errechnen, die das baubetriebliche Geschehen beschreiben und zahlenmäßig definieren können. Sie dienen wegen der nicht immer eindeutigen Zuordenbarkeit zu einem individuellen Vorgang als Schätz- oder Richtwerte, die sowohl die Beurteilung, die Kontrolle als auch die Disposition des Betriebes als Ganzes und über Teilbereiche erleichtern, sowie Vergleiche des eigenen Betriebes mit fremden Betrieben (auch Verbandsstatistiken) ermöglichen.

Die Zahlen sind wie folgt gegliedert:

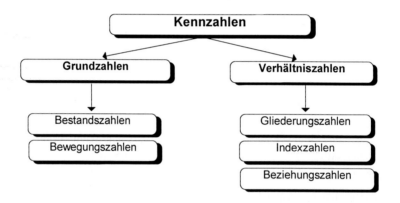

Erläuterung im Einzelnen:

- Grundzahlen sind absolute Zahlen.
- Bestandszahlen sind stichtagsbezogene Grundzahlen, z.B. Vorrat an Kies zum Stichtag.
- Bewegungszahlen sind zeitraumbezogene Grundzahlen, z.B. Vorrat an Kies im Berichtszeitraum.
- Verhältniszahlen sind aus Grundzahlen abgeleitete Zahlen.
- Gliederungszahlen zeigen Strukturverhältnisse auf, z.B. Gerätekosten zu Gesamtkosten.
- Beziehungszahlen sind gleichgeordnete, aber wesensverschiedene Größen zueinander in Beziehung gesetzt, z.B. eigene Gerätekosten zu Fremdgerätekosten, oder Löhne zu Arbeitsstunden.

- Indexzahlen zeigen Veränderungen der untersuchten Größen auf. Gleichartige Mengen unterschiedlicher Zeitpunkte werden auf eine bestimmte Grundmenge (Basis = 100) bezogen.

Nachfolgend soll anhand einiger Beispiele die Anwendbarkeit bezogen auf verschiedene Betriebsbereiche veranschaulicht werden.

1. Werte für die ANGEBOTSKALKULATION aus aktuellen Abrechnungsperioden, z.B. für

 – den Mittellohn (AP) als Wert (abhängig von der Zusammensetzung der Mannschaft):
  Lohn u. Gehaltskosten / geleistete Arbeitsstunden   =..........   DM/Std

 – die Lohnzusatzkosten als Zuschlagssatz für Sozialkosten:
  Sozialkosten (A) / Lohnkosten (A) x 100   =..........   %

 – den Verrechnungssatz der Material- und Geräteverwaltung
  eines Betriebes für Kleingeräte und Werkzeuge
  Kosten der Kleinger. u. Werkzeuge / Bruttolohnsumme x 100   =..........   %

 – durchschnittliches Bruttomonatsgehalt (TK)
  Gehälter (TK) / Zahl der Angestellten   =..........DM/Angst.

 – Zuschlagssatz für die allgemeinen Geschäftskosten
  Allgem. Geschäftskost. / Herstellkost. aller Bauobjekte x 100 =..........   %

 – den Stahlgehalt des Betons
  eingebauter Betonstahl / m^3 Beton   =.......... t/m^3

oder als Kennwerte für Kostenschätzungen und die Überprüfung des fertigen Angebotes auf Plausibilität:

 – Kosten für Hoch- und gewerbliche Bauten
  Roh- und Ausbaukosten / Bruttorauminhalt (DIN 277)   =.......... DM/m^3
  z.B. Bürogebäude mit guter Ausstattung, Preisbasis 1992,
  550 bis 690 DM/m^3.

 – Kosten für Brückenbau pro m^2 Brückenfläche incl. Gründung,
  Erdarbeiten, Isolierung und Entwässerung unter Angabe der
  Bauwerksart, Brückenklasse, Spannweite, Schiefwinkligkeit,
  Anzahl der Brückenfelder usw.
  Herstellkosten / m^2 Brückenfläche   =.......... DM/m^2
  z.B. Spannbetonstraßenbrücke, Klasse 60, Spannweite 20 m,
  rechtwinklig, Preisbasis 1992, 2.800 DM/m^2.

2. Werte für den BAUSTELLENBETRIEB zur:

Feststellung der branchenbezogenen Leistungsstruktur

 – Lohnanteil an den Herstellkosten
  Lohnkosten / Herstellkosten x 100   =..........   %

 – Anteil der Baustellengemeinkosten
  Baustellengemeinkosten / Herstellkosten x 100   =..........   %

- Nachunternehmeranteil an den Herstellkosten
  Leistung Nachunternehmer / Gesamtleistung x 100   =.........   %

- Fertigstellungsgrad
  Leistung seit Baubeginn / Gesamtauftragswert x 100   =.........   %

Feststellung der Arbeitsproduktivität der Baustellenbelegschaft

- Herstellkosten / geleistete Arbeitsstunden   =.........   DM/h
  wobei darauf zu achten ist, daß dieser Wert nur dann aussagekräftig ist, wenn er den Anteil der Nachunternehmerleistung an der Gesamtleistung berücksichtigt und nicht mit Arge-Leistungen vermischt wird. Bei Lohnvergaben ist auf die unterschiedliche Lohnstruktur zu achten.

Feststellung der zeitlichen Ergebnisentwicklung durch den Verhältniswert des Ergebnisses bezogen auf die Leistung in % für den gleichen Zeitabschnitt, wobei dieser betriebsabhängig monatlich, quartalsweise, berichtsjährlich oder für die Gesamtbauzeit ausgedrückt werden kann.

- Periodenergebnis / Periodenleistung x 100   =.........   %
  Die zeitabhängige Ergebnisveränderung läßt Rückschlüsse auf Ereignisse des Baugeschehens zu.

3. Werte für den GESAMTBETRIEB ODER BESTIMMTER BETRIEBSBEREICHE,

   wie z.B.: die Leistungsstruktur zur Beurteilung des Auftragsbestandes sowie möglicher Strukturveränderungen:

   - Anteil Gesamtleistung / Gesamtauftragswert x 100   =.........   %

   - Anteil Ausbauleistung / Gesamtauftragswert x 100   =.........   %

   - Anteil NU-Leistung / Gesamtleistung x 100   =.........   %

   oder die Leistungsarten zur Verfolgung der mehrjährigen Marktentwicklung:

   - Leistung der Argen / Gesamtleistung x 100   =.........   %

   - Leistung einz. Sparten (z.B. Hochbau) / Gesamtleistung x 100   =.........   %

   oder die Ergebniszahlen zur Beurteilung der Rentabilität:

   - Ergebnis eigene Baust. / Leistung eigener Baust. x 100   =.........   %

   - Ergebnis Arge Baust. / Leistung Arge Baust. x 100   =.........   %

   - Ergebnis Hilfbetrieb / Leistung Hilfbetrieb x 100   =.........   %

   - Gesamtergebnis / Gesamtleistung x 100   =.........   %
     als Betriebsergebnis, das immer auf eine Periode bezogen ist (i. d. R. jährlich).

2 Kostenermittlung für ein Angebot

2.1 Einführung

a) Aufgabe, Grundlagen

Die Kostenermittlung für ein Angebot (Angebotskalkulation) dient der Preisfindung für ein Angebot. Es wird von einer Baufirma (Bieter) einem Auftraggeber (Bauherr) unterbreitet, um einen Bauauftrag zu erhalten. In der Regel gibt ein Wettbewerbsverfahren einer Baufirma die Möglichkeit, sich um einen Bauauftrag zu bewerben.

Die Erarbeitung eines Preisangebotes gliedert sich in zwei Bereiche

- den umfangreichen Bereich der Kostenermittlung (Selbstkosten)
- den abschließenden Bereich der Preisermittlung (Angebotspreis).

Bei der Durchführung der Angebotskalkulation ergibt sich der Unterschied bzw. der Zusammenhang der beiden Bereiche dadurch, daß die ermittelten Kosten (Selbstkosten) mit einem Zuschlag für Wagnisse und einen geplanten Gewinn beaufschlagt werden und dann den Angebotspreisreis ergeben:

Selbstkosten + Wagnis u. Gewinn = Angebotspreis

Die Kostenermittlung erfolgt in der Regel für ein Bauobjekt und nicht für eine längerfristige Serienfertigung. Dies ergibt sich auf Grund folgender wesentlicher Tatsachen:

- Der in der Bauwirtschaft vorherrschenden Auftragsfertigung
- Der Unterschiedlichkeit der einzelnen Bauobjekte mit unterschiedlichen Formen, Konstruktionen, Materialien und Mengen.
- Der Notwendigkeit, für jedes neue Bauobjekt am Bauplatz eine neue Fertigungseinrichtung zu erstellen, in Abhängigkeit von der örtlichen Situation, der Art und Größe des Bauobjektes, der Vielfalt an Material und Einrichtungsteilen.
- Der unterschiedlichen Entfernung der Baustelle zum Firmenssitz.

GRUNDLAGE FÜR DIE KOSTENERMITTLUNG sind die Ausschreibungsunterlagen. Dies ist ein Leistungsverzeichnis (LV) für das betreffende Bauobjekt, u.U. ergänzt mit Plänen. Das LV wird von der Auftraggeberseite (Architekturbüro oder Ingenieurbüro in Vertretung bzw. im Auftrag des Bauherrn) ausgearbeitet und den Bewerbern im Rahmen eines offenen oder nicht offenen Verfahrens zugestellt. Neben „Allgemeinen Vertragsbedingungen", Angaben zur Baustelle und Terminfestlegungen, Beschreibung des geplanten Bauobjektes, enthält es das eigentliche Leistungsverzeichnis mit den einzelnen Leistungspositionen (Teilleistungen). In diesen Positionen werden in sich klar abgrenzbare, im Sinne der Bauausführung nicht sinnvoll weiter unterteilbare Leistungen erfaßt. Jede Leistung ist in Art und geforderten Eigenschaften so beschrieben, daß sich jeder Bewerber eine gleiche und exakte Vorstellung von der geforderten Leistung bilden kann.

Bei jeder Position ist auch die geplante Ausführungsmenge angegeben. Der Kalkulator ermittelt für die einzelnen Teilleistungen je Leistungseinheit (m², m³, Tonne, Stück, usw.) die Kosten, die bei der Erbringung dieser Teilleistung voraussichtlich entstehen. Die anteilmäßigen Allgemeinkosten der Baustelle und des Gesamtbetriebes werden mit eingerechnet.

Die gesamten Kosten des ausgeschriebenen und im Leistungsverzeichnis erfaßten Gewerkes dieses Bauobjektes ergeben sich mit den folgenden Schritten:

Kosten für die

Teilleistung pro Mengeneinheit · Menge der Teilleistung = Kosten der Teilleistung

Summe aller Teilleistungskosten = Angebotskosten (Selbstkosten)

Für die Ermittlung der Kosten der einzelnen Teilleistungen (Positionen des LV) und der zugehörigen allgemeinen Kosten der Baustelle ist es notwendig, zumindest ein Grobkonzept für die Baudurchführung zu entwickeln und zwar über

- die Art der Arbeitsdurchführung mit Auswahl der Bauverfahren, Ausarbeitung der Arbeitsmethoden mit Kapazitätsplanung und Ermittlung bzw. Abschätzung der Aufwands- und Leistungswerte

- den zeitlichen Ablauf des Baugeschehens mit Ermittlung bzw. Abschätzung der Einsatzdauern der verschiedenen Kapazitätselemente

- die erforderliche Baustelleneinrichtung (Fertigungseinrichtung) und deren Veränderung während der Bauzeit

- alle Einflüsse auf das Baugeschehen konstanter und veränderlicher Art und Wertung deren kostenmäßiger Auswirkungen.

Weiter ist es notwendig, die Kosten aller erforderlichen Materalien, Geräte und Nachunternehmerleistungen einzuholen.

Auf dieser Basis, Leistungsverzeichnis, Grobausführungskonzept, Material-, Geräte-, Nachunternehmerkosten, kann der Kalkulator die Selbstkostenermittlung durchführen:

Leistungsverzeichnis ⇒   Grobausführungskonzept/Arbeitskosten
                          Material-, Geräte-, Nachunternehmerkosten ⇒ Selbstkosten

Der Vollständigkeit halber sei noch festgestellt, daß eine „Netto-Preiskalkulation" durchgeführt werden muß. Dies bedeutet, daß alle Kostenwerte, die in die Kostenermittlung Eingang finden, nur mit ihrem Netto-Wert ohne Mehrwertsteuer einzusetzen sind. Die Mehrwertsteuer ist erst im Leistungsverzeichnis am Schluß für den Gesamtpreis auszuweisen.

Die Kosten- und Leistungsrechnung einer Bauunternehmung zeigt verschiedene Bestandteile der Bauauftragsrechnung auf. Die Angebotskalkulation ist der erste Teil und sicher der wichtigste Bereich. Er ist Grundlage für die gesamte weitere Bauauftragsrechnung und die gesamte Bauausführung. Auftragskalkulation, Arbeitskalkulation, Nachkalkulation und Nachtragskalkulation werden aus der Angebotskalkualtion entwickelt und folgen der gleichen Systematik. Daher genügt es für die Abhandlung des Gesamtkomplexes Kalkulation im weiteren Sinne, nur dieses Kapitel „Kostenermittlung für ein Angebot" (Angebotskalkulation) darzustellen.

b) Voraussetzungen, Zusammenhänge

Kenntnisse der Angebotskalkulation sind für alle in den verschiedenen Bereichen der Bauauftragsrechnung und in der Bauausführung Tätigen zwingend notwendig. Ebenso sind für den Kalkulator Kenntnisse aus den anderen Bereichen und der Bauausführung notwenig. Es soll daher der enge Bezug zwischen Vorkalkulation, Arbeitsvorbereitung mit Arbeitskalkulation, Arbeitsdurchführung mit Leistungs- und Kostenkontrolle, Nachkalkualtion und Nachtragskalkulation nochmals kurz dargelegt werden:

- Zur Angebotskalkulation sind erforderlich

  - das Ergebnis einer groben Arbeitsvorbereitung (Grobausführungskonzept), das vielfach vom Kalkulator selbst erarbeitet wird. Wenn notwendig unterstützt die Arbeitsvorbereitungsstelle den Kalkulator, vor allem bei großen und schwierigen Bauvorhaben.

  - Erfahrungswerte von früheren Baustellen aus technischer und kaufmännischer Nachkalkulation.

- Bei der Arbeitsvorbereitung und Arbeitskalkulation sind Arbeitsverfahren und Arbeitsmethoden nach den Kalkulationsgrundsätzen zu untersuchen und zu vergleichen, um den kostengünstigsten Ausführungsweg zu finden. Erfahrungswerte früherer Baustellen (Nachkalkulationswerte) sind hierzu erforderlich. Die Entwicklung der Kostenvorgaben mit Bestimmung der detaillierten Soll-Leistungswerte und Soll-Aufwandswerte durch die Arbeitsvorbereitung und Arbeitskalkulation ist Grundlage für die Kostensteuerung, Kostenkontrolle und Nachkalkulation während der Bauausführung.

- Bei der Bauausführung ist eine eindeutige Kostensteuerung und Kostenkontrolle nur auf der Basis einer eindeutigen Kostenvorgabe durch die Arbeitskalkulation möglich. Angebotskalkulation und Arbeitskalkulation müssen für Dritte nachvollziehbar aufgestellt werden. Der Bauleiter muß die Grundsätze der Kostenermittlung kennen und Kostenschwerpunkte rasch erkennen.
  Die Notwendigkeit, Nachtragsforderungen aufzustellen, wird nicht nur bei einem Vergleich der geforderten Leistungen mit den ursprünglich geplanten Leistungen (LV) sichtbar, sondern vielfach erst bei einer genauen Kostenkontrolle.
  Die Aufstellung von Nachtragsangeboten mit Nachtragskalkualtion erfolgt auf der Basis der Angebots- bzw. Vertragskalkulation und nach dem gleichen Prinzip wie die Angebotskalkulation.

- Arbeitsplanung und Bauausführung haben sich, neben einer Reihe verschiedener Zwänge, wie Leistungs- und Qualitätsvorgabe, Bauzeitvorgaben, Arbeitsschutzbestimmungen, usw., in erster Linie an einer Zielsetzung der größten Wirtschaftlichkeit zu orientieren. Dies bedeutet, daß alle Festlegungen bei der Arbeitsplanung und bei der Arbeitsdurchführung auch aus dieser Sicht erfolgen müssen. Dazu ist es notwendig, die Kostenstruktur, die Kostenschwerpunkte, die kostenmäßigen Folgen von Veränderungen gegenüber der ursprünglichen Kostenermittlung zu kennen bzw. zu erkennen.

c) Entwicklung der Kalkulationsverfahren

Für die Erbringung der Bauleistungen eines Rohbaugewerkes, wie sie in Ausschreibungsunterlagen zusammengefaßt sind, sind unterschiedliche Leistungen und Materialien notwendig. Viele verschiedene Kostenelemente sind in einer Angebotskalkualtion zu erfassen. Fehlerfrei ist dies nur möglich, wenn nach einem klaren systematischen Verfahren vorgegangen wird. Sinn dieses Kapitels soll es sein, eine derartige Systematik für die Kostenermittlung für ein Angebot aufzuzeigen. Die weiteren Voraussetzungen für die Kostenermittlung, wie oben besprochen, baubetriebliche Überlegungen mit Grobplanung der Arbeitsmethoden, Aufwands- und Leistungswerte, werden unterstellt.

Regeln für die übersichtliche und richtige Erfassung der Kosten für ein Bauwerk sind in einfacher Form schon um 1900 in der Literatur zu finden. Im Zuge der Industriealisierung hat sich die Kostenvielfalt durch vermehrtes Materialangebot und Ausweitung der Verschiedenartigkeit der Bauaufgaben vergrößert. Der Umfang der Baumaßnahmen nahm zu. Mit der Entwicklung der Verdingungsordnung für Bauleistungen – erste Einführung 1926 – ergab sich die Notwendigkeit, die Kostenermittlung zu systematisieren. Die ersten Grundsätze hierzu wurden vom „Reichsverband industrieller Bauunternehmer" 1929 aufgestellt und veröffentlicht. Die Weiterentwicklung dieser Grundsätze in der Folgezeit war hauptsächlich das Werk von Opitz (1894 - 197o) [1]. Unsere heutigen Kalkulationsverfahren gehen auf die Ausarbeitungen von Opitz zurück, sind aber der weiteren Entwicklung angepaßt.

d) Möglichkeiten der Kosten- bzw. Preisermittlung

Im folgenden wird aufgezeigt, wie eine systematische Kostenermittlung von Grund auf durchzuführen ist. Bei großen Baustellen und Baustellen des Ingenieurbaues wird dies immer notwendig sein.

In vielen Fällen ist es nicht erforderlich eine neue Kostenermittlung für ein Kostenangebot aufzustellen. Vor allem bei kleineren Baufirmen oder bei spezialisierten Firmen, mit Baustellen gleicher Art, bestehen folgende Möglichkeiten:

- Der Unternehmer greift auf ein vorhandenes Preisschema zurück und paßt die Einheitspreise (Preis pro Leistungseinheit der Positionenen des Leistungsverzeichnisses) und damit den Gesamtpreis gefühlsmaßig auf die neuen Gegebenheiten und die Konjunkturlage an. Dies kann gefährlich sein, wenn kein genauer Überblick über Kosten und Auskömmlichkeit der vorhandenen Einheitspreise vorhanden ist.

- Der Unternehmer verfügt über eine „Standardkalkulation", die in der EDV-Anlage des Betriebes abgespeichert ist. Dadurch ist es leicht möglich, einzelne Kostenelemente an die veränderte Situation eines neuen Angebotes anzupassen. Voraussetzung für eine erfolgreiche Anwendung ist aber, daß eine derartige Standardkalkulation bei jeder Änderung der Kostengrundlagen, wie Lohnerhöhungen und Materialpreisänderungen, entsprechend korrigiert wird. Ebenso ist eine regelmäßige Überprüfung (mindestens jährlich) erforderlich. Wenn notwendig, ist eine Anpassung aller Werte, die aus der kaufmännischen Nachkalkulation (Betriebsbuchhaltung) in die Kalkulation einfließen, an die Entwicklung durchzuführen.

- Erwähnt sei noch die Möglichkeit einer „Grob"-Kalkulation über Bauelemente und Kennzahlen, wie sie bei Kostenschätzungen bzw. Kostenermittlungen der Auftraggeberseite angewandt werden. Bei der Bauunternehmung finden solche Verfahren nur im Bereich des schlüsselfertigen Bauens mit Pauschalangeboten und zur Überprüfung einer „normalen" systematischen Kostenermittlung für die Teilleistungen Anwendung. Eine Anpassung auf ein verändertes neues Objekt erfolgt über Zu- oder Abschläge auf die bisherigen Erfahrungswerte.

e) Allgemeine Grundsätze für die Kostenermittlung

Bevor auf die grundlegende Aufstellung einer systematischen Kostenermittlung für ein Angebot eingegangen wird, sind noch einige wesentliche Punkte anzufügen:

- Das System, d.h. die Kostengliederung der Angebotskalkulation muß mit der Kostengliederung der Baubetriebsrechnung (kaufmännische Nachkalkualtion) übereinstimmen, da daraus Werte in die Kalkulation übernommen werden.

- Eine Kostenermittlung muß nachvollziehbar sein, da sie Grundlage für Arbeitskalkulation, Baudurchführung und Nachtragskalkulation ist. Das heißt, alle Ansätze der Kostenermittlung müssen für Dritte verständlich und rekonstruierbar sein.

- Bei jeder Angebotskalkulation sollte versucht werden, die Selbstkosten möglichst realistisch zu ermitteln und abzuschätzen. Es ist grundsätzlich falsch, „reichlich" oder „knapp" zu kalkulieren, indem man über- oder untertriebene Leistungs- und Aufwandswerte in die Kalkulation einsetzt. Eine Anpassung an die Konjunkturlage sollte nur mit dem Zuschlag für Wagnis und Gewinn erfolgen.
Im Extremfall, in einer schlechten Konjunkturlage und wenn dringend ein Auftrag benötigt wird, kann dies auch ein Abschlag sein. Dies bedeutet, daß ein Teil der Selbstkosten nicht abgedeckt ist und damit eine Unterdeckung / Verlust eingeplant ist. Dieser Abschlag muß aber insoweit begrenzt bleiben, als die Liquidität des Betriebes gewährleistet ist und alle ausgabenwirksamen Kosten abgedeckt sind. Bei nachfolgenden Aufträgen muß die Möglichkeit eines Ausgleiches bestehen. Ein genauer Überblick über die Größe der einzelnen Kostenelemente innerhalb eines Angebotes ist hierzu unabdingbar.

- Eine Kostenermittlung wird in ihrer „Qualität" sehr stark durch die Ausschreibungsunterlagen beeinflußt. Je eindeutiger und umfassender die Beschreibung der Ausführungsbedingungen (Bauzeit, örtliche Gegebenheiten, Baugrund, Zahlungsmodus, etc.) ist und je genauer die Leistungsbeschreibung der zu kalkulierenden einzelnen Bauleistung ist, umso leichter und vor allem umso genauer und risikoärmer ist die Kostenermittlung möglich. Ebenso wichtig ist die richtige Mengenangabe bei jeder Position des Leistungsverzeichnisses. Da einzelne Kostenelemente mengenabhängig in die Kalkulation eingehen, verleiten offensichtlich unrealistische Mengenangaben zu Verzerrungen bei der Kostenumlage und damit zur „Spekulation". Berechtigte Nachtragsforderungen, die in der Regel die Baukosten für den Bauherrn in die Höhe treiben, sind eine weitere Folge falscher Mengenangaben im LV.

2.2 Kostenermittlung für lohnintensive Bauleistungen

Ein Kostenangebot setzt sich aus verschiedenen Kostenelementen zusammen. Die wesentlichen Kosten für die Bauwerkserstellung sind die BAUARBEITSKOSTEN. Das sind alle Kosten, die durch die Verarbeitung von Material zu einem Bauwerk entstehen. Bei normalen Hoch- und Ingenieurbaustellen sind dies hauptsächlich die Lohnkosten. Es entstehen bei der Bauwerkserstellung auch Gerätekosten, sie sind aber bei derartigen Baustellen von geringerer Bedeutung als die Lohnkosten. Es werden daher bei Hoch- und Ingenieurbaustellen die Bauarbeitskosten identisch mit den Lohnkosten für die einzelnen Teilleistungen des Leistungsverzeichnisses angesetzt.

2.2.1 Kostengliederung, Verfahren

a) Kostengliederung

Wie erwähnt, gehen die heute üblichen Kalkulationsverfahren auf die Systematik von Opitz zurück.

Es sei daher als erstes die Grobgliederung der Kosten für ein Angebot nach Opitz aufgezeigt:

Einzellohnkosten

Sonstige Kosten $\Bigg\}$ = Einzelkosten der Teilleistungen (EKT)

Fremdleistungen $\quad$ + Gemeinkosten der Baustelle (BGK)

$\quad$ = Herstellkosten (HK)

$\quad$ + Allgemeine Geschäftskosten (AGK)

$\quad$ = **Selbstkosten** (SK)

$\quad$ + Wagnis und Gewinn (W+G)

$\quad$ = **Netto-Angebotssumme**

$\quad$ + Mehrwertsteuer

$\quad$ = **Brutto-Angebotssumme**

Dieses Schema ist auch heute noch gültig und wird angewendet. Es werden jedoch in vielen Fällen die Sonstigen Kosten der Einzelkosten detailliert und die Gemeinkosten der Baustelle anders unterteilt.

So empfiehlt die „KLR-Bau" [2] eine größere Aufsplittung der Sonstigen Kosten innerhalb der Einzelkosten, etwa wie folgt:

- Sonstige Kosten, hauptsächlich Stoffkosten, die soweit notwendig und sinnvoll weiter unterteilt werden können, z.B. verschiedene kostenintensive Baustoffe
- Gerätekosten
- Schalungs- und Rüstungskosten
- Fremdarbeitskosten

Diese größere Unterteilung bringt Vorteile bei der

- Disposition (Materialbestellung, Übersicht über die verschiedenen Material- bzw. Kostenanteile)
- Nachkalkulation in diesem Bereich, da die betreffenden Materialien später nicht mühsam eigens herausgezogen werden müssen
- Verteilung von Umlagekosten, wenn diese mehr differenziert werden sollen.

b) Verfahren

Es sind zwei Verfahren üblich:

- VERFAHREN ÜBER DIE ANGEBOTSSUMME

- VERFAHREN MIT VORBERECHNETEN ZUSCHLÄGEN

Das Verfahren über die Angebotssumme ist das grundlegende und auf ein bestimmtes Bauobjekt bezogene Verfahren.

Das Verfahren mit vorberechneten Zuschlägen ist eine Vereinfachung des Verfahrens über die Angebotssumme und immer dann anwendbar, wenn genügend bezogene Erfahrungswerte (Nachkalkulationswerte, die zu einer Bezugsgröße ins Verhältnis gesetzt sind = Verhältniszahlen = Kennzahlen) von früheren Baustellen mit gleicher Kostenstruktur (Verhältnis der verschiedenen Kostenarten zueinander) vorliegen.

Grundsätzlich sind beide Verfahren Zuschlags- oder Umlageverfahren. Dies bedeutet, daß   Gemeinkosten der Baustelle,

            Allgemeine Geschäftskosten,

            Wagnis und Gewinn,

nach einem bestimmten Schlüssel den Einzelkosten zugerechnet werden, das heißt auf diese verteilt werden. Da im Leistungsverzeichnis nur Ansätze für Einzelkosten vorhanden sind, gibt es keinen anderen Weg.

Beide Verfahren sind Vollkostenrechnungen, da die Allgemeinen Geschäftskosten normalerweise mit einem durchschnittlichen Erfahrungswert voll angesetzt werden.

Die genaue schrittweise Vorgehensweise bei beiden Verfahren wird im Abschnit 2.2.10 erläutert. Zunächst ist es für das Verständnis der Verfahren wichtig, die einzelnen KOSTENELEMENTE zu besprechen. Diese Darlegungen sind, wie auch die Beispiele, auf das grundlegende „Verfahren über die Angebossumme" ausgerichtet.

2.2.2 Lohnkosten

LOHN ist das Entgelt, das der Arbeitnehmer für seine Tätigkeit vom Arbeitgeber bekommt.

Die Höhe des Lohnes ist in einem Tarifvertrag (für gewerbliche Arbeitnehmer des Baugewerbes und der Bauindustrie) geregelt, bzw. zwischen dem Arbeitgeber und dem Arbeitnehmer übertariflich vereinbart.

Die Tarifvertragsparteien sind

für die Arbeitgeberseite: Zentralverband des Deutschen Baugewerbes e.V.,
                              Hauptverband der Deutschen Bauindustrie e.V.

für die Arbeitnehmer: Industriegewerkschaft Bau-Steine-Erden

Lohnbestandteile:

Der Lohn setzt sich wie folgt zusammen:

a) Grundlohn = Gesamttariflohn (GTL), der immer anfällt und sich gemäß Lohntarifvertrag in den Tariflohn (TL) und den Bauzuschlag (BZ) gliedert.
Der Bauzuschlag beträgt z. Z. 5,9% des Tariflohnes (Zuschlag für wechselnde Einsatzorte, für Witterungseinbußen außerhalb der Schlechtwetterzeit, für Verdiensteinbußen in der Schlechtwetterzeit).
Der Gesamttariflohn ist für die verschiedenen Berufsgruppen (Vorarbeiter, Baufacharbeiter, Baufachwerker, etc.) und die verschiedenen Tarifgebiete unterschiedlich im Tarifvertrag geregelt.

Siehe Tabelle 2.1 Lohntarife – Entwicklung 1993 - 1996

Der Grundlohn ist in der Regel ein *Zeitlohn*, das heißt, der Arbeitnehmer wird für jede geleistete Arbeitsstunde unabhängig von der erbrachten Arbeitsleistung bezahlt.

Im Gegensatz hierzu kann auf tarifvertraglicher Grundlage ein *Leistungslohn* vereinbart werden. Der Arbeitnehmer wird nach erbrachter Arbeitsleistung bezahlt, wobei der Grundlohn garantiert sein muß. Er kann als Zeit- oder Geldakkord festgelegt sein (Zeiteinheit oder Geldbetrag pro erbrachte Leistungseinheit).

Die generelle Einführung eines Leistungslohnes ist im Baugewerbe zwar schwierig, jedoch in jedem Falle empfehlenswert. Die Kalkulationsvorgaben an Arbeitsstunden pro Leistungseinheit sind klar fixiert und damit das Kalkulationsrisiko geschmälert. Der Bauzuschlag ist nicht für Leistungslohn-Mehrstunden (Überstunden) anzusetzen.

Zuschläge zum Grundlohn sind für Arbeiten außerhalb der normalen Arbeitszeit zu entrichten. Die wöchentliche Arbeitszeit ist z. Z. tariflich mit 39 Arbeitsstunden festgelegt. Die Zuschläge sind mit einem Prozentsatz des Gesamttariflohnes im Tarifvertrag festgelegt, wobei sich Überstundenzuschläge auf alle anderen Zuschläge addieren.

Zum Beispiel: Überstundenzuschlag   25 %
                  Nachtarbeitszuschlag   20 %

Zulagen zum Grundlohn für Arbeiten unter erschwerten Bedingungen. Die Höhe der Zulagen sind tariflich mit einem DM-Betrag pro Arbeitsstunde festgelegt.

Zum Beispiel: Schmutzzulagen, Höhenzulagen.

Der Gesamtlohn ergibt sich:

Gesamtlohn = Grundlohn + Zuschläge + Zulagen

Zusätzlich zu den Gesamtlohnkosten sind folgende Kosten zu berücksichtigen:

b) Soziale Aufwendungen

Diese sind teilweise vom Arbeitnehmer und teilweise vom Arbeitgeber zu tragen und dienen zur sozialen Absicherung der Arbeitnehmer. In der Kostenermittlung ist der Kostenanteil des Arbeitgebers zu erfassen. Die sozialen Aufwendungen werden auch als lohngebundene Kosten oder Lohnzusatzkosten bezeichnet.

Die Höhe des Sozialaufwandes wird in der Baubetriebsrechnung für den Gesamtbetrieb, bzw. für einzelne Sparten periodisch ermittelt. Für den folgenden Zeitabschnitt wird daraus die Vorgabe für die Kalkulationsabteilung entwickelt. Veränderungen durch neue gesetzliche oder tarifliche Bestimmungen werden dabei berücksichtigt. Vom Gewerbe- und Bauindustrieverband werden als Hilfestellung Musterberechnungen aufgestellt, so daß u. U. nur eine Anpassung an die Betriebsverhältnisse notwendig ist.

Der Sozialaufwand setzt sich zusammen aus

1. Soziallöhnen. Das sind Lohnkosten die anfallen ohne daß der Arbeitnehmer eine Arbeitsleistung erbringen muß, zum Beispiel bezahlte Feiertage.

2. Gesetzlichen Sozialkosten. Zum Beispiel Rentenversicherung, Arbeitslosenversicherung, Krankenversicherung, Unfallversicherung.

3. Tariflichen Sozialkosten. Zum Beispiel Beiträge zur Lohnausgleichs- und Urlaubskasse, Berufsausbildung.

4. Betrieblichen Sozialkosten. Zum Beispiel eine betriebliche Altersversorgung und Beihilfen bei Krankheits- und Todesfällen.

Die Höhe der Sozialkosten betragen zur Zeit ca. 95 bis 110 % des Gesamtlohnes.

Eine Musterberechnung des Bauindustrieverbandes, mit einer dedaillierten Aufschlüsselung der Einzelelemente, ist als Anlage am Ende des Kapitels 2 angefügt.

c) Lohnnebenkosten

Dies sind Aufwandsentschädigungen, die der Arbeitnehmer auf Grund tariflicher und auch übertariflicher betrieblicher Vereinbarung erhält, für Kosten durch einen außerhalb des Betriebssitzes liegenden Arbeitsplatz. Hierzu gehören Wegegelder, Reisegeldkosten, Heimfahrten, Auslösungen.

Eine Berechnung (kalkulatorische Ermittlung) für einen Einzelfall ist immer schwierig und mehr oder weniger eine Schätzung. Im Voraus ist die Zusammensetzung der Baustellenbelegschaft und deren Wohnsitzentfernung zur Baustelle nicht bekannt. Bei längerfristigen, weit vom Betriebssitz entfernten Baustellen ist auch die Möglichkeit der Gewinnung von örtlichen Arbeitnehmern gegeben. Deren Anteil an der Gesamtarbeiterzahl der Baustelle ist aber schwierig abzuschätzen.

In der Regel wird ein Nachkalkulationswert, der auf die neue Situation angepaßt wird, angesetzt. Er kann als Prozentsatz der Gesamtlohnkosten oder als DM-Betrag pro Arbeitsstunde ermittelt und in die neue Kalkulation eingesetzt werden.

Lohnnebenkosten als reine Aufwandsentschädigungen sind steuer- und sozialabgabefrei!

Erfassung der Lohnkosten

Die Lohnkosten auf einer Baustelle fallen im Sinne der Kostenermittlung für verschiedenartige Tätigkeiten an und werden auch unterschiedlich erfaßt. Die nachfolgende Übersicht soll dies verdeutlichen:

Lohnkosten	Erfassung
1. Baubetriebslöhne, auch als produktive Löhne oder Einzelkostenlöhne bezeichnet	In den Einzelkosten / Einzellohnkosten
2. Verladelöhne für Stoffe (Auf-, Ab-, Umladen)	In der Regel zusammen mit den Stoffkosten der Einzelkosten oder Gemeinkosten der Baustelle. Es ist aber auch ein zusammengefaßter Ansatz in den BGK denkbar.
3. Verladelöhne für Geräte (Auf-, Ab- und Umladen)	Erfassung mit den Gerätekosten in den Einzelkosten bzw. Gemeinkosten
4. Löhne der Baustelleneinrichtung (Ladelöhne, Löhne für Auf-, Ab- und Umbau, Instandhaltung und Betrieb)	In der Position Baustelleneinrichtung (Einzelkosten) und / oder in den BGK
5. Gerätebetriebslöhne (Geräteführer)	In den Einzelkosten (Leistungsgeräte und i. d. R. Bereitstellungsgeräte), in den BGK (Bereitstellungsgeräte soweit nicht in EK, Besondere Anlagen).
6. Hilfslöhne, auch als unproduktive Löhne oder Gemeinkostenlöhne bezeichnet	In den BGK
7. Soziallöhne (=Sozialaufwand)	In den EKT durch entsprechende Mittellohnbildung oder in den BGK.

Vom Umfang und der Bedeutung in bezug auf die Kosten besteht die Hauptgruppe aus Einzellohnkosten = Einzelkostenlöhne = Baubetriebslöhne = produktive Löhne (produktiv im Sinne der Einzellohnkosten). Die Erfassung dieser produktiven Löhne wird im

Folgenden aufgezeigt, während die anderen Löhne bei den betreffenden Kostenelementen behandelt werden.

Einzellohnkosten (ELK)

Dies sind alle Löhne, die direkt den Einzelkosten der Teilleistungen (Positionen des LV) zugerechnet werden können und dort auch erfaßt werden.

Wie bereits erwähnt, werden auf einer Baustelle gewerbliche Arbeitnehmer verschiedener Berufsgruppen eingesetzt. Der Einsatz der verschiedenen Arbeiter bei den verschiedenen Leistungspositionen ist im Voraus nicht bestimmbar. Er wird kurzfristig vor Ort vom Polier festgelegt. Ein richtiger Ansatz der Lohnkosten bei den einzelnen Positionen ist daher nur mit einem durchschnittlichen Lohn, dem sogenannten Mittellohn möglich.

Der MITTELLOHN ML kann in mehreren Formen gebildet werden:

MITTELLOHN A	=	Durchschnittslohn aller produktiv Tätigen pro produktive Arbeitsstunde
MITTELLOHN AP	=	Mittellohn A + anteilige Kosten des Aufsichtsführenden (Polier), der selbst unproduktiv im Sinne der Teilleistung ist. Das heißt, der Kostenanteil des Aufsichtsführenden wird auf den Mittellohn umgelegt.
MITTELLOHN AS	=	Mittellohn A + anteiliger Sozialaufwand
MITTELLOHN APS	=	Mittellohn A + anteilige Aufsichtskosten + anteiliger Sozialaufwand
MITTELLOHN ASL	=	Mittellohn A + anteiliger Sozialaufwand + anteilige Lohnnebenkosten
MITTELLOHN APSL	=	Mittellohn A + anteilige Aufsichtskosten + anteilige Sozialkosten + anteilige Lohnnebenkosten

Der Mittellohn kann für eine gesamte Baustelle und die gesamte Bauzeit gebildet werden. Bei sehr großen Baustellen ist es durchaus sinnvoll, für die verschiedenen Arbeitsbereiche , wie Erd- und Gründungsarbeiten, Betonarbeiten und Mauerwerksarbeiten jeweils einen eigenen Mittellohn zu bilden.

Bei der Ermittlung des Mittellohnes ist es wichtig, die *Einflüsse* durch die sich während der Bauzeit einstellenden Veränderungen bei

> Belegschaftsgröße,
>
> Belegschaftsart,
>
> Anteil der Aufsicht,
>
> Anteil der Zulagen und Zuschläge

zu berücksichtigen.

Die Auswirkung der veränderten Belegschaftsgröße und die damit veränderte Umlagebasis für die Verteilung der Aufsichtskosten ist in nachfolgender Graphik dargestellt:

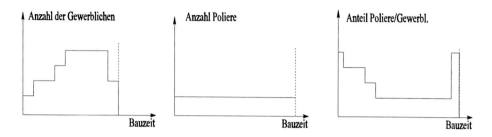

Für die WAHL DER RICHTIGEN MITTELLOHNART ist folgendes zu berücksichtigen:

MITTELLOHN A

Ausgangsbasis für weitere Kostenermittlungen. Er wird als eigenständiger Mittellohn nicht oder nur selten zur Anwendung kommen.

MITTELLOHN AP

Die Kosten der Aufsichtsführenden (Poliere), die nicht selbst an der Leistungserbringung direkt beteiligt sind und nur die Arbeitseinteilung, Arbeitsorganisation vor Ort und die Überwachung der Arbeit als Aufgabe haben, sind sinnvollerweise in den Mittellohn aufzunehmen, wenn die Arbeitsleistung vorwiegend durch eigene Arbeitskräfte vorgenommen wird. Der Anteil der Subunternehmer muß untergeordnet sein. Die Sozial- und Lohnnebenkosten werden in diesem Falle in den Gemeinkosten der Baustelle zu erfassen sein. Dies ist aber nur richtig, wenn gewährleistet ist, daß die Gemeinkosten auf die Einzellohnkosten umgelegt, d.h. lohngebunden, verrechnet werden.

MITTELLOHN AS

Die direkte Verrechnung des lohnabhängigen Sozialaufwandes ist in jedem Falle richtig. Notwendig ist dies immer dann, wenn die Verrechnung zusammen mit den Gemeinkosten der Baustelle keine Umlage auf die Lohnkosten alleine sicherstellt. Dies ist vor allem bei Baustellen mit großem bis überwiegendem Subunternehmeranteil der Fall, ebenso bei maschinenintensiven Baustellen. Die Bauarbeitskosten beinhalten dann nicht nur die reinen Einzellohnkosten sondern auch die Subunternehmerleistungen bzw. auch die Gerätekosten. Eine Erfassung der Sozialkosten in den Gemeinkosten der Baustelle wäre dann falsch, da die Gemeinkosten der Baustelle auf die gesamten Arbeitskosten verteilt werden müssen und damit lohnabhängige Sozialaufwandskosten bei lohnfremden Kostenelementen erfaßt und verrechnet werden.

MITTELLOHN APS

Es gilt bezüglich der Aufsichtsführenden das Gleiche wie beim Mittellohn AP. Die Erweiterung des Mittellohnes um die Sozialaufwandskosten ist in jedem Falle richtig, da sie dem Verursacher Lohn direkt zugerechnet werden.

MITTELLOHN ASL

Es gilt das gleiche Prinzip wie beim Mittellohn AS. Zu beachten ist jedoch, daß die Lohnnebenkosten hier als Basiskosten für die Umlagekosten mit herangezogen werden. Dies ist bedeutungslos, wenn immer etwa ein gleich hoher Lohnnebenkostenanteil auftritt

und weiter zu erwarten ist. Bei von Baustelle zu Baustelle verschiedenartig hohem Lohnnebenkostenanteil ist es vorteilhaft, diese als eigenständigen Block innerhalb der Gemeinkosten der Baustelle zu erfassen oder am Schluß der Kostenermittlung unabhängig
von der Umlageprozedur als eigenen Umlageposten dem Lohn (Gesamtmittellohn = ML
einschließlich Umlagekosten = Kalkulationslohn) zuzurechnen. Die Vergleichbarkeit
einzelner Kalkulationselemente von Angebot zu Angebot wird dadurch, ebenso wie die
Nachkalkulation, besser gewährleistet.

MITTELLOHN APSL

Auch hier gilt die gleiche Überlegung wie bei den Mittellohnarten APS und ASL.

Beispiele für die Mittellohnberechnung:

Die praktische Durchführung der Mittellohnberechnung ist nachfolgend an den Zahlenbeispielen
für die Mittellohnberechnung A, AP, ASL und APSL erläutert.
Eine Tabelle der Lohntarife und deren Entwicklung seit 1992 ist als Grundlage für diese Beispiele
vorangestellt.
Als Grundlage für die Mittellohnberechnung hat der Kalkulator bei seinen baubetrieblichen Überlegungen folgende durchschnittliche Belegschaft über die gesamte Bauzeit abgeschätzt:

> 1 Polier, der zu 25% der Arbeitszeit produktiv bei der Erbringung der Teilleistun-
> gen mitarbeitet. Als Ausgleich für Schreibarbeit nach der normalen Ar-
> beitszeit und als Überstundenzuschlagsausgleich erhält er eine Bau-
> stellenzulage von DM 600,00 pro Monat

> 1 Vorarbeiter

> 4 Spezialbaufacharbeiter

> 2 gehobene Baufacharbeiter

> 2 Baufachwerker

> 1 Baumaschinenwart, Krf. M IV 2

40% der Arbeiter erhalten eine Stammarbeiterzulage von 1,20 DM/Std

Die wöchentliche Arbeitszeit ist während 30% der Bauzeit mit 43 Std/Woche anzusetzen; sonst
Normalarbeitszeit mit 39 Arbeitsstunden/Woche.

Für 80% der Belegschaft ist für die Vermögensbildung 0,25 DM/Std anzusetzen.

Die Höhe der Lohnnebenkosten ist gemäß dem Vorjahresdurchschnitt mit 2,50 DM/Std anzusetzen.

Der Zuschlagssatz für den Sozialaufwand beträgt gemäß betrieblicher Ermittlung
        bei den gewerblichen Arbeitnehmern   102%
        bei den Angestellten (Polier)   65%

Tabelle 2.1 Lohntarife – Entwicklung 1993 - 1996

Lohntarife – Entwicklung 1993 bis 1996 (DM/Std.)
Gesamttariflohn (GTL) = Tariflohn (TL) + Bauzuschlag (BZ)

BZ = 5,9 % auf TL   2,5 % für wechselnde Einsatzorte
                           2,9 % für Witterungseinbußen außerhalb der Schlechtwetterzeit
                           0,5 % für Verdiensteinbußen in der Schlechtwetterzeit

Bundesecklohn = Lohne der Berufsgruppe III-2

Lohntabelle		GTL	GTL	GTL	GTL
Berufsgruppe	**Bezeichnung**	93/94 (01.04.93)	94/95 (01.04.94)	95/96 (01.05.95)	96/97 (01.04.96)
I	Werkpolier	26,47	27,11	28,14	28,,66
II	Vorarbeiter	24,25	24,83	25,78	26,26
III	Spezialbaufacharbeiter	23,00	23,58	24,48	24,94
IV	geh. Baufacharbeiter	21,13	21,64	22,47	22,89
V	Baufacharbeiter	20,54	21,04	21,84	22,25
VI	Baufachwerker	19,90	20,39	21,16	21,56
VII 1	Bauwerker (bis 6 Mon.)	(neu: Mindestlohn)			15,30
VII 2	Bauwerker	19,05	19,51	20,24	20,62
VIII	Hilfskräfte	17,15	17,55	18,23	18,57
M I	Baumaschinenmeister	26,47	27,11	28,14	28,66
M II	Baumaschinenvorarbeiter	24,25	24,83	25,78	26,26
M II	Baumaschinenführer	23,44	24,03	24,94	25,41
M IV 1, 3	Baumaschinenwart, Krf.	21,13	21,64	22,47	22,89
M IV 2	Baumaschinenwart, Krf.	21,59	22,11	22,95	23,38
M V	Baumachinist	20,54	21,04	21,84	22,25
M VI	Baummaschinenfachw.	19,90	20,39	21,16	21,56
III	Stukkateure	23,76	24,36	25,29	
Azubi	1. Lj.	964,20	987,40	1.025,30	1044,50
Azubi	2. Lj.	1.499,80	1.536,00	1.594,90	1624,70
Azubi	3. Lj.	1.892,60	1.938,88	2.012,60	2050,30
Azubi	4. Lj.	2.142,60	2.194,30	2.278,50	2321,10
Poliere [*) (1. Bj.)	(01.04.91: 4922)	5407	5542	5753	5859

[*) Gehaltsempfänger [DM/Monat]

Mittellohnberechnung:

MITTELLOHN A (Stand 1.7.96)

Berufsgruppe	GTL (DM/Std)	Zahl der Arbeiter	Gesamt (DM)
Vorarbeiter	25,78	1	25,78
Spezialbaufacharbeiter	24,48	4	97,92
Geh. Baufacharbeiter	22,47	2	44,94
Kranfahrer M IV 2	22,95	1	22,95
Zwischensumme		10	235,27

Stammarbeiterzulage:
1,20 DM/Std x 40% der Arbeiter · 10 Arb.   4,80

Überstundenzuschlag:
(43 - 39) Std/Woche · 30% der Bauzeit = 1,20 Std/Woche
(1,20 Std/Wo. · 25% Zuschlag) : 43 Std/Wo. =
o,70% Überstundenzuschlag im Durchschnitt
o,70% · (235,27 + 4,80) DM/Std   1,68

Vermögensbildung:
0,25 DM/Std · 80% derArbeiter · 10 Arbeiter   2,00

Gesamt	10	243,75

ML - A = 243,75 DM : 10 Arbeiter =   **24,38 DM/Std**

MITTELLOHN AP

Polier (5.927,00 + 600,00) DM/Monat		
6.527,00 DM/Mon. : 169 Std/Mon.		38,62
Poliermitarbeit 25%	0,25	
Arbeiter	10	243,75
Gesamt	10,25	282,37

ML - AP = 282,37 DM : 10,25 Arbeiter =   **27,55 DM/Std**

MITTELLOHN ASL

Arbeiter	10	243,75
S = 102% 1,02 · 243,75 DM		248,62

Zwischensumme	10	492,37

ML - AS = 492,37 DM : 10 Arbeiter	49,24 DM/Std
L 2,50 DM/Std	2,50

ML - ASL	**51,74 DM/Std**

MITTELLOHN APSL

Arbeiter	10	243,75
S Arbeiter		248,62
Polier	0,25	38,62
S Polier 65% 0,65 · 38,62 DM/Std		25,10

Zwischensumme	10,25	556,09

ML - APS = 556,09 DM : 10,25 Arbeiter	54,25
L 2,50 DM/Std	2,50

ML - APSL	**56,75 DM/Std**

Anmerkung zu den Beispielen:

Bei einer reinen Aufsichtstätigkeit des Poliers ist dieser mit seinen vollen Kosten und als Arbeitskraft mit 0 DM einzusetzen.

Der Sozialaufwand bei Angestellten ist niedriger als bei gewerblichen Arbeitnehmern, da die Beitragssätze niedriger sind, geringere Ausfallzeiten anfallen und nicht alle Angestellten sozialversicherungspflichtig sind (ca. 50 bis 100% der Gehaltskosten).

2.2.3 Stoffkosten und Frachtkosten

Im Baubetrieb unterscheidet man im wesentlichen Baustoffe, Bauhilfsstoffe und Betriebsstoffe.

BAUSTOFFE sind Stoffe, die in das Bauwerk eingehen und dessen Substanz ergeben. Beispiel: Mauersteine, Betonstahl, Kies

BAUHILFSSTOFFE sind Stoffe, die zur Erstellung des Bauwerkes notwendig sind, aber nicht Substanz des Bauwerkes werden. Sie werden ganz oder teilweise wiedergewonnen, bzw. ganz verbraucht.
Beispiel: Schalung, Rüstung

BETRIEBSSTOFFE sind Stoffe für das Betreiben der Baumaschinen, die zur Bauwerkserstellung eingesetzt werden.
Beispiel: Strom, Dieselkraftstoff, Benzin.

In der Regel wird diese Einteilung auch in der Kalkulation beibehalten, wobei Baustoffe, Bauhilfsstoffe und auch Betriebsstoffe oft in den „Sonstigen Kosten" zusammengefaßt werden. Diese baubetriebliche Einteilung ist für die Kostenermittlung nicht wesentlich. Wichtig ist eine getrennte Erfassung nur im Hinblick auf eine detaillierte Umlagekostenverteilung und die Nachkalkulation.

Wesentlich in der Kalkulation ist die Unterteilung der Stoffe entsprechend ihrer kostenmäßigen Bedeutung, d.h. ihrer Kostenhöhe. Dementsprechend ist die Einteilung in Stoffe, die hohe Kosten verursachen und Stoffe, die geringe Kosten verursachen, vorzunehmen:
STOFFE VON GROSSER KOSTENMÄSSIGER BEDEUTUNG sind möglichst genau zu berechnen. Der Aufwand für die Kostenberechnung der Stoffe steht in einem vernünftigen Verhältnis zur Kostenhöhe.
In der KLR- Bau werden diese Stoffe als BAUSTOFFE UND FERTIGUNGSSTOFFE bezeichnet, die frühere Bezeichnung HAUPTSTOFFE weist mehr auf diese kostenmäßige Bedeutung hin.
Die Erfassung der Hauptstoffe erfolgt hauptsächlich in den Einzelkosten der Teilleistungen, bzw. in den GKdB unter der Kostenart „Sonstige Kosten". Der Sammelbegriff „Sonstige Kosten" wird aber meist in wichtige Kostenarten unterteilt.

STOFFE VON GERINGER KOSTENMÄSSIGER BEDEUTUNG werden nicht genau berechnet. Der Aufwand für eine genaue Kostenberechnung wäre viel zu groß im Verhältnis zur Kostenhöhe. Sie werden als NEBENSTOFFE ODER VERBRAUCHSSTOFFE bezeichnet.
Der Kostenansatz erfolgt mit durchschnittlichen Erfahrungssätzen (kaufmännischer Nachkalkulationswert zu einer Bezugsgröße ins Verhältnis gesetzt).
Dies kann mit einem BEZUGSWERT ZU EINEM HAUPTSTOFF bei einer einzelnen Position erfolgen.

Zum Beispiel: 2,5% des Betonstahlpreises sind erforderlich für Bindedraht und Abstandhalter, oder 20,00 DM/t Betonstahl (ein DM-Wert muß häufiger überprüft und anpaßt werden!).
Die mit diesem Ansatz in den Positionen nicht erfaßten Nebenstoffe sind in die Gemeinkosten der Baustelle aufzunehmen.

Eine weitere Möglichkeit der Erfassung der Nebenstoffe / Verbrauchsstoffe ist der Gesamtansatz in den Gemeinkosten der Baustelle. In der Regel geschieht dies mit einem %-Wert der Lohnkosten.

Der Ansatz dieser Stoffe mit geringer kostenmäßiger Bedeutung zusammen mit dem Hauptstoff direkt in der betreffenden Teilleistung ist vorzuziehen, da eine direkte Zurechnung zur Verursacherposition die Fehler- und Verlustgefahr vermindert.

Wichtig ist bei einer teilweisen Erfassung der Nebenstoffe / Verbrauchsstoffe in den Teilleistungen und teilweise in den Gemeinkosten der Baustelle, daß die Nachkalkulation zur Erfassung dieser Werte in gleicher Weise gegliedert ist.

Untrennbar von den Stoffkosten sind die FRACHT- UND FUHRKOSTEN DER STOFFE, da alle Stoffe zur Baustelle transportiert werden müssen.

Die Fracht- und Fuhrkosten bestehen aus:

- Lohnkosten für Auf-, Um- und Abladen
- Frachtkosten bei Erfassung der reinen Transportkosten nach festen Frachttarifen
- Fuhrkosten bei Erfassung der reinen Transportkosten mit Regiesätzen auf Nachweis
- Verpackungsmaterial

Entsprechend den Überlegungen bei den Stoffkosten ist auch hier eine Unterscheidung zwischen kostenbedeutenden Kostenelementen und kostenmäßig wenig bedeutenden Kostenelementen vorzunehmen. So wird in der Regel folgende Zuordnung richtig sein:

HAUPTFRACHTEN

- Lohnkosten für Auf-, Um- und Abladen der Hauptstoffe
- Fracht- und Fuhrkosten der Hauptstoffe
- Verpackungsmaterial

Die Kostenerfassung der Hauptfrachten erfolgt zusammen mit dem Hauptstoff. Das Verpackungsmaterial ist in der Regel ein Nebenstoff und wird in den BGK erfaßt.

NEBENFRACHTEN

- Fracht- und Fuhrkosten der Nebenstoffe
- Lohnkosten für Auf-, Um- und Abladen der Nebenstoffe

Die Kostenerfassung erfolgt mit einem Erfahrungssatz (% der Lohnkosten) in den BGK, wobei Lohnkosten nicht zu berücksichtigen sind, da die Ladevorgänge i.d.R. von Magazinern erledigt werden und die Kosten der Magaziner gesamt in den Gemeinkosten der Baustelle erfaßt werden.

In dem Nachkalkulationsposten Nebenfrachten werden in der Regel nicht nur die Fracht- und Fuhrkosten der Nebenstoffe / Verbrauchsstoffe erfaßt, sondern auch die Fracht- und Fuhrkosten für

- Kleingeräte und Werkzeuge
- Ersatzteile für die Geräte
- Büroausstattung
- Sonstige Ausrüstung und Kleinmaterialien.

Für die Erfassung der Hauptstoffe (im wesentlichen sind dies die Baustoffe, Sonderfall: Verbaumaterial, Schalung und Rüstung) für die einzelnen Teilleistungen ist es sinnvoll, alle Stoffpreise auf die gleiche Ausgangsbasis vorzuberechnen.

Diese Ausgangsbasis ist der PREIS FREI BAULAGER für jeden Stoff. Er schließt alle Kosten, die bis zur Lagerung auf der Baustelle anfallen, mit ein. Es sind also auch die Ablade und Stapelkosten auf der Baustelle mit aufzunehmen. Außerdem wird der durchschnittlich bei Lagerung, Transport und Verarbeitung auf der Baustelle auftretende Verlust der Baustoffe eingerechnet.

Zum Beispiel: Streuverluste bei Zement ca. 1 bis 2%
                  Bruchverluste bei Ziegel ca. 3 bis 5%.

Daneben sind auch Toleranzverluste zu berücksichtigen (Kauf des Stahles mit einem Preis pro Tonne, Abrechnung bei der Bauleistung mit dem Nenngewicht = Mindestgewicht).

Die durchschnittlichen Verluste sind mit %-Zuschlägen (Nachkalkulationswerte) auf den Hauptstoff samt Fracht- und Fuhrkosten und Abladekosten zu berücksichtigen.

Die Angebotspreise der Lieferanten für die Stoffe können sein:

FREI BAUSTELLE er umfaßt alle Kosten einschließlich den Transport bis zur Baustelle

AB WERK er umfaßt nur die Kosten einschließlich der Beladung im Werk

FREI STATION er umfaßt alle Kosten, auch die Frachtkosten bis zur betr. Bahnstation (seltener Fall!)

Dementsprechend ist eine mehr oder weniger umfangreiche Vorberechnung des Stoffpreises zum Stoffpreis frei Baulager vorzunehmen.

Selten wird man auch eine GRUNDSTOFFPREIS-Vorberechnung durchführen müssen. Dies ist dann der Fall, wenn auf der Baustelle eine Kombination von Hauptstoffen mehrfach vorkommt. Anteilige Nebenstoffe werden in diese Vorberechnung normalerweise einbezogen.

Die wichtigsten Beispiele für diesen Fall sind Beton und Mörtel, der auf der Baustelle selbst gemischt wird und aus den Hauptstoffen Bindemittel und Zuschlagstoffen besteht. Transportbeton und Fertigmörtel werden vom Hersteller frei Baustelle geliefert, direkt in das Baustellentransportgerät (Krankübel, Betonpumpe, Mörtelkasten) bzw. in ein Baustellensilo übergeben. Sie sind wie ein Hauptstoff zu behandeln und meist nur mehr mit dem Verlustanteil zu beaufschlagen.

Zum besseren Verständnis sind folgend *Beispiele* angefügt:

1. Hauptstoffvorberechnung frei Baulager für Silozement CEM I 32,5 R frei Baustelle
   Ausgangsbasis:
   Lieferantenangebot frei Baustelle samt Einblasen in Baustellenzementsilo

Menge	Einh.	Stoff	Std.	Sonstige Kosten (DM)
1	t	Zem. CEM I 32,5 R frei Baust.	-------	136,--
		Abladen und Stapeln:	-------	--------
		Verlust: 2%	-------	2,72
		frei Baulager	0,00	138,72

2. Hauptstoffvorberechnung frei Baulager für Betonsand Körnung 0/8
   Ausgangsbasis:
   Lieferantenangebot ab Werk samt Beladung des LKW

Menge	Einh.	Stoff	Std.	Sonstige Kosten (DM)
1	t	Betonsand 0/8 ab Werk	-------	12,50
		Transport zur Baustelle *)		15,52
		Abladen + Stapeln **)	0,05	-------
		Zwischensumme	0,05	28,02
		Verlust: 3%	0,00	0,84
		frei Baulager	0,05	28,86

*) LKW   8 t Nutzlast, Einsatz auf Stundennachweis,
         Verrechnungssatz 82,80 DM/Std
         Umlaufzeit pro Fuhre geschätzt 1,5 Std

         (1,5 Std · 82,80 DM/Std) : 8 t = 15,52 DM/t

**) Schrapperfahrer während der Anlieferung während der Betonierpausen erforderlich,
    anteilig ca. 0,05 Std/t

3. Grundstoffpreisberechnung für 1 m³ fertig verdichteten Beton B 25
    Betonrezept nach vorheriger Überprüfung der Ausgangsstoffe

Bedarf	Einh	Stoff	Stoffpreis Std	frei Baul./Einh. Sonstige Kosten	gesamt Std	Sonstige Kosten
0,310	t	CEM I 32,5 R	----	138,72	-----	43,--
0,965	t	Betonsand o/8	0,05	28,86	0,048	27,85
0,458	t	Betonkies 8/16	0,05	26,20	0,023	12,00
0,577	t	Betonkies 16/32	0,05	26,00	0,029	15,00
0,35	m³	Wasser *)	----	4,00	-----	1,59
3,0	kWh	Betriebsstoff **)	----	0,83	-----	2,50
DM/m³ verd. B25 ab Baustellenmischanlage					0,10	101,94

*) Es wird hier normalerweise nicht nur das reine Anmachwasser erfaßt, sondern das im Durchschnitt mit der gesamten Betonherstellung und Betonverarbeitung erforderliche Wasser: Anmachwasser + Wasser für Vornässen der Schalung, Reinigen der Geräte und Nachbehandlung des Betons.

**) Der Betriebsstoffverbrauch kann aus dem durchschnittlichen Kraftstoffbedarf der Mischanlage und der gesamten Mischspieldauer abgeschätzt werden. Der kWh-Preis beinhaltet auch die Schmierstoffe.

Die Kostenermittlung für die Haupt- und Grundstoffe schließt zunächst mit dem zweifachen Kostenansatz für Arbeitsstunden und Sonstige Kosten ab. Eine Berechnung des gesamten DM-Wertes durch Multiplikation der Std · Mittellohn und eine Zusammenfassung von Lohn und Sonstige Kosten wäre falsch, da später Lohn und Sonstige Kosten verschieden hoch mit Umlagekosten beaufschlagt werden.

SONDERFALL SCHALUNG

Der Sonderfall der Stoffberechnung bei Rüst-, Schal- und Verbaumaterial wird am wichtigsten Teil, den Betonschalungskosten, dargestellt. Bei Rüst- und Verbaumaterial ist die gleiche Problematik gegeben.

Der Sonderfall ergibt sich aus der Tatsache, daß der Bauhilfsstoff Schalung meist mehrfach, aber bei den verschiedenen Baustellen unterschiedlich oft eingesetzt werden kann. Die unterschiedlichen Einsatzzahlen der Schalung ergeben sich in Abhängigkeit von

- der Art der Schalung

- der Art des einzuschalenden Bauteiles

- der Art des Bauwerks mit Unterteilmöglichkeiten in mehrere Betonierabschnitte, die nacheinander mit dem gleichen Schalmaterial geschalt werden können.

Die Möglichkeiten des Kostenansatzes bei Schalungen sind:

- Abschätzung der Kosten pro m² Schalfläche über den Materialverlust je Einsatz. Anwendung vor allem bei konventioneller Holzschalung.

- Berechnung der Schalung entsprechend der Gerätekostenberechnung bei Einsatz von industriell vorgefertigtem Schalungsgerät.

- Ansatz der Kosten der Schalung mit einem Verrechnungssatz. Ein Verrechnungssatz ist ein betriebsintern festgelegter Betrag, z.B. für einen m² Schalung, zur innerbetrieblichen Leistungsverrechnung zwischen Hilfsbetrieben und Baustellen. Er wird gestützt auf Nachkalkulationswerte auf Grund von geplanten Kosten für eine Abrechnungsperiode gebildet.

Die Fracht- und Fuhrkosten der Schalung sind in jedem Fall getrennt zu erfassen, da das Schalmaterial unterschiedlich oft auf einer Baustelle und meist bei mehreren Positionen zum Einstz kommt. In der Regel muß es aber nur einmal an- und abtransportiert werden.

Es ist daher sinnvoll die An- und Abtransportkosten der Schalungsteile bei den Transportkosten der Position Baustelleneinrichtung (BStE) zu erfassen. Ist im Leistungsverzeichnis eine Position BStE nicht vorhanden, sind die Baustelleneinrichtungskosten samt den Transportkosten für Schalung in den Gemeinkosten der Baustelle aufzunehmen.

Nur im Sonderfall der Verwendung von Schalmaterial nur für eine einzige Position des Leistungsverzeichnisses wäre es möglich, die Transportkosten direkt in dieser Position zu erfassen. Hierbei besteht allerdings das Risiko, daß die einmalig auftretenden Transportkosten auf die im Leistungsverzeichnis bei dieser Position angesetzte Menge verteilt werden. Kommt eine geringere Menge zur Ausführung und Abrechnung, obwohl die volle Schalungsmenge erforderlich war, so fehlt somit ein gewisser Transportkostenanteil.

Folgend wird die ERMITTLUNG DER SCHALUNGSKOSTEN BEI KONVENTIONELLER HOLZ-SCHALUNG ÜBER DIE ABSCHÄTZUNG DES MATERIALVERLUSTES dargestellt:

Die Kosten pro m² Nettoschalfläche ergeben sich aus

- Materialbedarf pro m² Nettoschalfläche (F netto)
- Kosten des Materials
- Materialverlust pro Einsatz.

Die NETTOSCHALFLÄCHE (F netto) ergibt sich aus der einzuschalenden Betonansichtsfläche. Durch erforderliche Überstände, besonders an Ecken, ergibt sich eine Mehrmenge an Schalungsfläche, die ca. 5 bis 10% der Nettoschalfläche betragen kann und die Bruttoschalfläche (F brutto) ergibt.

Nettoschalfläche + Überstände = Bruttoschalfläche

Die KOSTEN DES MATERIALS können nur mit dem Neupreis frei Baustelle angesetzt werden, auch wenn gebrauchtes Schalmaterial zur Verwendung kommt. Es wird nur ein gewisser Verlustanteil pro Einsatz berücksichtigt und dieser kann nur vom Neuwert ausgehen. Die Fracht- und Fuhrkosten sind wie oben dargelegt separat zu erfassen.

Der MATERIALVERLUST in % des Neuwertes des Schalmaterials pro Einsatz kann nur abgeschätzt werden über den

- mengenmäßigen Verlust durch Verschnitt und Bruch
- wertmäßigen Verlust durch die Abnutzung.

Der MENGENMÄSSIGE VERLUST ist abhängig von der Form und Größe des einzuschalenden Bauteiles. Er wird bei gerundeten, kleinformatigen, eckigen Bauteilen sehr groß sein, u. U. 100% betragen, wenn beim Ausschalen nur Bruchholz gewonnen werden kann.

Der WERTMÄSSIGE VERLUST ist abhängig von der Art des Schalmaterials und dessen möglicher Verwendungszahl. So können Bretter, wenn bei jedem Schalvorgang die Schalung komplett zerlegt werden muß, ohne Berücksichtigung des Mengenverlustes, nur ca. 4 bis 6 Einsätze überdauern. Bei Schaltafeln sind dagegen bis ca. 30 und bei Kanthölzer bis ca 4o Einsätze möglich. Dies bedeutet, zum Beispiel bei Brettern: 100% Neuwert : 4 bis 6 Einsätze ⇒ Wertverlust pro Einsatz von 25% bis 16,6%; bei den Kanthölzern: 100% Neuwert : 40 Einsätze ⇒ Wertverlust pro Einsatz von ca. 2,5%.

Der gesamte HOLZVERLUST ergibt sich aus der Summe von WERT- UND MENGEN-MÄSSIGEM VERLUST PRO EINSATZ, bewertet mit dem Neuwert des Schalmaterials frei Baustelle.

Die erforderlichen Nebenstoffe, wie Schalöl, Nägel werden meist mit einem durchschnittlichen Erfahrungssatz mit eingerechnet.

Beispiel: Wandschalung

Bedarf/m² F netto	Material	Neuwert (DM)	Verlust	DM/m² F netto u. Einsatz
0,30 m²	Bretter	14,00	100%	4,20
0,80 m²	Schaltafeln	32,00	12%	3,07
0,05 m³	Kantholz	420,00	8%	1,68
0,75 Stück	Ankerteile	18,00	5%	0,68
Zwischensumme				9,63
Nebenstoffe ca. 10% der Hauptstoffe				0,96
Materialkosten pro m² F netto und Einsatz				10,59

Die Kosten von Schalungsgerät werden analog der Kosten von Geräten berechnet. Siehe Abschnitt 2.2.4 und 2.2.7 (Beispiel) !

2.2.4 Gerätekosten

Es werden folgende Gerätearten unterschieden:

- Kleingeräte
- Großgeräte des eigenen Betriebes
- Großgeräte von Fremdfirmen angemietet.

2.2.4.1 Kleingeräte

Der Begriff Kleingerät ist mit „Geräte von geringem wirtschaftlichem Wert" definiert.

Die Grenze zwischen Kleingerät und Großgerät ist nicht allgemein gültig festgelegt. Sie wird von jeder Baufirma für den eigenen Betrieb bestimmt. Meist wird der Grenzwert für die sofortige steuerliche Abschreibungsmöglichkeit (geringwertige Wirtschaftsgüter z. Z. DM 800,00) hierfür übernommen. Dies bedeutet, daß von Art, Größe und Wert her klein erscheinende Geräte, vor allem im Vergleich zu optisch wirklich großen Geräten, unter die Großgeräte einzuordnen sind.

Ähnlich wie bei den Stoffen erläutert, werden die Kleingeräte mit geringen Kosten nicht im einzelnen kalkuliert, sondern mit durchschnittlichen Erfahrungssätzen im Bereich der Gemeinkosten der Baustelle, zusammen mit den Kosten der Werkzeuge erfaßt.

2.2.4.2 Großgeräte des eigenen Betriebes

Eine wichtige Grundlage für die Ermittlung der Kosten von Großgeräten ist die BAUGERÄTELISTE (BGL). Diese wird vom HAUPTVERBAND DER DEUTSCHEN BAU-INDUSTRIE E.V. herausgegeben und im Turnus von ca. 10 Jahren in überarbeiteter und aktualisierter Form neu aufgelegt. Die derzeit aktuelle Auflage ist die BGL 91.

Die BGL beinhaltet durchschnittliche technische und wirtschaftliche Baumaschinendaten, die für die Arbeitsplanung hilfreich und für die Kostenermittlung notwendig sind, unabhängig von Fabrikaten und Typen.

Sie ist in folgende HAUPTGERÄTEGRUPPEN gegliedert:

1. Geräte für die Betonherstellung und Materialaufbereitung
2. Hebezeuge und Transportgeräte
3. Bagger, Flachbagger, Rammen, Bodenverdichter
4. Geräte für den Brunnenbau, Erd- und Gesteinsbohrungen
5. Geräte für Straßen- und Gleisoberbau
6. Druckluft-, Tunnel- und Rohrvortriebsgeräte
7. Geräte für die Energieerzeugung und -verteilung
8. Naßbaggergeräte und Wasserfahrzeuge; Geräte für Umwelttechnik
9. Sonstige Geräte, Baustellenausstattung (Maschinen für Metall- und Holzbearbeitung, Baracken, Wellblechhallen, Bauwagen, Baucontainer, Büroeinrichtungen, Funkgeräte, Vermessungs-, Labor- und Prüfgeräte, Rüstungen, Wetterschutzhallen, Schalungen, Stützen, Büromaschinen, Büroeinrichtungen, Kommunikationsgeräte, Sonstige Geräte und Maschinen, Reifen).

Eine weitere Unterteilung erfolgt in Gerätegruppen (z.B. bei der Hauptgruppe Hebezeuge und Transportgeräte in Krane und Zubehör) und Gerätearten (z.B. bei Krane und Zubehör in Turmdrehkrane fahrbar (gleisgebunden), Turmkrane stationär, obendrehend, etc.).

In den Vorbemerkungen der BGL ist auch die „Ermittlung des Zeitwertes von Baugeräten" aufgezeigt, sowie die Einstufung, Interpolation und Bewertung von Geräten die nicht in der BGL aufgeführt sind.

Die weiteren Darlegungen folgen weitgehend den Vorbemerkungen zur Baugeräteliste.

Unter Großgerätekosten des eigenen Betriebes werden nur die VORHALTEKOSTEN des Gerätes kalkuliert. Sie setzen sich zusammen aus:

Abschreibung + Verzinsung + Reparaturkosten

a) Abschreibung

Bei diesem Kostenansatz wird die Wertminderung des Gerätes und die Erarbeitung des Wiederbeschaffungswertes innerhalb der wirtschaftlichen Nutzungsdauer berücksichtigt.

Die WIRTSCHAFTLICHE NUTZUNGSDAUER ist der Zeitraum (Jahre) in dem ein Gerät wirtschaftlich einsetzbar ist. Das heißt, der Gesamtkostenaufwand für den Betrieb des Gerätes steht in einem wirtschaftlich vertretbaren und konkurrenzfähigen Verhältnis zu seiner technischen Leistungsfähigkeit. Die Lebensdauer des Gerätes (= Zeitspanne von der Herstellung bis zur Verschrottung) wird normalerweise größer sein, als die wirtschaftliche Nutzungsdauer.

Die WERTMINDERUNG des Gerätes ergibt sich aus Verschleiß und Korrosion, die sich trotz laufender Wartung und Instandhaltung nicht ausschließen lassen, sowie durch die technische Überalterung infolge der fortlaufenden technischen Weiterentwicklung der Geräte.

Während der wirtschaftlichen Nutzungsdauer ist ein Gerät nicht ständig einer Baustelle zugeteilt. Der Wiederbeschaffungswert kann aber nur während der Zeit, in der das Gerät einer Baustelle zur Verfügung steht, erarbeitet werden. Die Zeit in der ein Gerät einer Baustelle zur Verfügung steht und anderweitig darüber nicht disponiert werden kann, wird als VORHALTEZEIT bezeichnet. Sie umfaßt nicht nur die reinen Einsatzzeiten auf einer Baustelle, sondern ergibt sich aus den folgenden Zeitabschnitten:

- Zeit für An- und Abtransport,

- Zeit für Auf- und Abbau des Gerätes, sowie für Umbau,

- die Betriebszeit,

- betriebliche Wartezeiten auf der Baustelle, sowie Verteil- u. Verlustzeiten,

- Zeit für Umsetzen auf der Baustelle,

- Stilliegezeit auf der Baustelle infolge höherer Gewalt,

- Zeit für Wartung und Pflege auf der Baustelle,

- Reparaturzeiten auf der Baustelle.

Die Vorhaltezeit wird in Monaten bemessen und ist durch die Stilliegezeiten infolge mangelnder Baustelleneinsatzmöglichkeit, Winterpause, etc. nicht deckungsgleich mit der wirtschaftlichen Nutzungsdauer.

Als Einsatzzeit des Gerätes wird die Gesamtzeit für eine bestimmte Tätigkeit bezeichnet, mit

- Vorbereitung und Abschluß, z.B. Auswechseln des Arbeitswerkzeuges, z.B. Baggerlöffel
- reiner Betriebszeit (Zeit in der das Gerät unter Last läuft und Leistung erbringt)
- baubetrieblich bedingten Wartezeiten, z. B. Warten auf korrespondierendes Betriebsmittel
- Verteil- und Verlustzeiten.

b) Verzinsung

In einem Gerät wird beim Kauf Kapital investiert. Eine Verzinsung des im Laufe der wirtschaftlichen Nutzungsdauer noch nicht abgeschriebenen Kapitals ist erforderlich, gleich ob Fremdkapital oder Eigenkapitals eingesetzt wird.

c) Reparaturkosten

Gemäß BGL entstehen die Reparaturkosten durch den Aufwand für die Erhaltung und die Wiederherstellung der Betriebsbereitschaft. Sie gliedern sich in einen INSTANDHALTUNGSAUFWAND infolge von Reparaturen während der laufenden Vorhaltezeit, um das Gerät einsatzbereit zu erhalten und einen INSTANDSETZUNGSAUFWAND infolge von Reparaturen außerhalb der Vorhaltezeiten, um das Gerät für neue Baustelleneinsätze in den bestmöglichen Betriebszustand und in volle Leistungsfähigkeit zu versetzen.

Die Reparaturkosten umfassen

- einen LOHNAUFWAND am Einsatzort oder in eigenen oder fremden Werkstätten. Gemäß BGL 91 beträgt der Lohnkostenanteil (Bruttolöhne, ohne tarifliche und gesetzliche Sozialkosten und ohne sonstige lohnbezogenen Zuschläge) 40% der Reparaturkosten,
- einen STOFFKOSTENANTEIL von 60% der Reparaturkosten (Kosten für Reparaturstoffe und Ersatzteile frei Reparaturstelle ohne Mehrwertsteuer).

Der Aufwand für Wartung und Pflege im Zusammenhang mit dem Betrieb des Gerätes ist kein Reparaturaufwand!

d) Berechnung der Vorhaltekosten

Werte für die wirtschaftliche Nutzungsdauer, die Vorhaltezeit und für monatliche Sätze für Abschreibung, Verzinsung und Reparaturkosten, können für die einzelnen Gerätearten der BGL entnommen werden (Regeln für die Interpolation nicht in der BGL aufgeführter Geräte siehe Vorbemerkung der BGL). Sinnvoll ist es jedoch, eigene Werte für die verschiedenen Gerätearten des eigenen Betriebes in einer Gerätenachkalkulation zu ermitteln, da der Beschäftigungsgrad von Betrieb zu Betrieb, das heißt die wirtschaftliche Nutzungsdauer und die Vorhaltezeit, sehr unterschiedlich ist. Eine eigene Nachkalkulation und eigene Berechnung der Ausgangsdaten für die Gerätekostenermittlung wird aber dem Berechnungssystem der BGL folgen. Es wird daher im folgenden die Gerätekostenberechnung nach BGL aufgezeigt:

Die BGL geht von folgenden Ausgangswerten und Festlegungen aus:

Die Berechnung stützt sich auf den mittleren Neuwert (ohne Mehrwertsteuer) eines Gerätes, der bei der BGL 91 Mittelwert der Listenpreise der gebräuchlichen Fabrikate auf der Preisbasis 1990 ist. Der fortschreitenden Veränderung des mittleren Neuwertes kann mit Hilfe des amtlichen „Erzeugerpreisindexes für Baumaschinen" des Statistischen Bundesamtes Wiesbaden Rechnung getragen werden. Die in der BGL angesetzten Nutzungsjahre sind identisch mit der steuerlichen AfA-Tabelle, soweit sie dort enthalten sind.

Die Abschreibung eines Gerätes wird als lineare Abschreibung mit gleich hohen Abschreibungssätzen pro Vorhaltemonat vom mittleren Neuwert während der gesamten wirtschaftlichen Nutzungsdauer getätigt. Eine Abschreibung entsprechend der tatsächlichen Wertminderung, die also degressiv anzusetzen wäre, ist im allgemeinen Wettbewerb nicht möglich. Es wäre keine gleichmäßige Kalkulationsbasis vorhanden. Bei der linearen (kalkulatorischen) Abschreibung ergeben die Summe aller gleichhohen Abschreibungsbeträge über die gesamte Nutzungsdauer den Gesamtwert.

Bei der Verzinsung wird wie bei der Abschreibung verfahren und pro Vorhaltemonat ein gleich hoher Durchschnittssatz angesetzt. Die Verzinsung ist eine einfache Zinsrechnung, als Zinssatz wird 6,5% je Jahr festgelegt.

Auch die Reparaturkosten werden mit Durchschnittswerten über die gesamte Nutzungsdauer je Vorhaltemonat angegeben. Wie bei der Abschreibung ist dies aus Kalkulationsgründen erforderlich, wenn auch der tatsächliche Reparaturkostenanfall bei einem neuen Gerät gering ist und mit zunehmendem Alter ansteigt.

Der monatliche Satz für Abschreibung und Verzinsung ergibt sich wie folgt:

$$k = a + z = \frac{100}{v} + \frac{p \cdot n \cdot 100}{2 \cdot v} \text{ (\% vom mittleren Neuwert)}$$

Der monatliche Betrag für Abschreibung und Verzinsung ergibt sich mit

$$K = k \cdot A \text{ (DM / Vorhaltemonat)}$$

Hierbei bedeuten: a = monatlicher Satz für Abschreibung

z = monatlicher Satz für Verzinsung

v = Zahl der Vorhaltemonate innerhalb der Nutzungsdauer

p = kalkulatorischer Zinssatz von 6,5%

A = mittlerer Neuwert

Der monatliche SATZ FÜR DIE REPARATURKOSTEN (% des mittleren Neuwertes) der einzelnen Gerätearten kann der BGL direkt entnommen werden. Es handelt sich um Durchschnittswerte über die gesamte Nutzungsdauer (Vorhaltemonate). Eine Anpassung an die eigenen Betriebsverhältnisse ist notwendig, eigene Nachkalkulationswerte sind vorzuziehen.

Der monatliche REPARATURKOSTENBETRAG bei mittelschweren Betriebsbedingungen, bei einschichtiger Arbeitszeit und sachgemäßer Wartung und Pflege beträgt

$$R = r \cdot A \text{ (DM / Vorhaltemonat)}$$

Die gesamten VORHALTEKOSTEN sind somit

$$V = K + R \text{ (DM / Vorhaltemonat)}$$

Für die Berechnung der Vorhaltekosten sind in der BGL folgende Zeiteinheiten festgelegt:

1 Vorhaltemonat   =   30 Kalendertage   =   170 Vorhaltestunden
1 Vorhaltetag   =   8 Vorhaltestunden

GERÄTEÜBERSTUNDEN sind die über 170 Vorhaltestunden je Monat anfallenden Einsatz-
stunden. Bei kürzerer Vorhaltezeit als ein Monat sind es die den entsprechenden Anteil
übersteigenden Stunden. Keine Geräteüberstunden werden angesetzt für Baustromver-
teiler, Transformatoren, Rohrleitungen für Luft- und Wasserversorgung, Behälter, Ar-
maturen, Windkessel, Bauwagen, Wasch- und Toilettenwagen, Baracken, Baubuden,
Container, Gerüste, Büroeinrichtungen, Meß- und Prüfgeräte, PKW.

STILLIEGEZEITEN innerhalb der Vorhaltezeit durch höhere Gewalt oder vergleichbare
Umstände, die das Stillegen des Gerätes zur Folge hat, sind gemäß BGL nur zu berücksichtigen, wenn sie mit mehr als 10 aufeinanderfolgenden Arbeitstagen auftreten. In
solchen Fällen gilt:

Für die ersten 10 Kalendertage die vollen Vorhaltekosten, vom 11. Kalendertag an 75%
der Abschreibung und Verzinsung und für Wartung und Pflege 8% der Abschreibung
und Verzinsung; Reparaturkosten entfallen.

ERFASSUNG DER GERÄTEKOSTEN IN DER KALKULATION

Es werden in der Kalkulation erfaßt, die

BEREITSTELLUNGSGERÄTE, die allgemein für die Gesamtheit der Baustelle einsatzbereit
stehen,

– mit den Vorhaltekosten in den Gemeinkosten der Baustelle

– mit den einmaligen Kosten für An- und Abtransport, Auf- und Abbau, Umbau in der
  Position Baustelleneinrichtung, bzw. wenn diese nicht vorgesehen ist, in den Gemeinkosten der Baustelle

– mit den Lohn- und Betriebsstoffkosten in den Einzelkosten, (ist dies nicht möglich,
  Erfassung in den Gemeinkosten der Baustelle)

LEISTUNGSGERÄTE, die mit ihren Einsatzzeiten eindeutig Teilleistungen zuzuordnen sind,

– mit den Vorhaltekosten der Einsatzzeiten in der betr. Teilleistung (Einzelkosten),

– mit den restlichen Vorhaltekosten (Vorhaltezeit – Einsatzzeiten) in den Gemeinkosten
  der Baustellle,

– mit den einmaligen Kosten für An- und Abtransport, Auf- und Abbau, Umbau in der
  Position Baustelleneinrichtung (Einzelkosten) bzw. in den Gemeinkosten der Baustelle, wenn im LV keine Position Baustelleneinrichtung vorgesehen ist,

– mit den Lohn- und Betriebsstoffkosten in den Einzelkosten.

Bei der Kalkulation mit dem Verfahren über die Angebossumme ist es notwendig, für die
zu kalkulierende Baustelle eine GERÄTELISTE aufzustellen, mit den gesamten Geräten,
die auf dieser Baustelle im Auftragsfalle voraussichtlich zum Einsatz kommen.

In dieser ist enthalten:

- Zahl und Art der Geräte,

- Gewicht der Geräte, u. U. mit Unterteilung je nach Transportart,

- Vorhaltezeit,

- Abschreibung und Verzinsung je Vorhaltemonat und für die gesamte Vorhaltezeit,

- Reparaturkosten je Vorhaltemonat und für die gesamte Vorhaltezeit.

Eine Aufteilung der Vorhaltekosten in Abschreibung mit Verzinsung und Reparaturkosten ist sinnvoll, wenn im Zuge der Preisbildung Veränderungen in den Gerätekostenansätzen vorgenommen werden sollen. Bei einer Kostenermittlung mit EDV-Hilfe ist dies mit geringstem Aufwand durchführbar.

Bei Leistungsgeräten, die bei mehreren Positionen (Teilleistungen) zum Einsatz kommen, ist es sinnvoll, eine Vorberechnung der Gerätekosten pro Vorhaltestunde aufzustellen. Beispiele für eine Geräteliste und eine Gerätekostenvorberechnung werden unter Punkt g.) aufgeführt.

e) Betriebsstoffkosten der Geräte

Die BGL gibt auch Anhaltswerte für den Betriebsstoffverbrauch, die herangezogen werden können, wenn keine Nachkalkulationswerte für die eigenen Geräte vorliegen. Grundlage für die Werte gem. BGL sind die Motorleistung in Kilowatt (kW) gem. DIN ISO 3046. Allgemein wird der Kraftstoffverbrauch unter Berücksichtigung der betriebsbedingten Unterbrechungen mit 135 bis 200 g/kWh angegeben (0,84 kg/l). Die Kosten für den Schmierstoffverbrauch sind mit 10 bis 12% der Kraftstoffkosten angegeben. In der Praxis üblich ist jedoch ein Zuschlag für die Schmier- und Wartungsstoffe von 10 bis 20% der Kraftstoffkosten. Eigene Nachkalkulationswerte sind auch hier sinnvoll.

f) Transportkosten der Geräte

Bei den Gerätetransporten ist zu unterscheiden zwischen

- selbstfahrenden Geräten, z. B. Mobilbagger, Radlader, die zum öffentlichen Verkehr zugelassen sind. In der Regel wird dies aber nur bei relativ kurzen Strecken im Nahbereich ausnutzbar sein. Bei großen Entfernungen wird auch bei selbstfahrenden Geräten ein Transport mit Hilfe eines schnelleren Transportmittels notwendig sein.

- Geräte die ein spezielles Transportmittel benötigen, z.B. Raupenbagger auf Tieflader; Krantransport, wenn nicht mit Straßenfahrwerk möglich auf Tieflader + Sattelzug.

- Geräte die mit den allgemein üblichen Lastkraftwagen transportiert werden können.

Bei den selbstfahrenden Geräten sind auf Grund einer Zeitabschätzung für die betreffende Fahrstrecke, der Aufwand und daraus die Kosten für den Transport zu ermitteln. Im wesentlichen sind dies die Lohnkosten des Geräteführers und die Betriebstoffkosten. Die Vorhaltekosten werden mit dem Ansatz restliche Vorhaltekosten bzw. mit den Vorhaltekosten in den Gemeinkosten der Baustelle erfaßt.

Bei den Geräten, die spezielle Transportmittel benötigen, ist ebenso zu verfahren. Es sind die Kosten durch das Gerät selbst (Betriebstoff, Lohn des Geräteführers) und durch die speziellen Transportmittel anzusetzen, sowie der Aufwand für Verladung und Entladung (z.B. Autokranhilfe).

Bei den Geräten, die mit allgemein gängigem Transportmittel zur Baustelle und zurück befördert werden, bei kleineren Geräten in Sammeltransporten, wird i.d. Regel ein durchschnittlicher Ansatz pro Tonne Gerät vorgenommen. Er umfaßt den Zeitaufwand für das Auf- und Abladen und den „Sonstigen Kostenaufwand" (Transportmittel). Dieser Ansatz kann für verschiedene Geräteartengruppen, aber auch für Rüstung und Schalung und sonstige Baustellenausstattung und Bauhilfsstoffe mit unterschiedlicher Ausnutzbarkeit der Transportmittelnutzlast (Sperrigkeit der Geräte) verschieden groß sein. Weiter ist eine Festlegung von Transportzonen mit stufenweise gestaffelten Transportentfernungen und entsprechenden Transportkosten möglich und sinnvoll.

g) Beispiele zur Gerätekostenermittlung

1. Berechnung der Einsatzkosten pro Stunde bei einem Leistungsgerät:

Hydraulikbagger auf Rädern, 70 kW Motorleistung, mit Schild- und Klapparmabstützung, Ausleger, Hydraulikzylindern, Tieflöffel 0,900 m³
Gem. BGL: Mittlerer Neuwert   355.600,00 DM
            7 Nutzungsjahre   60 - 55 Vorhaltemonate

Abschreibung und Verzinsung 2,0 - 2,2% vom mittleren Neuwert, gewählt 2,0%
            2% von 355.600,00 DM   = 7.112,00 DM/Monat

Reparaturkosten 1,6% vom mittleren Neuwert
            1,6% von 355.600,00 DM   = 5.689,60 DM/Monat
            Lohnanteil 40%, lohngebundene Kosten (Sozialaufwand), Annahme 102%
            0,40 · 5.689,60 DM · 1,02   = 2.321,35 DM/Monat
            Reparaturkosten gesamt 5.689,60 + 2.321,35   = 8.010,95 DM/Monat

Vorhaltekosten pro Monat
            7.112,00 + 8.010,95   = 15.122,95 DM/Monat

Vorhaltekosten pro Vorhaltestunde
            (7.112,00 + 8.010,95) DM : 170 Std/Monat   = 88,96 DM/Std

Betriebsstoffkosten pro Stunde
            Zuschlag für Schmier- und Wartungsstoffe 20% $\Rightarrow$ Faktor 1,20
            Dieselkraftstoffkosten 1,25 DM/l
            70 kW · (0,17 kg/kWh : 0,84 kg/l) · 1,25 DM/l · 1,20
                                                              = 21,25 DM/Std

Betriebslohn pro Stunde
            Geräteführer
            + Zuschlag für Wartung und Pflege im Dauereinsatz von 10%
            = 1,00 Arbeits-Std/Std · 1,10   = 1,10 Arbeits-Std/Std

2. Geräteliste für ein Hochbaustelle (Gewerbebau mit FT-Halle)

ZAHL	GERÄTEBEZEICHNUNG	MOTOR-L. [KW]	GEWICHT [t]			VORHALTE-ZEIT [MON]	ABSCHREIBUNG UND VERZINSUNG		REPARARTURKOSTEN	
			JE EINHEIT	GES. I	GES. II		JE VORHALT.-MONAT	GESAMT [DM]	JE VORHALT.-MONAT	GESAMT [DM]
1	Hydraulikbagger auf Rädern									
	mit Schild- u. Klapparmabst.,									
	mit Ausl., Hydr.-Zyl., Tieflöffel 0,9 m³	70	20,330	20,330		1/2	7.112,00	3.556,00	5.689,60	2.844,80
1	Kran ohne Fahrw., untendrehend,									
	Katzausl., teleskopierb. Turm,									
	Ausladung 27,0 m, Lastmom. 28,0 tm	17-22	14,330	14,330		8	2.907,00	23.256,00	1.522,00	12.176,00
1	Krankübel mit Bodenentl. und									
	Segmentverschluß 500 l		0,200		0,200	8	36,00	288,00	25,50	204,00
1	Frequenz- u. Spannungsumwandler		0,135		0,135	8	151,00	1.208,00	109,00	872,00
2	El. Innenrüttler d = 80		0,031		0,062	8	167,00	2.672,00	129,00	2.064,00
1	Tischkreissäge d = 35		0,394		0,394	8	169,00	1.352,00	103,00	824,00
1	Baustromschrank AV 125		0,120		0,120	10	57,00	570,00	38,00	380,00
2	Baustromschrank V 25		0,030		0,060	8	15,50	248,00	10,50	168,00
125 m²	Tafelschalung komplett		0,055		6,875	1	8,50	1.062,50	10,60	1.325,00
1700 m²	Stahlrahmengerüst 1,00 m		0,018		30,600	6	2,20	22.440,00	1,46	14.892,00
2	Unterkunftscontainer 4,00/2,50		2,200	4,400		iMi 9	304,00	5.472,00	213,00	3.834,00
1	Magazincontainer 6,00/2,50		2,200	2,200		10	152,00	1.520,00	84,00	840,00
1	Sanitärcontainer 4,00/2,50		2,020	2,020		10	386,00	3.860,00	289,50	2.895,00
1	Bürocontainer 4,00/2,50		1,900	1,900		9	270,00	2.430,00	189,00	1.701,00
	Weitere Geräte und									
	Baustellenausstattung ca.			7,600				9.237,50		7.859,00
	GESAMT			**46,046**				**79.172,00**		**52.878,80**

Anmerkungen zur Geräteliste:

Die angeführte Geräteliste ist nicht vollständig und wäre zu ergänzen. Diesem Umstand wurde mit dem Sammelposten „Weitere Geräte und Baustellenausstattung" Rechnung getragen. Die eingesetzten Werte für Gewichte, Abschreibung + Verzinsung und Reparaturkosten sind der BGL entnommen. Für Abschr. + Verz. ist der kleinere Kostenwert eingesetzt.

Die Gewichte der Geräte wurden in 2 Spalten aufgeteilt:

Gesamtgewicht I   =   Gewicht der Geräte, deren Transport individuell zu kalkulieren ist,
Gesamtgewicht II   =   Gewicht der Geräte, deren Transport mit durchschnittlichem Erfahrungssatz pro Tonne Gewicht kalkuliert werden kann.

Die Vorhaltezeit des Baggers und der Tafelschalung in der Geräteliste ist nur die Differenzzeit von Vorhaltezeit und Einsatzzeiten (Kosten der Einsatzzeit in EKT).

Die Reparaturkosten umfassen noch keinen Lohnanteil, der wie folgt zu ermitteln ist:

Reparaturkosten ohne lohngebundene Kosten, gem. Geräteliste	DM 52.878,80
Lohnanteil 40%, Lohngeb. Kosten 102% 40% von 52878,80 DM · 1,02	= DM 21.574,55
Gesamtreparaturkosten incl. lohngeb. Kosten	DM 74.453,35
Abschreibung und Verzinsung gem. Geräteliste	DM 79.172,00
Gesamte Vorhaltekosten auf Grund Geräteliste	DM 152.625,35

2.2.4.3 Großgeräte von Fremdfirmen angemietet

Bei Anmietung von Fremdgerät ist in jedem Falle Leistung und Mietpreis gemäß nachfolgend aufgezeigter Möglichkeiten eindeutig in einem Mietvertrag festzulegen. Musterverträge sind im Handel. So wurden zum Beispiel Musterverträge vom „Hauptverband der Deutschen Bauindustrie e.V." ausgearbeitet.

Werden Fremdgeräte angemietet, so ist je nach Vereinbarung im Mietpreis enthalten:

a.) bei Anmietung ohne Betriebskosten, das heißt Bedienung und Betriebsstoff durch den Anmieter:

– Vorhaltekosten

– Kosten für Geräteversicherungen und gegebenenfalls Steuern

– Anteilige Kosten für Allgemeine Geschäftskosten des Vermieters

– Zuschlag für Wagnis und Gewinn

b.) bei Anmietung mit Betriebskosten, das ist der Regelfall, kommen hinzu:

– der Betriebslohn (Lohn des Geräteführers) einschließlich lohngebundene Kosten

– die Betriebsstoffkosten einschließlich der Schmier- und Wartungsstoffe

– die Kosten für Wartung und Pflege

– ein weiterer Anteil für Allgemeine Geschäftskosten und Wagnis und Gewinn, entsprechend dem zusätzlichen Aufwand.

Die Abrechnung erfolgt je Zeiteinheit (Std, Tag).

Weiter werden in der Regel Kosten für An- und Abtransport, Auf- und Abbau und Umbau anfallen. Hierfür sind eigenen Preisansätze zu vereinbaren. Auch die Frage der Mietdauer bzw. der Freimeldefrist, der Kosten von Stilliegezeiten und Reparaturzeiten des angemieteten Gerätes auf der Einsatzstelle sind vertraglich zu regeln.

Bei einer Vermietung eigener Geräte an Fremdfirmen ist in gleicher Weise zu verfahren!

2.2.5 Betriebskosten besonderer Geräte und Anlagen

Wie bereits bei den Gerätekosten dargelegt, ist es sinnvoll entsprechend dem Verursacherprinzip, die Betriebskosten eines Gerätes, von Anlagen (Kombination mehrerer Geräteeinheiten) und von Bereitstellungsgeräten, in den Einzelkosten zu erfassen. Es treten jedoch Fälle auf, bei denen dies nicht möglich ist. So können zum Beispiel bei einem Stromaggregat, mit dem Strom für eine ganze Baustelle erzeugt wird, die Lohnkosten für Bedienung, Wartung und Pflege des Gerätes, sowie die Betriebsstoff-, Schmier- und Wartungsstoffkosten nicht direkt auf die Einzelkosten umgelegt werden. Es kann nur eine Erfassung der Betriebskosten in den Gemeinkosten der Baustelle und damit eine allgemeine Verteilung auf alle Einzelkosten in Frage kommen.

Weitere Beispiele hierfür können sein:

- Eine Druckluftanlage (Kompressorenstation mit Windkessel etc.) zur Druckluftversorgung einer Baustelle, die in größerem Umfange mit Druckluftgeräten arbeitet.

- Kiessiebanlagen und sonstige Materialaufbereitungsanlagen, die für mehrere Positionen des Leistungsverzeichnisses Material sieben, bzw. aufbereiten. Eine Aufteilung
  der Betriebskosten ist infolge des unbekannten Anteils der verschiedenen Material-
  komponenten nicht möglich oder nur grob abschätzbar.

Auch im Sinne einer besseren Möglichkeit für die Durchführung einer technischen
Nachkalkulation kann es u. U. sinnvoll sein, die Betriebskosten besonderer Geräte eigens
in den Gemeinkosten der Baustelle zu erfassen.

2.2.6 Leistung Dritter für die Bauausführung

Leistungen Dritter können bei einer Kostenermittlung für ein Angebot in den zwei folgenden Arten auftreten:

a) Fremdarbeit

Dies ist die Mitarbeit Dritter an Teilleistungen mit genauer Arbeitsanweisung durch den
Polier der Baustelle.

Der Umfang der Tätigkeit wird im Verhältnis zur Gesamtleistung untergeordnet sein. Die
Vergütung erfolgt auf Nachweis der erbrachten Arbeitszeit und gegebenenfalls des Material und Geräteeinsatzes zu den vereinbarten Regiesätzen. Eine Gewährleistungsüber-
nahme durch den Dritten erfolgt in der Regel nicht. Der Aufwand für die Betreuung der
Fremdarbeit und das damit verbundene Risiko ist etwa gleich wie bei Ausführung mit
eigenen Arbeitskräften. Dies bedeutet, daß diese Fremdarbeitskosten unter der Rubrik
„Sonstige Kosten" bei den betreffenden Teilleistungen zu erfassen sind. Die Beaufschlagung mit Umlagekosten kann mit dem gleichen Satz wie bei allen „Sonstigen Kosten"
erfolgen. Bei erhöhtem Aufwand und Risiko ist aber auch eine entsprechend höhere
Beaufschlagung möglich und sinnvoll. Eine getrennte Erfassung der Fremdarbeitskosten
bei der Einzelkostenermittlung ist dann notwendig.

Beispiel:

Ein Schlossermeister muß für eine Teilleistung kleinere Schweißarbeiten mit Nachweis
des Aufwandes ausführen. Für restliche kleinere Baggerarbeiten wird ein angemieteter
Bagger auf Nachweis eingesetzt. Zur Kalkulation werden die entsprechenden Regiesätze
eingeholt bzw. abgeschätzt.

b) Fremdleistung = Nachunternehmerleistung

Im Gegensätz zur Fremdarbeit übernimmt ein anderer Unternehmer eine klar abgegrenzte
und eindeutig beschriebene Leistung, mit festgelegten allgemeinen Vertragsbedingungen
gemäß dem vorliegenden Leistungsverzeichnis und mit einer fest vereinbarten Vergütung. Meist handelt es sich um Leistungen, für die der eigene Betrieb nicht eingerichtet
ist und nicht die geeigneten Fachkräfte hat. Im Regelfalle wird zur Angebotsbearbeitung
von der Baufirma eine eigene Ausschreibung für diese geplante Nachunternehmerlei-

stung durchgeführt. Im Auftragsfalle wird der günstigste Nachunternehmer mit Zustimmung des Auftraggebers den Auftrag für diese abgegrenzte Leistung erhalten. Es wird mit ihm ein Nachunternehmervertrag abgeschlossen. Da der Nachunternehmer für die Erbringung der vertraglich festgelegten Leistung selbst verantwortlich ist, die Arbeitsdurchführung in Absprache mit dem Hauptunternehmer selbst organisieren und überwachen muß, für seine Leistungen die Gewährleistung übernehmen muß und die Risiken selbst tragen muß, ist der Hauptunternehmer an Aufwand und Risiko entlastet. Er ist aber nicht ganz freigestellt. Eine Koordination und Mitüberwachung bleibt bei ihm, da er dem Auftraggeber gegenüber für die Nachunternehmerleistung volle Verantwortung trägt. Auch Restrisiken bleiben bestehen (Nachunternehmer geht während der Arbeitsausführung oder während der Gewährleistungszeit in Konkurs!). Die Kosten der Nachunternehmerleistungen können daher mit einem geringeren Aufschlag für die Abdeckung des reduzierten Aufwandes, Risikos und damit auch des Gewinnanspruch des Hauptunternehmers versehen werden, als die eigene Leistung.

Im klassischen Falle, bei dem auch eine größere Nachunternehmerleistung einen untergeordneten Anteil an der Gesamtleistung ausmacht, der Hauptunternehmer den wesentlichen Teil der Gesamtleistung selbst ausführt, liegt der Zuschlag auf Nachunternehmerleistungen im Bereich zwischen 6 bis 20% der Nachunternehmerleistung. Der Fall der Weitervergabe von großen Teilen der Gesamtleistung wird im Abschnitt 2.3 behandelt.

2.2.7 Einzelkosten der Teilleistungen

Dies sind alle Kosten, die direkt den Teilleistungen (Positionen des Leistungsverzeichnisses) zugerechnet werden können.

Die Mindestuntergliederung der Einzelkosten in Einzellohnkosten, Sonstige Kosten und Fremdleistung und der Vorteil einer weiteren Unterteilung wurde bereits im Abschnitt 2.2.1 „Kostengliederung, Verfahren" angesprochen. Inwieweit die Unterteilung der „Sonstigen Kosten" erfolgen soll, hängt von Art und Größe des betreffenden Bauobjektes ab. Eine eigene Erfassung ist nur bei umfangreichen und wichtigen Kostenelementen sinnvoll.

Die Zahl der unterschiedlichen Zuschlagssätze auf die „Sonstigen Kosten" zur Abdeckung der Umlagekosten soll möglichst gering gehalten werden und die Zahl 4 nicht überschreiten.

Bei der Durchführung der Kalkulation über die Angebotssumme ist es notwendig, nicht nur den Aufwand pro Leistungseinheit zu ermitteln, sondern auch den Aufwand für die Gesamtheit der einzelnen Positionen und die Gesamtheit der Angebotsleistung. Für all diese Aufgaben sind zur manuellen Bearbeitung Kalkulationsformulare im Handel, bzw. wurden von den Firmen selbst für ihre Bedürfnisse entwickelt.

Grundlage für die Ermittlung der Einzelkosten der Teilleistungen ist, wie bereits besprochen, ein baubetriebliches Grobkonzept, aus dem sich die für die Einzelkostenermittlung erforderlichen Aufwands- und Leistungswerte samt zugehörigem Gerät ableiten lassen.

Am Beispiel einiger Positionen soll diese Einzelkostenermittlung nachfolgend aufgezeigt werden.

Zunächst noch einige Worte zum Problem Baustelleneinrichtung.

Normalerweise ist die Baustelleneinrichtung als eigene Position im Leistungsverzeichnis erfaßt, häufig mit dem Zusatz „einschließlich der Vorhaltung aller Geräte und Einrichtungen". Somit ist die Baustelleneinrichtung Teil der Einzelkosten.

Fehlt im Leistungsverzeichnis die entsprechende Position, sind die Kosten der Baustelleneinrichtung in den Gemeinkosten der Baustelle zu erfassen.

Bei eigener Position BStE stellt sich die Frage, wo die zeitabhängigen Kosten (hauptsächlich Vorhaltung der Geräte und Einrichtungen, Unterhalt der Baustelleneinrichtung) zu erfassen sind. Bei sachlich richtigem Leistungsverzeichnis mit zutreffenden Mengenangaben, wird es richtig sein, die einmaligen Kosten (An-, Abtransport, Auf-, Abbau, usw.) in der Position Baustelleneinrichtung und die zeitabhängigen Kosten in den GKdB zu erfassen. Dies bedeutet:

Verringert sich der Gesamtmengenumfang gegenüber dem Ansatz im Leistungsverzeichnis, kommen auch weniger zeitabhängige Kostenelemente zur Vergütung, da die Gemeinkosten auf die Einzelkosten umgelegt werden müssen. Vergrößert sich der Gesamtmengenumfang ist es umgekehrt, der Aufwand an entsprechenden Kosten wird aber auch steigen.

Die zeitabhängigen Kosten in die Position Baustelleinrichtung aufzunehmen birgt also die Gefahr eines Verlustes bei einer Gesamtmengenmehrung und damit eventuell verbundener größerer Ausführungszeit. Nur im Falle überzogener Mengen im LV und einer sicheren geringeren Ausführungsgesamtmenge ist die pauschale Erfassung der zeitabhängigen Kosten für die Baufirma von Vorteil und führt bei entsprechenden Vermutungen zur Spekulation in der Kalkulationsphase.

Die gleiche Problematik ist gegeben, falls keine Position Baustelleneinrichtung vorgesehen ist. Die gesamten Kosten der Baustelleneinrichtung müssen in den Gemeinkosten erfaßt und auf der Mengenbasis des LV auf die Einzelkosten umgelegt werden. Bei einer gegenüber dem Leistungsverzeichnis geringeren Gesamtabrechnungsmenge sind Teile dieser Kosten nicht abgedeckt.

Eine eindeutige Lösung ist eine eigene pauschale Position im LV für die zeitabhängigen Kosten, wobei in der Endabrechnung diese Pauschalsumme im gleichen Verhältnis verändert wird wie sich Angebotsendpreis zur Endabrechnungssumme verändert.

Beispiele zur Ermittlung der Einzelkosten:

Hierzu werden folgende Positionen eines Leistungsverzeichnisses herangezogen:

Pos 1. Baustelleneinrichtung und Räumung mit An- und Abtransport, Auf-, Ab- und Umbau aller erforderlichen Geräte und Einrichtungen, samt deren Vorhaltung, samt eines Fassadengerüstes für alle Gebäudeteile mit 1700 m² Fassadenfläche
pauschal   DM ....

Pos 3. Baugrubenaushub, Bodenklasse 3 - 4, Aushubtiefe bis 3,50 m, incl. Abtransport des Aushubmaterials zur freien Verfügung des Auftragnehmers
ca. 2.100.000 m³   à DM ....   DM ....

Pos 15.   Stb-Wände B 25 für die Kellerumfassung, d = 36,5 cm, h = 3,00 m, samt beidseitiger
          Schalung mit glatter Oberfläche, so daß unmittelbar auf die Betonoberfläche ein Anstrich
          bzw. die Abdichtung aufgebracht werden kann
          ca. 87,500 m³   à DM ....   DM ....

Pos 19.   Stb-Stützmauer B 25, d = 30 cm, h = 1,50 bis 2,75 m, mehrfach abgewinkelt, Oberfläche
          im Gefälle sauber abgescheibt. Samt Schalung als Brett-Schaltafelschalung, rastermäßig
          aufgeteilt
          ca. 19,000 m³   à DM ....   DM ....

Pos 29.   Betonstabstahl 500 S, schneiden, biegen und verlegen, Abrechnung nach Stahlliste
          Stahldurchmesser 6 bis 12 mm
          ca. 6,500 to   à DM ....   DM ....

Pos 37.   Mauerwerk aus HLZ 12 - 1,2-II, d = 24 cm, 2 DF , h = bis 3,25 m, für tragende Zwi-
          schenwände in allen Geschossen.
          ca. 128,000 m³   à DM ....   DM ....

POS. LV.	EINZELKOSTENENTWICKLUNG	MENGE, EINHEIT	STD.	SONSTIGE KOSTEN	GERÄTE, BETR.-ST.	SCHALUNG, RÜSTUNG			NACHUNT. LEISTUNG
1)	**Baustelleneinrichtung**	pauschal							
	An- und Abtransport								
	Allgemeingeräte - gem. Geräteliste 46,046 t								
	2 · (1,50 Std. + 35,- DM)/t · 46,046 t		138,14	3.223,22					
	Hydraulik-Mobilbagger 70 kW	1							
	Lohn: 2 · 2,0 Std.		4,00						
	Betr.Stoff 2 · 2,0 Std. · 21,25 DM/Std. gem. Vorber.				85,00				
	Vorhaltekosten -» GKdB								
	Kran 28,0 tm	1							
	Transport mit Tieflader + Sattelzug 210,00 DM/Std.								
	2 x 5,00 Std · 210,00 DM/Std.			2.100,00					
	Lohn Kranführer 2 · 5,0 Std.		10,00						
	Autokran i. Lager 2 · 2,00 Std. · 150,00 DM/Std.			600,00					
	Container 4,00/2,50 m Lkw-Transport	4							
	4 · 2 · 4,00 Std. · (1,00 Std. + 80,00 DM)		32,00	2.560,00					
	Container 6,00/2,50 m Lkw-Transport								
	2 · 4,00 Std. · (1,00 Std. + 85,00 DM)		8,00	680,00					
	Beihilfe Autokran Lager 5 · 0,5 Std. · 2 · 150,00 DM			750,00					
	Auf- und Abbau:								
	Kran 28,0 tm 2 · 15 Std.		30,00						
	Autokranhilfe Baustelle 2 · 5 Std. · 150,00 DM			1.500,00					
	4 Container mit Einrichtung 4 · (2 · 7,5 Std. + 60,00 DM)		60,00	240,00					
	1 Sanitärcontainer mit Kanalanschluß		25,00	150,00					
	Gerüste 1700 m² · (0,30 Std. + 1,00 DM)		510,00	1.700,00					
	Sonstiges Gerät		20,00	100,00					
	Übertrag		837,14	13.603,22	85,00				

POS. LV.	EINZELKOSTENENTWICKLUNG	MENGE, EINHEIT	STD.	SONSTIGE KOSTEN	GERÄTE, BETR.-ST.	SCHALUNG, RÜSTUNG	NACHUNT. LEISTUNG
	Baustelleneinrichtung Übertrag		837,14	13.603,22	85,00		
	Lagerplatz, Zufahrt herst. + wiederentf.						
	gem. gesonderter Aufstellung		36,00	320,00	990,00		
	Elektroinstallation gem. gesonderter Aufstellung		35,00	150,00			
	Wasserversorgung gem. gesonderter Aufstellung		20,00	225,00			
	: : :						
	: : :						
	Summe Baustelleneinrichtung		968,00	15.013,00	1.075,00		
3.)	**Baugrubenaushub**	2100 m³					
	Bodenkl. 3-4, bis 3,50 m Tiefe mit Abtransport						
	Aufwands- und Leistungswerte gem. Vorplanung						
	Hydraulikbagger, Tieflöffel 0,900 m³						
	Leistung i. Mi. 70 m³/Std.						
	Vorhaltekosten + Betr.Stoflk., gem. Vorberechnung						
	88,96 DM/Std. / 21,25 DM/Std.						
	Vorh. 88,96 DM/Std. : 70 m³/Std.				1,27		
	Betr.Stoff 21,25 DM/Std. : 70 m³/Std.				0,30		
	Lohn: Baggerführer 1,10 Std./Std.						
	Beihilfe i. Mi. 1 Arb. = 1,00 Std./Std.						
	2,10 Std./Std. : 70 m³/Std.		0,03				
	Materialabtransport gemäß Nachunternehmerangebot						
	Fa. xyz vom ...						9,50
	für 1 m³		0,03		1,57		9,50
	Übertrag						

POS. LV.	EINZELKOSTENENTWICKLUNG	MENGE, EINHEIT	STD.	SONSTIGE KOSTEN	GERÄTE, BETR.-ST.	SCHALUNG, RÜSTUNG	NACHUNT. LEISTUNG
15.)	**Stb.-Wand B 25, d = 36,5 cm, h= 3,00 m,**	87,5 m³					
	einschließlich Schalung						
	Schalungsanteil 2,00 m²/0,365 m³ = 5,48 m²/m³						
	Abstellungen ~ 0,07						
	Schal.-Anteil ~ 5,55 m²/m³						
	Tafelschalung						
	Vorhalt. gem. Geräteliste 8,50 + 10,60 = 19,10 DM/m² Mon.						
	Vorhaltezeit pro Einsatz i. Mi. 5 Kal.-Tage						
	Vorhaltekosten: 19,10 · 5/30 · 5,55 m²/m³					17,67	
	Nebenstoffe Schalung 1,30 DM/m² · 5,55 m²/m³					7,22	
	Lohn ein- und ausschalen 0,65 Std/m² · 5,55 m²/m³		3,61				
	Beton B25: Transportbeton frei Baustelle,						
	127,00 DM/m³ + 3% Verlust			130,81			
	Beton einbringen und verdichten, Kranbetrieb		0,70				
	Betr.Stoff Kran, Rüttler, usw.						
	~ 3,5 kWh · 0,75 DM/kWh · 1,10				2,89		
	für 1 m³		4,31	130,81	2,89	24,89	
19.)	**Stb.-Stützmauer B25, d = 30 cm, h = 1,50 - 2,75 m**	19,0 m³					
	einschließl. Brett-/Schaltafelschalung						
	Schalungsanteil 2,00 m²/0,30 m³ = 6,67 m²/m³						
	Abstellungen ~ 0,13						
	Schal.-Anteil ~ 6,80 m²/m³						
	Brett-/Schaltafelschalung incl. Nebenstoffe						
	gem. Vorberechnung 10,52 DM/m²						
	10,52 DM/m² · 6,80 m²/m³					71,54	
	Lohn ein- und ausschalen 1,20 Std./m² · 6,80 m²/m³		8,16				
	Übertrag		8,16			71,54	

POS. LV.	EINZELKOSTENENTWICKLUNG	MENGE, EINHEIT	STD.	SONSTIGE KOSTEN	GERÄTE, BETR.-ST.	SCHALUNG, RÜSTUNG	NACHUNT. LEISTUNG
19.)	**Stb.-Stützmauer B25** Übertrag		**8,16**			**71,54**	
	B25: Transportbeton für Baustelle						
	127,00 DM/m³ + 3% Verlust			130,81			
	Beton einbringen und verdichten, Kranbetrieb		0,80				
	Oberfläche abschieben 1,00 m²/(1,50 + 2,75)/2 =						
	0,47 m²/m³ · 0,10 Std./m²		0,05				
	Kanten (Dreikantl.) 2,00 m/(1,50 + 2,75)/2 = 0,94 m/m³						
	0,94 m/m³ · (0,02 + 0,50)		0,02	0,47			
	Betriebsstoff Kran, Rüttler, usw. ~ 4 kWh/m³						
	4 kWh · 0,75 DM/kWh · 1,10				3,30		
	für 1 m³		9,03	131,28	3,30	71,54	
29a.)	**Betonstabstahl 500 S, d = 6 - 12 mm**	**6,5 t**					
	Gebogen für Baustelle gemäß Angebot Fa. xyz			870,00			
	Abladen und stapeln, Lohn und Betr.St. Kran		3,00		1,65		
	Verlegen, Kranhilfe ~ 1 kWh/t · 0,75 DM/kWh · 1,10		27,00		0,83		
	Nebenstoffe			25,00			
	für 1 t		30,00	895,00	2,48		
37.)	**Mauerwerk HLZ 12-1,2-II, 2 DF, d = 24 cm, h = 3,25 m**	**128, 0 m³**					
	HLZ frei Baulager (1,00 Std. + 427,00 DM/pro 1000 Stück)						
	(1,00 Std. + 427,00 DM) · 275 Steine pro m³/1000		0,28	117,43			
	Fertigmörtel frei Baust., 120,00 DM/m³ + 4% Vorl. = 124,80						
	124,80 DM/m³ · 0,21 m²/m³ MW			26,21			
	Mauern, Kranbetrieb		5,50				
	Betriebsstoff Kran ~ 2 kWh · 0,75 DM/kWh · 1,10				1,65		
	für 1 m³		5,78	143,63	1,65		
	Übertrag						

Einzelkosten-Zusammenstellung

Pos. LV.	KURZTEXT	MENGE, EINHEIT	JE EINHEIT					INSGESAMT				
			STD.	SONSTIGE KOSTEN	GERÄTE, BETR.-ST.	SCHALUNG, RÜSTUNG	NACHUNT. LEISTUNG	STD.	SONSTIGE KOSTEN	GERÄTE, BETR.-ST.	SCHALUNG, RÜSTUNG	NACHUNT. LEISTUNG
1.)	Baustelleneinrichtung	pauschal						968,00	15.013,00	1.075,00		
3.)	Baugrubenaushub	2.100,0 m³	0,03		1,57		9,50	63,00		3.297,00		19.950,00
15.)	Stb-Wand B25, d = 36,5 cm	87,5 m³	4,31	130,81	2,89	24,89		377,13	11.445,88	252,88	2.177,88	
19.)	Stb-Stützm. B25, d = 30 cm	19,0 m³	9,03	131,28	3,30	71,54		171,57	2.494,32	62,70	1.359,26	
29 a)	Betonstabstahl 500 S, d = 6-12 mm	6,5 t	30,00	895,00	2,48			195,00	5.817,50	16,12		
32.)	MW HLZ 12-1,2-II, d = 24 cm	128,0 m³	5,78	143,62	1,65			739,84	18.383,36	211,20		
							Gesamt:	14.080,00	269.135,70	28.327,90	27.033,30	154.950,00

2.2.8 Gemeinkosten der Baustelle (BGK)

Gemeinkosten der Baustelle sind Kosten, die durch den Baustellenbetrieb entstehen und keiner Teilleistung direkt zugerechnet werden können.

Beim Verfahren über die Angebotssumme werden die Gemeinkosten der Baustelle auf Grund baubetrieblicher Vorüberlegung soweit möglich und von der Kostenbedeutung her sinnvoll, kalkulativ ermittelt. Der restliche Teil wird mit Erfahrungssätzen aus der Betriebsabrechnung von Baustellen mit etwa gleicher Kostenstruktur (Verhältnis der einzelnen Kostenarten zueinander) in Ansatz gebracht.

Die GLIEDERUNG DER GEMEINKOSTEN DER BAUSTELLE ist nach KLR wie folgt:

1. **Kosten für das Einrichten und Räumen der Baustelle**
   An- und Abtransport sowie Verladen der Baustelleneinrichtung einschl. Geräte
   Auf-, Um- und Abbau der Baustelleneinrichtung einschl. Geräte
   Erstellen, Instandhalten und Beseitigen der Zufahrten, Wege, Zäune, Plätze
   Erstausstattung für Büros, Unterkünfte und Sanitäranlagen

2. **Vorhaltekosten**
   Geräte
   Besondere Anlagen
   Baracken, Bauwagen, Boxen
   Fahrzeuge
   Einrichtungsgegenstände, Büroausstattung
   Rüst-, Schal- und Verbaumaterial

3. **Betriebs- und Bedienungskosten**
   Geräte
   Besondere Anlagen
   Baracken, Bauwagen, Boxen
   Fahrzeuge

4. **Kosten der örtlichen Bauleitung**
   Gehaltskosten (TK/P) einschl. gehaltsgebundene Kosten und Gehaltsnebenkosten
   Aufsichtskosten, soweit nicht im Mittellohn enthalten
   Porto, Telefon, Büromaterial, Bürokosten
   PKW- und Reisekosten
   Bewirtung und Werbung

5. **Kosten der technischen Bearbeitung, Konstruktion und Kontrolle**
   Konstruktive Bearbeitung
   Arbeitsvorbereitung
   Baustoff- und Bodenuntersuchungen
   Vermessung und Abrechnung

6. Allgemeine Baukosten
Hilfslöhne
Transportkosten zur Versorgung der Baustelle
Pachten und Mieten
Kleingeräte, Werkzeuge und sonstige Verbrauchsstoffe
Bauzinsen

7. Sonderkosten
Sonderwagnisse der Bauausführung
Besondere Bauversicherungen
Besondere Finanzierungskosten
Lizenzgebühren
Winterbaukosten

8. Lohngebundene Kosten sowie Lohnnebenkosten (AP),
soweit sie nicht im Mittellohn enthalten sind.

ERLÄUTERUNG DER ELEMENTE DER BGK

1. Baustelleneinrichtung BStE

Die Kosten der BStE sind in die entsprechende Position des LV aufzunehmen, wenn diese vorhanden ist. Andernfalls sind sie in den BGK zu erfassen. Dies erfolgt nach dem gleichen Prinzip wie dies bei den EKT dargestellt wurde. Basis für die Berechnung ist eine Geräteliste der Baustelle. Zeitabhängige Instandhaltungskosten der BStE sollten, vor allem bei längerfristigen Baustellen, in die BGK eingerechnet werden.

2. Vorhaltekosten

Die Vorhaltekosten der Leistungsgeräte, des Rüst-, Schal- und Verbaumaterials sind soweit möglich in den EKT zu erfassen. Nur restliche Vorhaltekosten außerhalb der Einsatzzeit gehen in die BGK ein. Die Geräteliste der Baustelle ist entsprechend aufzustellen.

Die Vorhaltekosten der Bereitstellungsgeräte, der besonderen Geräte und Anlagen, der Container, Bauwagen, Baracken, Boxen, Gerüste werden ganz in den BGK erfaßt. Ebenso sind die Vorhaltekosten der Fahrzeuge, die für den allgemeinen Betrieb der Baustelle vorgehalten werden, in die BGK einzurechnen.

3. Betriebs- und Bedienungskosten

Diese sind wenn möglich in den EKT zu berücksichtigen. Dies gilt für Leistungsgeräte und Bereitstellungsgeräte. Die Betriebs- und Bedienungskosten von „Besonderen Geräten und Anlagen" sind in den BGK zu erfassen.

Bei den Fahrzeugen für allgemeine Zwecke der Baustelle, den Kosten für Beheizung und Beleuchtung der Unterkünfte, Magazine, Lagerplätze, etc. werden die Betriebskosten unter diesem Punkt der BGK erfaßt, während die Bedienungskosten mit den Hilfslöhnen verrechnet werden.

Die Betriebs- und Bedienungskosten werden bei den Leistungs- und Bereitstellungsgeräten und den besonderen Geräten und Anlagen meist kalkulativ ermittelt, das heißt Ermittlung, bzw. Abschätzung des Aufwandes und daraus Berechnung der Kosten. Ist dies nicht möglich, erfolgt ein Kostenansatz auf Grund von Erfahrungssätzen.

Die Kosten für Beheizung und Beleuchtung werden immer mit einem Erfahrungssatz, i. d. R. pro Arbeiter und Tag, angesetzt.

4. Kosten der örtlichen Bauleitung

Die GEHÄLTER, samt Baustellenzulagen, Prämien, gehaltsgebundene Kosten (Sozialaufwand) und Gehaltsnebenkosten (Auslösungen, Familienheimfahrten) aller auf der Baustelle tätigen Angestellten sind hier zu erfassen. Zu den Angestellten gehören Bauleiter, Bauführer, Maschineningenieure, Elektroingenieure, Vermessungsingenieure, Vermessungs- und Abrechnungstechniker, Oberpoliere und Poliere, die nicht im Mittellohn erfaßt sind, Baukaufleute, Lohnbuchhalter und Schreibkräfte.

Diese Kosten können bei großen Baustellen kalkulativ ermittelt werden, sonst wird mit Erfahrungssätzen gearbeitet. Bei kleineren Baustellen wird die Aufgabe der örtlichen Bauleitung vom Firmensitz aus durch einen Bauleiter, u. U. assistiert durch Abrechnungstechniker, wahrgenommen. Häufig betreut ein solches Team gleichzeitig mehrere kleinere Baustellen. Die Kosten dieses Teams werden anteilig in die BGK aufgenommen.

PORTO, TELEFON, BÜROMATERIAL, BÜROKOSTEN können nur mit Erfahrungssätzen berücksichtigt werden.

PKW- UND REISEKOSTEN sind als reine Dienstreisen von der Baustelle aus, bzw. für diese zu verstehen. Sie sind meist nur über Erfahrungssätze erfaßbar. Nur in seltenen Fällen wird eine kalkulative Kostenermittlung in Frage kommen.

BEWIRTUNG UND WERBUNG umfassen rein baustellenbezogene Werbungskosten, wie z.B. Bewirtung einer Gruppe Baustudenten anläßlich einer Baustellenbesichtigung, Fotoaufnahmen für Werbungszwecke, Anzeigen in Zeitungen im Zusammenhang mit der Gebäudeeinweihung. Die Erfassung dieser Kosten ist nur mit Erfahrungssatz oder Schätzwert möglich.

5. Kosten der technischen Bearbeitung

KONSTRUKTIVE BEARBEITUNG: Diese erfolgt für das Bauwerk durch den Auftraggeber. Verlangt der Auftraggeber vom Auftragnehmer eine technische Bearbeitung, sind in der Regel eigene Leistungsansätze im LV enthalten. Fehlt eine derartige Position, sind die Kosten hier oder bei den Sonderkosten zu erfassen. Bei Ingenieurbauwerken ist zur Angebotsbearbeitung u. U. eine teilweise konstruktive Bearbeitung des Bauwerkes erforderlich. Diese Kosten sind ebenfalls hier aufzunehmen. Falls das Angebot nicht zum Auftrag führt, werden diese Kosten Allgemeine Geschäftskosten.

Sind für die Bauausführung Hilfskonstruktionen erfoderlich, die eine konstruktive Bearbeitung erfordern, eventuell sogar bei einer Prüfbehörde eingereicht werden müssen, so sind die anfallenden Kosten, samt eventuell anfallender Prüfgebühren hier anzusetzen.

Dies können zum Beispiel Lehrgerüste, Fördergerüste und Hilfsbrücken sein. Grundlage für den Kostenansatz kann die Honorarordnung für Architekten und Ingenieure (HOAI) sein, oder es liegen Erfahrungssätze vor, oder es bleibt nur eine Schätzung möglich.

ARBEITSVORBEREITUNG, VERMESSUNG, ABRECHNUNG: Soweit dieser Bereich nicht bei der örtlichen Bauleitung angesiedelt ist, ist hier ein eigener Kostenansatz erforderlich. Dies ist besonders bei großen Baustellen und Arbeitsgemeinschaften der Fall.

Kostenansatz kalkulativ oder Erfahrungssatz.

BAUSTOFF- UND BODENUNTERSUCHUNGEN: Diese sind vor allem bei großen Betonbaustellen, bei Erd- und Straßenbaustellen erforderlich. In manchen Fällen muß auf der Baustelle ein Labor eingerichtet werden. Alle anfallenden eigenen und fremden Kosten sind hier zu erfassen. Ansatz mit kalkulativer Ermittlung oder Erfahrungssatz.

6. Allgemeine Baukosten

HILFSLÖHNE: Dies sind Löhne der Baustelle, die für allgemeine Aufgaben auf der Baustelle anfallen und keiner Teilleistung direkt zugeordnet werden können. Beispiele hierfür sind: Magaziner, Meßgehilfen, Boten, Elektriker, Werkstattschlosser, Wächter, Fahrer von allgemeinen Baustellenfahrzeugen und Laborarbeiter.

Die Kostenermittlung erfolgt meist kalkulativ, aber auch Erfahrungssätze sind möglich.

TRANSPORTKOSTEN ZUR VERSORGUNG DER BAUSTELLE: Diese auch als Nebenfrachten bezeichneten Transportkosten zur Versorgung der Baustelle mit allen Verbrauchsstoffen, Kleingeräten und Werkzeugen, etc., können nur mit einem Erfahrungssatz berücksichtigt werden. Siehe hierzu Abschnitt 2.2.3.

PACHTEN UND MIETEN: Muß für die Baudurchführung Fremdgelände oder öffentliche Fläche angemietet werden, so sind diese Kosten kalkulativ ermittelt, notfalls als Schätzwert einzusetzen.

KLEINGERÄT, WERKZEUGE UND SONSTIGE VERBRAUCHSSTOFFE (Nebenstoffe) sind soweit nicht in Verbindung mit Geräten und Hauptstoffen in Ansatz gebracht, hier mit einem Erfahrungssatz zu berücksichtigen.

BAUZINSEN: Der Bauunternehmer kann erst nach Erbringung einer gewissen Bauleistung eine Rechnung stellen. Die durch diese Vorleistung entstehenden Zinskosten sind mit einem Erfahrungssatz zu erfassen. Vor allem bei kleineren Firmen werden diese Zinskosten meist zusammen mit den Zinskosten des betriebsnotwendigen Kapitals innerhalb der Allgemeinen Geschäftskosten erfaßt.

7. Sonderkosten

Sonderkosten können entstehen durch besondere Bauwagnisse und durch Kosten außerhalb der üblichen Baukosten.

SONDERWAGNISSE DER BAUAUSFÜHRUNG sind Risiken, die über ein überschaubares Maß hinausgehen und mit einem eigenen Ansatz in der Kalkulation berücksichtigt werden müssen. Dies kann z.B. der Fall sein, bei hochwassergefährdeten Baustellen ohne Risikobegrenzung im LV, bei Baustellen, die unter extremen Witterungsbedingungen weitergeführt werden müssen, bei langfristigen Baustellen mit Festpreisen ohne Risikoabgrenzung durch Lohn- und Stoffpreisgleitklauseln, bei Terminbaustellen mit knapper Bauzeit und festgelegter Vertragsstrafe oder bei Anwendung neuer Bauverfahren, für die keine Erfahrungswerte vorliegen.

AUSSERHALB DER ÜBLICHEN BAUKOSTEN können anfallen:

- Besondere Bauversicherungen, die nur für das betreffende Bauvorhaben abgeschlossen werden. Versicherungen, die allgemein für den Gesamtbetrieb des Unternehmens bestehen, werden i. d. R. in den Allgemeinen Geschäftskosten erfaßt.

- Besondere Bauzinsen bei außergewöhnlichen Zahlungsbedingungen. Sie fallen bei einer längerfristigen Vorfinanzierung der Bauleistung an. U. U. ist die Vorfinanzierung bis zum Abschluß der gesamten Vertragsleistung vorgesehen. Die entsprechenden Zinskosten wären dann kalkulativ zu ermitteln.

- Lizenzgebühren bei Anwendung eines geschützten Bauverfahrens bei dem betreffenden Bauvorhaben. Bei genereller Anwendung eines lizensierten Bauverfahrens in der gesamten Firma sind diese Kosten bei den Allgmeinen Geschäftskosten zu erfassen.

- Winterbaukosten sind Mehrkosten infolge von Winterbauschutzmaßnahmen, wie Schutzbekleidung für die Arbeiter, Schutzvorrichtungen für Bauteile, Einsatz von Winterbaugeräten. Außerdem ist die durch die Winterwitterung bedingte Minderleistung zu berücksichtigen.

- In Erweiterung des Kataloges gemäß KLR können hier auch die planerische und konstruktive Bearbeitung für das Bauobjekt aufgenommen werden, wenn diese vom Auftraggeber verlangt wird und kein eigener Ansatz im LV vorgeshen ist. Auch Genehmigungskosten und Prüfgebühren sind hier zu erfassen.

8. Lohngebundene Kosten sowie Lohnnebenkosten (AP),

soweit sie nicht in den Einzelkosten über den Mittellohn ASL oder APSL erfaßt sind. Siehe hierzu Abschnitt 2.2.2.

Die BERECHNUNG DER BGK erfolgt nach dem gleichen Prinzip und der gleichen Aufspaltung in Kostenarten wie bei den Einzelkosten. In der Regel reichen die Kostenarten: Stunden (Lohn), Sonstige Kosten, Geräte, Fremdarbeit, Fremdleistung aus.

Beispiel für Gemeinkosten der Baustelle:

Grundlage ist neben der baubetrieblichen Vorplanung die für die Baustelle aufgestellte Geräteliste. Siehe Abschnitt 2.2.4.2 g.).

KOSTENENTWICKLUNG	STD.	SONST.-KO. STOFFE	GERÄTE, BETR.-ST.	SCHAL., RÜSTUNG	BAUST.-AUSSTATTG	ALLGEM.-KOSTEN	FREMD-ARBEIT	NACHUNT.-LEISTUNG
1) Baustelleneinrichtung								
An- u. Abtransport, Auf-, Ab-, Umbau in Pos. BStE - EK								
Instandhaltung von Wegen, Baustraßen								
9 Monate · (15 h +100,00 + 340,00)	135	900,00	3.060,00					
Sonstiger Baustellenunterhalt, Baureinigung								
mit Schuttabfuhr 9 Monate (20 h + 500,00)	180	4.500,00						
2) Vorhaltekosten								
Gemäß Geräteliste, einschließlich lohngeb.								
Kosten der Rep.-Löhne			152.625,35					
3) Betriebs- u. Bedienungskosten								
Geräte in EK !								
Bes. Anlagen: -								
Beheizung, Beleuchtung, Unterkünfte + Allgem.								
Strom: iMi 10 A 9 Mon. · 60 kWh · 0,75 DM/ kWh		4.050,00						
Fahrzeug (Kombi): 9 Mon. · 200,00 DM/Mon.		1.800,00						
4) Örtliche Bauleitung								
1 Bauleiter · 10 Mon. · 60 % der Gesamtzeit ·								
11.000,00 DM/Mon. incl. Geh.-Zusatzkosten						66.000,00		
PKW-Pauschale Bauleiter 10 Mon. · 600,00 DM/Mon.· 60 %						3.600,00		
Porto, Telefon, usw. 10 Mon. · 120,00 DM/Mon.						1.200,00		
5) Kosten der techn. Bearbeitung								
Arbeitsvorbereitung, incl. Geh.-Zusatzkosten								
Übertrag	315	11.250,00	155.685,35			70.800,00		

KOSTENENTWICKLUNG	STD.	SONST.-KO. STOFFE	GERÄTE, BETR.-ST.	SCHAL., RÜSTUNG	BAUST.-AUSSTATTG	ALLGEM.-KOSTEN	FREMD-ARBEIT	NACHUNT.-LEISTUNG
Übertrag	315	11.250,00	155.685,35			70.800,00		
1 Techniker · 1 Monat · 8600,00 DM/Mon.						8.600,00		
Vermessung durch Bauleiter								
Abrechnung 1 Techniker 2 Mon. · 8600,00 DM/Mon.						17.200,00		
6.) Allgemeine Baukosten								
Hilfslöhne: Magazin + Versorgungsfahrten								
20 h/Woche · 4,2 Wochen/Mon. · 10 Mon.	840							
Vermessen: Schnurgerüst	25	275,00						
laufend 20 h · 4 Mon.	80							
Transportkosten, 2 % der ELK, ML_A = 24,38 DM/h;								
14.080 h · 24,38 DM/h = ELK = 343.270,40 DM								
343.270,40 DM · 0,02		6.865,00						
Pachten, Mieten -								
Kleingeräte, Werkzeuge, Verbrauchsstoffe								
3% der ELK: 343.270,40 DM · 0,03		10.298,00						
Bauzinsen: in AGK !								
7.) Sonderkosten								
keine								
8.) Lohngebundene Kosten + LNK: im Mittellohn !								
Summe	1.260	28.688,00	155.685,35			96.600,00		
ML_{APSL} = 56,75 DM/h								
Gemeinkostenlöhne 1.260 h · 56,75 DM/h	71.505,00 DM							

2.2.9 Umsatzbezogenen Kostenelemente

a) Allgemeine Geschäftskosten (AGK)

Allgemeine Geschäftskosten sind Kosten des Betriebes als Ganzes mit allem Aufwand, der für die Betriebsbereitschaft notwendig ist. Sie entstehen am Betriebssitz, aber bei dezentralisierten Bauunternehmungen auch bei Niederlassungen und Geschäftsstellen. Es sind grundsätzlich Gemeinkosten, die durch die besonderen Bedingungen der Bauproduktion mit vom Betrieb räumlich getrennten Produktionsstätten, eine Trennung von den GKdB erfahren.

Die AGK sind die KOSTEN DER OBERLEITUNG UND VERWALTUNG DES UNTERNEHMENS mit Geschäftsleitung, Personalabteilung, Betriebs- und Finanzbuchhaltung, Rechtsabteilung, Einkauf, Geräteverwaltung, Arbeitsvorbereitung, Kalkulation und Technischem Büro.

Die KOSTENARTEN, die hier anfallen, sind

– Gehälter aller dort tätigen Angestellten, soweit sie nicht bei den Baustellen verrechnet werden können

– Löhne der dort tätigen Arbeiter (Hausmeister, Boten, Reinigungsdienst, etc.)

– Gehalts- und lohngebundene Kosten (Sozialaufwand) der Angestellten und Arbeiter in der Oberleitung und Verwaltung

– Büromieten, bzw. Abschreibung und Instandhaltung eigener Gebäude

– Abschreibung und Instandhaltung von Büromöbeln und Büromaschinen

– Heizung, Beleuchtung, Reinigungsmaterial

– Büromaterial, Porto, Telefon, Zeitschriften, Inserate, etc.

– Reisekosten für allgemeine Zwecke des Unternehmens

– PKW-Betrieb der Verwaltung.

Mit den AGK werden weiter erfaßt:

– Die KOSTEN DES BAUHOFES (Sammelbegriff für die verschiedenen HILFSBETRIEBE des Unternehmens), soweit sie nicht über Verrechnungssätze Baustellen oder anderen Hilfsbetrieben angelastet werden. Diese Kosten teilen sich entsprechend der Kostenarten der Verwaltung und Oberleitung auf.

– Freiwillige Soziale Aufwendungen für die Gesamtbelegschaft des Unternehmens, soweit nicht in den Herstellkosten erfaßt (betriebliche Pensionskasse, betriebliche Unterstützungen in Sonderfällen, etc.).

– Steuern und öffentliche Abgaben (Gewerbesteuer, Berufschulbeiträge, etc.).

– Verbandsbeiträge (Innungsbeitrag bzw. Bauindustrieverbandsbeitrag, Beitrag Betonverein, etc.).

– Versicherungen soweit sie für den Gesamtbetrieb abgeschlossen sind und nicht in den Herstellkosten verrechnet werden.

–   Verzinsung des im Bereich Verwaltung und Bauhof investierten und des betriebsnot-
    wendigen Kapitals, soweit nicht bei den Herstellkosten der Baustellen erfaßt.

–   Sonstige Allgemeine Geschäftskosten (Werbung, Rechtskosten, Lizenzgebühren für
    das Gesamtunternehmen, etc.).

Die AGK werden in der Kostenermittlung für ein Angebot mit einem Zuschlagssatz in %
des Umsatzes angesetzt. Die Höhe der AGK wird in der Betriebsabrechnung für die ver-
gangene Betriebsperiode ermittelt. Dies kann für den Gesamtbetrieb oder für verschiedene Betriebssparten erfolgen. Auf Grund dieser Ermittlung wird von der Geschäftsleitung
der umsatzbezogene Prozentsatz für die Abdeckung der AGK in der Folgeperiode festgesetzt. Da die AGK fixe Kosten sind, kann dieser Satz durch die Geschäftsleitung während
des Geschäftsjahres entsprechend der Umsatzentwicklung verändert und an die Entwicklung angepaßt werden.

Der Satz für AGK liegt in der Größenordnung von 8 bis 15% des Netto-Umsatzes.

b) Wagnis und Gewinn

Das mit der Tätigkeit der Bauunternehmung verbundene Risiko wird mit einem Zuschlagssatz in % des Netto-Umsatzes berücksichtigt. Da ein kalkuliertes aber nicht reali-
siertes Wagnis als Gewinn erscheint, wird Wagnis und Gewinn zusammengefaßt und mit
einem gemeinsamen %-Satz in die Kalkulation aufgenommen.

Neben dem allgemeinen Unternehmenswagnis durch die Tätigkeit in einer freien Marktwirtschaft mit Konjunkturschwankungen muß sich eine Bauunternehmung einer Reihe
von BAUWAGNISSEN unterziehen. Hierzu gehören:

–   Kalkulationswagnis: Im Ansatz der Aufwands- und Leistungswerte als Kostengrund-
    lage ist immer eine Unsicherheit enthalten. Vor allem bei schwierigen Bauobjekten
    und bei Tätigkeiten für die keine Erfahrungswerte vorliegen ist dies der Fall.

–   Preiswagnis: In der Regel sind die in dem Preisangebot enthaltenen Einheitspreise
    Festpreise für die Dauer der Bauzeit. Lohn- und Materialpreiserhöhungen gegenüber
    dem Kalkulationsansatz müssen von der Bauunternehmung getragen werden.

–   Wagnis der Gefahrentragung: Für den Bestand des zu erstellenden Bauobjektes haftet
    die Bauunternehmung für ihren Leistungsbereich bis zur Abnahme durch den Auf-
    traggeber.

–   Gewährleistungswagnis: Trotz sorgfältiger Bauausführung können während der Ge-
    währleistungszeit Mängel in der Bauleistung auftreten, die der Auftragnehmer zu
    vertreten hat.

–   Haftungswagnis: Dies ist die Haftung des Auftragnehmers für Schäden, die Dritten
    durch die Bauausführung entstehen. In der Regel ist dieses Wagnis durch eine Haft-
    pflichtversicherung abgedeckt.

–   Verlustwagnis: Dieses umfaßt Verluste durch Diebstahl, Veruntreuung, falsche Ar-
    beitsplanung und Disposition.

– Mengenwagnis: Durch die mengenabhängige Umlage nicht direkt den Einzelkosten zurechenbarer Kostenelemente können bei Mengenänderungen Verluste entstehen, ebenso bei nicht erfüllter Umsatzplanung.

Ein GEWINN ist betriebswirtschaftlich für den Bestand einer Bauunternehmung zwingend notwendig:

– Zur Rechtfertigung der Kapitalinvestition in einem Baubetrieb mit vielen Risiken.

– Zur Bildung von Reserven um eine längerfristige Betriebsbereitschaft des Unternehmens zu erhalten.

– Zur Weiterentwicklung des Betriebes entsprechend dem technischen Fortschritt.

Der Satz für Wagnis und Gewinn wird in der Regel im Bereich von 3 bis 8% vom Umsatz festgelegt.

c) Berechnung der umsatzbezogenen Kostenelemente

Allgemeine Geschäftskosten und Wagnis und Gewinn werden mit umsatzbezogenen Sätzen in die Kalkulation eingeführt. Der Umsatz der anzubietenden Bauleistung ist aber noch nicht bekannt. Es ist daher eine Umrechnung der umsatzbezogenen Elemente auf eine bis dahin errechenbare Bezugsgröße erforderlich. Dies sind die Herstellkosten. Sie sind für ein geplantes Bauobjekt errechenbar. Von den Herstellkosten bis zum Netto-Umsatz fehlen nur noch die beiden umsatzbezogenen Kostenelemente, so daß diese Umrechnung auf die Bezugsgröße „Herstellkosten" möglich ist. Zur Verdeutlichung ist das Kostenschema nochmals aufgezeigt:

$$
\begin{array}{ll}
& \text{Einzelkosten der Teilleistungen} \\
+ & \text{Gemeinkosten der Baustelle} \\
\hline
= & \text{Herstellkosten} \\
+ & \text{Allgemeine Geschäftskosten} \\
\hline
= & \text{Selbstkosten} \\
\\
+ & \text{Wagnis und Gewinn} \\
\hline
= & \text{Netto- Umsatz} = \text{Netto-Angebotssumme}
\end{array}
$$

Die Umrechnung der umsatzbezogenen Kostenelemente in einen Prozentsatz in bezug auf die Herstellkosten wird wie folgt durchgeführt:

Die Ausgangsbasis für die Umrechnung sind 100 Anteile Umsatz.

AGK: a% vom Umsatz, Umrechnung in a'% von den HK

W u. G: b% vom Umsatz, Umrechnung in b'% von den HK

$\qquad a + b = c$% v. U. $\qquad\qquad\qquad a' + b' = c'$ v. d. HK

$$a' = \frac{a \cdot 100}{100 - c} \% \text{ v. d. HK} \qquad\qquad b' = \frac{b \cdot 100}{100 - c} \% \text{ v. d. HK}$$

$$c' = \frac{c \cdot 100}{100 - c} \% \text{ v. d. HK}$$

Es ist auch möglich diese Umrechnung in zwei Schritten zu vollziehen, das heißt Umrechnung von a% v. Umsatz in a'% v. d. HK und b% v. Umsatz in b''% v. d. Selbstkosten

$$a' = \frac{a \cdot 100}{100 - c} \% \text{ v. d. HK} \qquad\qquad b'' = \frac{b \cdot 100}{100 - b} \% \text{ v. d. SK}$$

2.2.10 Gesamtkostenrechnung

Die Gesamtkostenrechnung hat zwei Ziele zu erreichen:

- Ermittlung des Gesamtangebotspreises
- Ermittlung der Einheitspreise, das heißt einen Angebotspreis pro Leistungseinheit jeder Position des Leistungsverzeichnisses

Hierzu sind zwei Verfahren möglich:

- Verfahren über die Angebotssumme
- Verfahren mit vorberechneten Zuschlägen

a) Verfahren über die Angebotssumme

Bei diesem bauobjektbezogenen Verfahren werden Einzelkosten und Gemeinkosten der Baustelle auf Grund baubetrieblicher Vorüberlegungen für das betreffende Bauobjekt berechnet. Dies wird, wie in den Abschnitten 2.2.7 und 2.2.8 aufgezeigt, durchgeführt, soweit nicht Standardleistungen eine Übernahme von entsprechenden Werten aus einer Datenbank zulassen. Der Arbeitsaufwand für die Kostenermittlung ist dadurch groß. Es wird aber eine große Genauigkeit der Kostenermittlung erreicht. Das Risiko durch zu große Ungenauigkeit ist dadurch gering. Der weitere Vorteil dieses Verfahrens liegt darin, daß die Angebotssumme zweimal ermittelt wird. Einmal wird sie berechnet während der Kostenermittlung, das zweite Mal mit der Eintragung der Einheitspreise im LV und der Berechung der Angebotssumme im LV. Damit ist eine Kontrollmöglichkeit vorhanden.

Anwendung: Bei großen Bauvorhaben und Bauvorhaben, bei denen nicht genügend Erfahrungswerte von kostenstrukturmäßig gleichen Baustellen zur Anwendung des Verfahrens mit vorberechneten Zuschlägen vorliegen.

Durchführung der Kalkulation:

1. Schritt:

- Prüfung der Ausschreibungsunterlagen mit Vorbemerkungen, zusätzlichen und besonderen Vertragsbedingungen und zusätzlichen technischen Vertragsbedingungen. Insbesondere sind die Zahlungs- und Abrechnungsbedingungen, die Gewährleistungszeit, die Nebenleistungen, vorhandene Planunterlagen, Baugrundverhältnisse,

Stand der statisch-konstruktiven Bearbeitung und von welcher Stelle diese ausgeführt wird, der Mengenumfang und deren Schwerpunkte, die festgelegten Bautermine und eventuelle Umweltschutzauflagen zu klären.

– Begehung des Baugeländes und Klärung der Zufahrtsmöglichkeit, der Bauplatzsituation mit Grenzabständen und Platz für die Baustelleneinrichtung, der Versorgung mit Strom, Wasser und Telefon, der Einflüsse bzw. Probleme durch Nachbargrundstücke und Nachbargebäude.

– Entwicklung eines baubetrieblichen Konzeptes mit Auswahl und Bestimmung der Bauverfahren und Baumethoden. Ermittlung der erforderlichen Arbeiter und Geräte und deren zeitlicher Einsatzfolge und Einsatzdauer mit Grobablaufplan und Baustelleneinrichtungsplan.

– Einholung von Baustoffpreisen soweit erforderlich und Vorberechnung frei Baulager. Anforderung von Nachunternehmerangeboten für spezielle Leistungen.

– Kalkulation der Einzelkosten der Teilleistungen; Aufstellen einer Geräteliste für die Baustelle; Ermittlung der Summe der Einzelkosten.

– Berechnung des Mittellohnes und der Einzellohnkosten.

– Ermittlung der Gemeinkosten der Baustelle.

– Berechnung der Herstellkosten.

– Berechnung der umsatzbezogenen Kostenelemente.

– Berechnung der Selbstkosten und der Netto-Angebotssumme.

2. Schritt:

– Berechnung der Umlagekosten. Das sind alle Kosten, die den Einzelkosten zugerechnet werden müssen, damit sie vergütet werden.

Umlagekosten = BGK + AGK + W u. G, bzw.

Umlagekosten = Netto-Angebotssumme – EK

– Festlegung des Zuschlagsatzes d auf Sonstige Kosten und e auf Nachunternehmerleistung, bzw. d1 auf Sonstige Kosten (Stoffe), d2 auf Gerätekosten, d3 auf Schalung u. Rüstung, d4 auf Fremdarbeit, e auf Nachunternehmerleistung.

Die Zuschlagssätze d sind in Abhängigkeit von Aufwand und Risiko bei den betreffenden Kostenarten abzuschätzen und festzulegen. Sie liegen in der Regel im Bereich von 10 bis 25% der betreffenden Kostenart.

Ebenso wird der Zuschlagssatz e auf Nachunternehmerleistungen entsprechend Aufwand und Risiko abgeschätzt. Er liegt im Bereich von 6 bis 20% der Nachunternehmerleistung.

Als Richtwert für den Zuschlagssatz d dient der Anteil von AGK und W u. G. in % der HK. Dies bedeutet, daß die BGK ganz den Einzellohnkosten zugeschlagen werden. Dies ist im klassischen Falle richtig, da der Hauptaufwand an Umlagekosten durch die Verarbeitung von Material zu einem Bauwerk entsteht und die Einzellohnkosten die wesentlichen Arbeitskosten sind. Mit dieser Festlegung wird auch der Hauptteil der umzulegenden AGK und W u. G. den Einzellohnkosten zugewiesen. Durch die Arbeitskosten entsteht das größte Risiko und damit auch der größte Gewinnanspruch.

– Berechnung des Umlagebetrages auf die Basiskosten, sonstige Kosten und Nachunternehmerleistung.

Reduzierung der Umlagekosten um die Anteile, die den Sonstigen Kosten und der Nachunternehmerleistung zugeschlagen werden.

– Berechnung des Zuschlagsatzes **f** auf Einzellohnkosten. Dies erfolgt dadurch, daß die gemäß vorherigem Punkt reduzierte Umlagekostensumme, die den Einzellohnkosten zugeschlagen werden muß, zur Summe der Einzellohnkosten ins Verhältnis gesetzt wird.

f = (Umlagekostenbetrag auf ELK : Summe der ELK) · 100 (% der ELK)

– Berechnung des Kalkulationslohnes. Dies ist der Mittellohn beaufschlagt mit den anteiligen Umlagekosten. Er wird auch als Gesamtmittellohn oder Brutto-Mittellohn bezeichnet.

Kalkulationslohn = Mittellohn · (1 + **f** / 100) (DM/Std)

– Berechnung der Einheitspreise. Dies erfolgt durch Multiplikation

Einzellohnstunden · Kalkulationslohn
       Sonstige Kostenanteile · Faktor (1 + d / 1oo)
       Nachunternehmerleistung · Faktor (1 + **e** / 1oo)

sowie durch Addition dieser verschiedenen Einzelkostenelemente.

– Übertrag der Einheitspreise ins Leistungsverzeichnis.

Ermittlung der Gesamtkosten je Position (Einheitspreis x Mengenansatz)

Ermittlung der Netto-Angebotssumme durch Addition der Gesamtkosten aller Positionen.

Vergleich der Netto-Angebotssumme im LV mit der Netto-Angebotssumme der Kalkulation. Unterschiede bis ca. 1% der Netto-Angebotssumme sind vernachlässigbar.

Beispiel

Die in den vorangegangenen Abschnitten gezeigten Beispiele werden nachfolgend für die Ermittlung der Netto-Angebotssumme (Gesamtkosten), der Zuschlagssätze, des Kalkualtionsmittellohnes und der Ermittlung der Einheitspreise weiter entwickelt.

Gesamtkosten, Zuschlagsätze, Kalkulationslohn:

I. GESAMTKOSTEN

KOSTENARTEN	STD.	LOHN ML$_{APSL}$ 56,75 DM/h	SONST.-KO. STOFFE	GERÄTE, BETR.-ST.	SCHALUNG, RÜSTUNG	BAUST.-AUSST.	ALLGEM.-KOSTEN	FREMD-ARBEIT	NACHUNT.-LEISTUNG	GESAMT [DM]
1 EINZELKOSTEN	14.080	799.040,00	269.135,70	28.327,90	27.033,30				154.950,00	1.278.486,90
2 GEMEINKOSTEN DER BAUSTELLE	1.206	71.505,00	28.688,00	155.685,35			96.600,00			352.478,35
3 HERSTELLKOSTEN (HK) (1) + (2)		870.545,00	297.823,70	184.013,25	27.033,30		96.600,00		154.950,00	1.630.965,25
4 ALLGEMEINE GESCHÄFTSKOSTEN	a = 8,5 % V. UMSATZ; a´= 8,5 · 100/(100 - 12,5) = 9,71% D. HK									158.366,73
5 SELBSTKOSTEN (3) +(4)										1.789.331,98
6 WAGNIS UND GEWINN	b = 4,0% V. UMSATZ; b´= 4,0 · 100/(100 - 12,5) = 4,57% D. HK									74.535,11
7 SUMME UMSATZBEZ. SÄTZE	c = 12,5 % UMSATZ c´= 12,5 · 100/(100 - 12,5) = 14,28% D. HK									
8 NETTO-ANGEBOTSSUMME (5) + (6)										1.863.867,09

II. ZUSCHLAGSSÄTZE

9 UMLAGEKOSTEN GESAMT (8) - (1) = (2) + (4) + (6)	= 1.863.867,09 - 1.278.486,90 =							585.380,19
10 FESTGELEGTE ZUSCHL.-SÄTZE AUF EK (% D. EK)	10 %	15%	20%			12%		
11 UMLAGEBETRAG AUF EK (1) x (10) /100	26.913,57	4.249,19	5.406,66			18.594,00		55.163,42
12 UMLAGEBETRAG AUF ELK (9) - (11)	= 585.380,19 - 55.163,42 =							530.216,77
13 UMLAGESATZ AUF ELK (12) · 100/(1) =	f = 530.216,77 · 100/799.040,00 = 85,74% D. ELK =							66,36% D. ELK

III. KALKULATIONSLOHN

14 GML = ML · (1 + f/100) = 56,75 (1 + 66,36/100) (DM/h) =	94,40 DM/h

Ermittlung der Einheitspreise und der Angebotssumme:

Pos. LV.	KURZTEXT	MENGE, EINHEIT	KOSTEN JE EINHEIT OHNE ZUSCHLAG						KOSTEN JE EINHEIT MIT ZUSCHLAG						EINHEITS-PREIS	GESAMT
			Std.	Sonstige Kosten	Geräte	Schal.	Fr.-Arb.	Nachu.	Lohn x 94,40	So. Kost. x 1,10	Geräte x 1,15	Schal. x 1,20	Fr.-Arb.	Nachu. x 1,12	DM/EINH.	
1.)	Baustelleneinrichtung	pauschal	968,00	15.013,00	1.075,00				91.379,20	16.540,30	1.236,25				109.129,75	109.129,75
:	: :															
3.)	Baugrubenaushub	2100,00 m³	0,03		1,57			9,50	2,83		1,81			10,64	15,28	32.082,75
:	: :															
:	: :															
15.)	Stb.-Wand B25,	87,50 m³	4,31	130,81	2,89	24,89			406,86	143,89	3,32	29,87			583,95	51.095,32
	d = 36,5 cm															
:	: :															
19.)	Stb.-Stützm. B25,	19,00 m³	9,03	131,28	3,30	71,54			852,43	144,41	3,80	85,85			1.086,48	20.643,18
	d = 30 cm															
:	: :															
:	: :															
29 a)	Betonstabstahl 500 S	6,50 t	30,00	895,00	2,48				2.832,00	984,50	2,85				3.819,35	24.825,79
	d = 6-12 mm															
:	: :															
:	: :															
37.)	MW HLZ 12-1,2-II	128,00 m³	5,78	143,63	1,65				545,63	157,99	1,90				705,52	90.306,56
	d = 24 cm															
:	: :															

Netto-Angebotssumme	1.863.867,00
15 % Mehrwertsteuer	279.580,05
Brutto-Angebotssumme	2.143.447,05

b) Verfahren mit vorberechneten Zuschlägen

Das Verfahren mit vorberechneten Zuschlägen ist gegenüber dem Verfahren über die Angebotssumme vereinfacht. Die Gemeinkosten der Baustelle werden nicht objektspezifisch ermittelt, sondern mit einem Erfahrungswert, bzw. mehreren Teilwerten, in die Kalkulation aufgenommen. Dies ist immer dann möglich, wenn von kostenstrukturmäßig gleichen Baustellen genügend Erfahrungswerte vorliegen. Die Gewinnung dieser Erfahrungswerte erfolgt in der Baubetriebsrechnung. Sie werden für die weitere Verwendung zu bezogenen Erfahrungswerten umgerechnet. Das heißt, sie werden zu Erfahrungssätzen in Bezug zu einer wichtigen Kostengröße umgebildet. Diese wichtige Kostengröße sind die Arbeitskosten, bei lohnintensiven Arbeiten die Lohnkosten.

Die Genauigkeit des Verfahrens mit vorberechneten Zuschlägen ist geringer als beim Verfahren über die Angebotssumme. Dies ergibt sich vor allem dadurch, daß die spezifischen Probleme der geplanten Baustelle nicht berücksichtigt werden, was sonst mit der Berechnung der BGK erfolgt. Die Angebotssumme kann nur im Leistungsverzeichnis ermittelt werden. Die Kontrollmöglichkeit ist damit eingeschränkt.

Der Vorteil liegt in der Arbeitserleichterung bei der Kalkulation, da die BGK nicht objektspezifisch neu berechnet werden, der Mittellohn, die Zuschlagssätze und der Kalkulationslohn vor der Einzelkostenermittlung berechnet werden können. Bei der Aufstellung der Einzelkosten für die einzelnen Teilleistungen ist es dadurch möglich, sofort den Einheitspreis zu bilden.

Anwendung: Vor allem bei kleinen, aber auch bei großen Baustellen, wenn genügend genaue Erfahrungswerte von kostenstrukturmäßig gleichen Baustellen vorliegen. Bei großen Baustellen ist es aber notwendig, Detailwerte für die BGK anzusetzen. Es sind Erfahrungswerte für die BGK gegliedert wie beim Verfahren über die Angebotssumme notwendig.

Die Anwendung liegt in der Hauptsache bei lohnintensiven Baustellen, aber u. U. ist dies auch bei Baustellen des Straßendeckenbaues, Kanalbaues, etc., also bei maschinenintensiven Baustellen mit gleichbleibender Kostenstruktur, möglich.

Durchführung der Kalkulation:

– Prüfung der Ausschreibungsunterlagen, Begehung des Baugeländes, Entwicklung des baubetrieblichen Konzeptes, Abschätzung der erforderlichen Arbeiter – analog wie beim Verfahren über die Angebotssumme. Vergleich mit früheren Baustellen, vor allem bezüglich der Kostenstruktur.

– Einholung von Baustoffpreisen und Nachunternehmerangeboten, analog Verfahren über die Angebotssumme.

– Auswahl der Erfahrungswerte von früheren Baustellen mit gleicher Kostenstruktur.

– Festlegung der Zuschlagssätze auf Sonstige Kostenarten **d** und Nachunternehmerleistungen **e**, Berechnung des Zuschlagssatzes auf Lohn.

– Berechnung des Mittellohnes und des Kalkulationslohnes.

– Berechnung der Einzelkosten der Teilleistungen mit dem jeweiligen Einheitspreis.

– Übertragung der Einheitspreise in das Leistungsverzeichnis und Ermittlung der Netto-Angebotssumme.

Die Durchführung der Kalkulation erfolgt im Prinzip wie beim Verfahren über die Angebotssumme. Es wird, abgesehen von den grundlegenden Erfahrungswerten, nicht mit objektspezifischen Werten gerechnet, sondern mit Verhältniszahlen. Die Bezugsgröße ist hierbei der Arbeitskostenbetrag, bei der lohnintensiven Baustelle also die Summe der Einzellohnkosten.

Bei kleineren Bauunternehmungen erfolgt die Berechnung der Zuschlagssätze und des Kalkualtionslohnes häufig nicht für ein einzelnes Bauobjekt, sondern für eine ganze Zeitperiode. Bei immer etwa gleicher Kostenstruktur der durchzuführenden Baustellen ist dies unproblematisch.

Folgende VARIANTEN DER KOSTENGLIEDERUNG sind möglich:

I. Kostengliederung wie beim Verfahren über die Angebotssumme **in HK und AGK:**

Dies ist bei mittelgroßen bis großen Firmen der Fall. Die Gemeinkosten der Baustelle sind von den Gemeinkosten des Gesamtbetriebes (AGK) klar abgetrennt.

Im einfachsten Fall werden die BGK mit einem einzigen Erfahrungssatz in die Kalkulation eingebracht.

In der Regel, vor allem bei größeren Baustellen, werden die BGK mit Erfahrungssätzen für die einzelnen Gliederungsabschnitte gemäß der Gliederung wie im Abschnitt 2.2.8 dargestellt, erfaßt. Dadurch ist es möglich, einzelne Sätze an veränderte Gegebenheiten bei der zu kalkulierenden Baustelle anzupassen. Weiter besteht die Möglichkeit, bedeutsame Kostenelemente, die von Baustelle zu Baustelle unterschiedlich sind, für die geplante Baustelle neu zu entwickeln. Dies können zum Beispiel die Gerätekosten sein, die mit Hilfe einer aufzustellenden Geräteliste neu kalkuliert werden. Die Baubetriebsrechnung muß die getrennte Erfassung von Teilwerten der BGK entsprechend durchführen.

II. Kostengliederung in Baustellenkosten und Betriebsgemeinkosten:

Diese Kostengliederung ist vor allem bei kleinen, aber auch bis zu mittelgroßen Bauunternehmungen üblich.

Die Baustellenkosten bestehen aus den Einzelkosten und den Gemeinkostenlöhnen (GK-Löhne) der Baustelle. ELK und GK-Löhne sind in dem Begriff Baustellenlöhne zusammengefaßt.

Die Betriebsgemeinkosten umfassen die BGK ohne Gemeinkostenlöhne und die AGK. Bei der kleinen Bauunternehmung sind die BGK und die AGK nicht voneinander trennbar. Die Baubetriebsrechnung ist häufig nicht vorhanden. Die Finanzbuchhaltung wird nur im Sinne der Betriebsrechnung aufgeschlüsselt.

Die Kostenstruktur aller Baustellen ist bei diesen kleinen Bauunternehmungen in der Regel immer etwa gleich. Somit können der Mittellohn, die Zuschlagssätze und der Kalkulationslohn für eine größere Zeitperiode berechnet werden. Eine Neuberechnung erfolgt üblicherweise am Anfang des Geschäftsjahres. Eine Anpassung wird bei wesentlichen Veränderungen der Kostengrundlage erfoderlich, zum Beispiel bei Lohnerhöhungen.

Bei Kleinbetrieben wird oft mit dem sogenannten BAUSTELLENMITTELLOHN (BML) kalkuliert. Dies ist der Mittellohn pro Einzellohnstunde einschließlich der Gemeinkostenlohnanteile. Das heißt, der Mittellohn wird um den prozentualen Anteil der GK-Löhne beaufschlagt. Häufig wird neben den GK-Löhnen auch der Soziallohnanteil dem Mittellohn zugeschlagen. Der Sozialaufwand der Arbeiter ohne Soziallohnkosten wird dann meist in den Betriebsgemeinkosten erfaßt. Die Baubetriebskosten werden allgemein mit einem Satz in die Kalkualtion aufgenommen.

Bei der kleinen Bauunternehmung arbeitet der Eigentümer im Betrieb mit. Es ist dann der kalkulative UNTERNEHMERLOHN in den Betriebsgemeinkosten mit zu erfassen. Dies ist das kalkulierte Gehalt des mitarbeitenden Unternehmers. Die Kostenhöhe wird so angesetzt wie sie bei einem Dritten anfallen würde. Gehaltsgebundene Kosten sind zusätzlich zu berücksichtigen.

Beispiele

1. **Kostengliederung HK - AGK,** Ansatz der BGK mit EINEM Erfahrungswert.

Es werden die Zahlen aus dem Beispiel für das Verfahren über die Angebossumme übernommen. Es seien dies die Zahlen einer früheren Baustelle mit gleicher Kostenstruktur, aus der Baubetriebsrechnung entnommen.

Einzellohnkosten a. d. Baubetriebsr.	799.040,00 DM	100,00%
Sonstige Kosten a. d. Baubetriebsr.	324.496,20 DM	40,61% d. ELK
Nachuntern.-Leistungen a. d. Baubetriebsr.	154.950,00 DM	19,39% d. ELK
Einzelkosten	1.278.486,90 DM	160,00% d. ELK
BGK a. d. Baubetriebsrechnung	352.478,35 DM	44,11% d. ELK
Herstellkosten		204,11% d. ELK
AGK 8,5% vom Umsatz; $\dfrac{8,5 \cdot 100}{100-12,5} = 9,71\%\,\mathrm{d.\,HK}$		19,82% d. ELK
Selbstkosten		223,93% d. ELK
W. u. G. 4,0% vom Umsatz $\dfrac{4,0 \cdot 100}{100-12,5} = 4,57\%\,\mathrm{d.\,HK}$		9,33% d. ELK
Netto-Angebotssumme		233,26% d. ELK
Umlagekosten gesamt: 233,26% d. ELK - 160,00% d. ELK =		73,26% d. ELK

Gewählt   Zuschlag auf Sonstige Kosten   12,50% d. Sonstigen Kosten
                Zuschlag auf Nachunternehmerleistung   10,00% der Nachuntern.-L.

Zuschlags-„Betrag" auf Sonstige Kosten und Nachunternehmerleistungen, abzuziehen von den Umlagekosten gesamt

Auf Sonstige Kosten	12,50% von 40,51% d. ELK =	-5,08% d. ELK
Auf Nachuntern.-L.	10,00% von 19,39% d. ELK =	-1,94% d. ELK

Zuschlagssatz auf Einzellohnkosten	66,24 % d. ELK

Der Mittelohn sei als Mittellohn APSL ermittelt worden mit   56,75 DM/Std
Siehe Beispiele Abschnitt 2.2.2.

Kalkulationslohn $= 56{,}75 \text{ DM/Std} \cdot (1 + 66{,}24/100) =$ 94,34 DM/Std

2. Kostengliederung Baustellenkosten und Betriebsgemeinkosten

Die Kostenstruktur aller Baustellen des Unternehmens sei gleich. Die angesetzten Zahlen seien die Abschlußzahlen des Vorjahres aus der erweiterten Finanzbuchhaltung. Der Mittellohn AP sei mit 27,55 DM/Std ermittelt worden (siehe Beispiele Abschnitt 2.2.2). Der Anteil an Gemein-kosten- und Soziallöhnen wurde für das Vorjahr bei einer durchschnittlichen Baustelle mit 24,675% der Gesamtlohnkosten nachkalkuliert. Dieser Satz soll für die nächste Periode ange-setzt werden.

Baustellenlöhne aus der Finanzbuchhaltung	514.972,80 DM	100,00% d. BL
Sonstige Kosten aus der Finanzbuchhaltung	324.496,40 DM	63,01% d. BL
Nachunternehmerl. aus der Finanzbuchh.	154.950,00 DM	30,09% d. BL
Baustellenkosten	994.419,20 DM	193,10% d. BL
Betriebsgemeinkosten mit Lohngebundenen Kosten der Arbeiter, ohne Soziallöhne, mit Lohnnebenkosten, mit Unternehmerlohn aus der Finanzbuchhaltung	794.912,25 DM	154,36%. BL
Selbstkosten (SK)		347,46% d. BL

Wagnis und Gewinn 4,00% vom Umsatz

$$\frac{4{,}00 \cdot 100}{100 - 4{,}00} = 4{,}167\% \text{ der SK} = \qquad\qquad 14{,}48\% \text{ d. BL}$$

Netto-Angebotssumme	361,94% d. BL
Umlagekosten gesamt: 361,94% d. ELK - 193,10% d. ELK =	168,84% d. BL

Gewählt Zuschlag auf Sonstige Kosten   12,50% d. Sonstigen Kosten
Zuschlag auf Nachunternehmerleistung   10,00% der Nachuntern.-L.

Zuschlags-"Betrag" auf Sonstige Kosten und Nachunternehmerleistungen, abzuziehen von den Umlagekosten gesamt

Auf Sonstige Kosten 12,50% von 63,01% d. ELK =   -7,88% d. BL
Auf Nachuntern.-L. 10,00% von 30,09% d. ELK =   -3,01% d. BL

Zuschlagssatz auf Einzellohnkosten   157,95% d. BL

Mittellohn AP $=$ 27,55 DM/Std

Baustellenmittellohn $=$ $27{,}55 \text{ DM/Std} \cdot \dfrac{100}{100 - 24{,}675} =$ 36,58 DM/Std

Kalkulationslohn $=$ $36{,}58 \text{ DM/Std} \cdot \left(1 + \dfrac{157{,}95}{100}\right) =$ 94,36 DM/Std

Variante zum Beispiel 2

Es ist möglich, von den Baustellenlohnkosten den Gemeinkostenlohn- und Soziallohnanteil abzusetzen. Die Ausgangsbasis sind dann wieder die Einzellohnkosten. Der Anteil für Gemeinkosten- und Soziallöhne ist den Betriebsgemeinkosten zuzufügen.

Baustellenlöhne aus der Finanzbuchhaltung	514.972,80 DM	
abzüglich GK- und Soziallohnanteil 24,675% d. BL: 24,675 % von 514.972,80 =	- 127.069,5o DM	
Einzellohnkosten	387.903,30 DM	100,00%
Sonstige Kosten aus der Finanzbuchhaltung	324.496,40 DM	83,65% d. ELK
Nachunternehmerleistungen aus d. Finanzbuchh.	154.950,00 DM	39,95% d. ELK
Einzelkosten	867.349,70 DM	223,60% d. ELK
Betriebsgemeinkosten aus der Finanzbuchh.	794.912,25 DM	
Gemeinkosten- und Soziallöhne	127.069,50 DM	
	921.981,75 DM	237,68% d. ELK
Selbstkosten		461,28% d. ELK

Wagnis und Gewinn 4,00% vom Umsatz

$$\frac{4{,}00 \cdot 100}{100 - 4{,}00} = 4{,}167\% \text{ der SK} = \qquad\qquad 19{,}22\% \text{ d. ELK}$$

Netto-Angebotssumme	480,50 % d. ELK
Umlagekosten gesamt: 480,50% d. ELK - 223,60% d. ELK =	256,90% d. BL

abzüglich Zuschlags-"Betrag" auf

Auf Sonstige Kosten	12,50% von 83,65% d. ELK =	-10,45% d. ELK
Auf Nachuntern.-L.	10,00% von 39,95% d. ELK =	-4,00% d. ELK

Zuschlagssatz auf Einzellohnkosten	242,45% d. ELK

Mittellohn AP   =   27,55 DM/Std

Kalkulationslohn   = $27{,}55\,\text{DM/Std} \cdot \left(1 + \dfrac{242{,}45}{100}\right) =$ 94,34 DM/Std

2.3 Kostenermittlung bei maschinenintensiven Bauleistungen, umfassender Weitervergabe der Bauleistung an Nachunternehmer

Die Kostenermittlung ist in beiden Fällen im Prinzip wie bei der lohnintensiven Bauleistung durchzuführen. Der Unterschied liegt in der Zusammensetzung der Arbeitskosten und damit in der Verteilung der Umlagekosten.

a) Maschinenintensive Bauleistung

Bei der maschinenintensiven Baustelle (Erdbau, Straßendeckenbau) erfolgt die Bauwerkserstellung neben dem Arbeitskräfteeinsatz vor allem durch den Geräteeinsatz. Der Anteil der Gerätekosten an den Gesamtkosten ist wesentlich höher als bei der Hoch- und Ingenieurbaustelle. Der Gerätekostenanteil kann bis zu 25% der Gesamtkosten betragen. Die Hauptbasis für die Verteilung der Umlagekosten, die Arbeitskosten, muß daher um den Gerätekostenanteil erweitert werden. Die Arbeitskosten bei der maschinenenintensiven Baustelle werden im allgemeinen angesetz mit:

Einzellohnkosten

Gerätekosten (Vorhaltekosten der Leistungsgeräte)

Betriebstoffkosten der Leistungsgeräte.

Der Zuschlagssatz auf diese drei Teilbasisgrößen wird in der Regel gleich hoch gewählt. Die Sonstigen Kosten und Nachunternehmerleistungen werden entsprechend den Überlegungen bei der lohnintensiven Baustelle mit Umlagekostenanteilen beaufschlagt. Die Höhe des Zuschlagsatzes richtet sich ebenfalls nach der Höhe des prozentualen Anteiles der AGK und W u. G an den Herstellkosten aus. Wichtig für eine verursachungsgerechte Umlagekostenverteilung bei der maschinenintensiven Baustelle ist folgendes:

- Die Aufsichtskosten (Polier) einschließlich der gehaltsgebundenen Kosten sind in den BGK zu erfassen und nicht im Mittellohn. Der Haupteinsatzbereich der Aufsicht bezieht sich neben dem Arbeitskräfteeinsatz hauptsächlich auf den Geräteeinsatz. Nur mit Hilfe der Umlagekosten können die Aufsichtskosten auch den Gerätekosten zugewiesen werden. Die BGK werden ganz den Arbeitskosten zugeschlagen.

- Die lohngebundenen Kosten müssen im Mittellohn erfaßt werden. Bei Einrechnung in die BGK und deren Umlage auf die Arbeitskosten würden sie auch lohnfremden Basiskosten zugerechnet. Es ist also ein Mittelohn ASL zu bilden.

Die Kalkulation wird bei maschinenintensiven Baustellen in der Regel mit dem Verfahren über die Angebotssumme durchgeführt. Bei gleichartigen Baustellen mit gleicher Kostenstruktur ist es aber auch möglich, mit dem Verfahren mit vorberechneten Zuschlägen die Kostenermittlung durchzuführen (z.B. kleinere Straßendeckenbauarbeiten).

Beispiel für die Gesamtkostenrechnung einer Erdbaustelle:

Mittellohn ASL = 51,74 DM/Std

Einzellohnkosten	775.450,00 DM
Gerätevorhaltekosten, incl. lohngeb. Kosten der Rep.-Löhne	1.235.000,00 DM
Betriebsstoffkosten	342.000,00 DM
Summe Arbeitskosten	2.355.450,00 DM
Sonstige Kosten	530.000,00 DM
Einzelkosten	2.885.450,00 DM
Gemeinkosten der Baustelle	970.500,00 DM
Herstellkosten	3.855.950,00 DM

AGK 8,5% v. Umsatz; $\dfrac{100 \cdot 4,0}{100 - 12,5} = 9,71\%\,\text{d. HK}$

	374.413,00 DM
Selbstkosten	4.230.363,00 DM

W.u.G. 4,0% v. Umsatz; $\dfrac{100 \cdot 4,0}{100 - 12,5} = 4,57\%\,\text{d. HK} =$

	176.217,00 DM
Netto-Angebotssumme	4.406.580,00 DM
Umlagekosten gesamt: 4.406.580,00 DM - 2.885.450,00 DM =	1.521.130,00 DM

Gewählt: Zuschlag auf Sonstige Kosten 20% der Sonstigen Kosten abzüglich Zuschlags-"Betrag" auf Sonstige Kosten

20% von 530.000,00 DM =	-106.000,00 DM
Zuschlagsbetrag auf Arbeitskosten	1.415.000,00 DM

Zuschlagssatz auf Arbeitskosten $\dfrac{1.415.0000,00 \cdot 100}{2.355.450,00} =$ 60,07% d. Arbeits-kosten

Kalkulationslohn = $51,74\,\text{DM/Std} \cdot \left(1 + \dfrac{60,07}{100}\right) =$ 82,82 DM/Std

Zuschlag auf Geräte- und Betriebsstoffkosten 60,07% der Geräte- und Betriebsstoffkosten   Faktor = 1,6007

Zuschlag auf Sonstige Kosten 20% der Sonstigen Kosten   Faktor = 1,20

b) Umfassende Weitervergabe von Bauleistungen

Bei umfassender Weitervergabe von Bauleistungen an Nachunternehmer wird durch die Bauunternehmung nur mehr ein geringer Teil des gesamten Leistungsumfanges selbst ausgeführt. Vielfach werden die wichtigsten Teile der Baustelleneinrichtung mit Hebezeugen, etc. durch ihn erstellt und auch den Nachunternehmern zur Verfügung gestellt. Die Aufgabe der Aufsichtspersonen (Poliere) beschränkt sich nicht nur auf den eigenen Leistungsbereich. Die Koordination, Steuerung und Überwachung der Nachunternehmer ist ihre Hauptaufgabe.

So sind die gleichen Überlegungen anzustellen wie bei der maschinenintensiven Baustelle:

- Der Mittellohn für den eigenen Leistungsbereich ist als Mittellohn ASL zu bilden.

- Die Aufsichtskosten einschließlich anteilige gehaltsgebundene Kosten sind in die BGK einzurechnen.

- Die Betriebslohn- und Betriebsstoffkosten der Bereitstellungsgeräte, die auch den Nachunternehmern zur Verfügung stehen, sind in den BGK zu erfassen.

- Die Hauptbasis für die Verteilung der Umlagekosten ist um die Nachunternehmerleistungen zu erweitern. Bei einer lohnintensiven Baustelle bedeutet dies, daß die Arbeitskosten aus Einzellohnkosten und Nachunternehmerleistung bestehen. Je nach dem Verhältnis des eigenen Leistungsumfanges zum Nachunternehmerleistungsumfang ist der Zuschlagssatz nicht gleich auf alle Arbeitskosten festzulegen, sondern abzustufen.

2.4 Sonderfälle und Probleme der Kostenermittlung

a) Verteilung der Umlagekosten

In Abschnitt 2.2.10 wird dargelegt, daß die Verteilung der Umlagekosten verursachungsgerecht erfolgen muß. Der Hauptanteil der Umlagekosten ist so den Arbeitskosten zuzuschlagen.

Die Verteilung der Umlagekosten gleichmäßig auf alle Einzelkostenarten wird manchmal von Vorteil gewertet. Verschiebungen der Mengen einzelner Positionen sollen dadurch keine Auswirkungen auf die Abdeckung der Umlagekosten haben. Diese Überlegung kann aber auch falsch sein. Sind bei einer lohnintensiven Baustelle Positionen mit großem Mengenansatz mit Kostenschwerpunkt Lohnkosten, aber andererseits auch mit Stoffkostenschwerpunkt enthalten, so kann es bei Mengenverschiebungen bei gleichbleibender Abrechnungssumme zu ungünstigen Auswirkungen kommen. Bei einer Mengenverschiebung zu Gunsten der lohnintensiven Positionen erhöht sich der Arbeitskostenaufwand und damit der Gemeinkostenanteil, der dann teilweise ungedeckt bleibt. Bei einer Mengenverschiebung zu Gunsten der Positionen mit Stoffkostenschwerpunkt ist es allerdings umgekehrt. Vor der Festlegung einer gleichmäßigen Verteilung der Umlagekosten sollte eine entsprechende Analysierung der Ausschreibungsunterlagen erfolgen.

b) ABC-Analyse

Mit Hilfe der EDV kann im Zuge der Angebotsbearbeitung leicht eine Analysierung der Angebotsunterlagen und der ausgearbeiteten Kalkulation erfolgen. Die sogenannte ABC-Analyse ermöglicht eine Zuordnung bzw. Sortierung von ausgewählten Kalkulationselementen nach ihrer Häufigkeit. Die Auswahl der Elemente erfolgt nach dem Gesichtspunkt ihrer zugemessenen Bedeutung.

Ausgewählte Elemente können zum Beispiel sein:

– Die Gesamtpreise der Teilleistungen.
– Die Einzelkostenarten ohne Umlagekostenanteil, Stundenansatz nur mit Mittellohn.
– Aufwands- und Leistungswerte, wichtige Stoffpreise.

Die ausgewählten Elemente werden entsprechend ihrer Bedeutung in drei Bereiche eingeteilt:

– Bereich 1: Hohe Bedeutung.
– Bereich 2: Mittlere Bedeutung.
– Bereich 3: Geringe Bedeutung.

Eine einfache aber wichtige Aussage einer ABC-Analyse kann die Klarstellung der wichtigsten Positionen des LV bezüglich ihres Mengen- und Kostenanteiles sein. So erbringt in der Regel nur ein geringer Teil der Teilleistungen den Hauptanteil der Angebotssumme. Bei einer durchgeführten ABC-Analyse einer Tiefbaumaßnahme mit 167 Positionen ergab sich zum Beispiel, daß nur 20% der Positionen 80% der Angebotssumme ausmachen.

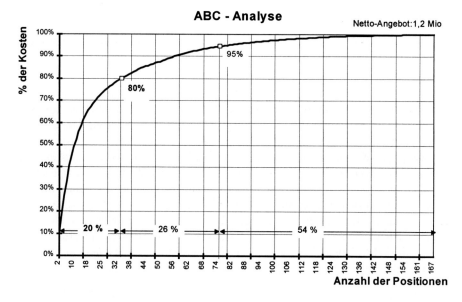

Bild 2.1 ABC-Analyse

Der Hauptaufwand und die Genauigkeit der Kalkulationsarbeit wird sich auf den Bereich 1 mit hoher Bedeutung konzentrieren.

Wichtig sind bei einer Angebotsbearbeitung mit EDV-Einsatz auch folgende Punkte: Erstellung eines Kurz-Leistungsverzeichnisses gemäß §21 Nr. 1 (3) VOB/A. Preiseintragungen ins LV mit großer Fehlermöglichkeit entfallen dadurch.

Bedeutende und häufig im Angebot vorkommende Kostenelemente sollen in einer Datenbank erfaßt und von da aus weiter verarbeitet werden. Änderungen und Preisanpassungen sind dadurch ohne großen Arbeitsaufwand möglich.

c) Kalkulation von Sonderpositionen

Häufig sind in Leistungsverzeichnissen neben den normalen Positionen Sonderpositionen enthalten. Diese Sonderpositionen sind im LV entsprechend gekennzeichnet. Sie sind als Grundlage für die Verteilung der Umlagkosten nicht geeignet und müssen in der Kalkulation eigens behandelt werden.

Es werden unterschieden:

AUSFÜHRUNGSPOSITIONEN: Dies sind die normalen Positionen des LV, die in jedem Falle zur Ausführung kommen. Sie sind deshalb nicht besonders gekennzeichnet.

ZULAGEPOSITIONEN: Erschwernisse in der Ausführung einer Ausführungspositionen werden mit Zulagepositionen erfaßt. Sie werden in Abhängigkeit bzw. in Zusammenhang mit der Ausführungsposition vergütet.

SONDERPOSITIONEN:

– BEDARFS- ODER EVENTUALPOSITION: Dies ist eine Teilleistung deren Ausführung fraglich ist. Die Leistungsmenge ist zum Zeitpunkt der Ausschreibung meist noch nicht bekannt.

– ALTERNATIV- ODER WAHLPOSITION: Eine Teilleistung, die anstelle einer anderen Leistung zur Ausführung kommen kann, wird im LV alternativ ausgeschrieben. Der Auftraggeber behält sich damit eine Wahlmöglichkeit vor, ohne daß im Entscheidungszeitpunkt ein neuer Preis vereinbart werden muß. Die Alternativ- oder Wahlposition tritt, wenn sie zur Ausführung kommt, an die Stelle einer Grundposition.

– GRUNDPOSITION: Diese umfaßt eine Leistung, die wahrscheinlich zur Ausführung kommt. Der Auftraggeber behält sich jedoch die Wahlmöglichhkeit zwischen der Grundposition und einer oder mehrerer Alternativpositionen vor.

Als GRUNDLAGE FÜR DIE VERTEILUNG DER UMLAGEKOSTEN SIND

GEEIGNET: Ausführungspositionen, Zulagepositionen und Grundpositionen,

NICHT GEEIGNET: Bedarfs- oder Eventualpositionen und Alternativ- oder Wahlpositionen.

Bei der Durchführung der Kalkulation ist wie folgt vorzugehen:

– Es werden zunächst alle für die Verteilung von Umlagekosten geeignete Teilleistungen kalkuliert und die Zuschlagssätze und der Kalkulationslohn bestimmt.

– Erst als zweiter Schritt werden die für die Verteilung der Umlagkosten nicht geeigneten Teilleistungen kalkuliert. Sie werden dann mit den gleichen Umlagesätzen beaufschlagt wie die Ausführungs-, Zulage- und Grundpositionen.

Damit ist eine volle Deckung der Umlagekosten gewährleistet, auch wenn die für die Umlage nicht geeigneten Positionen nicht zur Ausführung kommen. Bei zusätzlicher

Ausführung von Bedarfs- oder Eventualpositionen ergibt sich sogar eine Überdeckung der Gemeinkosten.

d) Fremdleistungen in der Kalkulation

Häufig ergibt sich die Notwendigkeit, als Eigenleistung kalkulierte Teilleistungen an einen Nachunternehmer zu vergeben. Ebenso ist es umgekehrt möglich, als Nachunternehmerleistung kalkulierte Positionen selbst auszuführen.

Die Gründe können zum Beispiel sein

- ein unvorhergesehener Mangel an Arbeitskräften oder Gerät,

- ein Mangel an geeigneten Fachkräften für eine spezielle Tätigkeit,

- ein günstiges nachträgliches Angebot durch einen Nachunternehmer.

- unvorhergesehene freie Arbeitskräfte oder Geräte für eine kalkulierte Nachunternehmerleistung.

Die Fragen, die bei einer Umwandlung von Eigenleistung in eine Fremdleistung anstehen, sind:

- Inwieweit bleiben die Umlagekostenanteile, die auf den betreffenden Einzelkosten zugeschlagen wurden, erhalten.

- Ergeben sich durch die Weitervergabe der geplanten Eigenleistung Einsparungen an Umlagekosten.

- Sind Veränderungen in der Zusammensetzung der Baustellenbelegschaft zu erwarten; ändert sich der Anteil der Aufsichtskosten; ändert sich der Mittellohn.

Vor der Weitervergabe an einen Nachunternehmer ist eine kalkulatorische Vergleichsrechnung durchzuführen, mit deren Hilfe die aufgestellten Fragen beantwortet werden können und die Entscheidung gefällt werden kann.

Bei der Ausführung von Leistungen, die als Nachunternehmerleistungen kalkuliert sind, durch den Bauunternehmer selbst, ergeben sich analoge Fragen.

Beispiel:

Für die im Abschnitt 2.2.7 berechnete Teilleistung Pos 3. Baugrubenaushub; hat ein Nachunternehmerangebot für den Abtransport des Aushubmaterials vorgelegen. Nach Auftragserteilung fordert der Bauunternehmer aus Kapazitätsgründen bei diesem Nachunternehmer ein Gesamtangebot für diese Teilleistung an. Der Nachunternehmer bietet für den Aushub mit Abtransport einen Netto- Einheitspreis von 12,50 DM/m³ an.

Die Überprüfung durch den Bauunternehmer ergibt folgendes:

Der Mittellohn und die Arbeitskräftezusammensetzung bleiben unverändert.
Es ergeben sich keine Einsparungen an GKdB und AGK, das heißt die Umlagekosten bleiben unverändert.

Die Position wurde wie folgt kalkuliert: Mittellohn APSL 56,75 DM/Std
Einzelkosten (ohne Zuschläge!):

Lohnkosten	0,03 Std · 56,75 DM/Std	=	1,70 DM/m³
Gerätekosten			1,57 DM/m³
Abtransport als Nachunternehmerleistung			9,50 DM/m³
	gesamt		12,77 DM/m³

Einzelkosten mit Zuschlägen = Einheitspreis : Kalkulationslohn 94,40 DM/Std

Lohnkosten	0,03 Std · 94,40 DM/Std	=	2,83 DM/m³
Gerätekosten	1,57 DM/m³ · 1,15	=	1,80 DM/m³
Abtransport	9,50 DM/m³ · 1,12	=	10,64 DM/m³
	Einheitspreis		15,27 DM/m³
Differenz = Umlagekosten		=	2,50 DM/m³

Einheitspreis	15,27 DM/m³
abzüglich Nachunternehmerangebot netto	12,50 DM/m³
verbleibender Betrag für Umlage	2,77 DM/m³
Mindestbetrag zur Abdeckung der anteiligen Umlagekosten 2,50 DM/m³	
Überschuß	0,27 DM/m³

Der Überschuß von 0,27 DM/m³ ergibt einen Gesamtüberschuß bei dieser Position von
2.100 m³ · 0,27 DM/m³ = 567,00 DM netto.

Anlage

Muster für die Berechnung des Zuschlagsatzes für die Lohnzusatzkosten – Rundschreiben für die Mitglieder des Deutschen Bauindustrieverbandes.

Anmerkung:

Diese Musterberechnung bedarf immer einer Anpassung an die jeweiligen Betriebsgegebenheiten. Sie liegt besonders in Bezug auf die Ausfalltage auf der sicheren Seite.

Muster für die Berechnung des Zuschlagsatzes für Lohnzusatzkosten

Stand   1. Januar 1997

A. Alte Bundesländer

I. Ermittlung der tatsächlichen Arbeitstage	Tage
1. Samstage	52
2. Sonntage	52
3. Gesetzliche Feiertage, soweit nicht Samstage, Sonntage oder Feiertage im modifizierten Lohnausgleichszeitraum 1)	6
4. Regionale Feiertage, soweit nicht Samstage oder Sonntage 2)	2
5. Lohnausgleichszeitraum, soweit nicht Samstage oder Sonntage	5
6. Urlaubstage nach § 8 BRTV	30
7. Verwirklichte Urlaubstage durch Zahlung von Überbrückungsgeld	-5
8. Tarifliche und gesetzliche Ausfalltage nach § 4 BRTV, Betriebsverfassungsgesetz, Arbeitsförderungsgesetz, Arbeitnehmerweiterbildungsgesetz sowie Unfallverhütungsvorschriften u. a.	7
9. Ausfalltage innerhalb des Schlechtwetterzeitraumes mit Anspruch auf Überbrückungsgeld 3)	20
10. Ausfalltage durch Schlechtwetter mit Anspruch auf Winterausfallgeld (WAG) durch die BfA	0
11. Ausfalltage durch Schlechtwetter außerhalb des SW-Zeitraumes (ohne Überbrückungsgeld)	2
12. Ausfalltage wegen Kurzarbeit 4)	2
13. Krankheitstage mit Lohnfortzahlung 5)	9
14. Krankheitstage ohne Lohnfortzahlung 5)	8
Summe der Ausfalltage	**190**
Kalendertage	365
Ausfalltage	190
Tatsächliche Arbeitstage	**175**

1) (Neujahr), Karfreitag, Ostermontag, Tag der Arbeit, Christi Himmelfahrt, Pfingstmontag, Tag der Deutschen Einheit, (1. und 2. Weihnachtsfeiertag). In Klammern gesetzte Feiertage fallen auf einen Samstag, Sonntag oder sind Feiertage im modifizierten Lohnausgleichszeitraum.
2) z. B. Fronleichnam, Allerheiligen, Reformationstag. Anzahl der Feiertage regional unterschiedlich.
3) Anzahl der SW-Tage regional unterschiedlich.
4) Anzahl der Ausfalltage wegen Kurzarbeit firmenindividuell unterschiedlich.
5) Anzahl der Krankheitstage firmenindividuell unterschiedlich.

II. Berechnung des Zuschlagsatzes für Lohnzusatzkosten

		%	%	%
1.	**Grundlöhne**			**100,00**
2.	**Lohnzusatzkosten**			
2.1	**Soziallöhne**			
2.1.1	Gesetzliche und tarifliche Soziallöhne (bezahlte arbeitsfreie Tage)			
2.1.1.1	Feiertage (I Ziffer 3 und 4) $\frac{\text{Feiertage} \times 100}{\text{tatsächl. Arbeitstage}}$	4,57		
2.1.1.2	Ausfalltage (I Ziffer 8) $\frac{\text{Ausfalltage} \times 100}{\text{tatsächl. Arbeitstage}}$	4,00		
2.1.1.3	Krankheitstage mit Lohnfortzahlungsanspruch (I Ziffer 13) $\frac{\text{Krankheitstage} \times 100}{\text{tatsächl. Arbeitstage}}$	5,14		
2.1.1.4	13. Monatseinkommen $\frac{(\text{tatsächl. Arbeitstage} + \text{Krankheitstage mit LFZ} + \text{Ausfalltage}) \cdot \text{Arb.-Std./Tag} \cdot 10,7\% \cdot 100}{(\text{tatsächl. Arbeitstage} \cdot \text{Arb.-Std./Tag})}$	11,68		
2.1.1.5	Überbrückungsgeld für SW-Ausfalltage (I Ziffer 9) $\frac{(75\%-(75\%/3)-20\%) \cdot \text{SW-Tage} \cdot 7,5 \text{ Std./Tag} \cdot 100}{\text{tatsächl. Arbeitstage} \cdot \text{Arb.-Std./Tag}}$	3,30		
2.1.2	Betriebliche Soziallöhne	1,00		
	Soziallöhne (Zwischensumme)	**29,68**	29,68	
	Grund- und Soziallöhne		129,68	
2.1.3	Urlaub, zus. Urlaubsgeld und Lohnausgleich (I Ziffer 5 und 6) 6) $\frac{(\text{Urlaubstage} \times 1,3 + \text{Lohnausgl.-Tage}) \times 100}{\text{tatsächl. Arbeitstage}}$	25,14	25,14	
2.1.4	Ausgleichsbetrag für Überbrückungsgeldempfänger	0,73	0,73	
2.1.5	Ausgleichsbetrag für Winterausfallgeldempfänger	0,00	0,00	
2.1.6	Ausgleichsbetrag für Kurzarbeitergeldempfänger	0,15	0,15	
2.1.7	Ausgleichsbetrag für Krankengeldempfänger ohne LFZ	0,60	0,60	
2.1.8	Überbrückungsgeld (Erstattungsanteil durch ULAK) für SW-Ausfalltage 6) $\frac{20\% \cdot \text{SW-Tage} \cdot 7,5 \text{ Std./Tag} \cdot 100}{\text{tatsächl. Arbeitstage} \cdot \text{Arb.-Std./Tag}}$	2,20	2,20	
	Soziallöhne insgesamt	58,49		
	Bruttolöhne (II Ziffer 1 und 2.1) als Basis für Sozialkosten und lohnbezogene Kosten			**158,49**

6) Urlaubsentgelt, zus. Urlaubsgeld, Lohnausgleich und der Erstattungsanteil für das Überbrückungsgeld sind, obwohl sie von den Sozialkassen rückvergütet werden, in die Berechnung der Löhne einzubeziehen, um hierdurch die Basis für die auf den Bruttolohn zu beziehenden Sozialkosten und lohnbezogenen Kosten zu ermitteln.

		%	%	%
Übertrag: Soziallöhne (Zwischensumme)				**29,68**
2.2	Sozialkosten			
2.2.1	Gesetzliche Sozialkosten			
2.2.1.1	Rentenversicherung - allgemein - für WAG-Empfänger - Kurzarbeiter	10,15	0,00 0,19	
2.2.1.2	Arbeitslosenversicherung	3,25		
2.2.1.3	Krankenversicherung - allgemein - für WAG-Empfänger - Kurzarbeiter	6,85	0,00 0,13	
2.2.1.4	Pflegeversicherung - allgemein - für WAG-Empfänger - Kurzarbeiter	0,85	0,00 0,02	
2.2.1.5	Unfallversicherung 7)	6,12		
2.2.1.6	Konkursausfallgeld	0,19		
2.2.1.7	Rentenlast-Ausgleichsver- fahren	0,11		
2.2.1.8	Arbeitsmedizinischer Dienst	0,10		
2.2.1.9	Schwerbehindertenaus- gleich		0,42	
2.2.1.10	Arbeitsschutz und -sicher- heit		1,40	
2.2.1.11	Winterbauumlage	1,00		
2.2.2	Tarifliche Sozialkosten			
2.2.2.1	Urlaub	14,95		
2.2.2.2	Lohnausgleich	1,45		
2.2.2.3	Zusatzversorgung	1,40		
2.2.2.4	Berufsbildung	2,80	**20,60**	
2.2.2.5	Vorruhestand	---		
2.2.2.6	Winterausgleichszahlung	---		
2.2.2.7	Überbrückungsgeld	0,00		
2.2.2.8	Nicht gedeckter Vorruhestandsanteil	0,00		
2.2.2.9	Pauschalversteuerung des Beitrages der Arbeitgeber für die tarifvertragliche Zusatzversorgung der ge- werblichen Arbeitnehmer im Baugewerbe		0,40	
2.2.3	Betriebliche Sozialkosten		1,00	
		49,22	3,55	
	Sozialkosten auf Basis Grundlohn Bruttolöhne x Sozialkosten (Spalte 1)		78,01	
	Sozialkosten		**81,56**	81,56
	Summe Lohngebundene Kosten			**111,24**

7) unterschiedlich nach Berufsgenossenschaft und Gewerk

			%	%	%
Übertrag: Summe lohngebundene Kosten					**111,24**
2.3	Lohnbezogene Kosten				
2.3.1	Haftpflichtversicherung		1,50		
2.3.2	Beiträge zu den Berufsverbänden		0,60		
			2,10		
	Lohnbezogene Kosten auf Basis Grundlohn				3,33
	Bruttolöhne x Lohnbezogene Kosten (Spalte1)				
	Lohnzusatzkosten				**114,57**

Erläuterungen zur Berechnung des Zuschlagsatzes für Lohnzusatzkosten

Alte Bundesländer

Stand: 1. Januar 1997

Zu I.:   **Ermittlung der tatsächlichen Arbeitstage**

Diese Berechnung ist auf 1997 bezogen und, sofern erforderlich, regional und firmenindividuell zu modifizieren.

Zu II.:   **Berechnung des Zuschlagsatzes für Lohnzusatzkosten**

Zu 1.:   **Grundlöhne**

Diese Position umfaßt:

- Tariflöhne und Bauzuschlag (Gesamttarifstundenlöhne)
- Leistungs- und Prämienlöhne
- übertarifliche Bezahlung
- vermögenswirksame Leistungen
- Überstunden-, Nacht-, Sonn- und Feiertagsarbeitslöhne
- Erschwerniszuschläge

Zu 2.1:   **Soziallöhne**

Diese Position beinhaltet gesetzlich und tariflich bedingte Lohnzahlungen ohne adäquate Arbeitsleistung.

Zu 2.1.1.4:   **13. Monatseinkommen**

Als Berechnungsgrundlage wurden 169,00 Tarifstundenlöhne angenommen. Gemäß § 3 BRTV beträgt die wöchentliche Arbeitszeit 39,00 Stunden, was - unabhängig von der bauspezifischen Arbeitszeitregelung (Sommer-/Winterarbeitszeit) - eine tägliche Arbeitszeit von 7,80 Stunden im Jahresdurchschnitt ergibt.

Die folgende Berechnungsformel berücksichtigt die tatsächlich geleisteten Arbeitsstunden. Laut Tarifvertrag sind diesen gleichgestellt Krankheitstage mit LFZ-Anspruch sowie tarifliche und gesetzliche Ausfalltage nach § 4 BRTV und anderen Vorschriften:

$$\frac{(175 \text{ Arbeitstage} + 9 \text{ Krankheitstage mit LFZ} + 7 \text{ Ausfalltage}) \times 7{,}80 \text{ Std.} \times 10{,}7\,\%}{175 \text{ Arbeitstage} \times 7{,}80 \text{ Std.}} \times 100 = \mathbf{11{,}68}\,\%$$

Zu 2.1.1.5:   Überbrückungsgeld für (betrieblicher Anteil) SW-Ausfalltage

Für den Fall des zwingenden witterungsbedingten Arbeitsausfalles erhält der Arbeitnehmer in den Monaten Januar, Februar, März, November und Dezember ein Überbrückungsgeld. Das Überbrückkungsgeld beträgt 75 % des Arbeitsentgeltes, das der Arbeitnehmer ohne den Arbeitsausfall erzielt hätte.

Ein Drittel des Überbrückungsgeldes erhält der Arbeitnehmer als Vorschuß auf die Urlaubsvergütung. Dieser Betrag wird dem Arbeitgeber im Rahmen des Urlaubskassenverfahrens erstattet.

Die ULAK erstattet dem Arbeitgeber darüber hinaus 20 % des dem Überbrückungsgeld zugrunde liegenden Arbeitsentgeltes im Sinne des § 68 Abs. 1 Nr. 1 AFG, höchstens jedoch 20 % des Gesamttarifstundenlohnes der für den Arbeitnehmer maßgebenden Berufsgruppe für jede Ausfallstunde oder Zahlstunde, für die ein Überbrückungsgeld an den Arbeitnehmer ausgezahlt worden ist, höchstens jedoch für insgesamt 150 Stunden im Kalenderjahr (20 Ausfalltage à 7,50 Stunden (Winterarbeitszeit)).

Unter Berücksichtigung von 20 SW-Tagen und 7,50 Stunden Arbeitszeit täglich ergibt sich für den betrieblichen Anteil folgende Berechnung:

$$\frac{(75\,\% - (75\,\% / 3) - 20\,\%) \times 20 \text{ SW-Tage} \times 7{,}50 \text{ Std.}}{175 \text{ Arbeitstage} \times 7{,}80 \text{ Std.}} \times 100 = \mathbf{3{,}30}\,\%$$

Zu 2.1.3:   Urlaub, zus. Urlaubsgeld und Lohnausgleich

Das zusätzliche Urlaubsgeld beträgt 30 % des Urlaubsentgelts. Dies ergibt einen Faktor von **1,30**.

Zu 2.1.4 bis 2.1.7:   Ausgleichsbeträge

Die Urlaubsausgleichsbeträge erhöhen die Urlaubsvergütung. Sie werden zwar von den Sozialkassen rückvergütet, sind jedoch bei der Ermittlung der Bruttolohnsumme zu berücksichtigen.

2.1.4:   Ausgleichsbetrag für Überbrückungsgeldempfänger

Der Urlaubsausgleichbetrag gemäß § 8 BRTV beträgt 1997 bei Zahlung von Überbrückungsgeld 1,65 DM pro Stunde.

$$\frac{1,65 \text{ DM/Std.} * 20 \text{ SW-Tage} * 7,5 \text{ Std./Tag}}{175 \text{ Arbeitstage x } 7,80 \text{ Std.} * 24,94 \text{ DM/Std.}} \times 100 = \mathbf{0{,}73} \text{ \%}$$

2.1.5:   Ausgleichsbetrag für Winterausfallgeldempfänger

Der Urlaubsausgleichbetrag gemäß § 8 BRTV beträgt 1997 bei Zahlung von Winterausfallgeld 3,25 DM pro Stunde.

$$\frac{3,25 \text{ DM/Std.} * 0 \text{ SW-Tage} * 7,5 \text{ Std./Tag}}{175 \text{ Arbeitstage x } 7,80 \text{ Std.} * 24,94 \text{ DM/Std.}} \times 100 = \mathbf{0{,}00} \text{ \%}$$

2.1.6:   Ausgleichsbetrag für Kurzarbeitergeldempfänger

Der Urlaubsausgleichbetrag gemäß § 8 BRTV beträgt 1997 bei Zahlung von Kurzarbeitergeld 3,25 DM pro Stunde.

$$\frac{3,25 \text{ DM/Std.} * 2 \text{ KUG-Tage} * 7,5 \text{ Std./Tag}}{175 \text{ Arbeitstage x } 7,80 \text{ Std.} * 24,94 \text{ DM/Std.}} \times 100 = \mathbf{0{,}15} \text{ \%}$$

2.1.7:   Ausgleichsbetrag für Krankengeldempfänger ohne Lohnfortzahlung

Der Urlaubsausgleichbetrag gemäß § 8 BRTV beträgt 1997 bei Zahlung von Krankengeld (ab der 6. Woche) 127,00 DM pro Woche.

$$\frac{(127,00 \text{ DM/Woche/39 Std./Woche}) * 8 \text{ Krankheitstage ohne LFZ} * 7,8 \text{ Std./Tag}}{175 \text{ Arbeitstage x 7,80 Std. } * 24,94 \text{ DM/Std.}} \text{ x } 100 = \mathbf{0{,}60} \text{ \%}$$

Zu 2.1.8:   **Überbrückungsgeld (Erstattungsanteil der ULAK) für SW-Ausfalltage**

Zur Ermittlung der vollen Höhe des Bruttolohnes als Basis für die Berechnung der Sozialaufwendungen ist der Soziallohn um den Erstattungsanteil für die SW-Ausfalltage zu erhöhen.

$$\frac{20 \text{ \% x 20 SW-Tage x 7,50 Std.}}{175 \text{ Arbeitstage x 7,80 Std.}} \text{ x } 100 = \mathbf{2{,}20} \text{ \%}$$

Zu 2.2:   **Sozialkosten**

Diese Position umfaßt die an die Lohnzahlung gebundenen gesetzlich, tariflich und betrieblich bedingten Belastungen.

Zu 2.2.1.1:   **Rentenversicherung**

Der Beitragssatz der Rentenversicherung beträgt seit dem 1. Januar 1997 20,30 %. Der vom Arbeitgeber zu tragende Anteil beträgt somit:

$$20{,}30 \text{ \% } / 2 = \mathbf{10{,}15} \text{ \%}$$

- **für Empfänger von Winterausfallgeld (WAG)**

Der Beitrag ist ab dem 1. Januar 1994 allein vom Arbeitgeber zu tragen. Als Bemessungsgrundlage dient ab dem 1. Januar 1995 ein um 20 % gekürztes fiktives Arbeitsentgelt. Der Berechnung werden 0 Ausfalltage durch Schlechtwetter mit Anspruch auf Winterausfallgeld zugrunde gelegt.

$$\frac{0 \text{ SW-Tage x 20,30 \% x 80 \%}}{175 \text{ Arbeitstage}} \text{ x } 100 = \mathbf{0{,}00} \text{ \%}$$

- **für KUG-Empfänger:**

Der Beitrag ist ab dem 1. Januar 1994 allein vom Arbeitgeber zu tragen. Als Bemessungsgrundlage dient ab dem 1. Januar 1995 ein um 20 % gekürztes fiktives Arbeitsentgelt.

$$\frac{2 \text{ KUG-Tage} \times 20{,}30\ \% \times 80\ \%}{175 \text{ Arbeitstage}} \times 100 = \mathbf{0{,}19\ \%}$$

Zu 2.2.1.2:   Arbeitslosenversicherung

Der Arbeitslosenversicherungsgesamtbeitrag beträgt 6,50 %. Vom Arbeitgeber zu tragender Anteil:

$$6{,}50\ \% \ / \ 2 = \mathbf{3{,}25\ \%}$$

Zu 2.2.1.3:   Krankenversicherung

In der gesetzlichen Krankenversicherung werden die Beitragssätze von jeder Kasse autonom entsprechend ihren Aufwendungen festgesetzt. Es wird ein mittlerer Krankenversicherungsbeitrag von 13,70 % angenommen. Der vom Arbeitgeber somit zu tragende Anteil beträgt:

$$13{,}70\ \% \ / \ 2 = \mathbf{6{,}85\ \%}$$

- **für WAG-Empfänger**

Der Beitrag ist ab dem 1. Januar 1994 allein vom Arbeitgeber zu tragen. Als Bemessungsgrundlage dient ab dem 1. Januar 1995 ein um 20 % gekürztes fiktives Arbeitsentgelt. Der Berechnung werden 0 Ausfalltage durch Schlechtwetter mit Anspruch auf Winterausfallgeld zugrunde gelegt.

$$\frac{0 \text{ SW-Tage} \times 13{,}70\ \% \times 80\ \%}{175 \text{ Arbeitstage}} \times 100 = \mathbf{0{,}00\ \%}$$

- **für KUG-Empfänger:**

Der Beitrag ist ab dem 1. Januar 1994 allein vom Arbeitgeber zu tragen. Als Bemessungsgrundlage dient ab dem 1. Januar 1995 ein um 20 % gekürztes fiktives Arbeitsentgelt.

$$\frac{2 \text{ KUG-Tage} \times 13{,}70\ \% \times 80\ \%}{175 \text{ Arbeitstage}} \times 100 = \mathbf{0{,}13\ \%}$$

Zu 2.2.1.4: Pflegeversicherung

Der Beitragssatz zur Pflegeversicherung beträgt ab dem 1. Juli 1996 1,70 %. Vom Arbeitgeber zu tragender Anteil:

$$1{,}70\ \% / 2 = \mathbf{0{,}85\ \%}$$

- **für WAG-Empfänger**

Der Beitrag ist allein vom Arbeitgeber zu tragen. Als Bemessungsgrundlage dient ab dem 1. Januar 1995 ein um 20 % gekürztes fiktives Arbeitsentgelt. Der Berechnung werden 0 Ausfalltage durch Schlechtwetter mit Anspruch auf Winterausfallgeld zugrunde gelegt.

$$\frac{0 \text{ SW-Tage} \times 1{,}70\% \times 80\ \%}{175 \text{ Arbeitstage}} \times 100 = \mathbf{0{,}00\ \%}$$

- **für KUG-Empfänger:**

Der Beitrag ist allein vom Arbeitgeber zu tragen. Als Bemessungsgrundlage dient ab dem 1. Januar 1995 ein um 20 % gekürztes fiktives Arbeitsentgelt.

$$\frac{2 \text{ KUG-Tage} \times 1{,}70\ \% \times 80\ \%}{175 \text{ Arbeitstage}} \times 100 = \mathbf{0{,}02\ \%}$$

Zu 2.2.1.5: Unfallversicherung

Für die Unfallversicherung wird ein gemittelter vorläufiger Vorschußsatz von 0,72 DM pro 100,00 DM Lohnsumme angenommen.

$$\frac{8{,}50^{1} \times 0{,}72 \text{ DM}}{100{,}00 \text{ DM Lohnsumme}} \times 100 = \mathbf{6{,}12\ \%}$$

[1] Gefahrenklasse 8,50 (Hochbauarbeiten)

Zu 2.2.1.6:   Konkursausfallgeld

Für das Konkursausfallgeld wird ein vorläufiger Vorschußsatz von 1,86 DM pro 1.000,00 DM Lohnsumme angesetzt. Dies entspricht **0,19 %**.

Zu 2.2.1.7:   Rentenlast-Ausgleichsverfahren

Der vorläufige Vorschußsatz für das Rentenlast-Ausgleichsverfahren beträgt 1,06 DM pro
1.000,00 DM Lohnsumme. Dies entspricht **0,11 %**.

Zu 2.2.1.8:   Arbeitsmedizinischer Dienst

Für den Arbeitsmedizinischen Dienst wird 1,00 DM pro 1.000,00 DM Lohnsumme als Vorschußsatz
angesetzt. Dies entspricht **0,10 %**.

Zu 2.2.1.9:   Schwerbehindertenausgleich

Bei den Berechnungen wurde ein mittlerer Stundenlohn von 24,94 DM angenommen, woraus sich bei
einer tariflich festgelegten Arbeitszeit von 39,00 Stunden pro Woche (= 7,80 Stunden pro Tag)
folgender Jahreslohn ergibt:

$$175 \text{ Arbeitstage} \times 7{,}80 \text{ Std./Tag} \times 24{,}94 \text{ DM/Std.} = \mathbf{34.043{,}10} \text{ DM}$$

Der geltende Pflichtsatz für eine Schwerbehindertenbesetzung beträgt 6,00 % der Arbeitsplätze, die
zu entrichtende Ausgleichsabgabe 200,00 DM pro Monat.

$$\frac{6{,}00 \text{ Plätze} \times 200{,}00 \text{ DM/Mon.} \times 12 \text{ Monate}}{100 \text{ Mann} \times 34.043{,}10 \text{ DM/Mann-Jahr}} \times 100 = \mathbf{0{,}42} \text{ \%}$$

Zu 2.2.1.10:   Arbeitsschutz und -sicherheit

Unter Arbeitsschutz und Arbeitssicherheit sind die durch das Gesetz für Betriebsärzte, Sicher-
heitsingenieure und andere Fachkräfte für Arbeitssicherheit sowie die Verordnung über besondere
Arbeitsschutzanforderungen im Winter und die Unfallverhütungsvorschriften verursachten Belastungen zusammengefaßt, für die pro Mann-Jahr rund 475,00 DM veranschlagt werden können. Die
Rechnung lautet:

$$\frac{475,00 \text{ DM}}{34.043,10 \text{ DM/Mann-Jahr}} \times 100 = \textbf{1,40 \%}$$

Zu 2.2.1.11:   Winterbauumlage

Die Winterbauumlage beträgt **1,00 %**.

Zu 2.2.2.1:   Urlaub

Der Beitragssatz an die Urlaubs- und Lohnausgleichskasse beträgt **14,95 %**.

Zu 2.2.2.2:   Lohnausgleich

Der Beitragssatz an die Urlaubs- und Lohnausgleichskasse beträgt **1,45 %**.

Zu 2.2.2.3:   Zusatzversorgung

Der an die Zusatzversorgungskasse zu leistende Beitrag beträgt **1,40 %**.

Zu 2.2.2.4:   Berufsbildung

Der an die Sozialkassen zu entrichtende Beitragssatz für die Erstattung von Kosten der Berufsausbildung beträgt **2,80 %**.

Zu 2.2.2.5:   Vorruhestand

Der Beitrag zur Finanzierung der Vorruhestandsleistungen für gewerbliche Arbeitnehmer wurde als
Teil des Sozialkassenbeitrages letztmalig mit der Beitragszahlung für den Monat Dezember 1992
erhoben.

Zu 2.2.2.6:   Winterausgleichszahlung

Entfällt.

Zu 2.2.2.7:   Überbrückungsgeld

Der an die Sozialkassen zu entrichtende Beitragssatz zur Finanzierung des Überbrückungsgeldes
beträgt **0,00 %**.

Zu 2.2.2.8:   Nicht gedeckter Vorruhestandsanteil

Die Vorruhestandregelung ist zum 31. Dezember 1995 endgültig ausgelaufen. Da die Anzahl der sich noch im Vorruhestand befindlichen ehemaligen Arbeitnehmer sehr gering ist, wurde von einem Ansatz im vorliegenden Berechnungsschema abgesehen.

Zu 2.2.2.9:   Pauschalversteuerung des Beitrags der Arbeitgeber für die tarifvertragliche Zusatzversorgung der gewerblichen Arbeitnehmer im Baugewerbe

Der Beitrag der Arbeitgeber für die tarifliche Zusatzversorgung der gewerblichen Arbeitnehmer im Baugewerbe ist vom Arbeitgeber mit einem Pauschalsteuersatz von 22,90 % (unter Berücksichtigung der Kirchensteuer und des Solidaritätszuschlages) zu versteuern. Da der ZVK-Beitrag in einem Prozentsatz des Lohnes erhoben wird, beläuft sich die Bemessungsgrundlage für die zu entrichtende Steuer auf 1,10 % der Bruttolohnsumme. Es ergibt sich folgende Berechnung:

$$158,49\%^1 \text{ x } 1,10\%^2 \text{ x } 22,90\%^3 \text{ x } 100 = \mathbf{0,40~\%}$$

[1] Bruttolohn (II 1. und 2.1 des Berechnungsschemas)

[2] Beitragssatz an die ZVK ab dem 1. Januar 1996

[3] 20,00 % pauschalierte Lohnsteuer zzgl. 7,50 % Solidaritätszuschlag (20,00 % + 1,50 % = 21,50 %) zzgl. 7,00 % Kirchensteuer auf die pauschalierte Lohnsteuer (20,00 % + 1,50 % + 1,40 % = 22,90 %)

Zu 2.2.3:   Betriebliche Sozialkosten

Zu den Betrieblichen Sozialkosten zählen:

- Alters- und Zukunftssicherung einschl. Insolvenzsicherung
- Jubiläums- und Treuegeld
- Beihilfen bei Heirat, Geburt, Todesfall, Krankheit u. s. w.
- Zuschüsse für Aus- und Fortbildung
- Zuschüsse zu Betriebsversammlungen und -festen
- Zuschüsse zum Mittagessen

Diese Sozialleistungen können eine Größenordnung bis zu 2,00 % des Grundlohns ausmachen. In das Rechenschema sind sie mit einem unteren Wert von **1,00 %** aufgenommen.

Zu 2.3.1:   Haftpflichtversicherung

Die Haftpflichtversicherung (Firmenhaftpflicht) wird mit einem Mittelwert von **1,50 %** der Bruttolohnsumme in Ansatz gebracht.

Zu 2.3.2:   Beiträge zu Berufsverbänden

Die Beiträge zu den Berufsverbänden fallen mit 0,50 % der Bruttolohnsumme sowie 0,025 % der Gesamtbauleistung = 0,10 % der Bruttolohnsumme, zusammen also **0,60 %**, an.

3 Arbeitsvorbereitung

Die Bauwirtschaft hat innerhalb unserer Volkswirtschaft eine gewisse Ausnahmestellung. Sie produziert nicht in stationären Fabrikanlagen, sondern an wechselnden Orten ohne Witterungsschutz. Sie fertigt Einzelstücke und kann nicht auf Halde produzieren. Ihre Lohnanteile liegen weit höher als in der stationären Industrie, die schon seit langem Fertigungsplanung (Arbeitsvorbereitung) betreibt, um ihre Produkte unter wirtschaftlichsten Vorgaben herstellen zu können.

Die Bauwirtschaft machte in den vergangenen Jahrzehnten immer wieder Ansätze, mit den Methoden der Arbeitsvorbereitung ihre Bauprozesse zu planen und letztlich auch zu kontrollieren. Trotz dieser Bemühungen gibt es heute nur wenige Unternehmen, die konsequent Arbeitsvorbereitung und Controlling einsetzen.

Die Ergebnisse einer guten Arbeitsvorbereitung sind leider nicht meßbar. Da kaum ein Bauobjekt einmal mit und ein zweites Mal ohne Arbeitsvorbereitung erstellt wird, kann man ihre wirtschaftlichen Erfolge nicht darstellen. Untersuchungen in den 70-iger Jahren haben gezeigt, daß das Kosten-Nutzen-Verhältnis einer guten Arbeitsvorbereitung mindestens 1:5 und auch höher sein kann. [5] Die Kosten für Arbeitsvorbereitung und Controlling betragen zwischen 0,3 und 0,5 % der Herstellkosten, was einem Nutzen von mindestens 1,5 bis 2,5% entspricht. Wenn man diese Größenordnung den Bilanzgewinnen der Bauwirtschaft gegenüberstellt, müßte jede Betriebsführung für den Einsatz einer gezielten Arbeitsvorbereitung zu überzeugen sein. Leider werden nur die Gehaltskosten der Arbeitsvorbereiter gesehen und nicht der von ihnen erbrachte Nutzen. Dabei hat die Arbeitsvorbereitung durch den Einsatz der EDV erheblich an Effizienz gewonnen. Der Ingenieur hat hier Hilfsmittel an die Hand bekommen, die die zeitraubenden tabellarischen Zusammenstellungen aus Kalkulation und Leistungsverzeichnissen stark vereinfachen. Er hat nun mehr Zeit für kreative Tätigkeiten und Alternativbetrachtungen, um der Aufgabe und dem Ziel der Arbeitsvorbereitung gerecht zu werden, eine Fertigungsplanung für die Herstellung des Bauobjektes zu Minimalkosten zu erreichen.

Diese Planungsvorgaben sind gleichzeitig die Grundlagen für die Überwachung des Bauablaufes und der Kosten (Controlling). Das Controlling vergleicht die geplanten Kosten und Terminvorgaben mit den tatsächlichen Kosten und dem Ist-Bauablauf. Abweichungen werden analysiert und gegensteuernde Maßnahmen eingeleitet.

3.1 Einführung

3.1.1 Einflußgrößen

Die baubetriebliche Abwicklung eines Bauvorhabens unterliegt im wesentlichen zwei Einflußgrößen (s. Bild 3-1), einerseits den Bedingungen des Bauvertrages des Auftraggebers und andererseits den betrieblichen Gegebenheiten des Auftragnehmers (Produktionsfaktoren). Die Aufgabe der Arbeitsvorbereitung besteht darin, die vertraglich geschuldeten Leistungen mit den betrieblichen Möglichkeiten so zu planen, daß das Bauobjekt mit den geringstmöglichen Kosten hergestellt werden kann.

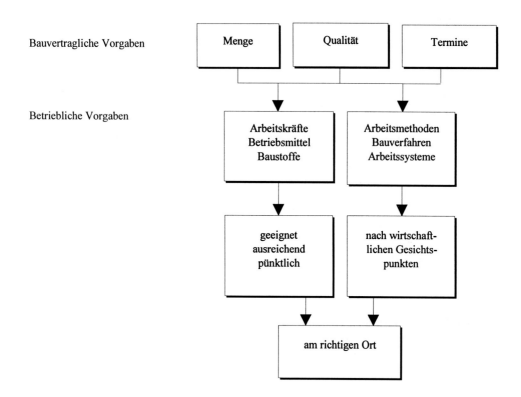

Bild 3.1 Vorgaben für die Arbeitsvorbereitung

In Bild 3.1 kann man erkennen, daß verschiedene Produktionsfaktoren mengenmäßig, qualitativ und ihr zeitlicher Einsatz geplant werden müssen. Hierfür gibt es in der Arbeitsvorbereitung fünf Planungsinstrumente (s. Bild 3.2).

3.1.2 Planungsinstrumente

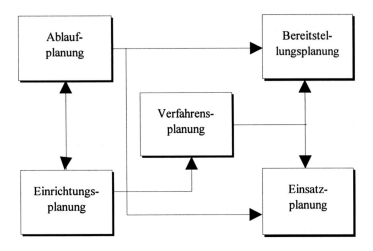

Bild 3.2 Planungsinstrumente der Arbeitsvorbereitung

Die Ablaufplanung optimiert den Personal- und Geräteeinsatz innerhalb der verfügbaren Bauzeit. Die Einrichtungsplanung konzipiert die Baustelleneinrichtung quasi als „*Fabrik*" für die Herstellung des Bauwerkes. Sie optimiert die Zuordnung der einzelnen Einrichtungskomponenten. Der Einsatz von Schalsystemen, Arbeitsmethoden und Bauverfahren wird durch die Verfahrensplanung festgelegt. Die Bereitstellungsplanung definiert den Bedarf an Material, Geräten und Personal. Die Einsatzplanung regelt den termingerechten Einsatz von Geräten, Personal und Nachunternehmern. Im Bild 3.2 wurden die Abhängigkeiten und Wechselwirkungen der einzelnen Planungsinstrumente dargestellt. Die Ablaufplanung und die Einrichtungsplanung sind die Fundamente der Arbeitsvorbereitung. Sie beeinflussen im Wesentlichen die anderen Planungsinstrumente.

Vorbereiten = detailliertes Planen

3.1.3 Ziele

Die Ziele der Arbeitsvorbereitung sind [6]:

- Kostensenkung:
  Durch Verminderung der Selbstkosten können über die kalkulierten Ansätze für Wagnis und Gewinn hinaus, zusätzliche Gewinne erwirtschaftet werden.
- Termineinhaltung.
- Organisationsoptimierung:
  Durch Vermeidung von Reibungsverlusten während der Abwicklung von baubetrieblichen Vorgängen.

Die Summe der erreichten Ziele = Erfolg

3.1.4 Ergebnisse

Durch die Arbeitvorbereitung ist ein Unternehmen gezwungen, die künftigen Produktionsprozesse vor der Ausführung genau zu durchdenken. Es erreicht dadurch eine verbesserte Position im Wettbewerb, weil die Organisation der Arbeitsabläufe gestrafft und damit eine Minimierung der Kosten erreicht wird. Andererseits erhält es Terminsicherheit durch einen überschaubaren Bauablauf, weil die Vorgabe von Terminen auf realistischen, durchdachten Aufwands- bzw. Leistungswerten beruht.

Detailliertes Planen = Vermeidung von Improvisation auf der Baustelle

3.1.5 Stellenwert und Integration im Unternehmen

Die Geschäftsführung muß vom Sinn der Arbeitsvorbereitung völlig überzeugt sein und bedingungslos ihren Einsatz vorleben. Sie sollte eine gegliederte Aufgabenbeschreibung der Arbeitsvorbereitung als Betriebsanweisung vorgeben, nach der sich die Mitarbeiter der Arbeitsvorbereitung richten müssen. Damit entsteht für alle Beteiligten ein einheitliches Leistungsbild in Form eines Leistungskataloges. Dabei ist darauf zu achten, daß die Arbeitsvorbereitung die Bauausführenden rechtzeitig und baubegleitend mit einbezieht, damit ihre Arbeit vom Bauleiter, Bauführer und Polier vor Ort auch angenommen wird. Während der Bauabwicklung muß die Arbeitsvorbereitung die Einhaltung ihrer Vorgaben laufend kontrollieren können, um den Rückfluß der Kontrollergebnisse an die Geschäftsführung als Steuerungsgrundlage zu gewährleisten.

Bei größeren Bauvorhaben wird die Arbeitsvorbereitung bereits in der Angebotsphase eingeschaltet. Sie dient nicht dem Selbstzweck, sondern handelt nach dem Grundsatz „nur soviel wie nötig – aber dies so gut wie möglich".

3.1.6 Anforderungsprofil an die Arbeitsvorbereiter

Um den Anforderungen einer modernen Arbeitsvorbereitung gewachsen zu sein, sollte ein Kandidat folgende Fähigkeiten erworben haben [6]:

- technische und meist kaufmännische Grundausbildung
- Organsitionsvermögen
- praktisches, handwerkliches Denken
- Überblick über alle Betriebsabteilungen
- Durchsetzungsvermögen
- Überzeugungskraft
- Entscheidungsfreude
- Fähigkeit, zu motivieren

Die Größe einer Arbeitvorbereitung richtet sich nach der Betriebsgröße. In kleineren Unternehmen kann dies der Unternehmer selbst sein, in größeren Unternehmen wird man hierfür ein Arbeitsbüro als Bestandteil eines Technischen Büros einrichten. In den vergangenen Jahren hat sich eine Arbeitsteilung besonders bei der Schalungsvorbereitung ergeben. Diesen Teil übernehmen mehr und mehr die Schalungshersteller als Seviceunternehmen für Mietschalungseinsatz.

3.2 Grundlagen

3.2.1 Bauvertrag

Der Bauvertrag beinhaltet im Regelfall im technischen Teil die Baubeschreibung, Leistungsbeschreibung mit Leistungsverzeichnis oder Leistungsprogramm, Stundenlohnarbeiten, Gleitklauseln, Ausschreibungspläne, Gutachten, Schiedsgerichtklausel, sowie die Zusätzlichen Technischen Vertragsbedingungen (ZTV). Im nichttechnischen Teil sind die Zusätzlichen Vertragsbedingungen (ZV) und die Besonderen Vertragsbedingungen (BV) enthalten. Diese Unterlagen sind, besonders dann, wenn es sich um einen Pauschalfestpreisvertrag handelt, als „Vertragsgrundlage" zu kennzeichnen. Sie sind Grundlage für die Arbeitsvorbereitung und Basis aller nachträglichen Vertragsänderungen (Nachträge).

3.2.2 Auftragsschreiben

Der öffentliche Auftraggeber darf nach Angebotseröffnung mit den Bietern keine Preisverhandlungen führen. Dennoch kann es durch Nachprüfung Preisänderungen aufgrund von Rechenfehlern geben. Darüberhinaus sind unter Umständen auch Mengen- oder Leistungsänderungen durch den Auftraggeber zulässig. Diese Änderungen werden als „Auftragsschreiben" protokolliert und dem Vertrag vorgeschaltet. Der private Bauherr kann nach Submission, sofern er eine solche auch durchführt, mit jedem Bieter einzeln

Preise und Vertragsbedingungen nachverhandeln. Diese vertragsergänzenden Vereinbarungen werden im Auftragsschreiben zusammengefaßt.

Für den Arbeitsvorbereiter haben diese Auftragsschreiben erhebliches Gewicht, da sie die ursprünglichen Preisermittlungsgrundlagen zum Teil erheblich verändern können.

3.2.3 Planunterlagen

Im Regelfall sind Planunterlagen Ausführungsunterlagen und Anweisungen, die baubegleitend dem Unternehmer übergeben werden. Eine gewissenhaft geführte Arbeitsvorbereitung wird diese Planunterlagen auf Vertragsgleichheit prüfen, um so bereits vor Beginn der geforderten Leistung ggf. Vertragsabweichungen festzustellen. Diese können dann rechtzeitig als geänderte oder neue Leistungen in Form eines Nachtrages dem Auftraggeber angeboten werden. In jedem Falle sind die Planunterlagen die Grundlage für die Detailplanung der Arbeitsvorbereitung.

3.2.4 Angebotskalkulation

Die Angebotskalkulation wird in der Regel dem Auftraggeber nicht übergeben. Öffentliche Auftraggeber verlangen im Auftragsfall die Überlassung der Angebotskalkulation in einem versiegelten Umschlag. Darüberhinaus hat er durch die Einheitsformblätter die Möglichkeit, die Eckdaten der Angebotskalkulation unversiegelt zu erhalten. So sind ihm folgende Daten über die EFB-Preisblätter 1-4 der Angebotsanlagen zugänglich:

Einzelkosten der Teilleistung

- kalkulierte Gesamtstunden
- Kosten für Geräte und Betriebsstoffe
- Kalkulationsmittellohn ASL oder APSL
- Nachunternehmerleistungen
- Kosten für Stoffe und Bauhilfsstoffe

Baustellengemeinkosten

- Lohnkosten mit Hilfslöhnen
- Transporte der Geräte
- Gehaltskosten Bauleitung, Abrechnung, Vermessung
- Sonderkosten
- Vorhaltung Geräte der Baustelleneinrichtung

Allgemeine Geschäftskosten

Wagnis und Gewinn

Aufgliederung wichtiger Einheitspreise nach EKT mit Zuschlägen

Umlage in DM bzw % auf die Einzelkosten der Teilleistung

Die Inhalte der Angebotskalkulation spiegeln den Unternehmerwillen zur Preisgestaltung wider. Für die Nachtragsgestaltung ist die Basis der Angebotskalkulation bindend. Für den Arbeitsvorbereiter liefert sie die Vergleichszahlen zum Vorgabewert.

3.3 Durchführung

Die Auswertung der Grundlagen erfordert zunächst ein gewissenhaftes Studium aller Vertragsunterlagen mit dem Ziel, die kostenrelevanten Bedingungen herauszufiltern. Es hat sich als zweckmäßig herausgestellt, diese Bedingungen in einer Checkliste zusammenzustellen. (Tab. 3.1)

Tabelle 3.1 Checkliste Vertragsunterlagen

lfd. Nr.	Check der Vertragsunterlagen	LV-Seite	Aktivität
1	Baugenehmigung		
	> vorhanden ?		
	> Einschränkungen oder Auflagen ?		
2	Zusätzliche Vertragsbedingungen (ZVB)		
	> Wer liefert Statik und Pläne VOB/B § 3.5/6		
	> Benutzung von Lager-, Arbeitsflächen, Zu-fahrtswege, Anschlußgleise, Wasser- und Energieanschlüssen VOB/B § 4.4		
	> Weitervergabe an Nachunternehmer VOB/B § 4.8		
	> Ausführungsfristen VOB/B § 5		
	> Haftung VOB/B § 10		
	> Vertragsstrafen VOB/B § 11		
	> Abnahme VOB/B § 12		
	> Vertragsart VOB/B § 14		
	> Stundenlohnarbeiten VOB/B § 15		
	> Zahlungen VOB/B § 16		
	> Sicherheitsleistungen VOB/B § 17		
	> Gerichtsstand VOB/B § 18		
	> Gleitklauseln VOB/A § 15		
3	Besondere Vertragsbedingungen (BV)		
	> besondere Vereinbarung zur Gewährleistung		
	> Verteilung der Gefahr bei Schäden aus Sturm, Hoch-wasser, Grundwasser, Schnee und Eis		
4	Zusätzliche Technische Vertragsbedingungen (ZTV)		
	> Nebenleistungen/Besondere Leistungen zusätzliche Nachweise, verschärfte Toleranzen		
	> veränderte Abrechnungsregeln gegenüber ATV DIN 18299 Absatz 0.5		
5	Leistungsverzeichnis		
	> Vollständigkeit		
	> Unstimmigkeit zu Angebotsplänen		
6	Pläne		
	> Abweichung Angebotspläne zu Ausführungsplänen		

Für die weitere Durchführung der Arbeitsvorbereitung sind folgende Hilfsmittel [6] nötig:

- Arbeitszeitrichtwerte und Leistungswerte
  (Nachkalkulationswerte, Kurzzeitmessungen, Multimomentaufnahmen)
- Tariflohnsystem
- betriebliche Leistungslohnvereinbarungen
- Stammdatei für Materialpreise
- Stammdatei für Geräte mit betrieblichen Verrechnungssätzen

3.3.1 Aufstellung der Auftragskalkulation

Wie bereits unter Punkt 3.2.2 erwähnt, müssen die Auswirkungen der Nachverhandlung auf den Angebotspreis durch Überarbeiten der Angebotskalkulation erfolgen. Beim Einsatz einer EDV-gestützten Angebotskalkulation erstellt man eine Kopie, die man mit den vereinbarten Änderungen überschreibt. Sofern die Kalkulation noch per Hand durchgeführt wird, ergibt sich je nach Umfang des Leistungsverzeichnisses ein erheblicher zeitlicher Aufwand.

Welche Änderungen können auftreten und welche Auswirkungen ergeben sich dadurch?

- Mengenänderungen:
  Minderungen
  Mehrungen
  Entfallen der gesamten Leistungsposition
  Bei Mengenerhöhung ergibt sich eine Verbesserung der Bonität durch zusätzlich erdiente Gemeinkosten. Sofern sich Mengen ermäßigen oder gar entfallen, fehlen die Gemeinkostenanteile, die in diesen Leistungspositionen enthalten waren.

- Leistungsänderungen:
  höhere Qualität zum ursprünglichen Preis
  geringere Qualität zum reduzierten Preis
  Auch hierbei wird die Gemeinkostenverteilung positiv oder negativ verändert.

- Nachlässe:
  Nachlässe ermäßigen den Ansatz für Wagnis und Gewinn.

- Ausschluß des § 2.3 VOB Teil B:
  Das Mengenrisiko liegt dann gänzlich beim Unternehmer.

Ergebnis:

- die Auftragskalkulation zeigt der Geschäftsleitung die zu erwartende Ertragslage nach Auftragserteilung,
- die Auftragskalkulation ist die Basis für die Leistungsermittlung und Erfolgsrechnung.

3.3.2 Überprüfung der Leistungsmengen

Die ausgeschriebenen Leistungsmengen weichen von den tatsächlich zu erbringenden Mengen zum Teil erheblich ab. Die Ermittlung der tatsächlichen Mengen, sowie der Einsatz von Bedarfs- und Eventualpositionen, ist eine Grundvoraussetzung für die Arbeitsvorbereitung. Sie bestimmen:

– das Bauverfahren und den Geräteeinsatz,

– die Fertigungsabschnitte,

– die optimale Bauzeit,

– den Baustoffbedarf,

– die optimale Arbeitsgruppe

– die Erdienung der Baustellengemeinkosten.

Durch den Einsatz von EDV-gestützten Ausschreibungsprogrammen hat sich die Vielfalt der Positionen erheblich vergrößert. Leistungsverzeichnisse von mehr als 1000 Positionen sind keine Seltenheit. Die Überprüfung von Leistungmengen ist dennoch einfach zu bewerkstelligen, da nur ein geringer Teil der Positionen den Hauptanteil am Umsatz beiträgt. Dieses Mengenphänomen läßt sich mit der A-B-C-Analyse [7] darstellen. Im Bild 3.3 wurde aus zahlreichen Nachkalkulationen aus dem Bereich Hoch-/Ingenieurbau eine durchschnittliche Verteilung der Positionen und deren Beitrag am Umsatz nach der A-B-C-Analyse dargestellt.

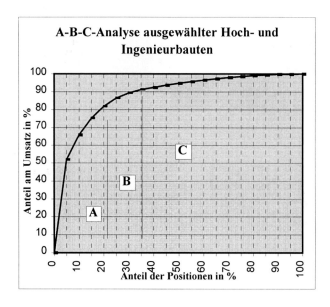

Bild 3.3 Prozentualer Anteil der Positionen am Umsatz

Die für den Umsatz wesentlichen Leistungspositionen liegen im Bereich A. D.h., man kann sich für die Überprüfung der Mengenansätze auf diesen Bereich der Leitpositionen beschränken.

Um jedoch die Lage der Umsatzschwerpunkte ermitteln zu können, muß man auch noch die Mengenverteilung der Leitpositionen nach Bauteilen oder Bauabschnitten durchführen. Dies erlaubt dann die exakte Dimensionierung und Plazierung der Hebezeuge und Einrichtungselemente für die Baustelleneinrichtungsplanung.

3.3.3 Strukturierung des Bauvorhabens mit zeitlichen Rahmenbedingungen

Das zu bearbeitende Bauvorhaben wird in Teilprojekte (= Blockvorgänge) zerlegt, die das Gerippe des Grobterminplanes darstellen. Diese erste Ebene ist zunächst für die weiteren Schritte der Arbeitsvorbereitung ausreichend. Die hierarchische Strukturierung wird mit der Ablaufplanung (s. Kapitel 3.3.9) in weiteren Ebenen bis zur detaillierten Einzelaktivität (=Vorgang) fortgeführt (s. Bild 3-4) [8].

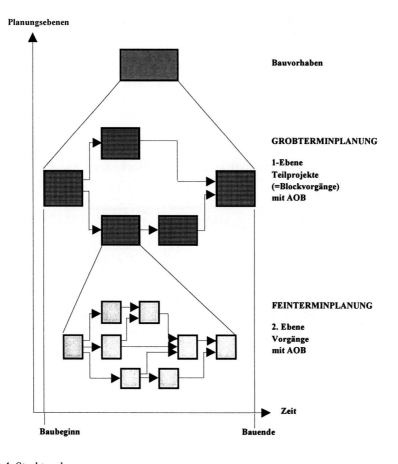

Bild 3.4 Strukturplan

Die Struktur des Netzplanes ergibt sich dann aus den logischen Abhängigkeiten und kausalen Zwängen der Vorgänge untereinander, wie z.B.:

– tiefer gegründete Bauteile vor höher gegründeten Bauteilen

– Aushub vor Grundleitung

– Grundleitung vor Fundament

– Wand vor Decke etc.

Die Verknüpfung der Vorgänge erfolgt durch Anordnungsbeziehungen (AOB).

Bauvertragliche Bedingungen, wie z.B. Zwischentermine und Bauteilreihenfolge, bestimmen zusätzlich die Hierarchie und den zeitlichen Ablauf. Die Arbeitsvorbereitung hat sich unabdingbar daran zu halten.

3.3.4 Festlegung der Planlieferreihenfolge

Im Regelfalle liefert der Auftraggeber die Ausführungspläne. Er kann diese Pflicht lt. VOB/B § 2.9 und 3.5 aber auch vertraglich auf den Auftragnehmer übertragen. In jedem Falle ist es wichtig, insbesondere im Zuge von baubegleitenden Ausführungsplanungen, rechtzeitig die notwendige Reihenfolge der Ausführungspläne festzulegen. Man bedenke auch hierbei, daß der Tragwerksplaner und Konstrukteur, anders als der Baubetrieb, in umgekehrter Reihenfolge arbeitet. Er beginnt beim Dach und endet mit dem Fundament. Darüber hinaus beginnt er meist mit den Konstruktionen, die statisch einfach und planerisch schnell und routinemäßig abzuwickeln sind. Grundsätzlich gibt nicht der Tragwerksplaner die Planlieferfolge vor, sondern ausschließlich der Arbeitsvorbereiter, der sich an die vertraglichen Bedingungen und die kausalen Zwänge halten muß.

Bei der Terminierung der Planliefertermine ist aber auch der Zeitbedarf für die Prüfung, Genehmigung und Freigabe in Ansatz zu bringen. Letztere kann bei funktionalen Ausschreibungen bis zu 16 Wochen dauern!

Für die Festlegung der Reihenfolge und Terminierung ist die Strukturierung des Bauvorhabens mit den zeitlichen Rahmenbedingungen (s. 3.3.3) zunächst völlig ausreichend. Evt. weitergehende Detaillierungen werden im Zuge der Ablaufplanung erstellt.

3.3.5 Baustellenerkundung

Ein gewissenhafter Arbeitsvorbereiter wird sich immer einen persönlichen Eindruck vom künftgen Bau- und Baustelleneinrichtungsgelände verschaffen. Hierzu ist es hilfreich, eine Checkliste (s. Tab. 3-2) [9] zu verwenden, um einerseits eine vollständige Übersicht zu erhalten und andererseits die Möglichkeit des Vergleichs mit bereits ähnlichen Bauvorhaben zu haben.

Das Ergebnis dieser Erkundung ist dann ein wesentlicher Baustein für die Baustelleneinrichtungsplanung, aber auch eine Entscheidungshilfe für die Wahl der optimalen Bauverfahren.

Tabelle 3.2 Checkliste Baustellenerkundung

Checkliste Baustellenerkundung

Bereich	Hinweis	Klärung
Zufahrt	öffentlich	
	privat - Beschränkungen	
	Befestigung - geeignet bei Regen	
	Straßenklasse	
	Brückenklasse	
	Lichtraumprofile - Einschränkungen	
	Zustand - Beweissicherung notwendig	
	Gleisanschluß vor Ort	
	nächster Güterbahnhof	
	Baustraße notwendig	
Bau- und Einrichtungsgelände	Besitzverhältnisse	
	Geländezustand	
	zu erhaltende Bepflanzungen	
	Geländeneigung - Geländeaufnahme notwendig	
	Nachbarbebauung - Beweissicherung notwendig	
	Hinweis auf Sparten	
	Freileitungen - Durchhang hinderlich	
	Antennen - Lichtraum für Krane	
	Lagerflächen - ausreichend	
	Deponieflächen - ausreichend	
	Anmietflächen - möglich	
	Baustellenunterkunft - möglich	
Versorgung, Entsorgung	Wasseranschluß	
	Stromanschluß	
	Telekomanschluß	
	Abwasser/Fäkalienentsorgung	
	Müllentsorgung	
	nächste Tankstelle	
Boden, Grund- und Hochwasser	Schürfen	
	Aufschlüsse	
	Bohrkerne	
	Pegel	
	Vorflut	
	HHW-Stände/Ganglinien	
Infrastruktur im Umkreis	Werkstätten	
	Läden/Supermarkt	
	Polizei	
	Feuerwehr	
	Notarzt	
	Krankenhaus	
	Kippen	

3.3.6 Anträge und Genehmigungsverfahren

In der Vorbereitungsphase sind bereits zahlreiche Genehmigungsverfahren einzuleiten. Sie bestimmen einerseits wesentlich die Grundlagen der Baustelleneinrichtungsplanung, sind aber andererseits wegen des zeitaufwendigen Verfahrens rechtzeitig vor Beginn der Bauproduktion abzuschließen.

Im Einzelnen sind folgende Maßnahmen zu ergreifen:

– *Antrag auf Sparteneinweisung*
  Der Unternehmer ist vor Grabungsbeginn verpflichtet, sich über die Lage der Sparten kundig zu machen. Die Erkenntnisse fließen in die Baustelleneinrichtungsplanung direkt ein.

– *Beantragung von Bauanschlüssen:*
  Stromanschluß
  Bauwasseranschluß
  Fernmeldeanschluß
  ggf. Kanalanschluß
  ggf. Fernheizungsanschluß
  Müllabfuhr

– *Antrag auf Nutzung öffentlichen Grundes*
  Bei beabsichtigter Nutzung von Gehwegen und Fahrbahnen als Baustelleneinrichtungsfläche sind entsprechende Mietverträge abzuschließen.

– *Mietverträge für Flächen außerhalb der Baustelle (Deponien)*

– *Beantragung von Verkehrssicherungsmaßnahmen*
  Vor Planung der Verkehrsicherungsmaßnahmen ist es zweckmäßig, die geplanten Maßnahmen mit der zuständigen Behörde vor Ort zu besprechen.

– *Beantragung von Sondertransporten*
  Sehr oft können Sondertransporte nur zu bestimmten verkehrsarmen Zeiten durchgeführt werden, was u.U. im Ablaufplan berücksichtigt werden muß.

– *Durchführung von Eignungsprüfungen*
  Eignungsprüfungen für Betonrezepturen müssen rechtzeitig vor Beginn der Betonierarbeiten abgeschlossen sein.

– *Anmeldung für Fremdüberwachung B II-Beton*

3.3.7 Bauverfahren und Baumethoden festlegen

Die Bauverfahren sind im Einzelnen nach technischen Gesichtspunkten ab Kapitel 5 behandelt worden. Für die Auswahl des optimalen Bauverfahrens müssen zu diesen technischen Grundgrößen auch noch die vertraglichen Rahmenbedingungen und die kapazitiven sowie wirtschaftlichen Möglichkeiten des ausführenden Unternehmens betrachtet werden [10] (s. Bild 3.5).

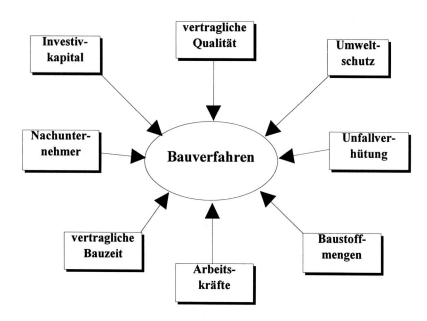

Bild 3.5 Einflußfaktoren in der Bauverfahrensauswahl

Da sich die Einflußfaktoren zum Teil untereinander polarisieren, wird es immer einen Kompromiß zwischen Minimalkosten und Bauzeitbedarf geben. Der Nachweis der Kosten und des Zeitbedarfs wird durch den kalkulatorischen Verfahrensvergleich erbracht, d.h., daß eine Kostenermittlung in Form einer Kalkulation für die zu vergleichenden Bauverfahren aufgestellt werden muß. Der Vergleich wird hauptsächlich in Erzeugniseinheiten, wie z.B. DM/m³ Beton, DM/t Betonstahl, DM/m² Schalung etc., geführt. Es kann jedoch auch der Vergleich nach Zeitabschnitten geführt werden, wie. z.B. Betriebskosten von stationären Anlagen pro Monat oder Jahr [10].

Da der kalkulatorische Verfahrensvergleich vorwiegend für bereits beauftragte Bauvorhaben durchgeführt wird, muß der Gemeinkostenanteil in der Kostenermittlung der zu vergleichenden Bauverfahren, aus der Angebotskalkulation mindestens erdient werden. Der Vergleich erstreckt sich somit lediglich auf die Einzelkosten der Teilleistung (=EKT), also jene Kosten, die durch die Verfahren unmittelbar verursacht werden.

Vorgehensweise [10]:

– *Ermittlung des Kostenunterschiedes:*
  Hierbei wird der absolute Unterschied der zu vergleichenden Verfahren ermittelt:
  Kosten Verfahren 1 = K_1 = Σ EKT Verfahren 1
  Kosten Verfahren 2 = K_2 = Σ EKT Verfahren 2
  $K = K_1 - K_2$ [DM/Erzeugniseinheit]

– *Ermittlung der Wirtschaftlichkeitsgrenze:*
Die Wirtschaftlichkeitsgrenze ist jener Zustand, an dem beide Verfahren kostengleich sind. (siehe Bild 3.6)

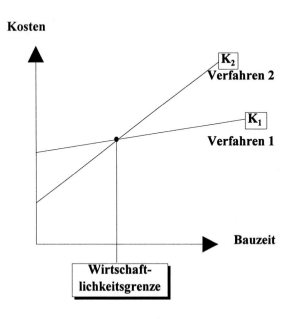

Bild 3.6 Wirtschaftlichkeitsgrenze: Kalkulatorischer Verfahrensvergleich

Beispiel:

Verfahrensvergleich Transportbeton (1) - Baustellenbeton (2)

Menge 10.000 m³, Bauzeit 20 Monate, Förderung ab Übergabe mit stationärer Betonpumpe, durchschnittliche Einbauleistung = 20m³/Ah

Kosten Verfahren (1) :

Lieferbeton B 25 frei Baustelle, Entladen durch Fahrmischerfahrer   **= 122,00 DM/m³**

Kosten Verfahren (2) :

vorhandene Mischanlage BGL-Nr.:1143-0500, 25m³/Ah, 30 kW, 31 t

Mischanlage	Repko / A+V	2.430,00	3.650,00
Zusatzgeräte	Repko / A+V	2.920,00	4.370,00
Zusatzausrüstung	Repko / A+V	2.513,00	4.011,00
		7.836,00	12.031,00
Firmeninterner Verrechnungssatz		6.000,00	9.000,00 je Monat = 15.000,00 DM

Ständiges Bedienungspersonal für Wartung, Pflege und Betrieb:

1 Mann 170 Ah · 54,00 DM/Ah M_{LASL}	je Monat	9.180,00 DM

Zeitabhängige Kosten	je Monat	= 24.180,00 DM

Einrichtungskosten:

Auf/Abbau der Anlage = 240 Ah · 54,00 DM/Ah M_{LASL}	= 12.960,00 DM
Transportkosten	= 2.400,00 DM
Autokrankosten	= 1.000,00 DM
Einmalige Kosten	= 16.360,00 DM

Betriebskosten:

Leistung in kW	= 30,00	
Wirkungsgrad	= 0,80	
Leistungsfaktor	= 0,50	
Stromkosten Pf./kWh	= 48,50	
Schmierstoffzuschlag %	= 10,00	
= 30,00 · 1/0,80 · 0,50 · 0,485 · 1,10	= 10,00 DM/Ah	
bei 20 m³/ Ah Einbauleistung		= 0,50 DM/m³

Stoffkosten:

Zement PKZ, Zuschlag, Wasser, Zusatzmittel		= 66,80 DM/m³
zusätzliche Bedienung:		
1 Mann 54,00 DM/Ah M_{LASL}	= 54,00 DM/Ah	
bei 20 m³/ Ah Einbauleistung		= 2,70 DM/m³
Mengenabhängige Kosten		= 70,00 DM/m³

Gesamtkosten/m³ B 25:

$$K_2 = \frac{16.360,00\,\text{DM}}{10.000\,\text{m}^3} + 70,00\,\text{DM/m}^3 + \frac{24.180,00\,\text{DM/Mon.}}{10.000\,\text{m}^3} \cdot 20\,\text{Mon.} \qquad = 120,00\,\text{DM/m}^3$$

Kostenvergleich:

$\Delta K = K_1 - K_2 = \quad (122,00\,\text{DM/m}^3 - 120,00\,\text{DM/m}^3) \cdot 10.000\,\text{m}^3 = 20.000,00\,\text{DM}$

Wirtschaftlichkeitsgrenze:

A = Betonmenge in m³,   hier 10.000 m³
B = Bauzeit in Monaten,   hier als Grenze gesucht

$K_1 = \quad 122,00\,\text{DM/m}^3 \cdot A$

$K_2 = \quad 16.360,00\,\text{DM} + 70,00\,\text{DM/m}^3 \cdot A + 24.180,00 \cdot B$

$K_1 = K_2 : 122 \cdot 10.000 = 16.360 + 70 \cdot 10.000 + 24.180\,B$

B = 20,83 Monate

Dies würde bedeuten, daß bei einer Bauzeitverzögerung durch Wintererschwernisse oder andere Bauablaufstörungen dies insgesamt länger als 0,83 Monate dauert, die Wirtschaftlichkeitsgrenze überschritten ist.

Schlußbetrachtung:

Auch bei gewissenhaftester Aufbereitung der Vergleichswerte, wird der kalkulatorische Verfahrensvergleich nur eine Entscheidungshilfe sein, die nicht alle Ausführungsrisiken beinhalten kann [10].

Viele Bauverfahren sind bereits durch eine sehr detaillierte Leistungsbeschreibung vorgegeben, so daß nur noch ein geringer Spielraum für die Gerätewahl innerhalb eines Verfahrens bleibt. Desweiteren verstärkt sich die Tendenz der Arbeitsteilung durch Untervergabe ganzer Gewerke an spezialisierte Nachunternehmer. Dies bedeutet ein Delegieren der Wahl des Bauverfahrens auf den Nachunternehmer. Letztlich bleibt anzumerken, daß grundlegende Verfahrensänderungen wie Fertigteile anstelle Ortbeton, bedauerlicherweise einerseits an dem teilweise äußerst knappen Vorlauf der Ausführungspläne und andererseits an den langwierigen Genehmigungsverfahren für Änderungswünsche des Unternehmers während einer laufenden Baumaßnahme, scheitern.

3.3.8 Planung der Baustelleneinrichtung

Die Baustelleneinrichtung ist die Fabrik für das herzustellende Bauwerk. Sie ist für jede Baustelle individuell zu planen, damit ein reibungsloser und geordneter Ablauf der Bauarbeiten gewährleistet ist. Eine falsch geplante Einrichtung kann im laufenden Baubetrieb niemals korrigiert werden und verursacht daher bleibende Kosten. Aus diesem Grunde hat die Planung der Baustelleneinrichtung eine besondere Bedeutung.

Vorbereitung eines Lageplanes:

Als Arbeitsgrundlage muß zunächst ein Lageplan im Maßstab 1:50 bis maximal 1:200 beschafft werden. Im Regelfall genügt eine Transparentpause in der dann systematisch folgende Gegebenheiten eingetragen werden:

– das Bauwerk
– die Linie des Arbeitsraumes als Böschungsunterkante
– die Böschungsoberkante auf Grund des möglichen Böschungswinkels
– den lastfreien Schutzstreifen neben der Böschungsoberkante
– bei geneigtem Gelände ggf. auch Höhenlinien angeben
– die vorhandenen Sparten in der Erde
– vorhandene Freileitungen
– Nachbarbebauung und Umzäunungen
– Bahnlinien und Straßen
– Baugrubenverbau
– Vermessungspunkte und Pegel

Hierzu kann man die Erkenntnisse aus der Baustellenerkundung (s. 3.3.5) graphisch einbringen. Dieser Plan ist damit die Basis für die Planung und Plazierung der einzelnen Baustelleneinrichtungselemente.

Wer heute bereits mit CAD plant, kann vorhandene Lagepläne im Großformat bis A0 einscannen und die Bauwerksdaten aus der CAD-Planung überlagern. Es ist sogar möglich, die Vermessungsdaten aus dem digitalen Geländemodell im Lageplan zu übernehmen, mit Hilfe derer die Aushubbegrenzungslinien zusätzlich erstellt werden können.

Planung der Hebezeuge und Fördereinrichtungen

Für die Standortwahl von Turmdrehkranen sollte man folgende Regeln beachten:
– Standpunkte an den Mengenschwerpunkten planen, ggf. sogar im Bauwerk.
– stationäre Aufstellung anstreben, lange Gleise vermeiden.
– flächendeckende Bestreichung des Baufeldes garantieren.
– Überschneidung mehrerer Krane in Lage und Höhe überprüfen.
– Sicherheitsabstände zu Bahnlinien, Straßen, Freileitungen und Gebäuden einhalten, ggf. Schwenkbegrenzung einplanen.
– Luftfahrtauflagen.
– mobile Hebezeuge sollten nur als Ergänzung eingesetzt werden.

Für die Bestimmung des Lastmomentes ist maßgebend:
– die schwerste wiederkehrende Last.
– die erforderliche Reichweite.

Für die Bestimmung der erforderlichen Anzahl der Krane kann man sich an folgenden Richtwerten orientieren, da sie als Bereitstellungsgerät nur zu ca. 50% ausgelastet sind:
– ein Turmdrehkran bedient ca. 15-20 Arbeiter, sofern mit Kran betoniert und mit Systemschalung geschalt wird, (minimale Bruttogeschoßfläche je Arbeiter = 15 m²).
– ein Turmdrehkran erstellt ca. 2000m³ Bruttorauminhalt (nach DIN 277) je Monat.
– ein Turmdrehkran bewältigt ca. 1000 t Baustoffe je Monat.

Die Arbeitskräfte von Nachunternehmern sind grundsätzlich bei der Dimensionierung zu berücksichtigen.

Aufstellungsmöglichkeiten von Turmdrehkranen:
– stationär mit Unterwagen ohne Fahrwerk auf Fertigteilfundamenten.
– stationär auf Ortbetonfundament mit einbetoniertem Grundrahmen.
– fahrbar auf Schwellengleisen oder Trägergleisen.

Um Hebezeuge zu entlasten, kann es notwendig sein, die Förderung von Beton durch mobile Betonpumpen oder stationäre Betonpumpen mit Betonverteilermast durchzuführen. Für den Einsatz von mobilen Betonpumpen sind dann bereits im Lageplan günstige Standorte vorzusehen. Dies gilt ebenso für den Einsatz einer stationären Betonpumpe. Die Betonverteilermaste sind so anzuordnen, daß die Betonierflächen möglichst vollständig abgedeckt werden. Bei größeren Bauwerken müssen ggf. mehrere Betonverteilermaste eingeplant werden. In jedem Falle sind dann die Überschneidungsmöglichkeiten mit Turmdrehkranen zu überprüfen.

Planung der Verkehrserschließung und Verkehrssicherung

Die Abwicklung eines Bauvorhabens erfordert erhebliche Transportaufgaben. Es werden Geräte, Einrichtungsgegenstände und Bauhilfsstoffe an- und abtransportiert, das Aushubmaterial auf Kippe gefahren und Einbaustoffe zur Baustelle befördert. Zur Planung einer funktionierenden Verkehrserschließung ist folgendes zu beachten:

Schnittstelle öffentliches Straßennetz – Baustelle:

Baustellenein- und ausfahrten sollten so angeordnet sein, daß das ein- bzw. ausfahrende Fahrzeug den fließenden Verkehr nicht kreuzt. Die Verkehrssicherungsmaßnahmen und die Möglichkeit zur Anbringung von Hinweisschildern sind vorab mit der zuständigen Straßenverkehrsbehörde zu vereinbaren. Für die Zulieferfirmen sollte eine Planskizze mit der Kennzeichnung der Anfahrtswege gefertigt und versendet werden.

Baustraßen:

Es gibt drei Möglichkeiten, eine Baustelle anzudienen:
- eine Stichstraße mit Wendehammer, wobei der Durchmesser des Wendekreises für Solofahrzeuge 15 m und für Züge mit Hänger 24 m betragen sollte.
- eine Durchfahrt, sofern für Ein- und Ausfahrt jeweils eine öffentliche Straße zur Verfügung steht.
- eine Umfahrt oder Ringstraße, sofern genügend Einrichtungsfläche vorhanden ist.

Die Straßenbreite sollte 3,00 m bei einer Spur und 5,50 m bei zwei Spuren nicht unterschreiten. Hinsichtlich der Trassierung sollte man die Richtlinien des Straßenbaues befolgen.

Die Befestigung von Baustraßen ist vorzusehen, um den Witterungseinflüssen zu widerstehen. Gleichzeitig wird die Staub- und Schmutzbelastung auf der Baustelle und auf den öffentlichen Straßen reduziert.

Planung der Baustromversorgung

Aus der Baustellenerkundung erhält man folgende Hinweise:
- Wo ist der nächste Stromanschluß?
- Welches Elektroversorgungsunternehmen liefert Strom?
- Welcher Anschlußwert ist vorhanden?
- Wie weit ist die Anschlußstelle von der Baustelle entfernt?

Zur Dimensionierung des Baustellennetzes benötigt man [11]:
- die Leistungsaufnahme aller Verbraucher in kW
- den Wirkungsgrad η = ca. 0,80
- den Leistungsfaktor φ = ca. 0,85
- den Gleichzeitigkeitsfaktor a = 0,4 bis 0,8

Der Gesamtanschlußwert errechnet sich wie folgt:

$$\text{Gesamtanschlußwert} = \frac{\Sigma \,\text{Leistungsaufnahme}}{\eta \cdot \varphi} \cdot a$$

Die Stromübergabe vom EVU an die Baustelle erfolgt mit einem Anschlußschrank. Für kleinere Baustellen können auch Kombinationen aus Anschlußschrank und Gruppenverteiler bzw. Verteiler verwendet werden. Von shier aus erfolgt die Verzweigung der Energie durch Verteilerschränke auf mehrere Bereiche, bzw. Verbraucherstellen mit Anschlußwerten von 125-630 Ampere (A). Es folgen die tragbaren Kleinverteilerschränke (25-63 A) sowie die Steckdosenverteiler (25-63 A).

Als Leitungen werden ölfeste Gummischlauchleitungen H07RN-F für mittlere und NSSHÖU für hohe mechanische Beanspruchung verwendet [12].

Meist stellt das EVU Drehstrom zur Verfügung. Sollte jedoch nur Hochspannung verfügbar sein (6-10 kV), so muß am Einspeisepunkt ein Transformator installiert werden.

Für spezielle Bauverfahren kann es notwendig sein, eine Notstromversorgung vorzuhalten. z.B. für Wasserhaltungsmaßnahmen, Druckluftversorgung im Schildvortrieb bzw. für Druckluftgründungen. Beim Ausfall des öffentlichen Netzes wird meist automatisch ein Notstromaggregat gestartet, das dann unmittelbar diese speziellen Verbraucher versorgt und nach Behebung der Versorgungsunterbrechung auch automatisch in den Stand-by-Zustand umschaltet.

Planung der Wasserversorgung

Aus der Baustellenerkundung erhält man folgende Hinweise:

- Wo ist der nächste Wasseranschluß?
- Welche Menge kann entnommen werden?
- Wie weit ist die Anschlußstelle von der Baustelle entfernt?
- Besteht die Möglichkeit anderweitig Wasser zu entnehmen (Brunnen, Gewässer)?
- Gibt es erdverlegte oder freie Zuleitungsmöglichkeit zur Baustelle?

Im Regelfalle werden Baustellen mit Trinkwasser versorgt. Es ist jedoch denkbar, für bestimmte Zwecke auch Brauchwasser zu verwenden, wie z.B. Betonnachbehandlung, Reinigungsarbeiten, Anmachen von Beton und Mörtel, sofern chemische Grenzwerte eingehalten werden können. Da die Abwassergebühren meist an die Trinkwasserkosten gekoppelt sind, ist es im Sinne der Ressourcenschonung sinnvoll, möglichst viel Brauchwasser zu verwenden.

Baustellen, die über die Winterperiode abgewickelt werden müssen, sollten grundsätzlich die Wasserleitungen im Freien frostfrei eingraben. Es ist auch zweckmäßig, eine Ringleitung mit ein bis zwei Absperrschiebern einzuplanen, damit im Schadensfalle die Baustelle über den intakten Leistungsast versorgt werden kann. Am Tiefstpunkt sollte auch eine Entleerungsmöglichkeit vorgesehen werden. Als Rohrmaterial hat sich HDPE als leicht verlegbar und kostengünstig bewährt.

Unter Baustraßen und anderen befahrbaren Flächen sollten die Rohrleitungen ausreichend tief eingegraben werden.

Im Hochhausbau kann es notwendig werden, eine Druckerhöhungsstation vorzusehen, da der vorhandene Wasserdruck im öffentlichen Netz nur ca. 4-6 bar beträgt.

Planung der Energieversorgung für die Beheizung der Baustelleneinrichtung

In Containern ist eine Flüssiggasheizung parallel zur Elektrokonvektorheizung eingebaut. In Baubaracken wird meist wegen der längeren Standzeit eine mit Flüssiggas betriebene Zentralheizung vorgesehen. In seltenen Fällen gelingt der Anschluß an eine Fernheizung. Für die Versorgung mit Flüssiggas sind die einschlägigen Vorschriften für die Anordnung von Tankbehältern und die Verlegung der Gasleitungen zu berücksichtigen.

Planung der Druckluftversorgung

Wie bereits im Abschnitt über Stromversorgung erwähnt, muß bei besonderen Bauverfahren auch Druckluft erzeugt werden. Hier wird auf das Kapitel Bauverfahren im Teil B verwiesen.

Planung der Entsorgung

Folgende Stoffe fallen zur Entsorgung auf Baustellen an:
- Hausrestmüll
- Verpackungsmüll
- Abbruchmaterial
- Bauschutt
- kontaminierter Boden
- Überschußboden
- Abwasser.

Das Umweltbewußtsein hat sich in den vergangenen Jahren auch in der Bauabwicklung durchgesetzt. So werden heute mehr und mehr Verpackungsmaterialien vermieden und Mehrwegbehältnisse verwendet. Die Mülltrennung wird bewußter durchgeführt, da die Entsorgungskosten für diverse Stoffe ein Vielfaches des normalen Bauschuttes beträgt. Untersuchungen an diversen Hoch- und Industriebaustellen haben gezeigt, daß die Entsorgungskosten in Großstädten zwischen 0,5 und 1 % der Herstellkosten ausmachen.

Für die Entsorgung werden Containermulden von 1 - 10 m³ Inhalt verwendet. Hierfür sollte im Kranbereich und nahe an der Baustellenzufahrt ein Containerstandplatz geplant werden. Für Rangierarbeiten sollte ausreichend Platz vorhanden sein.

Die Entsorgung von Abbruchmaterial und kontaminierter Böden erfolgt meist vor der Baustelleneinrichtungsphase. Für die Trennung der einzelnen Arten von Schutt sollte aber auch hier bereits eine geeignete Fläche vorgehalten werden.

Die Entsorgung von häuslichen Abwässern aus den Sozialeinrichtungen der Baustellen kann in den seltensten Fällen über ein öffentliches Kanalnetz erfolgen. In Ballungsgebieten sind diese Abwässer in Fäkalientanks zu sammeln und durch zugelassene Entsorgungsfirmen abzupumpen und zu einer Kläranlage zu bringen. Die Entsorgung ist über entsprechende Belege nachzuweisen.

Für Sanitärcontainer gibt es bereits passende Fäkalientanks, die nicht mehr eingegraben werden müssen, da sie bereits mit Geruchsverschlüssen versehen sind.

Für Baustellen mit großen Wohnlagern reichen derartige Containertanks nicht mehr aus. Hier muß man Betontanks aus Fertigteilen im Boden eingraben, deren Dichtigkeit mit einer Wasserdruckprüfung vor Ort nachzuweisen ist.

In ländlichen Gebieten kann u.U. auch eine Mehrkammerkleinkläranlage zur Entsorgung der häuslichen Abwässer eingesetzt werden.

Planung von Bearbeitungsflächen

Für folgende Gewerke sind bei Bedarf Flächen einzuplanen:
- Schalungsbau (Bauzimmerei)
- Betonstahlschneide- und biegearbeiten
- Fertigteilherstellung

Die Tendenz geht mehr und mehr zum Anliefern von vorgefertigten Baustoffen und Schalungen, da in stationären Betrieben diese Tätigkeiten rationeller und kostengünstiger durchgeführt werden können.

Planung von Lagerflächen

Grundsätze:

- Lagerflächen sollten im Schwenkbereich der Krane liegen
- Lagerflächen für Mengenbaustoffe sollten möglichst nahe am Bauwerk liegen
- Lagerflächen müssen vom Selbstentlade-LKW bedienbar sein

Lagerung von Mauersteinen:

Nachdem die Liefermenge den Abnahmepreis im Wesentlichen bestimmt, ist es sinnvoll, die Bevorratung von Mauersteinen auf mindestens 1,5 LKW-Chargen vorzusehen. Mit den Lieferanten ist Palettenlieferung mit Selbstentladeeinrichtung zu vereinbaren, damit die Krane die produktiven Arbeiten nicht unterbrechen müssen. Die Paletten sollten, nach Formaten getrennt, möglichst nur in einer Lage gestapelt werden. Für Durchgänge und Anschlagarbeiten mit dem Ziegelkorb ist ausreichend Platz vorzusehen.

Nässeempfindliche Mauersteine sollten, sofern sie nicht in Folie verpackt sind, mit einer geeigneten Abdeckung geschützt werden.

Faustformel für die überschlägige Dimensionierung: 1 m² für 1 m³ Steine.

Lagerung von Betonstabstahl und Matten:

Egal, ob Rundstahl oder Matten, Bewehrungsstahl ist grundsätzlich bodenfrei auf Kanthölzern zu lagern. Es ist anzustreben, die Lieferungen plan- und positionsweise, möglichst schon in der Reihenfolge des Verbrauchs, zu lagern. Leider wird beim Zeichnen von Bewehrungsplänen hierauf kaum Rücksicht genommen. Bei beschränkten Platzverhältnissen kann man durchaus in mehreren Lagen, durch Kantholzlager getrennt, stapeln. Für Bewehrungsmatten hat sich in diesen Fällen die vertikale Lagerung mit Hilfe von Profilstahl-A-Böcken bewährt.

Faustformel für die überschlägige Dimensionierung: 10 m² je Lage für 1 t Betonstahl.

Lagerung für Schal- und Rüstmaterial:

In den letzten Jahren hat sich der Einsatz von Systemschalungen durchgesetzt. Die herkömmliche Schalung aus Schaltafeln, Schalbrettern und Kantholz wird nur noch in Ausnahmefällen eingesetzt, so daß die Lagerfläche hauptsächlich für Systemschalung und Rüstmaterial auszurichten ist. Zunächst werden Systemschalungen als Einzelelemente meist in 5-er oder 10-er-Bündel angeliefert, sodaß bei der Lagerung eine Typentrennung erfolgen muß. Eine Stapelung bis ca. 1,5 m Höhe ist gebräuchlich. Zum Schalungseinsatz werden Großelemente aus den einzelenen Elementen zusammengestellt, für die dann Flächen zur Reinigung und kurzzeitigen Ablage zusätzlich eingeplant werden müssen. Analog zur Betonstahlmattenlagerung haben sich auch hierfür Profilstahl-A-Böcke bestens bewährt.

Für Schalungskleinteile, wie Ankerplatten, Ankerstäbe, Gurtlaschen etc. werden je Sorte stapelbare Stahlgitterboxen eingesetzt, die mit dem Kran zum Einbauort gehoben werden. Für Rahmen- und Stahrohrstützen sowie Deckenträger gibt es ebenfalls Lager- und Transportgestelle (Barellen).

Faustformel für die überschlägige Dimensionierung: 0,35 m² für 1 m² Vorhaltung.

Lagerung von witterungsempfindlichen Baustoffen:

Isolier- und Dämmstoffe, sowie Bindemittel, Lacke und Harze sind grundsätzlich unter Dach und sinnvollerweise auch unter Verschluß zu lagern, da gerade derartige Materialien oft von Unbefugten entwendet werden.

Lagerung von Einbauteilen:

Je nach Bauobjekt gibt es eine Vielfalt von Einbauteilen, die teils im Freien, teils unter Dach und ggf. sogar unter Verschluß zu lagern sind.z.B.:
– Stahlzargen, Putzschienen
– Entwässerungsrohre, Blechkanäle
– Schieber, Ventile, Mauerdurchlässe
– Abdeckhauben etc.

Lagerung von Oberboden und Aushubmaterial:

Die Deponieflächen für Oberboden sollte außerhalb der Kranandienung am Rande der Baustelleneinrichtungsfläche in Mieten aufgesetzt werden. Gleiches gilt für Aushubmaterial, das für den Wiedereinbau als Verfüllboden zwischengelagert werden muß. Bei beengten Platzverhältnissen kann es notwendig sein, außerhalb der Baustelle entsprechende Flächen für Deponien anzumieten.

Planung von Gebäuden und Sozialeinrichtungen

Grundsätze:
– Anordnung außerhalb der Kranschwenkbereiche
– möglichst geringe Entfernung zum Bauwerk
– Anordnung des Bau- und Polierbüros mit Sicht zum Bauwerk und zur Baustellenzufahrt
– Containereinsatz für Bauzeit < 20 Monate
– Barackeneinsatz für Bauzeit > 20 Monate
– ausreichende Parkmöglichkeiten vorsehen
– Beachtung der Richtlinien und Verordnungen über Arbeitsstätten und Unterkünfte (ArbStättV, ASR, AVO)

Baustellenbüro:

Je nach Größe und Art der Baustelle müssen für folgende Funktionen Flächen geplant werden:
– Bauleiter
– Bauführer
– Abrechner
– Vermesser
– Kaufmann
– Schreibkraft
– Besprechungsraum
– Toiletten
– Teeküche.

Der Einsatz von Containern oder Baracken wird durch einen kalkulatorischen Verfahrensvergleich ermittelt (s. 3.3.7) Allerdings müssen die Aufstellbedingungen genau bewertet werden. So wird z.B. bei beengten Platzverhältnissen ein Barackeneinsatz nicht mehr möglich sein und man muß der teureren Containerlösung den Vorzug geben.

Baubüros für den Auftraggeber sind meist als Position ausgeschrieben und detailliert in Größe und Funktion erfaßt.

Polierbüro:

Das Polierbüro sollte möglichst folgende Einrichtungen aufweisen:
- Umkleidemöglichkeit
- ggf. Schlafmöglichkeit, z.B. bei Schichtarbeit
- großer Plantisch
- Planregale
- abschließbarer Schrank für Bauakten

Unter Umständen kann es notwendig sein, daß das Polierbüro während der Bauzeit umgesetzt werden muß. In solchen Fällen ist der Einsatz von Containern immer wirtschaftlich.

Tagesunterkünfte:

Bei Kleinstbaustellen bis 5 Arbeitnehmer und einer Bauzeit < 1 Woche können Tagesunterkünfte entfallen.

Die wichtigsten Anforderungen an die Tagesunterkünfte sind in der Tabelle 3.3 und 3.4 zusammengestellt.

Richtwert für die Dimensionierung je Tagesunterkunftsbenutzer: ca. 1,8 m².

Wohnunterkünfte:

Für Wohnunterkünfte gilt die AVO. Die wichtigsten Anforderungen an die Wohnunterkünfte sind in der Tabelle 3.3 und 3.4 zusammengefaßt.

Richtwert für die Dimensionierung je Wohnlagerbenutzer: ca. 9 m².

Wasch- und Toilettenräume:

In der Arbeitsstättenverordnung gibt es für Kleinstbaustellen und Baustellen mit einer Beschäftigungsdauer < 14 Tage Ausnahmeregelungen.

Die wichtigsten Anforderungen an die Wasch- und Toilettenräume können aus der Tabelle 3.3 und 3.4 entnommen werden.

Richtwerte für die Dimensionierung:
- für kombinierte Wasch- und Toilettenräume: 0,6 m² je Arbeitnehmer
- für kombinierte Wasch- und Duschräume: 0,4 m² je Arbeitnehmer
- für getrennte Toilettenräume: 0,2 m² je Arbeitnehmer

Sanitätsraum:

Sofern auf der Baustelle mehr als 50 Arbeitnehmer beschäftigt werden, ist ein Sanitätsraum oder Sanitätscontainer vorzusehen.

Tabelle 3.3

Belegschafts-stärke	Schlafraum	Tagesunter-kunft	Waschgelegenheit	Toiletten	Erste Hilfe
ab 1	wenn Wohnung nicht erreichbar	bei Beschäftigung bis zu 1 Woche	bei Beschäftigung bis zu 1 Woche		
	1 Raum	Witterungs-schutzraum	Waschgelegenheit	abschließb. Toilette	Verbands-päckchen
ab 5		Tagesunter-kunft	Zapfstelle möglichst mit Warmwasser		
ab 7	1 Raum je 6 Mann				kleiner Ver-bandkasten
ab 10			bei Rückkehr in den Betrieb 1 Fließwasserstelle je 10 AN in besonderen Räumen bei Beschäftigung > 2 Wo 3 Zapfstellen + 1 Dusche		
ab 16			4 Zapfstellen + 1 Dusche	Toilettenräume 2 Urinale + 2 WC	
ab 21		je 5 AN eine Zapfstelle je 20 AN eine Dusche			Krankentrage
ab 51				4 Urinale + 4 WC	Sanitätsraum

Tabelle 3.4

Besondere Anforderung an	Schlafraum	Tagesunterkunft	Waschgelegenheit	Toiletten	Sanitätsraum
Lage	ungefährdet	ungefährdet	in der Nähe der Umkleideräume	abseits von Unterkunft und Trinkwasser	mit Krankentrage leicht erreichbar
Lichte Höhe im Scheitel	2,30 m	2,30 m	2,30 m	2,30 m	2,30 m
Grundfläche je AN	4,35 m²	0,75 m²	ausreichend für ungehindertes Waschen	Urinale B= 60 cm WC B= 1,2 m²	ausreichend für Erste Hilfe
Heizung	ausreichend	vom 15.10.-30.04. 21 Grad	immer 21 Grad	vom 15.10.-30.04. heizbar	ausreichend
Tür	verschließbar	Windfang	wärmegedämmt	abschließbat	gekennzeichnet
Wasser	Wasser	Trinkwasser	warmes Fließwasser	Waschwasser	warmes Fließw.
Sonstiges	Tische, Stühle, Bett, Bettzeug, Bezug, Kochgelegenheit Radständer	Tische, Bänke mit Lehne, Trockeneinrichtung, Abfallbehälter	Beleuchtung, Belüftung, Reinigungsmittel		Telefon, Verbandstisch, Erste-Hilfe-Mittel

Planung sonstiger Einrichtungen:

Magazin:

Das Magazin dient zur diebstahlsicheren Unterbringung von Kleingerät und Werkzeug, Nebenstoffen und wertvollen Einbauteilen, witterungsempfindlichen Baustoffen sowie Schutzbekleidung. Für Treib- und Schmierstoffe sind gesonderte Flächen und Räume vorzusehen, die mit den erforderlichen Sicherheitsabständen zu den anderen Gebäuden angeordnet werden müssen.

Für kleine Baustellen genügt oft ein Raum neben dem Polierbüro oder der Tagesunterkunft. Für größere Baustellen eignen sich festeingerichtete Magazincontainer, bis hin zu heizbaren Wellblechhallen.

Das Magazin ist zentrale Anlaufstelle für alle Beschäftigten. Daher sollten folgende Grundsätze beachtet werden:

- es muß an der Zufahrtsstraße liegen,
- es sollte möglichst im Zentrum der Einrichtungselemente liegen, damit die Wege zu den einzelnen Arbeitsstätten kurz gehalten werden,
- es sollte zumindest vom Polierbüro, besser noch vom Baubüro aus Kontrollgründen eingesehen werden können.

Zur reibungslosen Ersteinrichtung von Magazinen empfiehlt sich die Entwicklung einer umfassenden Zusammenstellung in Form eines Materialkataloges, der dann für alle weiteren Baustellen modifiziert verwendet werden kann.

Werkstätten:

Durch Arbeitsteilung und Rationalisierung wurden die Werkstattbetriebe mehr und mehr von der Baustelle in stationäre Fertigungsbetriebe verlagert.

So sind nur in Ausnahmefällen noch Schlosserei, Elektro- und Kfz-Werkstatt anzutreffen.

Laborräume:

Für B I- und B II-Betonbaustellen sind im geringen Umfange Laborräume und Geräte für Würfel- und Wasserplattenherstellung, sowie Lagerregale und Klimakisten vorzusehen.

Auf Erdbau- und Straßenbaustellen werden Räume zur Lagerung von Bohrkernen und Rückstellproben benötigt.

Vermessungseinrichtungen:

Im Zuge der Baustelleneinrichtungsplanung ist es wichtig, Vermessungspunkte so zu planen, daß sie zu jedem Zeitpunkt einsehbar sind. Oft ist es zweckmäßig, Vermessungspunkte frostfrei als Betonsäule mit einbetoniertem Gewindekopf für Nivellierinstrumente und Theodoliten herzustellen.

Schnurgerüste mit Rückversicherungspunkten sind so zu planen, daß sie möglichst nicht im Baubetrieb beschädigt werden können.

Höhenfestpunkte sollten so angeordnet werden, daß eine Kontrolle untereinander mit einer Geräteaufstellung möglich ist.

Spezielle Einrichtungen:

Für Großbaustellen bzw. spezielle Bauverfahren können weitere besondere Einrichtungselemente notwendig werden:

- Betonaufbereitungsanlage
- Betonkühlanlage
- Aufbereitungsanlage für Zuschlagstoffe
- Anlage für die Herstellung von bituminösem Mischgut
- Mischanlagen für Bentonit/Zement-Emulsionen
- Wasserhaltungsanalgen
- Druckluftanlagen für Tunnelbau und Druckluftgründungen
- Winterbaumaßnahmen.

Planung von Arbeitssicherheit und Lärmschutz

Obgleich Arbeitssicherheit und Lärmschutz nicht direkt der Baustelleinrichtungsplanung zuzuordnen sind, so werden sie doch immer im Rahmen der Arbeitsvorbereitung bearbeitet.

Im Folgenden werden einige wichtige Sicherheitseinrichtungen aufgezählt:

- Aufgangstürme
- Schutzgerüste
- Fassadengerüste
- Absturzsicherungen
- Beleuchtung von Geh- und Fluchtwegen
- Beleuchtung von Bearbeitungs- und Lagerflächen
- Notbeleuchtung in Treppenhäusern.

Der Lärmschutz ist zunächst bereits bei der Auswahl des Bauverfahrens als maßgebendes Kriterium zu berücksichtigen. Darüberhinaus sind dann noch Schallabschirmmaßnahmen für stationäre und bewegliche Baugeräte zu planen.

Zuordnung und Koordination der einzelnen Einrichtungselemente

Für die Beurteilung von Baustelleneinrichtungsplänen, insbesonders die Zuordnung der einzelnen Elemente untereinander, kann man Bewertungstabellen verwenden [5]. Dabei wird man je nach Ausführungsart, vom Mauerwerksbau bis hin zum Straßenbau, entsprechende Bewertungskriterien aufstellen. Bei der Bewertung geht man zunächst vom Idealzustand aus und verteilt für negative Abweichungen Minuspunkte, einerseits für das Einrichtungselement selbst und andererseits für die Zuordnung zu anderen Elementen. Für jede Bewertung ergibt sich je nach Wichtigkeit eines Elementes bzw. seiner Zuordnung eine Verteilungsskala zwischen 1 und 10 Minuspunkten. Für die Gesamtbeurteilung der geplanten Baustelleneinrichtung werden die verteilten Minuspunkte ins Verhältnis zu den möglichen Minuspunkten gesetzt und zwar jeweils für das Element und die Zuordnung. Die Entwicklung der Bewertungstabelle erfolgt in zwei Schritten:

Schritt 1:

- Auflistung der vorhandenen Einrichtungselemente
- Bewertung der einzelnen Elemente nach:

Wirtschaftlichkeit	= a Punkte
Vollständigkeit	= b Punkte
Zustand	= c Punkte
Gesamtbewertung eines Elementes	= (a+b+c) : 3

Schritt 2:

- Häufigkeit der gegenseitigen Inanspruchnahme   = d Punkte
- Wirtschaftliche Bedeutung der Häufigkeit   = e Punkte

Gesamtbewertung einer Zuordnung	= (d+e) : 2

Beispiel: Baustelleneinrichtung für einen Mauerwerksbau

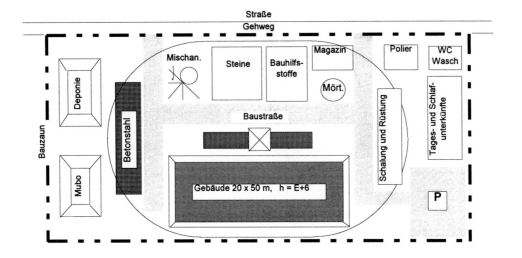

Bild 2.7 Lageplan einer Mauerwerksbaustelle

zu Schritt 1: Auflistung der einzelnen Elemente und Bewertung

Für die Ermittlung der Bewertung wird exemplarisch die Mischanlage betrachtet. Der Unternehmer hat am Lagerplatz eine ältere Mischanlage liegen. Da die Transportbeton- preise in diesem Bereich aus Monopolgründen sehr hoch liegen, hat er sich entschlossen diese Anlage dennoch einzusetzen, da die Mischanlage nur für Fundamente und Decken benötigt wird und somit die Gewichtung nur mit 6 möglichen Minuspunkten bewertet wird.

Die Wirtschaftlichkeit wird mit 33% von 6 möglichen

Minuspunkten angesetzt	= 2 Minuspunkte
Die Vollständigkeit der Anlage ist gegeben	= 0 Minuspunkte
Der Zustand der Mischanlage wird mit 50% bewertet	= 3 Minuspunkte
vergebene Minuspunkte (aufgerundet): (2+0+3) : 3	= 2 Minuspunkte

Tabelle 3.5 Zusammenstellung der Baustelleneinrichtungselemente am Beispiel einer Mauerwerksbaustelle

Bewertung	Elemente
max. Minuspunkte	
10	Kran, Kranbahn
6	Mischanlage
7	Mörtelmischsilo
4	Schalung, Rüstung
8	Mauersteine
5	Betonstahl
2	Bauhilfsstoffe
2	Deponie
4	Magazin
1	Polier, Baubüro
3	TU und SU, Sanitäranl.
8	Baustraße
1	Parkplatz
61	*Summen*

zu 2. Schritt: Zuordnung der Elemente und Bewertung

Für die Bewertung der Zuordnung wird diesmal exemplarisch die Beziehung von Kran zu Betonstahl betrachtet. Der Betonstahl liegt für den Kran nur im westlichen Bereich des Bauwerkes günstig. Im östlichen Teil hat er erheblich längere Transportstrecken zu bewältigen.

Die Häufigkeit der gegenseitigen Inanspruchnahme ist zu 50% schlecht.

Das ergibt 50% von 4 möglichen Minuspunkten = 2 Minuspunkte

Die wirtschaftliche Bedeutung der Häufigkeit ergibt für das Transportieren einen Mehraufwand von 50% = 2 Minuspunkte

vergebene Minuspunkte: (2+2) : 2 = 2 Minuspunkte

Tabelle 3.6 Bewertungstabelle der Zuordnung von Baustelleneirichtungselementen

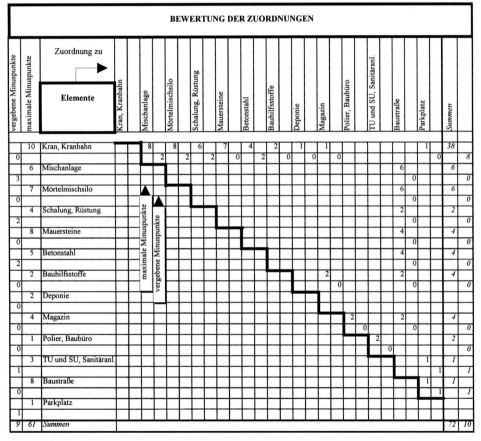

vergebene Minuspunkte	maximale Minuspunkte	Elemente	Kran, Kranbahn	Mischanlage	Mörtelmischsilo	Schalung, Rüstung	Mauersteine	Betonstahl	Bauhilfsstoffe	Deponie	Magazin	Polier, Baubüro	TU und SU, Sanitäranl.	Baustraße	Parkplatz	Summen
	10	Kran, Kranbahn		8	8	6	7	4	2	1	1				1	38
0				2	2	2	0	2	0	0	0				0	8
	6	Mischanlage												6		6
3														0		0
	7	Mörtelmischsilo												6		6
0														0		0
	4	Schalung, Rüstung												2		2
2														0		0
	8	Mauersteine												4		4
0														0		0
	5	Betonstahl												4		4
2														0		0
	2	Bauhilfsstoffe								2				2		4
0										0				0		0
	2	Deponie														
0																
	4	Magazin										2		2		4
0											0		0		0
	1	Polier, Baubüro											2		2		
0												0		0		0
	3	TU und SU, Sanitäranl.												1		1
1													1		1
	8	Baustraße												1		1
0														1		1
	1	Parkplatz														
1																
9	61	Summen														72	10

Beurteilung in % = Summe verteilte Minuspunkte / Summe mögliche Minuspunkte x 100
Beurteilungsskala: gut bis 15 % - noch befriedigend bis 25 % - noch genügend bis 35 % - schlecht > 35 %
Beurteilung der Elemente = 9/61 x 100 = 14,8 gut   Beurteilung der Zuordnung = 10/72 x 100 = 13,4 gut

Gesamtbewertung:

Die Gesamtbewertung wird in %-Werten dargestellt. Hierfür müssen die Minuspunkte nach folgender Formel berechnet werden:

$$\text{Beurteilung in \%} = \frac{\sum \text{verteilte Minuspunkte}}{\sum \text{mögliche Minuspunkte}} \cdot 100$$

Die Gesamtbewertung kann nach folgenden Richtwerten vorgenommen werden:

bis 15 %   = gut

bis 25 %   = noch befriedigend

bis 35 %   = noch genügend

> 35 %   = schlecht

Im Beispiel ergeben sich für die Elemente   = 14,8 %

und für die Zuordnung   = 13,4 %.

Somit ergibt sich für beide Kriterien ein „gutes" Gesamtergebnis.

Bei Werten zwischen 15 bis 25 % sollte man in jedem Falle eine weitere Optimierung der Einrichtungsplanung vornehmen. Man wird hier zunächst die Elemente mit den meisten möglichen Minuspunkten zuerst optimieren.

3.3.9 Ablaufplanung

Die Grundlagen und Darstellungsarten von Ablaufplänen wurden im Band 2, Kapitel „Ablaufplanung" behandelt. Im Folgenden wird ausschließlich auf die Ablaufplanung für Bauunternehmen eingegangen, die im Zuge der Arbeitsvorbereitung erarbeitet wird. Es gilt nun den Grobterminplan (s. 3.3.3) in einen Feinterminnetzplan zu verzweigen, der gleichzeitig die Basis für die Bereitstellungsplanung darstellt. Der schematische Ablauf ist im Bild 3.8 dargestellt.

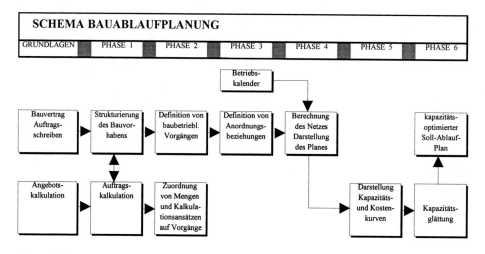

Bild 3.8 Schema der Bauablaufplanung

Grundlagen und Phase 1:

Beides wurde bereits im Kapitel 3.2 bzw. 3.3.1 und 3.3.3 behandelt.

Phase 2:

Schritt 1: Festlegung des Betriebskalenders

Im Betriebskalender sind alle Feiertage, Betriebsurlaubswochen, Brückentage und auch geschätzte Schlechtwettertage oder Winterpausen einzutragen. Der Betriebskalender ist für die Darstellung des Ablaufes wichtig, da er Arbeitsunterbrechungen aufzeigt und besonders wichtig für die Bereitstellungsplanung, da die Reduzierung der produktiven Gesamtwerktage um die Anzahl der Arbeitspausen zwangsläufig zu einer Erhöhung der Mann- und Gerätekapazitäten führt.

Schritt 2: Definition der baubetrieblichen Vorgänge

Das Bauvorhaben wird, ähnlich einem Puzzle, in baubetriebliche Vorgänge zerteilt. Im Bild 3.9 ist dies schematisch dargestellt [13].

Ein Vorgang ist ein zeitlich, räumlich und sachlich abgegrenzter Teil einer Bauaufgabe.

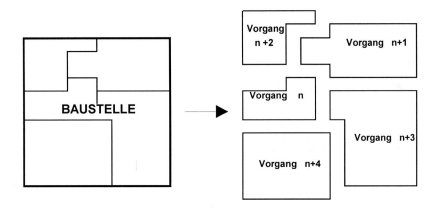

Bild 3.9 Aufteilung einer Baustelle in Vorgänge

Dies erfolgt durch die Aufstellung einer Vorgangs- oder Job-Liste [13], die zu Zeiten, als noch ausschließlich ohne EDV-gestützte Kalkulations- und Terminplanprogramme gearbeitet wurde, als Arbeitsverzeichnis [5] bezeichnet wurde. Dabei ist folgende Vorgehensweise hilfreich:

– mehr als 150 Vorgänge sollte ein Feinterminnetzplan nicht enthalten,

– die Vorgänge sollten von ihrem Umsatzwert her ähnlich groß sein; hierbei ist der Einsatz der A-B-C-Analyse als Filter für die „kostenträchtigen" Positionen hilfreich,

– C-Positionen sind gewerksspezifisch zu bündeln und als Begleitvorgang, (= Sammelvorgang vieler kleiner Positionen) zu erfassen. Start und Ende von Begleitvorgängen werden an unterschiedliche, aber dennoch logisch zugehörige Vorgänge angebunden.

Schritt 3: Zordnung der LV-Positionen auf die einzelnen Vorgänge und Begleitvorgänge

Ein einheitliches Rezept zur Verteilung der Positionen kann grundsätzlich nicht erstellt werden, da alle Leistungsverzeichnisse individuell aufgestellt werden. Allerdings ist die A-B-C-Analyse (s. 3.3.2) eine wertvolle Hilfe, jedoch mit der Einschränkung, daß gerade die A-Positionen vom Mengenansatz her auf mehrere Vorgänge verteilt werden müssen. Der Betonstahl ist hier als typische A-Position zu nennen. Die Mengenaufteilung erfolgt in %-Werten. Es gibt aber durchaus Positionen die zu 100 % nur einem Vorgang zuge-schlagen werden können. Eine schematische Darstellung einer Zuordnung ist im Bild 3.10 zu sehen [13].

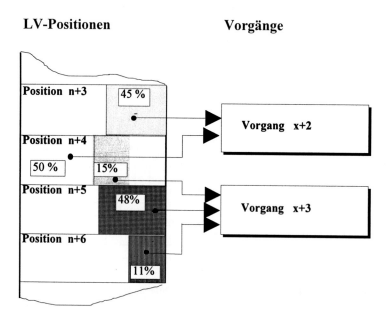

Bild 3.10 Zuordnung von Positionen auf Vorgänge

Wenn nun die Vorgänge anteilig oder vollständig mit LV-Positionen belegt wurden, so ist es sinnvoll, die entsprechenden Kalkulationsdaten gleichfalls zuzuordnen. Hierbei werden allerdings nicht die Werte der Angebotskalkulation, sondern ausschließlich die Werte aus der Auftragskalkulation (s. 3.3.1) verwendet. Dieses Verfahren ist aber erst durch den Einsatz von EDV-gestützten Kalkulationsprogrammen möglich geworden. Die Daten aus dem Kalkulationsprogramm werden über eine Schnittstelle in eine Datenbank oder Tabellenkalkulation ausgelesen, und dort für die Auftragskalkulation aufbereitet. Es gibt zur Zeit bereits Kalkulationsprogramme, die dies mit einem integrierten Programm-Modul ohne Datentransfer über eine Schnittstelle bewältigen. Durch die Integration der Kalkulationsdaten in dieVorgangsliste ist nun die Basis für die Bereitstellungplanung (s. 3.3.10) geschaffen worden. Nachdem nun sämtliche Vorgänge definiert und kostenmäßig hinterlegt wurden, müssen in einer weiteren Bearbeitungsphase diese Vorgänge mittels Anordnungsbeziehungen zu einem Ablaufplan verknüpft werden.

Phase 3: Definition von Anordnungsbeziehungen (AOB) der baubetrieblichen Vorgänge

Anordnungsbeziehungen wurden bereits im Band 2 unter Kapitel Ablaufplanung – Netzplantechnik erläutert. Für die Ablaufplanung der Bauunternehmen gibt es allerdings zu den kausalen Zwängen auch kapazitive Zwänge, die aus der Substanz eines Unternehmens heraus entstehen. So gibt es z.B. nur begrenzte Produktionsfaktoren, wie Schalung, Krane, Mischanlagen aber auch Fachpersonal. Diese Zwänge können die logische kausale Reihenfolge beeinflussen. Im Regelfalle werden mögliche Parallelfertigungen wegen Kapazitätsengpässen zu hintereinander geschalteten Vorgängen. Diese Art von Anordnungsbeziehungen nennt man kapazitive AOB. Sie werden den kausalen AOB's mit Priorität überlagert und können jederzeit, sofern sich kapazitive Engpässe aufgelöst haben, gelöscht werden, ohne daß die Kausalität des Netzes verändert wird.

Phase 4 : Berechnung des Netzes und Darstellung als Ablaufplan

Der Algorithmus der Netzberechnung wurde im Band 2 behandelt. Es können sich jedoch immer durch unlogische aber auch fehlende Verknüpfungen in der Berechnung negative Puffer, unlogische Weg/Zeit-Zyklen oder auch durch Fixtermine Unverträglichkeiten ergeben, die systematisch beseitigt werden müssen.

Für die Darstellung des Netzplanes gibt es zahlreiche Möglichkeiten:

– Vorgangsknotenplan
– Zeitfolgeplan
– Weg/Zeit-Diagramm
– vernetzter Balkenplan in der frühesten oder spätesten Lage
– Balkenplan in der frühesten oder spätesten Lage
– Balkenplan in der frühesten Lage mit Darstellung der Gesamtpuffer

Für diese Darstellungsweisen gibt es mannigfaltige Software mit unterschiedlichsten Leistungsprofilen.

Für Baustellen hat sich der Balkenplan in frühester Lage mit der Darstellung des Gesamtpuffers sehr bewährt. Er wird vom Polier verstanden und akzeptiert, und gibt den am Bau Beteiligten die Möglichkeit, bei zeitlichen Abweichungen an Hand der dargestellten Pufferzeiten die mögliche Kompensation rasch zu überprüfen.

Phase 5 : Darstellung der Soll-Kapazitäten bzw. Soll-Kosten

Durch die in Phase 2 im dritten Schritt hinterlegten Auftragskalkulationsdaten (= Soll-Kosten) werden durch die Netzberechnung für jede Zeiteinheit Sollwerte ermittelt. Diese Werte können als Summenlinie oder Ganglinie, graphisch oder auch als Wertetabelle dargestellt werden. Dies ist die Schnittstelle zum Kapitel 3.3.10 Bereitstellungsplanung.

Phase 6 : Optimierung durch Kapazitätsglättung

Da die kapazitive Auslastung im ersten Rechengang noch unschöne Spitzen und Verteilungen haben wird, muß durch eine Neuberechnung mit Kapazitätsglättung optimiert werden. Nach erfolgter Optimierung steht der Feinterminnetzplan in seiner Urfassung fest.

3.3.10 Bereitstellungsplanung

Die Bereitstellungsplanung ist durch das im Kapitel 3.3.9 dargestellte Verfahren quasi ein Nebenprodukt der Ablaufplanung. Im Bild 3.11 ist der bisherige Datenfluß von der LV-Position bis zur Kapazitätslinie schematisch dargestellt.

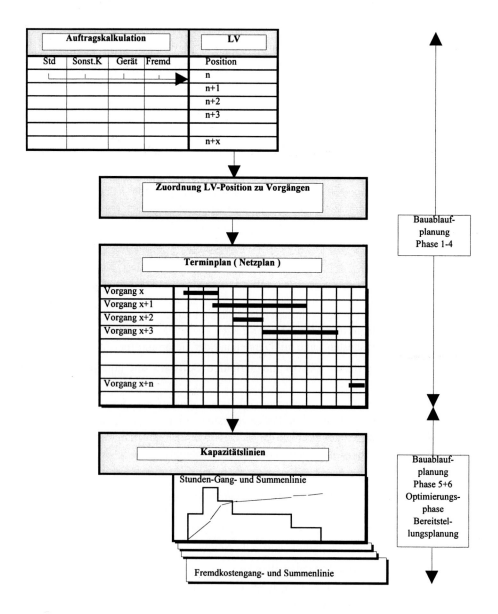

Bild 3.11 Datenfluß von der LV-Position bis zur Kapazitätslinie

In der Phase 2 der Ablaufplanung werden im dritten Schritt in jedem Vorgang eine, meist aber mehrere Positionen unterschiedlicher Maßeinheiten zusammengefaßt.

Die Vorgangssumme besteht somit aus 4 Werten:

–   Summe der Stunden
–   Summe der sonstigen Kosten
–   Summe der Gerätekosten
–   Summe der Fremdleistungen.

Diese Summen können aber auch rechnerisch ergänzt werden zu:

–   Gesamtsumme   (über den EP = Einheitspreis)
–   Summe der Umlagen   (über Gesamtsumme – EKT-Summe)
–   Summe der Arbeitskräfte   (über Stunden : Stunden/Mann und Tag)
–   Summe der Lohnkosten   (über Stunden x Mittellohn A(P)SL)
–   Summe des Deckungsbeitrages   (über Gesamtsumme – [EKT + BGK]-Summe)

In der Phase 3 wurden die verfügbaren Produktionsfaktoren, Arbeitskräfte, Geräte, Schalungen etc., durch kapazitive AOB's berücksichtigt. In der Phase 5 und 6 wurden sie durch eine Kapazitätsglättung optimiert, so daß das rechnerische Ergebnis der einzelnen Produktionsfaktoren als Gang- oder Summenlinie dargestellt werden kann.

Die herkömmliche Bereitstellungsplanung beschäftigt sich nur mit den Produktionsfaktoren Arbeitskräfte, Geräte und in Ausnahmefällen auch Stoffe.

Bei der Darstellung des Arbeitkräftebedarfs muß man allerdings die durchschnittlichen Krankheitstage berücksichtigen. Die Ausfalltage durch Schlechtwetter und Betriebsurlaub sind bereits im Betriebskalender (s. 3.3.9 – Phase 2) berücksichtigt.

Im Bild 3.12 ist beispielhaft ein Arbeitskräftebedarf in Form einer Mann-Kapazitätsganglinie dargestellt

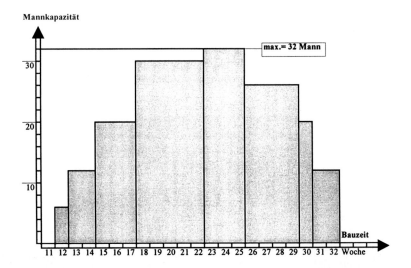

Bild 3.12 Mann-Kapazitätsganglinie

Die Darstellung des Gerätebedarfs läßt sich aus den Gerätekostengang- oder Summenlinien nicht ableiten. Hierfür wird weiterhin das bewährte Instrument des „Geräteaufmarschplanes" oder auch „Gerätebebedarfsplanes" Verwendung finden, wobei aus dem Ablaufplan die erforderliche Einsatzdauer entnommen werden kann.

Die Gerätekostenverteilung ist dennoch eine wichtige Information für das Baustellen-Controlling, das im Kapitel 3 behandelt wird.

Im Bild 3.13 ist ein Auszug aus einem Gerätebedarfsplan dargestellt.

Gerätebedarfsplan für Bauvorhaben :

1	2	3	4	5	6	7	8
				2 x 4			
Geräte und Baumaschinen			Leistung		Vorhaltezeit		
					Anlieferung	Abgang	V-Zeit
BGL-Nr.:	Stk	Bezeichnung	KW/Stk.	KW-gesamt	Woche/Jahr	Woche/Jahr	Monate

9	10	11	12	13	14	15	16	17
	2 x 6 x 9		2 x 6 x 11		2 x 13			
Vorhaltekosten		Reparaturkosten		Transport		Auf- und Abbau		
Abschreibung+Verzinsung				Gewicht		Löhne	Sonst.Ko.	Fremdl.
DM/Stk./Mon.	DM-gesamt	DM/Stk./Mon.	DSM-gesamt	t/Stk.	t-gesamt			

Bild 3.13 Ausschnitt aus einem Gerätebedarfsplan

Die Darstellung der Gesamtkosten als Summenlinie weist, sofern es sich um einen Zahlungsplan handelt, die erforderliche Bereitstellung von Finanzmitteln durch den Auftraggeber aus. Sie zählt somit im weitesten Sinne auch zur Bereitstellungsplanung. Ansonsten ist die Summenlinie der Gesamtkosten die Sollvorgabe für die Leistung der Baustelle. Diese Funktion wird im Kapitel 3: Baustellencontrolling gesondert behandelt.

Die Darstellung der Fremdleistungskosten als Gesamtsumme gibt dem Unternehmer einen Überblick über die erforderlichen Finanzmittel zur Bezahlung der Nachunternehmer. Weiterhin ist es bei einigen EDV-Terminplanprogrammen möglich, durch Indizierung der Fremdleistungskosten für bis zu 24 Nachunternehmer gesonderte Umsatzkurven darzustellen.

Letztlich besteht auch die Möglichkeit, Mengenprofile zu erstellen, indem bei einheitlichen Vorgängen, wie z.B. Aushub, Betonstahl, Massenbeton etc. die Vorgangssumme um die Mengenansätze ergänzt wird. Dies kann insbesonders bei Vergabeverhandlungen mit Lieferanten und Nachunternehmern ein wichtiger Verhandlungsbaustein sein.

3.3.11 Leistungslohnverträge (Akkordverträge)

Eine wesentliche Voraussetzung für die Vergabe von Lohnleistungen im Akkord sind die erarbeiteten Unterlagen der Arbeitsvorbereitung:

– die Auftragskalkulation liefert die verfügbaren Sollwerte für die Vergabewerte,
– die Baustelleneinrichtungsplanung stellt die erforderlichen Betriebsmittel zur Verfügung,
– die Bereitstellungsplanung weist den Verlauf der erforderlichen Mann-Kapazitäten aus.

Darüberhinaus ist es notwendig, hinsichtlich Schalung und Rüstung ergänzende Taktpläne zu erarbeiten. Mit diesen Unterlagen können dann Lohnleistungen, die akkordfähig sind, mit Vorgabewerten belegt werden. Allerdings müssen auch die tariflichen und gesetzlichen Grundlagen, wie z.B. RTV Leilo, Betr.VG und ggf. die Bezirkstarifverträge für Leistungslohn (München, Berlin, Hamburg) berücksichtigt werden. Als Orientierungshilfe für Vorgabewerte stehen dem Arbeitsvorbereiter die Arbeitszeit-Richtwerte-Hochbau (ARH-Tabellen) sowie einige Richtwerte für Tiefbauarbeiten über folgende Gewerke zur Verfügung:

– Erdarbeiten
– Mauerarbeiten
– Schalungsarbeiten
– Bewehrungsarbeiten
– Betonarbeiten
– Zimmererarbeiten
– Kanal- und Rohrleitungsarbeiten
– Pflaster- und Steinmetzarbeiten
– Estrich- und Putzarbeiten.

Der Leistungslohn ist ein wichtiges Mittel zur Steigerung der Produktivität:

– er fördert die Arbeitsleistung
– er fördert die Rationalisierung
– er vermindert das Lohnrisiko des Unternehmens
– er ermöglicht den Arbeitnehmern höhere Löhne alleine durch höhere Leistung
– leistungsbezogene höhere Löhne sind nicht preissteigernd !

Bedauerlicherweise wird in den Bauunternehmen immer weniger davon Gebrauch gemacht.

3.3.12 Nachunternehmerverträge

Wie bereits unter 3.3.7 erwähnt, verstärkt sich die Tendenz zur Arbeitsteilung und Untervergabe an Nachunternehmer in fast allen Bauunternehmen. Fremdleistungsanteile über 30 % sind keine Seltenheit mehr. Die technische Aufbereitung von Nachunternehmerverträgen basiert auf den bereits erarbeiteten Unterlagen der Arbeitsvorbereitung. Es ist daher sinnvoll, diese Tätigkeit bei der Arbeitsvorbereitung zu belassen. Im Regelfall werden nach Auftragsannahme die Nachunternehmergewerke erneut ausgeschrieben. Dabei fließen bereits erarbeitete Erkenntnisse der Arbeitsvorbereitung, wie z.B. Ablaufplanung und Baustelleneinrichtungsplanung, ein. Nach Zugang der Angebote werden die Unterlagen in technischer und vertraglicher Hinsicht geprüft, ein Preisspiegel erstellt und zur Entscheidung und Endverhandlung an die zuständige verantwortliche Stelle (Geschäftsleitung, Oberbauleitung, Einkaufsabteilung) weitergeleitet. In jedem Falle ist darauf zu achten, daß die Nachunternehmerverträge „durchgängig" vereinbart wurden, d.h., daß der Nachunternehmer die gleichen Vertragsunterlagen erhält, wie sie auch zwischen Auftraggeber und Hauptauftragnehmer bestehen. Dies gilt insbesondere auch für § 2.3 der VOB Teil B.

Ziel der Weitervergabe von vertraglichen Leistungen an Nachunternehmer ist die Verbesserung des geplanten Gesamtergebnisses einerseits durch die möglichen Vergabegewinne und andererseits wegen der Risikominimierung durch Arbeitsteilung.

3.3.13 Aufstellen der Arbeitskalkualtion

Die Auftragskalkulation stand am Anfang der Arbeitsvorbereitungsphase und diente als Grundlage für alle weiterführenden Tätigkeiten in der Durchführung der Arbeitsvorbereitung. Die dabei gewonnenen Informationen ergeben neue Erkenntnisse, die das Ergebnis einer Baumaßnahme einerseits positiv, andererseits aber auch negativ beeinflussen können. Deshalb ist es notwendig, die bestehende Auftragskalkulation mit diesen Erkenntnissen zu „überschreiben" und zu einer *Arbeitskalkulation* zu aktualisieren. Dies ist zumeist nicht in einem Schritt abschließend möglich, vielmehr handelt es sich um einen stetigen Prozeß.

Schritt 1: (in der Einrichtungsphase, möglichst noch vor Baubeginn)
- Einarbeitung von aktuellen Stoffkosten auf Grund abgeschlossener Lieferantenverträge
- Berücksichtigung bereits vereinbarter Nachunternehmerverträge
- Übernahme von Leistungslohnvergabewerten.

Schritt 2 : (im ersten Viertel der Bauzeit)
- Einarbeitung von Abweichungen zwischen Fremd- und Eigenleistung, wenn z.B. eine kalkulierte Fremdleistung mangels Angeboten nicht vergeben werden konnte und nun als Eigenleistung ausgeführt werden muß. Oder auch günstige Nachunternehmerangebote die eine Wandlung von Eigen- in Fremdleistung wirtschaflich machten.

– Berücksichtigung restlicher Nachunternehmerverträge

– Berücksichtigung von Abrechnungserkenntnissen:

> entfallende Leistungen
> Mengenmehrungen
> Mengenminderungen
> Ausführung von Bedarfspositionen
> Ausführung von Wahlpositionen
> geänderte Leistungen   § 2.5 VOB Teil B
> neue Leistungen   § 2.6 VOB Teil B.

Je nach Schwierigkeit einer Baumaßnahme kann es durchaus notwendig sein, die Erkenntnisse, die zum Schritt 2 führten, in einem dritten Schritt zu aktualisieren.

Aufgabe der Arbeitskalkulation ist es, bereits sehr früh, mit Hilfe der Berücksichtigung aktueller Einflüsse, eine Ergebnisprognose für das Ende des Bauprojektes zu erhalten.

Diese Arbeitskalkulationen sind die Grundlage des Bauleistungs-Controllings, das im Kapitel 3 behandelt wird.

3.3.14 Zusammenfassung

Die Arbeitsvorbereitung plant unter den vorgegebenen äußeren, betrieblichen und vertraglichen Rahmenbedingungen die Bauverfahren, die Baustelleneinrichtung und die Ablaufplanung. Letztere hat zur Aufgabe, die Flexibilität aufzuzeigen, auf die jeder Baubetrieb angewiesen ist, nachdem es keine Bauabwicklung ohne außerplanmäßige Störung gibt. Die Darstellung der möglichen Verschieblichkeit der Vorgänge von einem frühesten zu einem späteren Zeitpunkt, ist ein wesentliches Gestaltungsmerkmal für den Bauleiter. Daß daran auch die Auswirkung auf die Kapazität gekoppelt ist, macht dieses Verfahren zum Steuerungs- und Kontrollelement.

Durch die Arbeitskalkulation wird dem Unternehmer ein Führungsinstrument an die Hand gegeben, mit dem er die wirtschaftliche Situation des Projektes frühzeitig beurteilen kann.

Im Regelfalle wird die Arbeitsvorbereitung für beauftragte Bauvorhaben erstellt. Es ist jedoch üblich, bei großen Bauvorhaben bereits in der Angebotsphase eine intensive Vorbereitung zu betreiben. Im Bild 3.14 ist die Ablauforganisation der Arbeitsvorbereitung von der Auftragserteilung bis zum Baubeginn abschließend schematisch dargestellt.

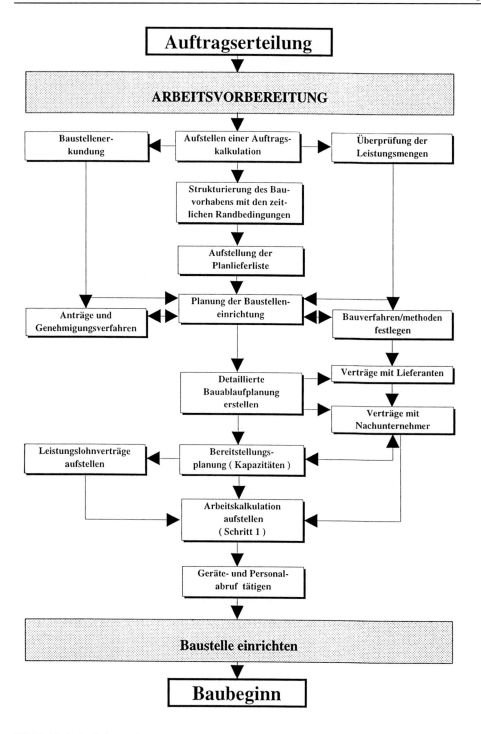

Bild 3.14 Ablaufschema der Arbeitsvorbereitung

4 Controlling im Baubetrieb

4.1 Einführung

Durch die Einführung der EDV in den Bauunternehmen, haben sich die Methoden der Nachkalkulation zum Controlling weiterentwickelt. Vor allem die komprimierten und störungsempfindlichen Bauabläufe verlangen nach Kontrollmechanismen, die rasche Ergebnisse im Sinne eines Soll-Ist-Vergleiches für geeignete, schnelle und bei Abwicklung gegensteuernde Maßnahmen liefern.

4.1.1 Definition

Controlling ist quasi das Navigationssystem für die Baustelle und letztliche auch im Unternehmen, um zu jedem Zeitpunkt Position und Kurs bestimmen zu können. Hierbei ergeben sich folgende Schritte:

- Kursplanung   (Soll)
- laufende Positionsbestimmung   (Ist)
- Bestimmung der Abweichung vom Kurs   (Soll/Ist-Vergleich)
- Analyse der Ursache
- Gegensteuerung, um die Soll-Ist-Differenz zu beseitigen.

Controlling ist somit [14]:

- Unternehmensführung
- Bereitstellung von Informationen für Entscheidungen
- wertorientiert, da nur mit Zahlen operiert wird
- zukunftsorientiert, da Entscheidungen für künftige Entwicklungen getroffen werden können
- zielorientiert, da es sich an den Zielen des Unternehmens orientiert.

4.1.2 Anforderung und Ziele

Das Controlling muß:

- frühzeitig Informationen über Abweichungen geben, dabei sind rasche, grobe Werte wichtiger, als späte detaillierte Analysen,
- direkte Informationen zur Gegensteuerung liefern,
- durch einfaches Handling hohe Akzeptanz ermöglichen,
- durch Transparenz Manipulationen verhindern.

4.1.3 Grundlagen

Für das Controlling sind fogende Voraussetzungen notwendig:

- ein Planungssystem mit Planwerten (Arbeitsvorbereitung)

– ein EDV-gestütztes Berichts- und Informationssystem für Soll/Ist-Vergleiche

– direkte Vergleichbarkeit der Plan- und Berichtsdaten.

4.1.4 Einflußgrößen

Der geplante Ablauf eines Bauvorhabens beruht zunächst noch auf „unsicheren" Daten, die in der Zukunft realisiert werden sollen, wobei die Randbedingungen sich verändern können oder gänzlich unbekannt sind. Es kann also nicht erwartet werden, daß Vorgänge genauso ablaufen wie sie geplant wurden. Störungen des geplanten Ablaufes sind unvermeidbar.

Allgemeine Störungen:

Der geplante Bauablauf kann durch veränderte Situationen im Bereich des Bodens, des Grund- oder Hochwassers, aber auch durch außergewöhnliche Witterungsverhältnisse oder beengte Arbeitsräume beeinflußt werden. Bekannte oder vertraglich vereinbarte Verhältnisse sind in der Arbeitsvorbereitung zu berücksichtigen.

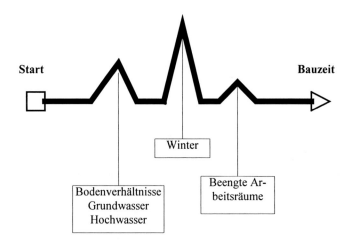

Bild 4.1 Allgemeine Störereignisse

Störungen im Bauablauf verlängern den Weg in der Zeitachse. Da aber die vertragliche Bauzeit nicht verlängerbar ist, muß die Arbeitsvorbereitung bereits mit mehr Kapazitätseinsatz und mehr Paralellfertigung, ggf. auch mit Mehrschichtbetrieb den längeren Weg, der aus den Vertagsunterlagen erkennbar war, berücksichtigen.

Störungen, die der Auftraggeber zu vertreten hat:

Es kann bereits bei Baubeginn zu Störungen kommen, die ausschließlich der Auftraggeber zu vertreten hat, z.B. eine fehlende Baugenehmigung, oder verzögerter Baubeginn durch noch nicht abgeschlossene Vorleistungen von Nebenunternehmern des Auftraggebers. Meist gibt es in der Anfangsphase einer Baustelle Verzögerungen durch fehlende Ausführungspläne, die der Auftraggeber zu stellen hat. Im laufenden Betrieb einer Baustelle können Änderungen des Bauentwurfes oder andere Anordnungen des Auftraggebers zu einem zeitlichen Mehrbedarf führen. Der Bauherr kann verlangen, daß die Störungen durch Beschleunigung des Bauablaufes eingeholt werden, um die vertragliche Bauzeit einzuhalten, er ist aber zur Vergütung der daraus resultierenden Mehrkosten verpflichtet. Verlangt er keine Beschleunigungsmaßnahmen, so hat er die Mehrkosten aus der Bauzeitverlängerung zu tragen.

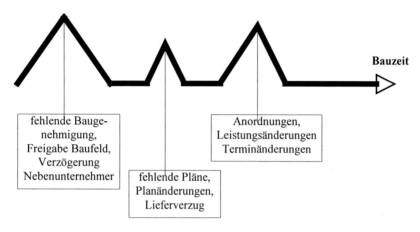

Bild 4.2 Störungen die der Auftraggeber zu vertreten hat

Störungen, die der Auftragnehmer zu vertreten hat:

Die Störeinflüsse von der Auftragnehmerseite sind meistens Fehleinschätzungen des Bauvorhabens. Sie beginnen bei einer unzureichenden, oft sogar fehlenden Arbeitsvorbereitung, sowie einer Bereitstellung von zu wenig Personal und Gerät. Mangelhafte Führung der Baustelle, unzuverlässige Nachunternehmer. Schlechte Personal- und Gerätequalität verstärken diese Störungen in der laufenden Abwicklung.

Der Auftragnehmer hat die zeitlichen Auswirkungen seiner „hausgemachten" Störereignisse selbst aufzufangen. Geschickte Ausnutzung von Pufferzeiten, höherer Kapazitätseinsatz und die daraus resultierenden Mehrkosten hat er selbst zu tragen.

Alle Störeinflüsse, ganz gleich ob sie der Auftraggeber oder der Auftragnehmer zu vertreten hat, verursachen Kosten. Außer den unmittelbaren Herstellkosten sind vor allem die zeitabhängigen Kosten zu nennen. Mehrkosten als Folge von Mehrleistungen spürt man meist schon bevor man das Betriebsergebnis kennt, durch Abweichungen vom Bauablauf. Daher ist die Terminkontrolle, als Baustein des Controllings, ein sensibles und zuverlässiges Barometer.

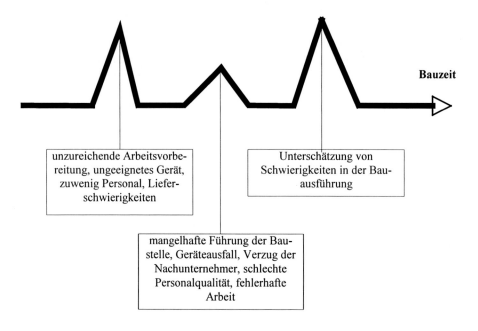

Bild 4.3 Störungen durch den Auftragnehmer

Leider zeigt die Erfahrung, daß sich die Störereignisse aus den Verantwortungsbereichen des Auftraggebers und des Auftragnehmers sehr oft überlagern und die Dokumentation der Baustellen noch unzulänglich gehandhabt wird, um diese sauber zu trennen. Hier kann nur ein gewissenhaft geführter Bautagesbericht einerseits und eine lückenlose Dokumentation der Störereignisse andererseits, Abhilfe schaffen.

In den folgenden Kapiteln werden die einzelnen gebräuchlichen Kontrollwerkzeuge vorgestellt.

4.2 Stunden-Soll/Ist-Vergleich
(technische Nachkalkulation der Arbeitsstunden)

4.2.1 Grundlagen

Für den Stunden-Soll/Ist-Vergleich sind folgende Grundlagen notwendig:

– Bauarbeitsschlüssel (BAS)
– Leistungsverzeichnis
– Arbeitskalkulation
– Arbeitspositionen für den Polier.

4.2.2 Berichtswesen

Das Berichts- und Informationswesen wird in den einzelnen Bauunternehmen sehr unterschiedlich gehandhabt. Für den Stunden-Soll/Ist-Vergleich sind folgende Berichte unerlässlich:

– Lohntagesbericht mit BAS
– Leistungsmeldung.

4.2.3 Durchführung

Zunächst muß noch der Bauarbeitsschlüssel (BAS) und seine Funktion erläutert werden. Der BAS wurde 1957 vom gemeinsamen Arbeitskreis Hochbau und Straßenbau entworfen. Man wollte damit einen einheitlichen Rahmen für verschiedene Baustellen schaffen. Ein komprimierter Auszug aus dem Bauarbeitsschlüssel für das Bauhauptgewerbe, der für eine kleine Baufirma eingesetzt werden kann, ist in Tabelle 4.1 dargestellt.

Tabelle 4.1 Bauarbeitsschlüssel für das Bauhauptgewerbe [16]

BAS (Bauarbeitsschlüssel)-Verzeichnis für eine kleine Musterfirma

0 Baustelleneinrichtungs- und Randarbeiten

00 Baustellenunterkünfte auf- und abbauen

01 Ver- und Entsorgungsanschlüsse der Baustelle

02 Baustellen- und Verkehrssicherung

03 Betonmisch- und Förderanlagen auf- und abbauen

04 Aufzüge auf- und abbauen

05 Turmkrane auf- und abbauen

06 Straßenbaugeräte auf- und abbauen

07 Sonstige Geräte auf- und abbauen

08 Sonstige Baustelleneinrichtungsarbeiten

09 Allg. Löhne (Hilfs-, Aufsicht-, Soziallöhne, Reisezeiten)

1   Transport, Umschlag, Stundenlohn, Gerätestunden

10 Laden von Geräten, Einrichtungen und Stoffen

11 Geräteführerstunden

19 Sonstige Transport- und Umschlagarbeiten

2   Erd-, Entwässerungs- und Abbrucharbeiten

20 Erdarbeiten: Handarbeit und Gerätebeihilfe

21 Verbauarbeiten (ohne Geräteführeranteil)

22 Rodungs- und Mutterbodenarbeiten

23 Erdarbeiten nach Profilen

24 Erdarbeiten für Baugruben

25 Erdarbeiten für Leitungsgräben

26 Sickerungsarbeiten und Steinschüttungen

27 Rohr- und Kabelverlegearbeiten

28 Böschungs- und Bankettarbeiten

29 Abbrucharbeiten

3   Schal- und Rüstarbeiten

30 Gerüstarbeiten

31 Fundamente schalen

32 Wände schalen

33 Decken schalen

34 Unterzüge und Balken schalen

35 Überzüge und Brüstungen schalen

36 Stützen schalen

37 Treppen schalen

38 Aussparungen, Schalungseinlagen, Einbauteile

39 Sonstige Bauteile schalen

4   Beton- und Stahlbetonarbeiten

40 Vor- und Nebenarbeiten für Bewehrungsarbeiten

41 Verlegen von Rundstahl, Matten und Spannstahl

42 Fundamente betonieren

43 Platten und Decken betonieren

44 Wände betonieren

45 Unterzüge und Balken betonieren

46 Stützen betonieren

47 Sonderteile betonieren 8 z.B. Unterwasserbeton)

48 Beton: Zulagen, Vor-, Neben- und Nacharbeiten

49 Beton-Fertigteilbau-Arbeiten

5 Mauer- und Putzarbeiten

50 Mauerwerk aus Steinen NF bis 3 DF

51 Mauerwerk aus großformatigen Steinen mit Hilfskran

52 Mauerwerk aus Planelementen

53 Mauerwerk aus sonstigen Steinen

54 Mauerwerk: Schornsteine und Sonderbauteile

55 Verblendmauerwerk, Verfugung

56 Mauerwerk: Öffnungen

57 Mauerwerk: Bauelemente einsetzen

58 Mauerwerk: Zulagen und sonstige Arbeiten

59 Putz- und Estricharbeiten (Kleinflächen)

6 Straßenunterbau- und Deckenarbeiten

7 Straßenbauarbeiten an Nebenanlagen

71 Untergrund vorbereiten, Nacharbeiten

72 Pflasterarbeiten

73 Rand- und Formsteine setzen

74 Straßenschächte und Einbauteile

79 Sonstige Straßenbauarbeiten an Nebenanlagen

8 Grundbau- und Wasserbauarbeiten

81 Spundwände

82 Pfahlgründungen

83 Dichtwände

84 Injektionen

85 Wasserhaltungsmaßnahmen

9   Sonder- und Spezialarbeiten

91   Abdichtungsarbeiten

92   Dämmarbeiten (Schall, Wärme)

98   Stollen- und Tunnelbauarbeiten

99   Eisenbahnoberbauarbeiten

Die Schlüsselnummern können auf Bedarf firmenspezifisch weiter untergliedert werden.

Nach der Gliederung des BAS wird unter Verwendung des Leistungsverzeichnisses ein Arbeitsverzeichnis mit Arbeitspositionen erstellt. Die entsprechenden Stundenansätze der Arbeitskalkuation werden dem BAS zugewiesen. Das Aufteilungsschema ist in Tabelle 4.2 dargestellt.

Tabelle 4.2 Zusammenhänge BAS-Leistungsverzeichnis-Kalkulation

BAS	**LEISTUNGSVERZEICHNIS**							**KALKULATION**			
	Pos 1	Pos 2	Pos 3	Pos 4	Pos 5	Pos 6	Pos n	Std.	Soko	Gerät	Fremd
BAS 1	Pos 1							h 1			
BAS 2		Pos 2						h 2			
BAS 3			Pos 3					h 3			
BAS 3				Pos 4				h 4			
BAS 4					Pos 5			h 5			
						Pos 6		h 6			
BAS 5							Pos n	h n			

Um vor allem bei den sehr umfangreichen Leistungsverzeichnissen mit dem Stunden-Soll/Ist-Vergleich ein noch handhabbares Kontrollinstrument zu haben, ist es zweckmä-ßig, nur die Positionen nachzukalkulieren, die für das Unternehmen wichtig sind. Die Erfahrung hat gezeigt, daß man dem Polier nicht mehr als 25-30 BAS-Nummern für die Erfassung der Ist-Stunden „zumuten" kann, um noch plausible Auswertungen zu errei-chen. Leistungen, die für das Unternehmen von geringerem Interesse sind, können durchaus in einer BAS-Sammelposition gesondert erfaßt werden.

Zur Erfassung der Ist-Stunden gibt es in den Unternehmen zahlreiche Varianten. Meist versucht man die Lohnstundenerfassung mit der Stundenverteilung auf BAS-Nummern zu kombinieren. In Tabelle 4.3 ist ein Formular dargestellt, das auch für Arbeitgemeinschaften entwickelt wurde, um eine einheitliche, firmenunabhängige Erfassung zu ermöglichen.

Tabelle 4.3 Lohntagesbericht mit BAS-Erfassung

LOHNTAGESBERICHT			Datum:...............

Baustelle :

Berufsgruppe Kurzbezeichn.: P= Polier V= Vorarbeiter Z= Zimmerer M= Maurer F= Fachwerker = =	BAS oder: CODE	des baubetrieb- lichen Vorganges	Bemerkung											Summe
Firma	**Name**		**Beruf**											
	Summe													

Letztlich muß noch das Berichtwesen der Leistungsmeldung behandelt werden, ehe man mit der Durchführung des Stunden-Soll/Ist-Vergleiches beginnen kann. Die Leistungs-meldung ist ein sehr wesentlicher Bestandteil des abrechnungsbezogenen Controllings. D.h., für die Stundennachkalkulation benötigt man die geleisteten und durch Abrechnung nachgewiesenen Mengen der Leistungspositionen. Die Leistungsmeldung ist der techni-sche Bestandteil im Leistungswesen.

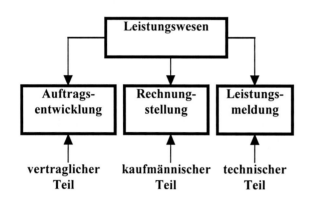

Bild 4.4
Schema Leistungswesen

Der vertragliche Teil zeigt die Auftragsentwicklung auf:

A1 =   Auftragssumme bei Autragserteilung lt. Auftragsschreiben =
        Angebotssumme abzüglich Nachlässe, vereinbarte Mengenänderungen und Ver-
        änderung von Einheitspreisen

A2 =   Zugänge (Erhöhung der Auftragssumme)
        aus Nachträgen (geänderte Leistung, andere Anordnungen gemäß §2.5 VOB/B)
        aus Nachträgen (neue Leistungen gemäß §2.6 VOB/B)
        aus Mengenmehrungen (ggf. Hinweis auf §2.3 VOB/B)
        aus Aufträgen von Dritten (Nachunternehmer, Nebenunternehmer,etc.)
        aus Regieaufträgen des Auftraggebers, sofern nicht als angehängte Stundenlohn-
        arbeiten im Hauptauftrag enthalten.

A3 =   Abgänge (Minderung der Auftragssumme)
        aus Mengenminderungen (ggf. Hinweis auf §2.3 VOB/B, sofern diese nicht nach-
        tragsbedingt sind)
        aus entfallenden Leistungen (entspricht der Teilkündigung nach §8.1 VOB/B).

A4 =   Stand zum Ende des Berichtsmonates = A1+A2 – A3

Die Entwicklung des Auftragsbestandes ist ein wesentliches Kriterium in der Unterneh-mensführung. Er ist die Basis für die Abschreibung der Vorhaltestoffe.

Der kaufmännische Teil beinhaltet die Rechnungsstellung:

B1 =   Abschlagsrechnungen an den Auftraggeber (einschließlich Gleitklauseln)

Anforderung an den Rechnungssteller:
- Stand der Rechnungsstellung sollte das Ende eines Berichtsmonates der Leistungsmeldung sein
- die in Rechnung gestellten Mengen sollen mit Mengenermittlung nachgewiesen sein
- die nachgewiesenen Mengen sollten vom Auftraggeber geprüft sein
- Schätzmengen sollten nur in Ausnahmefällen, aber stets in Abstimmung mit dem Auftraggeber erfolgen.

B2 =   Rechnungen an Dritte

Anforderung an den Rechnungsteller:
- Aufmaße und Regie-Zettel sind Rechnungsgrundlage und somit möglichst täglich zu führen und zur Anerkennung gegenzeichnen zu lassen.
- sonst wie B1.

B3 =   Stand zum Ende des Berichtsmonats   =   B1+B2

Die Abrechnung muß im zeitlichen Einklang mit der Leistungsabwicklung stehen. Der Rechnungsbetrag muß einen hohen Realisierungsgrad haben, d.h., evt. Schätzmengen sollten möglichst genau sein.

Der technische Teil ist die Leistungsmeldung als Bericht der Baustelle. Der vertragliche und auch der kaufmännische Teil hingegen können durchaus in der Verwaltung bearbeitet werden.

C1 =   Ausgangsbasis ist die Rechnungstellung zum Ende des Berichtsmonats = B3

C2 =   Leistungen, die in B3 noch nicht erfaßt wurden:

Begründung:
- noch kein Aufmaß erstellt
- vergessen
- keine Zeit gehabt
- Schätzmengen nicht möglich (Vertragsklausel)
- Aufmaß liegt noch beim Auftraggeber zur Prüfung
- nicht abrechenbare Teilleistungen wie z.B.:
  Stellschalung
  Teilbewehrung
  zugeschalt, noch nicht betoniert
  betoniert, nicht ausgeschalt
  vorgespannt, nicht injiziert

C3 =   offene Nachtragsforderungen

    C31   =   Nachträge befinden sich in Prüfung
                 Bewertung:
                 eingereichter Einheitspreis · ausgeführte Menge

    C32   =   Nachträge sind noch nicht eingereicht
                 Bewertung:
                 geschätzter Einheitspreis · ausgeführte, bzw. geschätzte Menge

C4 =   Rückstellungen, Wert- und Leistungsberichtigungen

    aus C31: es muß die mögliche Kürzung des Einheitspreises durch den Auftraggeber realistisch berücksichtigt werden.

    aus C32: es muß ein realistischer Abschlag in % der geschätzten Forderung erfolgen.

    aus Leistungsvorgriffen, z.B.:

           Räumen der Baustelle, sofern für Einrichten, Vorhalten, Betrieb und Räumen der Baustelle eine Position mit pauschaler Vergütung vorhanden ist

           sinngemäß gilt dies auch für das Vorhalten und den Betrieb der Baustelleneinrichtung

           Restleistungen wie Entgraten, Schließen von Ankerlöchern, Schuttbeseitigung etc.

           Mängelbeseitigung wie Betonkosmetik, Undichtigkeiten, Einhaltung der Maßtoleranzen etc.

           Vorbereiten der Abnahme

           zu erwartende Minderungen

           zu erwartende Vertragsstrafe

    aus Rechnungsabstrichen, z.B.:

           Rechenfehler

           Streitfälle

C5 =   Gesamtleistung = C1 + C2 + C3 – C4

Rückstellungen sind immer dann notwendig, wenn in einer Abschlagsrechnung, ganz egal ob mit oder ohne Wissen des Auftraggebers, Leistungen berechnet hat, die noch nicht erbracht wurden (=Vorgriff).

Wer Vorgriffe macht, ist nachleistungspflichtig!

Ergänzende Angaben zur Leistungsmeldung

– vergessene Lieferscheine

– Leistungsabgrenzung und Rückstellung für Nachunternehmer
   Vorgehensweise:
   Leistungsmenge aus B1 · Einheitspreis des Nachunternehmers

zuzüglich

Leistungsmenge aus C2 · Einheitspreis des Nachunternehmers

zuzüglich

Leistungsmenge aus C3 · geschätztem Einheitspreis bzw. Mengen des Nachunternehmers

abzüglich anteilige Berichtigung aus C4

- Bestände von Einbaustoffen
- bei Argen zusätzlich:
  Personalstand nach Firmen und Berufsgruppen aufgeschlüsselt (= Kennzifer für die Leistungskontrolle)
  Großgeräteeinsatz
  Finanzplan

Fehlerquellen und Manipulationsmöglichkeiten im Leistungswesen

- Vergessen von Nachlässen
- Baustahlbestand (Kontrolle: Bestand = Liefermenge abzüglich eingebauter und abgerechneter Menge)
- Vergessen von Nachunternehmerrückstellungen
- Vergessen von Nachleistungen (siehe C4)

Verfahren zur Leistungsabgrenzung von noch nicht fertiggestellten Teilleistungen

Beispiel:

Wandbeton einschließlich Schalung, Einheitspreis		=	943,00 DM
Betonierabschnitt		=	9,00 m³
Gesamtwert		=	8.487,00 DM

Werte aus der Arbeitskalkulation je m³

Beton liefern	1,00 Std	110,00 DM
Schalung (0,80 Std/m² / 25,00 DM/m²) :	5,60 Std	175,00 DM
Aussparungen liefern	1,00 Std	10,00 DM
Aussparungen schließen	1,00 Std	15,00 DM

Der Betonierabschnitt hat zum Ende des Berichtsmonats folgenden Fertigstellungsgrad: „Stellschalung geschalt und gerichtet, Aussparungen aufgenagelt"

Verfahren 1:

Stellschalung 50% der Fläche bei 0,20 Std/m²	0,72 Std	
Vorhaltung der Schalung		175,00 DM
Aussparungen liefern		10,00 DM
Aussparungen einbauen 50% von 1,00 Std	0,50 Std	
Summe:	1,22 Std	185,00 DM
ergibt mit den Faktoren	70,00 DM	1,10
	85,40 DM	203,50 DM
Leistung pro m³ =	288,90 DM	
Gesamtleistung = 9,00 m³ · 288,90 DM		**= 2.600,10 DM**

Verfahren 2 :

Gesamtwert des Betonierabschnittes		= 8.487,00 DM	

abzüglich:

Beton	1,00 Std	110,00 DM
Aussparungen ausschalen 50% von 1,00 Std	0,50 Std	
Aussparungen schließen	1,00 Std	15,00 DM
Schließschalung	4,88 Std	
Summe:	7,38 Std	125,00 DM
ergibt mit den Faktoren	70,00 DM	1,10
	516,60 DM	137,50 DM

noch nicht erbrachter Leistungswert je m³ =   654,10 DM

noch nicht erbrachter Leistungswert für 9,00 m³ =

9m³ · 654,10 DM/m³   = 5.886,90 DM

geleisteter Wert: 8.487,00 DM – 5.886,90 DM   **= 2.600,10 DM**

Empfehlung:

Verfahren 1 eignet sich immer dann, wenn der Anteil der fertiggestellten Leistung gering ist.

Verfahren 2 wird zweckmäßigerweise bei einem hohen Fertigstellungsgrad eingesetzt.

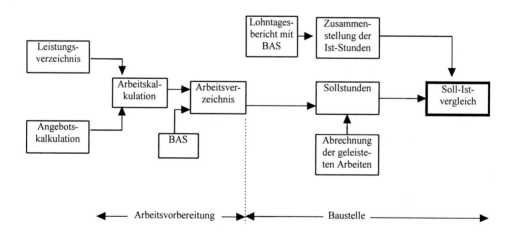

Bild 4.5 Ablaufschema Stunden-Soll/Ist-Vergleich

4.2.4 Beispiel

Bauvorhaben: Steinzeug-Verbindungskanal

Kurz-LV			
Pos.	Menge	Dim.	Beschreibung
01	pauschal		Baustelleneinrichtung, Vorhaltung, Betrieb und Räumung
02	80	m³	Kanalaushub, Verfüllung, Abfuhr verdrängter Boden
03	40	m	Steinzeugrohr Steckmuffe L liefern incl. Paßstück
04	40	m	Steinzeugrohre Pos. 3 aufnehmen, verlegen, einsanden

Arbeitskalkulation			
Pos.	Aktivität	Std./Einh.	BAS
01	Ladelöhne Bauhof, Baustelle	30,00	001
02	Aushub, setl. lagern	0,39	201
	verfüllen	0,78	203
03	Steinzeugrohre liefern, abladen	0,12	205
04	Steinzeugrohre verlegen	0,70	206
	Steinzeugrohre einsanden	0,39	204

Arbeitsposition für den Polier	
BAS	Kurztext
001	Einrichten und Räumen
201	Aushub, Handplanum
202	verdrängter Boden *)
203	Verfüllen und Verdichten
204	Einsanden der Rohre
205	Steinzeugrohre abladen
206	Steinzeugrohre verlegen

*) Nachdem in der Arbeitskalkulation kein Stunden-Ansatz für den verdrängten Boden
   vorgesehen wurde, hat man für die Nachkalkulation einen gesonderten BAS eingeführt.

Beispiel eines Lohntagesberichts mit BAS-Zuordnung

Tabelle 4.4 Lohntagesbericht

LOHNTAGESBERICHT					Datum: 12. März										
Baustelle : STEINZEUGVERBINDUNGSKANAL															
Berufsgruppe Kurzbezeichn.: P= Polier V= Vorarbeiter Z= Zimmerer M= Maurer F= Fachwerker = =		BAS oder:	CODE	des baubetrieb- lichen Vorganges	Bemerkung	202	205	206							Summe
Firma		**Name**		**Beruf**											
1	D	Gibis, Walter		Z		4,0	6,0								10,0
2	H	Reitmeier		F				9,5							9,5
3	H	Binder, Max		M				10,0							10,0
			Summe			4,0	6,0	19,5								29,5

Tabelle 4.5 Zusammenstellung der Ist-Stunden

Woche	Tag	Gesamt Std.	BAS-Nr.: 001	BAS-Nr.: 201	BAS-Nr.: 202	BAS-Nr.: 203	BAS-Nr.: 204	BAS-Nr.: 205	BAS-Nr.: 206
12	Mo								
	Di	36,00	36,00						
	Mi	28,50		28,50					
	Do	29,50			4,00			6,00	19,50
	Fr	14,00							14,00
	Sa	0,00							
	So	0,00							
13	Mo	32,50				20,50	12,00		
	Di	22,00				22,00			
	Mi	31,00				31,00			
	Do	15,00	15,00						
	Fr	7,00	7,00						
	Sa	0,00							
	So	0,00							
Summen Ist-Std.		215,50	58,00	28,50	4,00	73,50	12,00	6,00	33,50
Summen Soll-Std.		203,75	60,00	31,79	0,00	63,57	15,60	4,80	28,00
Soll-Ist-Vergleich		-11,75	2,00	3,29	-4,00	-9,93	3,60	-1,20	-5,50
%-Abweichung		-5,77	3,33	10,35	-100,00	-15,62	23,08	-25,00	-19,64

Tabelle 4.6 Soll-Stunden-Ermittlung

BAS	Kurztext	LV-Pos.	Menge lt. Aufmaß/ Abrechnung	Dim.	Soll-Std./ Einheit	Gesamt Soll-Std.
001	Einrichten+Räumen	1	1,00	Stk.	60,00	60,00
201	Aushub, Handplanum	2	81,50	m3	0,39	31,79
202	Überschußboden	2	0,00		0,00	0,00
203	Verfüllen+Verdichten	2	81,50	m3	0,78	63,57
204	Einsanden	4	40,00	m	0,39	15,60
205	Steinzeugrohre abladen	3	40,00	m	0,12	4,80
206	Steinzeugrohre verlegen	3	40,00	m	0,70	28,00
Summe						203,76

Die Soll-Stunden werden über die abgerechneten und im Berichtszeitraum geleisteten Mengen ermittelt.

Tabelle 4.7 Stunden-Soll/Ist-Vergleich

Woche	Tag	Gesamt Std.	BAS-Nr.: 001	BAS-Nr.: 201	BAS-Nr.: 202	BAS-Nr.: 203	BAS-Nr.: 204	BAS-Nr.: 205	BAS-Nr.: 206
12	Mo								
	Di	36,00	36,00						
	Mi	28,50		28,50					
	Do	29,50			4,00			6,00	19,50
	Fr	14,00							14,00
	Sa	0,00							
	So	0,00							
13	Mo	32,50				20,50	12,00		
	Di	22,00				22,00			
	Mi	31,00				31,00			
	Do	15,00	15,00						
	Fr	7,00	7,00						
	Sa	0,00							
	So	0,00							
Summen Ist-Std.		215,50	58,00	28,50	4,00	73,50	12,00	6,00	33,50
Summen Soll-Std.		203,75	60,00	31,79	0,00	63,57	15,60	4,80	28,00
Soll-Ist-Vergleich		-11,75	2,00	3,29	-4,00	-9,93	3,60	-1,20	-5,50
%-Abweichung		-5,77	3,33	10,35	-100,00	-15,62	23,08	-25,00	-19,64

Interpretation des Ergebnisses

Die Gesamtstunden wurden um 5,77 % überschritten. Die größten Abweichungen ergaben sich beim Abladen und Verlegen und Einsanden der Steinzeugrohre. Der hohe Stundenanteil bei den Abladearbeiten wurde durch einen abgedeckten Rungenwagen verursacht. Dieser Mehraufwand wird dem Lieferanten weiterverrechnet. Der Grabenaushub unterschritt die Vorgabewerte, wurde aber mit zu steilen Böschungen erreicht. Diese rutschten im Zuge der Verlege- und Einsandarbeiten nach und verursachten die erheblichen Abweichungen vom Soll.

4.2.5 Zusammenfassung

Der Stunden-Soll/Ist-Vergleich ist ein Kontrollverfahren, das im Wesentlichen nur für lohnintensive Bauarbeiten geeignet ist. Es überprüft die Werte der Vorkalkulation und liefert neue Ansätze für künftige, ähnliche Bauvorhaben, gibt aber auch zugleich die Möglichkeit, am Ende eines Berichtszeitraumes, Abweichungen vom Soll zu erkennen, zu interpretieren und Abhilfe zu schaffen (Gegensteuern). In der arbeitsteiligen Bauwelt, in der die Fremdleistungsanteile schon bei kleineren Unternehmen die 30%-Marche übersteigen, wird der Stunden-Soll/Ist-Vergleich an Bedeutung verlieren. Dort wo er noch weiterhin eingesetzt werden kann, sollte man folgende Nachteile bedenken:

– die Ermittlung der Soll-Werte erfolgt über die geleisteten Mengen (siehe Leistungs-meldung), die durch Abrechnung nachzuweisen sind. Die Erfahrung hat jedoch ge-zeigt, daß der aktuelle Abrechnungsstand zum Ende des Berichtsmonats meist erheb-lich hinter dem tatsächlichen Leistungsstand nachhinkt. Er wird dann einfach durch grobe Schätzungen ausgeglichen, was die Aussagekraft des Vergleiches erheblich mindert.

– Bei größeren Baustellen, wo mehrere Bauführer und Poliere tätig sind, besteht die Möglichkeit der Manipulation, indem im Zuge der Rapportierung der BAS, schlecht laufende Tätigkeiten zu ungunsten optimaler Vorgänge „geschönt" werden. Dem Bauleiter oder Bauführer ist es kaum möglich, derartige Manipulationen zu erkennen. Der Sinn der Nachkalkulation ist hierbei nicht mehr gegeben.

– Der BAS ist nur stundenorientiert und den einzelnen LV-Positionen vollständig, oder nur anteilig zugeordnet. Er hat somit zu den einzelnen Bauabschnitten keinen direkten Bezug und ist damit zur Beurteilung von Bauablaufstörungen nicht aussagekräftig.

4.3 Geräte-Soll/Ist-Vergleich (technische Nachkalkulation der Maschinen)

Außer der Stunden-Kontrolle von lohnintensiven Arbeiten, sollte man auch bei maschi-nenintensiven Bauarbeiten die Geräteleistung überwachen. Schwierig ist hierbei die Ab-grenzung unterschiedlicher Positionen, wenn z.B. die Bodenklassen getrennt ausge-schrieben, aber dennoch in einem Arbeitsgang von den Geräten ausgehoben werden. Darüberhinaus lassen sich die Arbeitsleistungen von Geräten kaum täglich überprüfen, da hierbei erhebliche Abgrenzungsfehler entstehen können [17]. Letztlich wird man auch nur solche Baumaschinen nachkalkulieren, die als Spezialgeräte für bestimmte Teillei-stungen eingestzt werden, bei denen die Leistung gemessen und die zeitliche Ausnutzung durch Ablaufplanung und Baustellenorganisation beeinflußt werden kann [15].

Die Nachkalkulation von Geräten beschränkt sich auf „Einzelkostengeräte"

4.3.1 Grundlagen

Der Geräte-Soll/Ist-Vergleich benötigt folgende Grundlagen:

– Leistungsverzeichnis
– Arbeitskalkulation
– Arbeitspositionen für den Gerätefahrer

4.3.2 Berichtswesen

Das Berichts und Informationswesen beschränkt sich auf:

- Maschinentagesbericht
- Aufmaß der Leistungsmenge
- Auswertungsblatt zum Maschinentagesbericht.

Letzteres ist vergleichbar mit der Ist-Stunden-Zusammenstellung beim Stunden-Soll/Ist-Vergleich.

4.3.3 Durchführung

Da die zu kontrollierenden Maschinenleistungen fast ausschließlich 100%-ige Teilleistungen sind, kann man als Arbeitspositionen die LV-Positionsnummer verwenden. Für die Nachkalkulation ist aber auch von besonderem Interesse, die gesamte zeitliche Ausnutzung eines Gerätes darzustellen. Es gibt unvermeidbare Leer-Stunden, sogenannte Nicht-Betriebsstunden, die es zu erfassen gilt:

- Wartung
- Reparatur
- Transport
- Wartezeiten   (fehlende Einsatzaufgabe)
- Stillstand   (witterungsbedingt).

Die Erfassung der täglichen Leistung stellt den kritischen Punkt in diesem Vergleich dar. Meist existieren keine gesonderten Aufmaße über die täglichen Leistungsmengen, so daß der Geräteführer hier nur Schätzwerte angeben kann. Die Mengen aus der monatlichen Leistungsmeldung können für die tägliche Überprüfung nicht herangezogen werden.

Einsatz- und Leer-Stunden, sowie die Leistungsmenge werden vom Geräteführer im Maschinentagesbericht erfaßt (s. Tabelle 4.8).

Die monatliche Auswertung erfolgt in einem Auswertungsblatt durch Summierung der täglichen Werte. Dies entbindet allerdings weder den Polier, noch den Bauführer, die täglichen Berichte auch täglich zu überprüfen, denn nur so können z.B. Wartezeiten durch gegensteuernde Maßnahmen noch rechtzeitig abgestellt werden.

Maschinen-Tagesbericht									
Baustelle:									
Maschine:									
Datum:		Arbeitszeit: von - Uhr							
erbrachte Bauleistung	BAS / Arbeitspos.		Wartung	Reparatur	Transport	Wartezeit	Stillstand	Gesamt	
Maschinenstunden									
Maschinepersonal 1.									
2.									
Bemerkungen									

Tabelle 4.8
Maschinentagesbericht

4.3.4 Zusammenfassung

Die Nachkalkulation von Maschinenleistungen ist für die meisten Bauunternehmen von untergeordneter Bedeutung. Gerade der Einsatz von „Einzelkosten-Geräten" für Bauleistungen mit hohem Maschinisierungsgrad wird vorwiegend an Nachunternehmer weiter vergeben. Für den Einsatz von Spezialtiefbaugerätschaften empfiehlt sich über den Geräte-Soll/Ist-Vergleich hinaus, vor allem Zeitmessungen vor Ort, wie z.B. Multimomentaufnahmen, vorzunehmen, um den Einsatz dieser Geräte zu optimieren und wirtschaftlich zu gestalten.

Für Geräte, die über die gesamte Bauzeit präsent sein müssen, wie z.B. Turmdrehkrane und Mischanlagen, gelten die o.e. Einsatzbedingungen nicht. Turmdrehkrane können keine einheitliche Meßgröße für ihre Leistung zugewiesen werden und Mischanlagen müssen ohnehin auf zu erwartende Spitzenleistungen ausgelegt sein. Trotz aller Optimierungsplanungen sind solche Gerätschaften teilweise nur zu 25-35 % ausgelastet.

4.4 Material-Soll/Ist-Vergleich
(technische Nachkalkulation des Materialverbrauchs)

Die Mengenkontrolle bei Baustoffen ist eigentlich nur für Baustellen mit besonders hohen Anteil an Stoffkosten interessant. Besonders im Straßenober- und -unterbau, wo der Stoffkostenanteil zwischen 50-80 % liegt, können geringe Abweichungen von den vorgegebenen Stärken bereits zu beträchtlichen Mehrkosten führen.

Der Material-Soll/Ist-Vergleich ist in der Regel ohne spezielles Berichtswesen möglich. Er stellt im Wesentlichen eine abschließende Gegenüberstellung der Soll- und Ist-Mengen dar, und ist somit als Steuerungselement nicht geeignet. Vielmehr haben sich gezielte, stichprobenartige Überprüfungen zwischen Liefermenge und abzurechnender Menge als Steuerungsmethode bestens bewährt. Allerdings sind bei derartigen Kontrollen die Abrechnungsmodalitäten der VOB Teil C, Punkt 05 zu berücksichtigen, die sehr oft abrechnungstechnisch größere Mengen ergeben, als tatsächlich verbaut werden könnten.

4.5 Kosten-Soll/Ist-Vergleich
(kaufmännische Nachkalkulation nach Kostenarten)

Bisher wurden getrennte Kontrollen, je nach Kostenschwerpunkt, als Stunden-, oder Geräte- bzw. Materialkosten-Soll/Ist-Vergleich behandelt. Die kaufmännische Nachkalkulation stellt hingegen, nach Kostenarten untergliedert, alle Soll- und Ist-Kosten gegenüber. Die Schwierigkeit des Vergleiches liegt zunächst darin, daß die klassische Kalkulation von vier Kostenarten ausgeht, nämlich Lohn-, sonstige, Geräte- und Fremdkosten, und die Baubetriebsrechnung hingegen die Ist-Kosten gemäß dem Baukontenrahmen 87 in 8 Kostenarten erfaßt.

4.5.1 Grundlagen

Für den Kosten-Soll/Ist-Vergleich müssen folgende Grundlagen verfügbar sein:
- Leistungsverzeichnis
- Arbeitskalkulation
- Ist-Kosten-Erfassung (Baubetriebsrechnung)
- vergleichbare Kostenstrukturen.

4.5.2 Berichtswesen

Da auch die kaufmännische Nachkalkulation, ebenso wie alle technischen Nachkalkulationen, ein abrechnungsbezogenes Kontrollsystem darstellt, muß das Berichtswesen der Leistungsmeldung verwendet werden. Darüberhinaus bedarf es noch innerhalb der Baubetriebsrechnung einer kostenbezogenen Abgrenzung:

– Bewertung noch nicht gestellter Lieferantenrechnungen
– Bewertung bereits getätigter Vorauszahlungen
– Bewertung der Lagerbestände aus der Leistungsmeldung.

4.5.3 Durchführung

Sofern sich die Kostenstrukturen der Soll- und Istkosten unterscheiden, muß zwischen der technischen und kaufmännischen Struktur ein Zuordnungsschema gefunden werden. Nachdem es z.Z. nur wenige Kalkulationsprogramme gibt, die es erlauben jeden denkbaren Kalkulationsansatz einer bestimmten Kostenart zuzuweisen, wird sich ein Zuordnungsschema immer am Kontenplan der Baubetriebsrechnung orientieren müssen.

Im Bild 4.7 wird ein Zuordnungsschema („Kostentransformator") von 4 Kostenarten auf der Soll-Seite zu den 8 Kostenarten nach KLR-Bau auf der Ist-Kosten-Seite dargestellt:

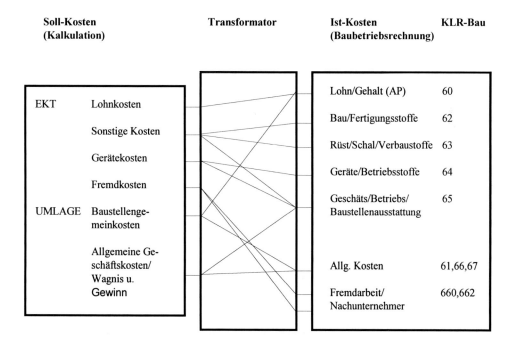

Bild 4.6 „Kostentransformator"

Sofern diese Zuordnung per Hand erfolgen muß, ist sie je nach Anzahl der Positionen und Detaillierungsgrad der Angebotskalkulation ein zeitraubendes und fehlerempfindliches Unterfangen. Wer darauf verzichtet, dem bleibt letztlich nur die Aufteilung der Soll-Kosten-Summen über Lohn-, Sonstige-, Geräte- und Fremdkosten zum Vergleich mit den differenzierten Summen der Ist-Kosten. Die Aussagekraft dieses groben Vergleiches ist nicht besonders hoch einzuschätzen.

Der Ablauf eines Soll/Ist-Kostenarten-Vergleiches der die Kostenartengliederung der KLR-Bau als Grundlage hat, ist im Bild 4.8 dargestellt [6].

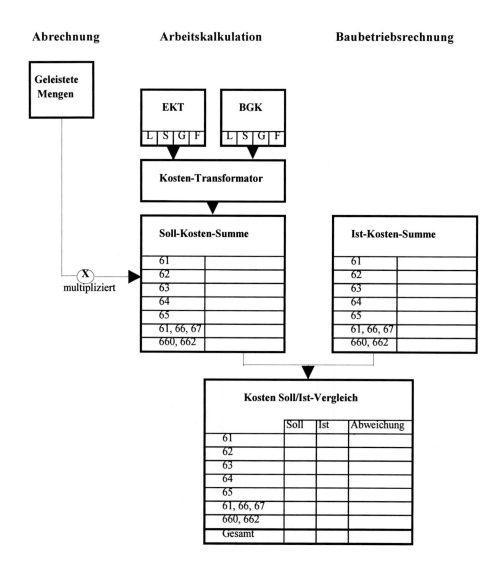

Bild 4.7 Ablauf eines Soll/Ist-Kostenarten-Vergleiches

4.5.4 Zusammenfassung

Der Kosten-Soll/Ist-Vergleich hat durch den Einsatz der EDV im kaufmännischen Bereich, eine breite Anwendung gefunden. Bei kritischer Betrachtung wird man allerdings feststellen, daß dieses Kontrollsystem für ein schnelles und zielsicheres Reagieren auf Störungen in der Bauproduktion, nicht mehr geeignet ist. Dies liegt im Wesentlichen an folgenden Gegebenheiten:

– die Durchgängigkeit der Plandaten zu den Ist-Daten der Baubetriebsrechnung erlaubt eigentlich nur ein EDV-gestütztes integriertes Kalkulations- und Baubetriebsrechnungsprogramm auf der Basis der KLR-Bau.

– sofern eine Trennung von Kalkulations- und Baubetriebsrechnungsdaten durch separate Software-Lösungen vorhanden ist, wird der Vergleich durch unterschiedliche Kostenstrukturen erheblich erschwert. Dies verlangt bereits im Vorfeld der Arbeitsvorbereitung die Entwicklung eines „Kostentransformators", der die kaufmännischen Daten in technische Daten transformiert, um sie lesbar und vergleichbar zu machen. Letztlich können Eingabefehler, die bei separaten Software-Lösungen gemacht werden, zu zeitintensiven Suchaktionen führen.

– nachdem auch die kaufmännische Nachkalkulation auf den Daten der Bauleistung, die in der Leistungsmeldung ermittelt wird (siehe 4.2.3), beruht, gelten auch hier die Vorbehalte hinsichtlich der Genauigkeit. Wer schon Baumaßnahmen mit einer großen Anzahl von Positionen abgerechnet hat, weiß wie lange die Mengenermittlung und deren Prüfung dauert. Nicht selten wurde bei Überprüfungen festgestellt, daß 25-30 % der Bauleistung nicht exakt nachgewiesen und als Schätzzahlen zu betrachten waren. Für eine Kostenkontrolle ist ein solches Verfahren zu ungenau.

– trotz EDV-gestützter Baubetriebsrechnungsprogramme liegen die erforderlichen Ist-Daten des Berichtszeitraumes erst gegen Ende der dritten Woche des Folgemonats vor. Eine Interpretation und Verlustquellenforschung beansprucht sicherlich auch noch ein bis zwei Wochen, sodaß der Einsatz von gegensteuernden Maßnahmen erst 5 Wochen später stattfinden kann. Die sehr komprimierte Bauproduktion verlangt wesentlich kürzere Kontrollzyklen. Wünschenswert wäre eine Statusfindung innerhalb 1 Woche (s. Bild 4.6).

– Bei Arbeitsgemeinschaften ist die Trennung von kaufmännischen und technischen Daten alleine schon durch die Aufteilung in technische und kaufmännische Federführung vorgegeben. Die Lesbarkeit der Erfolgsrechnungen ist für den Bauleiter oft strapaziös und wenig motivierend, da die Kostenstrukturen zwischen Kalkulation und Baubetriebsrechnung sehr unterschiedlich sein können.

– auch die Baubetriebsrechnung birgt Ungenauigkeiten in sich, insbesonders bei Argen kann man feststellen, daß die Partnerbelastungen nicht periodengerecht gebucht, oder zwischen den exakten Quartalsabrechnungen geschätzt zurückgestellt werden.

Vorhandener Zustand

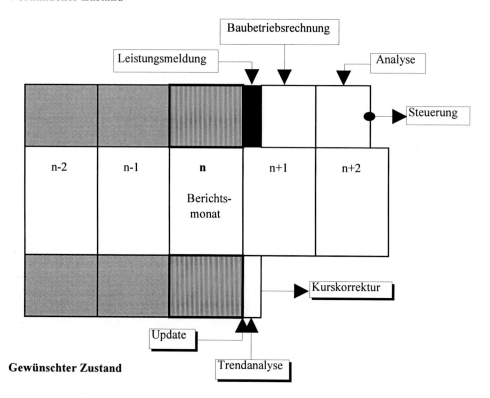

Gewünschter Zustand

Bild 4.8 Kontrollzyklus

4.6 Bauleistungs-Controlling

Die herkömmlichen Kontrollinstrumente im Baubetrieb orientieren sich alle an der abgerechneten und nachgewiesenen Leistungsmenge. Die Anzahl der Positionen hat sich durch EDV-gestützte Ausschreibungs-Programme so erheblich vergrößert, daß die Genauigkeit und pünktliche Feststellung der geleisteten Mengen durch den Abrechner immer schwieriger wird. Sobald Leistungsmengen mit Schätzmengen ermittelt werden, ist die Genauigkeit von Soll/Ist-Vergleichen in Zweifel zu ziehen.

Parallel zum Anstieg der Positionen im Bauvertrag, hat sich auch das Tempo der Bauarbeiten erheblich beschleunigt, weil die Auftraggeber die Vorfinanzierungsphase der Bauzeit so kurz wie nur möglich halten wollen. Die Konsequenz aus beiden ist die Abkehr vom abrechnungsorientierten Kontrollsystem. Die Kontrolle von Bauleistungen muß sich somit an den Ausführungsterminen und den Fertigstellungsgraden der bautrieblichen Vorgänge orientieren. Eine Faustformel lehrt ohnehin:

Wer termingerecht baut, bewegt sich im Kosten-Soll !

Die terminliche Situation einer Baustelle ist immer ein Multiplikator für alle Kosten-Komponenten. Daher ist ihr im Bauleistungs-Controlling ein besonderer Stellenwert zuzumessen. Der Regelkreis des Bauleistung-Controllings ist im Bild 4.9 schematisch dargestellt. Der Bereich der Planung wurde bereits im Kapitel 3.3 (Arbeitsvorbereitung), die Durchführung der Kontrollen und die Erzeugung von Informationen wird in den folgenden Kapiteln behandelt. Die Voraussetzung hierfür ist ein Netzplanprogramm, das Plan- und Berichtsdaten gleichermaßen verarbeiten und vergleichen kann. Dabei sollten auch Schnittstellenmöglichkeiten zu Datenbank- bzw. Tabellenkalkulationsformaten bestehen, um einerseits Kalkulationsdaten übernehmen zu können und andererseits für firmenspezifische Präsentationen Darstellungsmöglichkeiten zu schaffen.

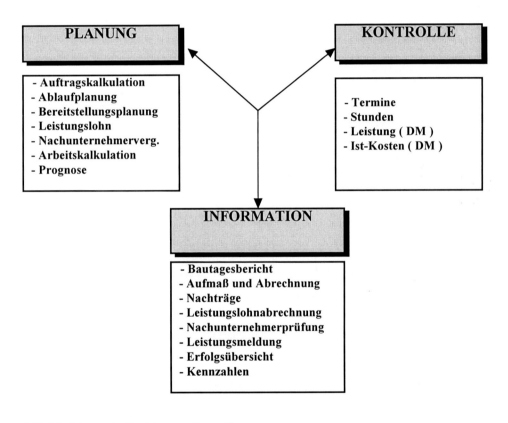

Bild 4.9 Schema des Bauleistungs-Controlling

4.6.1 Terminkontrolle

Grundlagen:

Die Grundlagen der Terminkontrolle sind durch die Ablaufplanung im Kapitel 3.3.9 gegeben. Der Netzplan wird als Balkenplan mit Ausweisung der Puffer dargestellt. Die einzelnen baubetrieblichen Vorgänge erhalten als Adresse die Vorgangsnummer, danach die Tätigkeitsbeschreibung, die Dauer und letztlich die mögliche Verschieblichkeit als Gesamtpuffer. Der Gesamtpuffer ist auch im graphischen Teil nach dem Vorgangsbalken als Strich gekennzeichnet. Die Erfassung des Projektstandes kann als Ist-Wert im Netzplan eingegeben werden, damit ist die Vergleichbarkeit der Plan- und Berichtsdaten gewährleistet. In Bild 4.10 ist ein Auszug aus einem Ablaufplan mit Darstellung der Puffer abgebildet.

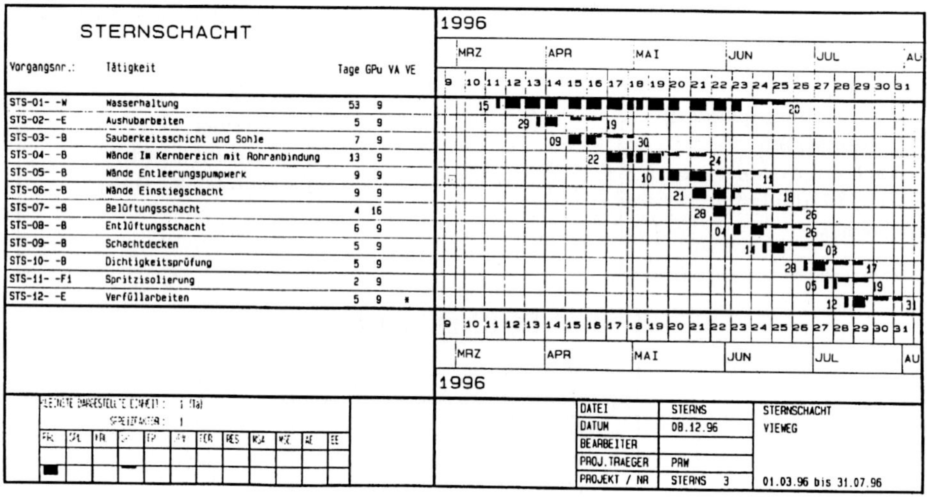

Bild 4.10 Balkenplan Bauvorhaben Klärwerk Sternschacht

Kontrollzyklus:

Der Baubetrieb läßt sich hinsichtlich der Steuerbarkeit mit einem trägen Schlachtschiff vergleichen. Kurskorrekturen müssen in kleineren Intervallen überprüft werden, um den geplanten Kurs halten zu können. Monatliche Überprüfungen des Bautenstandes sind nicht vertretbar, da nach solch langen Zeitintervallen der Baubetrieb nur noch schwer steuerbar ist. Deshalb ist auch schon bei mittelgroßen Baustellen eine wöchentliche Kontrolle unabdingbar.

Durchführung der Terminkontrolle:

Es hat sich als sehr zweckmäßig erwiesen, die Kontrolle nicht vom direkt betroffenen Bauleiter, Bauführer oder Polier durchführen zu lassen, sondern vom „außenstehenden" Controller, der aus der Arbeitsvorbereitung stammt und ggf. auch schon mit den vorbereitenden Arbeiten befaßt war. Es sollte auch angestrebt werden, die Kontrolle durch einen Baustellenrundgang, möglichst immer von der gleichen Person durchführen zu lassen, damit die Streuung der Erfassungsdaten möglichst gering ausfällt.

Der Umfang der zu bewertenden Vorgänge ist erstaunlich niedrig. Bei einem Netz mit 150200 Vorgängen werden innerhalb einer Woche kaum mehr als 15 Vorgänge gleichzeitig in Arbeit sein, so daß sich die wöchentliche Kontrolle mit einem geringen Aufwand durchführen läßt. Um die Kontrolle übersichtlich zu gestalten, empfiehlt es sich, aus dem Gesamtnetz eine Selektion der im Berichtszeitraum aktiven Vorgänge vorzunehmen und die Zeitachse auf ca. 4 Wochen zu beschränken.

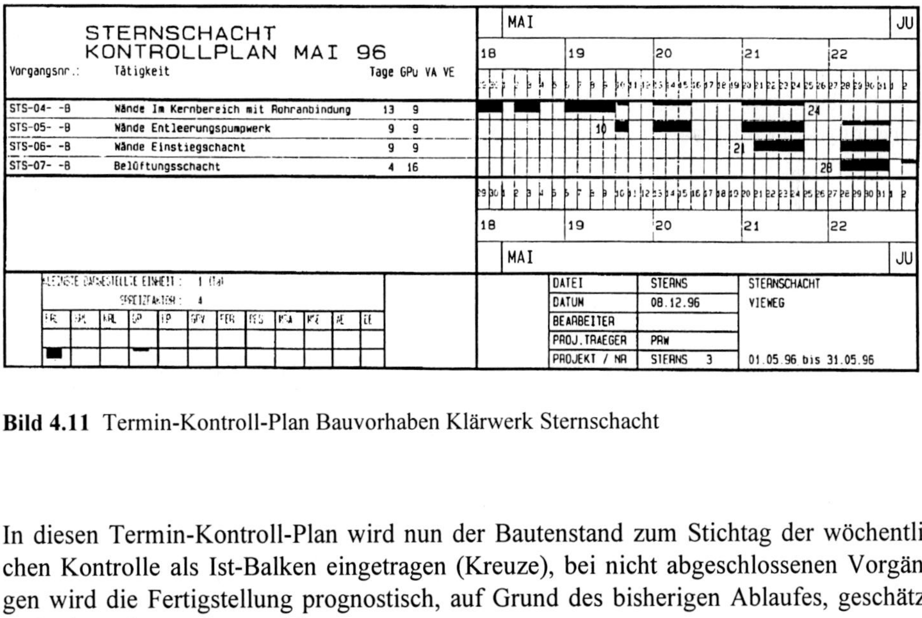

Bild 4.11 Termin-Kontroll-Plan Bauvorhaben Klärwerk Sternschacht

In diesen Termin-Kontroll-Plan wird nun der Bautenstand zum Stichtag der wöchentlichen Kontrolle als Ist-Balken eingetragen (Kreuze), bei nicht abgeschlossenen Vorgängen wird die Fertigstellung prognostisch, auf Grund des bisherigen Ablaufes, geschätzt und mit Punkten gekennzeichnet.

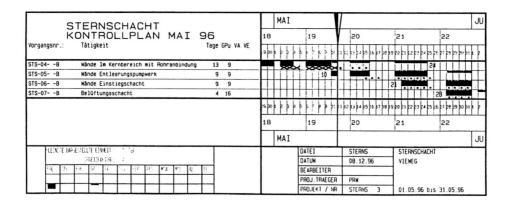

Bild 4.12 Termin-Kontrolle Bauvorhaben Klärwerk Sternschacht

Anstelle eines selektierten Termin-Kontroll-Planes kann man den Bautenstand für die Terminkontrolle auch mit Hilfe einer selektierten Termin-Kontroll-Liste erfassen. Die Fertigstellung wird hierbei in %-Werten angegeben. Die zum Bild 4.12 korrespondierende Termin-Kontroll-Liste ist in Tabelle 4.9 dargestellt.

Tabelle 4.9 Terminliste Bauvorhaben Klärwerk Sternschacht

Vorgangnr.:	Tätigkeit	Frühest. Anfang	Spätest. Anfang	Tage	GPu	%-fertig in KW *19*	%-fertig in KW 20	%-fertig in KW 21	%-fertig in KW 22
STS-01- -W	Wasserhaltung	15.03.1996	28.03.1996	53	9	60			
STS-02- -E	Aushubarbeiten	29.03.1996	15.04.1996	5	9	100			
STS-03- -B	Sauberkeitsschicht und Sohle	09.04.1996	22.04.1996	7	9	100			
STS-04- -B	Wände Im Kernbereich mit Rohranbindung	22.04.1996	06.05.1996	13	9	67			
STS-05- -B	Wände Entleerungspumpwerk	10.05.1996	28.05.1996	9	9				
STS-06- -B	Wände Einstiegschacht	21.05.1996	04.06.1996	9	9				
STS-07- -B	Belüftungsschacht	28.05.1996	21.06.1996	4	16				
STS-08- -B	Entlüftungsschacht	04.06.1996	19.06.1996	6	9				
STS-09- -B	Schachtdecken	14.06.1996	27.06.1996	5	9				
STS-10- -B	Dichtigkeitsprüfung	28.06.1996	11.07.1996	5	9				
STS-11- -F1	Spritzisolierung	05.07.1996	18.07.1996	2	9				
STS-12- -E	Verfüllarbeiten	12.07.1996	25.07.1996	5	9				

Um die Auswertung schon am selben Tag auf der Baustelle vorlegen und gemeinsam mit dem Bauleiter besprechen und interpretieren zu können, ist es zweckmäßig, für Terminkontrollen grundsätzlich ein Notebook mit tragbarem Drucker einzusetzen.

Auswertung der Kontrolle (Terminanalyse):

Es können folgende Terminereignisse auftreten:

- Verzögerungen
- Beschleunigungen
- Pufferveränderungen.

Durch die regelmäßige, wöchentliche Beobachtung der Bewegung von Pufferzeiten können frühzeitig Erschwernisse, Behinderungen aber auch zu geringer Arbeitskräfte-, Schalungs- und Geräteeinsatz, erkannt werden. Die Terminanalyse ist nun die Basis für die Ergründung der Ursachen.

Ursachenforschung:

Terminverzögerungen aber auch Beschleunigungen können selbstverschuldet, aber ebenso durch den Auftraggeber oder Dritte verursacht sein. Sie sind systematisch wie folgt zu hinterfragen:

- Sind zusätzliche Leistungen abzuwickeln?
- Sind geänderte Leistungen angefallen?
- Haben sich Mengen verändert?
- Sind Erschwernisse aufgetreten?
- Hat man Schwierigkeiten unterschätzt?
- Ist die Baustellenorganisation unzulänglich?
- Ist zuwenig Personal vorhanden?
- Fehlen Hebezeuge?
- Fehlen sonstige Gerätschaften?
- Fehlen Pläne?
- Fehlen Entscheidungen des Auftraggebers?
- Wer hat Verzögerungen verursacht?

Steuerung:

Nach der Lokalisierung der Ursachen muß gegengesteuert werden:

- z.B. Kapazitätsausgleiche vornimmt oder Kapazitäten verstärkt
- ggf. Nachforderungen geltend macht
- Behinderung anzeigt
- durch Trendprognose Folgen abschätzt.

4.6.2 Leistungskontrolle

Beim Stunden- und Kosten-Soll/Ist-Vergleich wurde sichtbar, daß abrechnungsorientierte Kontrollmechanismen zu ungenau sind. Abrechner rechnen bewußt oder unbewußt zuerst immer die Positionen ab, die mit wenig Aufwand eine hohe Abrechnungssumme ergeben (s. Kapitel 3.3.2 – A-B-C-Analyse). Frägt man einen Abrechner, ob er auch nichts vergessen hat, so erhält man stets die stereotype Antwort, daß er bereits schon im Vorgriff abgerechnet hat. Bei großen Baustellen mit unzähligen Positionen muß der Bauleiter den Angaben des Abrechners glauben, ohne jemals die Chance einer Kontrolle zu haben.

Nachdem nun durch die Bereitstellungsplanung (s. 3.3.10) auch die Gesamtsumme über die anteiligen Mengen und die Einheitspreise der entsprechenden Positionen je Vorgang hinterlegt ist, läßt sich der Leistungsverlauf als Soll-Vorgabe berechnen. Die Wirkungsweise und der Leistungsverlauf sind in Bild 4.13, jeweils in der frühesten und der spätesten Lage dargestellt.

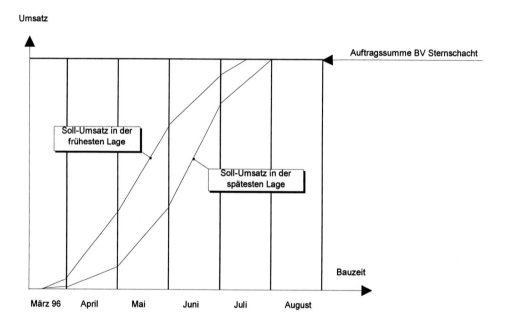

Bild 4.13 Soll-Leistungs-Verlauf in der frühesten und spätesten Lage

Der Leistungsverlauf wird dabei über die Vorgangsdauer als linear angenommen. Die Gesamtkosten der einzelnen Vorgänge werden summiert, wobei sich zwei ähnliche Kurven mit gleichem Start- jedoch unterschiedlichem Endtermin, für die früheste und die späteste Lage ergeben.

Der zum Stichtag erreichte Leistungswert wird durch die Feststellung und Eingabe des Fertigstellungsgrades aller abgeschlossenen und aktiven Vorgänge durch eine Update-Rechnung berechnet.

Im Regelfalle wird sich ein Wert zwischen den beiden Kurven einstellen. Gerät die Baustelle in wesentlichen Bereichen in Verzug, so kann es durchaus vorkommen, daß die erbrachte Leistung unterhalb des Leistungsverlaufes in der spätesten Lage zu liegen kommt (s. Bild 4.14). In solchen Fällen kann der geplante Endtermin nur durch Beschleunigungsmaßnahmen erreicht werden.

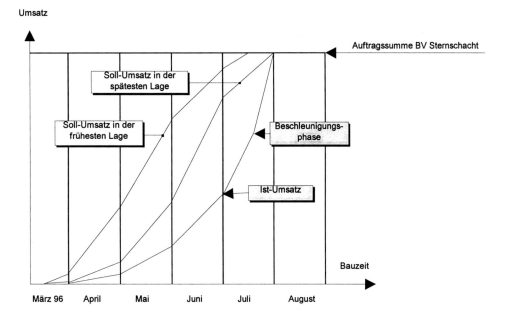

Bild 4.14 Gestörter Leistungsverlauf

Der Fertigstellungsgrad von jedem Vorgang wird in % seiner Dauer dargestellt, was meist auch genau genug für die Gesamtbetrachtung ist. Nur bei Vorgängen, die eine nicht lineare Kostenverteilung haben, setzt man zur Bewertung eine Kostenmatrix als Hilfsmittel ein. Dies gilt vor allem für Vorgänge, die sich aus umfangreichen Teilleistungen (Positionen) zusammensetzen oder als Begleitvorgang eine große Anzahl kleinerer Positionen beinhalten. Als Beispiel wird die Sohle des Sternschachtes aus dem Terminplan Bild 4.10 in eine Kostenmatrix zerlegt und in Tabelle 4.10 dargestellt.

Die Bereitstellung solcher Hilfsmitteln verschlingt zwangsläufig eine gewisse Vorbereitungszeit, doch ist dies die Ausnahme. Bei einiger Erfahrung in der Erstellung von Netzplänen kann man mit einer gezielten Vorgangsaufteilung den Einsatz dieser Hilfsmittel minimieren.

Tabelle 4.10 Kostenmatrix für Sternschachtsohle mit Beschreibung der Detailvorgänge

Kostenmatrix für Sternschacht: Vorgangsnr.: STS-03- -B

Pos	Menge	Dim	Text	Umsatz	%
2013	100,00	m²	Sauberkeitssch.	2000,00	13,30
2014	30,00	m³	Beton B 25	6000,00	40,00
2037	3,50	t	Bst. 500 S	7000,00	46,70
				Summe	100,00

Detailliertes Teilnetz für Vorgangsnr.: STS-03- -B

Detailvorgangsnr.:	Detailtätigkeit
STS-03-01-B	Schalung Sauberkeitsschicht
STS-03-02-B	Profilieren Pumpensumpf
STS-03-03-B	Betonieren und Abziehen Sauberk.s.
STS-03-04-B	Einschalen Sohlenrandschalung
STS-03-05-B	Bewehren Pumpensumpf
STS-03-06-B	Betonieren Sohle Pumpensumpf
STS-03-07-B	Bewehren Sohlplatte
STS-03-08-B	Zuschalen Wände Pumpensumpf
STS-03-09-B	Betonieren und Abziehen der Sohle
STS-03-10-B	Ausschalen Sohlenrandschalung

Die Soll-Leistung, basierend auf den Fertigstellungsgraden zum Stichtag, wird zunächst nur als Summe ermittelt und stellt für den Abrechner somit keine Kontrollmöglichkeit dar, um seine einzelnen Abrechnungsdefizite erkennen zu können. Nachdem die Positionen nach dem Verteilungsschema in Bild 2.11 auf die einzelnen Vorgänge verteilt worden sind, besteht natürlich auch die Möglichkeit, in umgekehrter Richtung über die mit Fertigstellungsgrad belegten Vorgänge die anteiligen Mengen der betroffenen Positionen in Form einer Soll-Mengen-Rückrechnung darzustellen.

Schema: Soll-Mengen-Rückrechnung

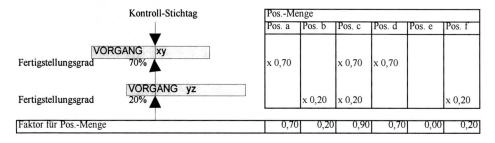

Bild 4.15 Schema der Soll-Mengen-Rückrechnung

Durchführung:

Die Daten der bewerteten Vorgangsressourcen werden nach der Update-Rechnung über die Datenbankschnittstelle in ein Datenbankprogramm ausgelesen und dort positionsweise sortiert und aufsummiert. Das Ergebnis ist eine Liste, die je Position, die auf Grund der Bewertung errechnete Menge und Ihren Leistungswert ausweist. Der Abrechner kann nunmehr seine abgerechneten Mengen mit den bewerteten Mengen vergleichen. Es wird sicherlich im Detail Abweichungen ergeben, die nicht auf Unzulänglichkeiten in der Abrechnung schließen lassen. Diese treten auf Grund vereinfachter Verteilungen der Positionen auf Vorgänge auf und sind, da sie systematisch entstehen, auch leicht abzugrenzen. Ihr Leistungswert liegt aus Erfahrung im Bereich 0,1 bis 0,5%. Hierfür kann man keine Rezepte entwerfen, sondern nur nach dem Verfahren „lerning by doing" handeln.

Die Genauigkeit des Vergleichs wird durch ergänzende Fortschreibungen der Arbeitskalkulation erwirkt (s. Bild 4.16):

– Nachtragsleistungen

– schlußgerechneten Mengen

– erkennbare Mengenüberschreitungen

– erkennbare Mengenunterschreitungen.

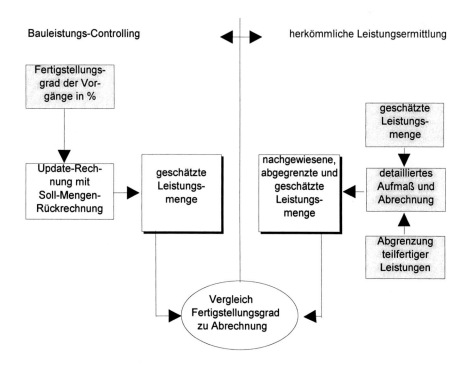

Bild 4.16 Schema Leistungskontrolle

Zusammenfassung:

Durch die monatliche Leistungskontrolle hat man einerseits die Erfassung des Bautenstandes und andererseits der Soll-Leistung mit dem Mengenvergleich für die Abrechnung in einem Kontrollgang erledigt. Man kann Relationen zwischen Baufortschritt und Kosten herstellen und Diskrepanzen herausfiltern und abstellen. Ihr besonderer Vorzug besteht auch darin, daß sie in kritischen Fällen, zu jedem beliebigen Stichtag, durchführbar ist.

4.6.3 Stundenkontrolle

Die Stundenkontrolle kann auf Bedarf ohne großen Mehraufwand mit der Leistungskontrolle, als eine Art Stunden-Soll/Ist-Vergleich kombiniert werden. Der Bauarbeitsschlüssel B.A.S wird hierbei durch die Vorgangsnummer ersetzt. Dies hat folgende Vorteile:

– der B.A.S. ist entbehrlich.
– die Ist-Stunden werden vorgangsbezogen ermittelt und können somit Signale für Störereignisse sein.
– der Polier ist gezwungen, beim Rapportieren der Ist-Stunden die Vorgangsnummer aus dem Ablaufplan zu entnehmen und hat daher immer einen Bezug zum Terminplan.
– das Berichtswesen ist sehr übersichtlich, da pro Tag und Polier nie mehr als 5-10 Vogänge aktiv sind.
– für gestörte Vorgänge gibt es immer einen aktuellen Stunden-Soll/Ist-Vergleich, was für die Bearbeitung evt. Nachtragsleistungen hilfreich ist.

Durchführung:

Die Vorgabe der Vorgangsnummern erübrigt sich, da diese aus dem Terminplan ersichtlich sind. Der Polier hat bei der Stundenerfassung immer den Bezug zum aktuellen Terminplan und den ausgewiesenen Pufferzeiten und fördert daher die Selbstkontrolle.Die Erfassung der Stunden erfolgt auf einem Lohntagesbericht, ähnlich dem Bericht gemäß Tabelle 4.3. Allerdings wird B.A.S durch Vorgangsnummer ersetzt.

Auswertung der Ist-Stunden:

Die Summenbildung je Vorgang erfolgt monatlich im Zuge der Lohnabrechnung, analog zum Stunden-Soll/Ist-Vergleich. Wöchentliche Zwischensummen können von der Baustelle auf Bedarf erstellt werden.

Darstellung der Soll-Stunden:

Im Zuge der Bereitstellungsplanung (s. 3.3.10), sind die Soll-Stunden je Vorgang bereits hinterlegt und abrufbar. Durch die Bewertung des Bautenstandes ergibt sich zum gewünschten Berichtszeitraum durch eine Update-Rechnung die aktuelle Soll-Stunden-Vorgabe.

Tabelle 4.11 Lohntagesbericht mit Vorgangsnummern

| LOHNTAGESBERICHT | | | Datum: **27.3.** | | | | | | | | | |

| Baustelle : | *STERNSCHACHT* | | | | | | | | | | | |

Berufsgruppe Kurzbezeichn.: P= Polier V= Vorarbeiter Z= Zimmerer M= Maurer F= Fachwerker B= Betonbauer =		Bemerkung CODE des baubetrieb- lichen Vorganges										Summe
Firma	**Name**	**Beruf**										
HOS	Laszendic	F	4	4								8
↓	Koltermair	Z		8								8
	Roitmeier	M		4	4							8
↓	Glach, S.	B	4	4								8
	Summe		8	12	12							32

Stundenkontrolle:

Die Ist-Stunden können nun, ganz gleich, ob nun der Vorgang abgeschlossen oder teil-
fertiggestellt ist, direkt in das Netz der Bereitstellungsplanung für Soll-Stunden eingegeben werden. Der Vergleich erfolgt durch Erstellung einer Wertetabelle über Soll- und Ist-
Stunden oder auch graphisch in Form von Gang- oder Summenlinien. Ein Beispiel hierfür ist in Bild 4.17 dargestellt.

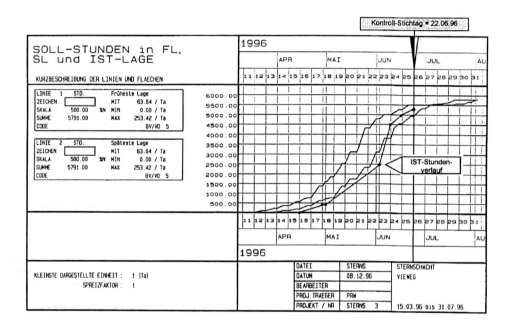

Bild 4.17 Stunden-Kontrolle

Zusammenfassung:

Die Stundenkontrolle ist eine flankierende Maßnahme zur Terminkontrolle und immer dann sinnvoll, wenn ein noch beträchtlicher Leistungsumfang als Eigenleistung erbracht wird.

4.6.4 Ist-Kostenkontrolle

Die Leistungs- und Stundenkontrolle haben nur einen Teil der vorgangshinterlegten Kosten für die Auswertung benutzt. Für die Ist-Kosten-Kontrolle können nun alle anderen Kosten, wie Sonstige Kosten, Gerätekosten und Fremdleistungskosten über den Fertigstellungsgrad zum Stichtag, wie unter 4.6.2 und 4.6.3 beschrieben, berechnet werden. Sofern in der Bereitstellungsplanung bereits eine weitergehende Untergliederung der Kosten nach KLR-Bau erfolgte, können diese Kostenarten getrennt als Ist-Kosten dargestellt werden. Die Kontrolle zur Baubetriebsrechnung kann dann direkt und ohne Kostentransformation erfolgen. Die Ist-Kostenermittlung über den Fertigstellungsgrad steht dem Bauleiter innerhalb eines Tages zur Verfügung. Die Erfolgsübersicht aus der Baubetriebsrechnung hingegen dauert meist 2 bis 3 Wochen. Der Bauleiter hat nun bei Erstellung der Leistungsmeldung auch schon den Überblick auf seine zu erwartende Kostensituation. Dies sollte aber den Bauleiter nicht dazu verleiten, die Leistungsmeldung „kostengerecht" zu frisieren, sondern ihn dazu anhalten, ggf. die Abgrenzungsposten, Nachunternehmerrückstellungen, Nachlässe, Bestände und sonstige Korrekturposten zu überprüfen, ehe die Leistungsmeldung abgeschlossen wird.

Wichtig für ein stabiles Funktionieren diese Kontrollsystemes ist die aktuelle Datenpflege. Nur wenn Veränderungen, durch ergänzende Fortschreibungen der Arbeitskalkulation erfasst werden, kann dieses Kontrollsystem zuverlässige Zahlen mit einer sehr geringen Fehlermarche liefern. Dabei ist ein besonderes Augenmerk auf Veränderungen bei:

– Nachtragsleistungen
– schlußgerechneten Mengen
– erkennbare Mengenüberschreitungen
– erkennbare Mengenunterschreitungen
– Änderungen von Eigenleistung in Fremdleistung oder umgekehrt.

zu legen.

Die Ist-Kosten-Kontrolle ermöglicht zusammen mit der Leistungskontrolle schon sehr frühzeitig eine Ergebnisprognose zum Bauzeitende. Die Genauigkeit liegt zwischen 0,5 und 2 % nach ca. 1/4 bis 1/3 der Bauzeit. Sie erstellt somit wertvolle Führungszahlen für die Unternehmensplanung.

4.6.5 Informationen

Ein Kontrollsystem hat, wie man aus dem Regelkreis Bild 4.9 ersehen kann, im Zuge der Bauabwicklung Informationen über die Realisierung der Plandaten zu liefern. Sie dienen der Steuerung des Baubetriebes.

Der Bautagesbericht:

Die bekannteste Information ist nach wie vor der Bautagesbericht. Leider wird diesem Berichtswesen zu wenig Augenmerk und Bedeutung zugemessen, was durchaus an den zum Teil sehr umständlichen Formularen liegen kann. In der Tabelle 4.12 ist ein Bautagesberichtsformular dargestellt, das die Schreibarbeit des Bauleiters, Bauführers oder Poliers auf ein Minimum, bei einem Maximum an Aussagekraft, beschränkt. Dabei ist zu beachten, daß der Bezug zum Ablaufplan durch die Spalte „Vorgangsnr." hergestellt wird. Für den Verfasser ist dies eine wesentliche Erleichterung, da die Bezugsadresse den Vorgang eindeutig definiert und im Textteil „Arbeiten" nur noch spezielle Hinweise aufgeführt werden müssen.

TAGESBERICHT	Woche	KW :		lfd. Nr.:	
Baustelle	Tag	M- D- M- D- F- S- So			
	Datum				
Stempel	Arbeitszeit				
Temperatur + Witterung	t max = °C	heiter	Niederschläge		
	t min = °C	bewölkt			

Beleg-schaft	Aufsicht	Vorarb.	Sp.FA	FA	W	Sonst.	Sum.
Eigen							
Nachun.							
Summen							
Geräte							

Baulei-stung	Vorg.Nr.: (Code)	Arbeiten lt. Terminplan vom:

Bes.Vor-komm-nisse	Planänderung	
	Bedenken	
	Anordnung AG	
	Zus. Leistung	
	Behinderung	
	Sonstiges	

Besuche	Protokoll j / n
Bemerkungen des AG	
AN aufgestellt am:	AG erhalten am:
AG genehmigt am:	Zusätzliche Vert.:

Tabelle 4.12
Bautagesbericht

Der Bautagesbericht kann auch zur Dokumentation werden, wenn der Auftraggeber diesen Bericht mit unterzeichnet. Für evt. Einwände und Gegendarstellungen steht ihm im unteren Bereich Platz zur Verfügung. Ggf. ist die Rückseite zu verwenden.

Abrechnung mit Mengenspiegel:

Die EDV-gestützte Abrechnung nach REB 23.003 ff hat sich in den letzten Jahren mehr und mehr durchgesetzt. Sogar öffentliche Auftraggeber schreiben diese Methode schon seit Jahren vor. Bei fast allen Programmen kann der Abrechner einen Mengenspiegel von schlußgerechneter zu ausgeschriebene Menge erzeugen. Die LV-Menge wird mit 100% ausgewiesen. Mehrleistungen überschreiten diese Marche, Mindermengen gegenüber dem LV unterschreiten den 100%-Wert. Einige Programme stellen auch den Grenzwert des §2.3 VOB/B für Minder- und Mehrmengen dar. Wesentliche Abweichungen können die Folge von Änderungen des Bauentwurfes sein, wobei sich auch parallel hierzu eine Zunahme von Nachtragspositionen nach §2.5 und §2.6 VOB/B ergibt.

Nachträge:

Durch die begleitende Arbeitsvorbereitung während der Bauausführung sollte man bereits aus den übergebenen Ausführungsplänen zusätzliche Leistungen oder geänderte Ausführungsarten als Nachträge erkennen. Im Stadium der Abrechnung ist dies sicherlich zu spät, um steuernd eingreifen zu können.

Leistungslohn:

Leistungslohnabrechnungen ergeben Hinweise auf Aufwandswerte. Bei der Interpretation sollte man aber auch die Einflüsse aus der Baustellenorganisation und der Baustelleneinrichtung erfassen, um für die Zukunft auch realistische Erkenntnisse zu gewinnen. Nachdem die Leistungslohnabrechnung für viele Kolonnenführer, insbesondere aber für ausländische Kolonnen eine Überforderung darstellt, sollte man andere Wege beschreiten, und den veralteten Akkordlohn durch Zeitlohn mit terminorientierten Prämien zu ersetzen. Letztlich ist immer die termingerechte Herstellung, bei vereinbarter Qualität, entscheidend.

Nachunternehmer Vergabegewinn-Entwicklung:

Erfahrungsgemäß verändern sich die Vergabegewinne von Nachunternehmervergaben im Laufe einer Baumaßnahme. Das kann zum Einen an einer anderen Mengenverteilung als vertraglich vereinbart wurde liegen, oder zum Anderen aus vertraglichen Nachbesserungen des Nachunternehmers selbst resultieren.

Leistungsmeldung-Ist-Kostenermittlung-Ergebnisprognose:

Die Leistungsmeldung als Bestandteil der Ergebnisrechnung in der Baubetriebsrechnung ist vom Bauleiter mit Hilfe der Leistungskontrolle realistisch erstellt worden. Durch die Ist-Kostenermittlung und Ergebnisprognose stehen der Geschäftsführung, unmittelbar einen Tag nach Stichtag, Führungszahlen mit hoher Genauigkeit zur Verfügung, die, sofern es nötig erscheint, einen schnellen Eingriff in den laufenden Baubetrieb erlauben. Die Ergebnisprognose läßt sich auch als Ganglinie darstellen. Sie ist insofern wichtiges Steuerinstrument, weil die Deckungsbeiträge nie linear erwirtschaftet werden. In Kenntnis des prognostizierten Endergebnisses lassen sich schwankende Deckungskostenbeiträge besser einordnen.

Erfolgsübersicht:

Sie ist die Information der Kaufleute. Wie bereits im Kapitel 4.5.4 erwähnt, ist auch diese Informationsquelle nie frei von falschen Zahlen. Hauptnachteil ist jedoch die zu späte Bereitstellung der Ergebnisrechnung für ein rechtzeitiges Gegensteuern.

Kennzahlen [6]:

Kennzahlen sollen einen schnellen und relativ präzisen Überblick über die Baustelle im Vergleich zu anderen Baumaßnahmen im Unternehmen ermöglichen. Kennzahlen aus der Baubetriebsrechnung für das Bauleistungs-Controlling können wie folgt aussehen:

– Mittellohn
– Bauleistung/Std.
– Lohnanteil   in % der Bauleistung
– Gehaltsanteil   in % der Bauleistung
– Geräte   in % der Bauleistung
– Fremdkostenanteil   in % der Bauleistung

4.6.6 Status und Entwicklungstrends

Obwohl es mit der KLR-Bau quasi einen einheitlichen Standard für die Bauauftrags- und Baubetriebsrechung gibt, wird sie von den Anwendern kaum konsequent verwendet. Meist wird nur der kaufmännische Teil der Baubetriebsrechnung EDV-gestützt abgewikkelt. Die Angebots-, Auftrags-, Arbeits- und Nachkalkulation werden oft noch manuell durchgeführt. Integrierte Programme, die beide Bereiche abdecken, haben den Nachteil, daß der Arbeitsvorbereitungsteil der Auftrags-, Arbeits- und Nachkalkulation, den Anforderungen eines Bauleistungs-Controlling nicht genügen. Versierte Arbeitsvorbereiter haben deshalb versucht, diese Lücke mit Tabellenkalkulationsprogrammen firmenspezifisch oder individuell für die Abteilung zu schließen.

Die Entwicklung des Controllings im Baubetrieb wird sich in den nächsten Jahren zu einem lückenlosen Dokumentations- und Informationssystem entwickeln. Allerdings bedarf es noch gewaltiger Anstrengungen der Softwareindustrie, die bestehenden Insellösungen mit brauchbaren Schnittstellen offener zu gestalten, um mit den vorhandenen Anwendungsprogrammen reibungslos kommunizieren zu können. Deshalb sollten sich die Softwarehersteller auf modulare Systeme konzentrieren, die ohne Programmierkenntnisse den firmenspezifischen Anforderungen angepaßt werden können.

Ein erster Schritt zur Dokumentation des Bauablaufes durch den „elektronischen" Bautagesbericht auf der Basis des Tagesberichtformulares (s. Tabelle 4.12), wurde vom Autor bereits gemacht. Die Daten wurden in einer Datenbank gesammelt und danach in die Struktur des Netzplanprogrammes umgewandelt. In einem zweiten Schritt kann dann ein Vergleich zwischen dem geplanten Ablauf aus dem Netzplan und dem tatsächlichen Ablauf aus dem Bautagesbericht in einer gesonderten Aufstellung dargestellt werden.

Der direkte Bezug bei Behinderungen und Anordnungen kann in diesem Vergleich als Ereignis oder Meilenstein hergestellt werden. Die Datenbanksuchkriterien ermöglichen darüberhinaus alle nur denkbaren Abfragen, wie Datum, Tätigkeit, Witterung, chronologischer Ablauf einer oder mehrerer Tätigkeiten und erleichtern somit dem Bauleiter die Ursachenforschung erheblich. Sofern der Bautagesbericht vom Auftraggeber unterschrieben wird, kann man diesen Bericht als Dokumentation des Bauablaufes betrachten. In Tabelle 4.13 ist die Datenverknüpfung zwischen Bautagesbericht, Terminplanung und Arbeitskalkulation dargestellt.

Tabelle 4.13 Datenverknüpfung Bautagesbericht-Terminplanung-Arbeitskalkulation

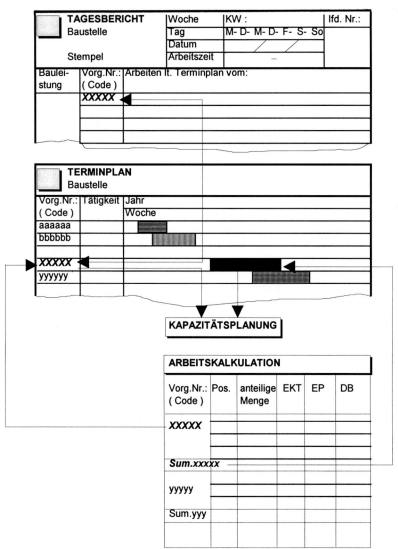

In einem dritten Schritt wurde der „elektronische" Bautagesbericht auch als Datenträger für Regiearbeiten und für den Stunden-Soll/Ist-Vergleich verwendet.

Die weitere Entwicklung wird zur zentralen Firmen-Datenbank führen. Ein Segment daraus wird von Kalkulationsdaten belegt sein, die dann für die Bauauftragsrechnung, die Arbeitsvorbereitung und letztlich für das Controlling zugänglich sind. Der Datenfluß ist im Bild 4.18 dargestellt.

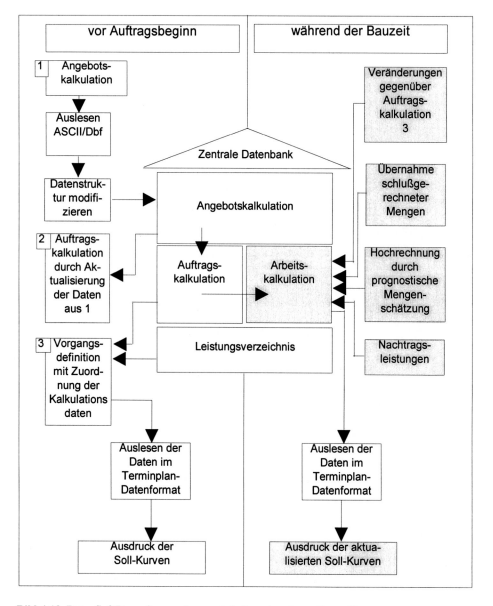

Bild 4.18 Datenfluß Bauauftragsrechnung-Arbeitsvorbereitung-Controlling

4.6.7 Zusammenfassung

Das Bauleistungs-Controlling ist ein abrechnugsunabhängiges Verfahren und somit nicht mit den Unzulänglichkeiten der klassischen Soll/Ist-Vergleiche behaftet. Es ist sehr einfach zu handhaben, da nur 10-30 Vorgänge pro Stichtag zu bewerten sind. Die Grundlage ist eine gewissenhaft aufgestellte und fortzuschreibende Arbeitskalkulation, die durch die Arbeitsvorbereitung erstellt und gepflegt werden muß. Die ursprünglichen Soll-Daten entwickeln sich dadurch zunehmend zu Ist-Daten. Diese Entwicklung erlaubt schon zu einem frühen Zeitpunkt eine zuverlässige Ergebnisprognose und Trendentwicklung aller Kosten.

BAUVERFAHREN

Die Kenntnis der technischen Möglichkeiten zur Realisierung von Bauverfahren und ihre wirtschaftliche Umsetzung in der Planung und in der Ausführung bilden eine zentrale Komponente im „Können des Bauingenieurs". Er soll in der Lage sein, die Problemstellung des Gesamtkomplexes „Bauwerk" in Abwicklungsschritte zu untergliedern, verschiedene zielführende Varianten zu erarbeiten und zu vergleichen, um so die technisch und wirtschaftlich optimierte Lösung planen bzw. ausführen zu können.

In dem vorliegenden Buch wird versucht, das Zusammenwirken der verschiedenen Baubeteiligten mit ihren unterschiedlichen Aufgabenstellungen und Beiträgen zum Bauwerk darzustellen. Daher schien es geboten, in diesem Rahmen auch einen Überblick über die wesentlichen Bauverfahren und deren wirtschaftliche Umsetzung einzuarbeiten.

Die Auswahl der behandelten Themenbereiche bezieht sich auf Bauverfahren und -methoden, wie sie aufgrund des Infrastruktur- und Technologiestandes im europäischen Bereich beim Bauproduktionsprozeß gebräuchlich sind. Wir müssen aber um das Verständnis des Lesers bitten, daß der vorgesehene Umfang und die Zielsetzung des Gesamtwerkes es nicht gestatten, hier auf spezielle Bauverfahren oder auf die Vielzahl der möglichen Bauweisen und Baumethoden einzugehen. Dies betrifft insbesondere den Einsatz von Maschinen, Geräten und mechanisierten Fertigungstechniken, die in unseren industrialisierten Baubetrieben zunehmend Eingang gefunden haben und deren Weiterentwicklung einen wesentlichen Beitrag zur Rationalisierung und Innovation des Baugeschehens liefert.

Diese weitreichenderen Kenntnisse, die unerläßlich sind, sowohl für den Planenden als auch den Ausführenden, können hier nicht vermittelt werden. Anhand der vorgenommenen Systematisierungen und der angesprochenen grundsätzlichen Charakteristiken sollte es aber möglich sein, Lösungswege aufzuzeigen und mit Hilfe weiterführender Literatur und natürlich auch eigenen Erfahrungen auszuarbeiten.

Insbesondere muß an dieser Stelle auf die Sicherheitsvorschriften hingewiesen werden, denn die Beschäftigten der Bauwirtschaft sind im Vergleich zu denen der stationären Wirtschaft höheren Unfallgefahren ausgesetzt. Das hat mehrere Ursachen:

- den häufigen Wechsel der Arbeitsplätze mit seinen ständigen Veränderungen der Arbeitsbedingungen,

- das Zusammenwirken vieler verschiedenartiger Gewerke und Betriebe mit deren gegenseitigen Gefährdungen,

- die Vielzahl der an Bauprojekten beteiligten Planer, Behörden und Firmen und deren unterschiedliche Interessenslagen.

Meist liegen die Ursachen für Unfälle an Fehlern im technischen, organisatorischen und menschlichen Bereich. Diese zu vermeiden, gehört neben der fachtechnischen Qualifikation zum Aufgaben- und Verantwortungsbereich des Bauingenieurs.

Unterstützung findet er dabei in den Bauberufsgenossenschaften (siehe Band 1, Kapitel 4.6, „Arbeitssicherheit"), sofern es sich um die Sicherheit des Menschen handelt, sowie in den technischen Überwachungsvereinen, die für die Sicherheit der Maschinen zuständig sind.

Die länderbezogen organisierten Bauberufsgenossenschaften sowie die bundesweit einheitlich organisierte Tiefbau- Berufsgenossenschaft als Träger der gesetzlichen Unfallversicherung veröffentlichen mit ihren Organen die *Unfallverhütungsvorschriften* (UVV), die im Gegensatz zu den übrigen technischen Regelwerken Rechtsnormen sind.

Entsprechend werden sie im VOB-Vertrag als Nebenleistungen erfaßt, d.h. als Leistungen, die auch ohne Erwähnung im Vertrag zur vertraglichen Leistung des Unternehmers gehören (VOB Teil C, DIN 18299 [ATV] § 4.1.4).

Bei den nachfolgenden Ausführungen über die einzelnen Bauverfahren kann im Rahmen dieses Buches auf die zugehörigen Unfallverhütungsvorschriften nicht eingegangen werden. Sie stellen bei der Umsetzung dieser Bauverfahren jedoch einen unverzichtbaren Bestandteil dar.

5 Erdarbeiten

5.1 Bauaufgabe

Der Erdbau hat die Aufgabe, den vorhandenen Boden in seiner Form, seiner Lage, seiner Lagerungsbeschaffenheit oder seiner Eigenschaft bei der Verwendung als Baustoff zu verändern. Je nach Erfordernis sind dabei die nachstehenden Teilvorgänge einmalig oder wiederholt (Zwischenlagerung zur späteren Weiterbearbeitung) auszuführen. Der Teilvorgang „Transport" kann bei geringen Mengen und entsprechenden örtlichen Voraussetzungen ganz oder teilweise entfallen.

Die wesentlichen Teilvorgänge im Erdbau sind: – Lösen

                                                 – Laden

                                                 – Transport

                                                 – Einbau

                                                 – Verdichten

Der Umfang der Erdarbeiten reicht dabei vom Ausheben von Fundamenten bis zu größten Erdbewegungen im Verkehrswege- und Staudammbau. Für den Bau des Tabela-Dammes in Pakistan wurden beispielsweise in wenigen Jahren etwa 140 Mio. m³ Bodenmaterial bewegt [18].

Der Baustoff, mit dem sich der Erdbau auseinanderzusetzen hat, ist der anstehende Boden. Die Art und die Beschaffenheit des Bodens und die Grundwasserverhältnisse beeinflussen daher maßgeblich den Umfang der Arbeiten, die anzuwendende Bauweise bzw. Baumethode und die Wahl der Betriebsmittel. Dabei werden im Erdbau Schwemmsande oder Schichtböden ebenso bearbeitet wie fest gelagerter Fels.

Als „Arbeitsplatz" steht, mit Ausnahme von Transporten über das Straßennetz, i. d. R. der bearbeitete Boden zur Verfügung. D. h. Bodeneigenschaften, Wasserverhältnisse und Witterung haben nicht nur einen Einfluß auf das Lösen oder den Wiedereinbau des Materials, sondern sind wichtige Faktoren für die Gesamtabwicklung des Bauprozesses.

Ein weiteres wesentliches Charakteristikum des Erdbaues ist der hohe Mechanisierungsgrad, ausgedrückt durch das Verhältnis

eingesetztes Maschinen- bzw. Gerätepotential [Tonnen]
Zahl der Arbeitskräfte   [Mann]

das im Erdbau bei etwa 20 Tonnen pro Arbeiter liegt [18], d. h., die Wahl der Maschinen und Geräte und die Schaffung optimaler geräteorientierter Arbeitsbedingungen stellt eine Grundvoraussetzung für eine wirtschaftliche Abwicklung von Erdbaumaßnahmen dar. Dabei dürfen die Teilvorgänge nicht isoliert voneinander betrachtet werden. Dies besonders im Hinblick auf die häufig vorkommende Arbeitsteilung in diesem Bereich, bei dem das Laden und der Transport oft von verschiedenen Firmen durchgeführt wird. Deshalb müssen alle an der Produktionskette beteiligten Teilbetriebe bezüglich ihrer Leistungsfähigkeit aufeinander abgestimmt und gleichzeitig ausreichend flexibel gestaltet sein, um die gegebenen Schwankungsbreiten in der Produktionsleistung der einzelnen Teilbetriebe abdecken zu können. Diese extreme Abhängigkeit und der hohe Mechanisierungsgrad erfordert auch einen vergleichsweise hohen Vorhaltungsgrad im Stoffbereich (Ersatzteile) und bei den Nebenbetrieben (Werkstatt, Pflegedienste), um kostenträchtige „Kettenreaktionen" zu vermeiden bzw. zu minimieren.

Zusammenfassend können folgende Bestimmungsgrößen für die Konzeption des maschinellen Erdbaues genannt werden:

a) durch das Bauobjekt bestimmt

- Der Umfang der Baumaßnahme und die zu bearbeitenden Mengen

- Der zur Verfügung stehende zeitliche Rahmen unter Berücksichtigung der Witterungsverhältnisse (= erforderliche Baugeschwindigkeit)

- Die Geometrie und der zur Verfügung stehende Bauraum (= Größe der zu wählenden Bauabschnitte)

- Die Art der Böden, der Bodenaufbau und die Bodeneigenschaften

- Die Wasserverhältnisse (Grund- und Tagwasser)

b) durch die eingesetzten Geräte bestimmt

- Die technische Möglichkeiten der Geräte und deren Werkzeuge (= technische Nutzung)

- Die Abstimmung der Leistungsfähigkeit der einzelnen Teilbetriebe

- Die Optimierung der Schnittstellen zwischen den Teilbetrieben

- Die Vermeidung des Ausfalls oder der Leistungsminderung von Teilbetrieben der Betriebsstellen (= zeitliche Nutzung)

5.2 Vorbereitende Maßnahmen

Ausreichende Kenntnisse über die Bodenbeschaffenheit und die Grundwasserverhältnisse sind unabdingbare Voraussetzungen für die Durchführung von Erdarbeiten. Dies gilt neben den Sicherheitsbetrachtungen in den einzelnen Bauzuständen insbesondere dann, wenn der anstehende Boden zur Gründung von Bauwerken oder als Aufstandsfläche für Dämme herangezogen werden soll oder für die Stabilität von Böschungen. Die Untersuchungen reichen dabei von der einfachen Erkundung mit Schürfgruben bis zur Entnahme und geologischen Untersuchung von Bohrkernen und der Erkundung der Grundwasserstände mit Pegelbohrungen (siehe u. a. DIN 4020, 4021, 4022, 4023, 4030, 4094, 4096 und 4107).

Darüber hinaus sind heute zunehmend Untersuchungen über eventuelle Schadstoffbelastungen des Bodens und/oder des Grundwassers erforderlich, die über die Behandlung bzw. Weiterverwendung des anstehenden Bodens und die Entnahme bzw. Rückführung des Grundwassers entscheiden. Hier sind in jedem Fall die zuständigen Fachbehörden einzuschalten.

Da das Baugrundrisiko in der Regel beim Bauherrn verbleibt, sind diese vorbereitenden Maßnahmen zu Beginn der Projektplanung vorzunehmen, da hier bereits eine entscheidende Weichenstellung bezüglich der technischen und wirtschaftlichen Durchführung erfolgt.

Dies gilt gleichermaßen für etwaige künstliche Hindernisse im Boden, wie Sparten (Strom-, Gas-, Wasser-, Fernwärme-, Entwässerungs-, Daten- und Telefonleitungen), oder Bauwerksreste etc. sowie für die Beeinflussung bereits bestehender Gebäude durch die vorgesehene Baumaßnahme.

5.3 Der Boden als Baustoff

Für die Bearbeitung (Lösen, Laden, Einbauen und Verdichten) und für die Eignung der Böden als Baustoff ist eine genaue Kenntnis der Materialeigenschaften erforderlich. Erst damit wird es möglich, die Böden bezüglich dieser Kriterien zu unterscheiden und zu bewerten.

Unter dem Begriff Boden sind alle Bestandteile der Erdkruste zu verstehen, vom kompakten Gestein bis zum Moor. Zur Beurteilung des Bodens gibt es verschiedene Unterscheidungsgesichtspunkte:

5.3.1 Unterscheidung aus geologischer Sicht

Die starke stoffliche Kornbindung (Kalk, Kieselsäure, Ton) des Gesteins ist nur mit großem Energieaufwand zu lösen. Das geschieht entweder durch Sprengen, Reißen, Brechen oder Fräsen. Unterschieden wird nach Festgestein und natürlichem (Verwitterung) bzw. künstlichem (mechanisch gelöstem) Lockergestein.

5.3.2 Unterscheidung nach der Kornbindung des Bodens

Es gibt Böden mit fester Bindung durch echte Kohäsion (= Oberflächenkräfte in den Wasserhüllen der Körner) und mit mineralischer Bindung. Man spricht von:

– Bindigen Böden mit echter oder scheinbarer Kohäsion:
  Korndurchmesser d: 0,0002 mm < d < 0,06 mm,
  d < 0,0002 mm Kolloide

– Rollige Böden sind kohäsionslos, wie Sand, Kies, Geröll, Schotter etc.:
  Korndurchmesser d > 0,06 mm

– Mischböden, wie Geschiebelehm, Mischgestein aus Ton und Fels, Mischböden aus bindigem und rolligem Boden etc.

5.3.3 Unterscheidung nach betriebstechnischen Überlegungen für den Erdbau

– *Gewachsener Boden* in seiner natürlichen Lagerung: Dieser wird entsprechend seinem Zustand beim Lösen überwiegend nach der DIN 18300 in sieben Boden- und Felsklassen eingestuft (siehe Anhang Tabelle 5.8 [19]). Eine qualitative Bewertung der Böden hinsichtlich ihrer bautechnischen Eigenschaften und Eignung (z. B. Baugrund für Gründungen, Baustoff für Straßen- und Bahndämme) wird in der DIN 18196, Tabelle 5 und in den ZTVE (Zusätzliche Technische Vertragsbedingungen Erdbau) vorgenommen. Eine Besonderheit stellt hier der Tunnelbau dar, bei dem das anstehende Gebirge in Standfestigkeitsklassen (Literatur siehe Simmer Band 2, S. 137) bzw. Ausbruchsklassen (nach Standardleistungsverzeichnis) unterteilt wird. Ergänzende baubetriebliche und leistungsmäßig relevante Kenngrößen, wie Grabwiderstand und möglicher Füllungsgrad des Aushubwerkzeuges müssen in der Regel aus Versuchsergebnissen oder Erfahrungswerten abgeleitet werden.

– *Gelockerter Boden*, auch loser Boden genannt. Durch das Lösen wird der Boden gegenüber seiner Lagerungsdichte aufgelockert und beansprucht dementsprechend ein größeres Lade- und Transportvolumen.

Dies ist neben der Berücksichtigung bei der Leistungsermittlung der Betriebe insbesondere für die Kostenermittlung im Rahmen der Kalkulation bzw. für die Abrechnung von Erdbauleistungen von Bedeutung, da als Bezugsmenge für Erdbewegungen i. d. R. das feste Volumen (vor dem Lösen) angesetzt wird, das durch entsprechende Geländeaufnahmen bestimmt wird. Der Grad der Auflockerung wird durch den Auflockerungsfaktor f_A ausgedrückt:

$$\text{Auflockerungsfaktor} \quad f_A = \frac{\text{Volumen fest}}{\text{Volumen lose}} \leq 1 \quad \frac{[m^3]}{[m^3]}$$

Die Veränderung der Lagerungsdichte im Zuge der Bearbeitung ist umso größer, je fester die natürliche Lagerung vor der Auflockerung war.

Tabelle 5.8 [19] enthält entsprechende Mittelwerte für die Wichte bei unterschiedlicher Lagerungsdichte (siehe auch DIN 1055) und für den Auflockerungsfaktor zugeordnet zu den Bodenklassen nach DIN 18300.

– Eingebauter bzw. verdichteter Boden. Beim Einbau wird der Boden sowohl durch das Gewicht der Einbaugeräte, das Eigengewicht der Schüttlagen des Bodens selbst und i. d. R. durch Verdichtungsgeräte verdichtet. Die auftretende Volumensverminderung wird ausgedrückt durch den Verdichtungsgrad:

$$\text{Verdichtungsgrad} \quad f_V = \frac{\text{verdichtetes Volumen}}{\text{lockeres Volumen}} \leq 1 \quad \frac{[m^3]}{[m^3]}$$

wobei die jeweiligen Anforderungen in Prozent der Proktordichte (DIN 18127, ZTVE) ausgedrückt werden. Gut eingebauter und verdichteter Boden ist i. d. R. dichter gelagert als in seiner natürlichen Lagerung.

5.4 Teilvorgänge Lösen und Laden

Die Teilvorgänge Lösen und Laden werden meistens mit einem Gerät ausgeführt (Bagger, Radlader, Raupenlader). Ausnahmen bilden Sprengbetriebe, das Lösen des Bodens mit Abbauhämmern, das Reißen von Bodenschichten (Fels) mit hydraulischen Reißzähnen sowie die manuelle Bearbeitung.

5.4.1 Handschachtung

Bevor der maschinelle Erdbau behandelt wird, soll noch kurz auf die Handschachtung eingegangen werden, die ausnahmsweise nur dann erfolgt, wenn kein Maschineneinsatz möglich ist oder bei Nacharbeiten an den maschinell hergestellten Arbeiten.

Die Leistungsfähigkeit des Menschen ist abhängig von der Lösbarkeit des Bodens sowie der Wurfweite horizontal (maximal 2,5 m) und vertikal (maximal 1,5 m).

Werte in Arbeiterstunden Ah pro m³ festem Boden für Lösen inkl. Schaufelwurf oder Laden in eine Schubkarre (nach G. Meyer [20])

1	Loser Sand, Dammerde	0,50 - 0,90	Ah/m³ fest
2	Leichter Lehm, feiner Kies, Torfmoor	0,90 - 1,50	Ah/m³ fest
3	Schwerer Lehm und Ton, Mergel, fester grober Kies	1,50 - 2,30	Ah/m³ fest
4	Trümmergestein, Gerölle, kleinbrüchiger Schiefer	2,3 - 3,30	Ah/m³ fest
5	Fels, noch mit Spitzhacke oder Brecheisen lösbar	3,30 - 4,50	Ah/m³ fest

5.4.2 Maschineller Erdbau

Beim *maschinellen Erdbau* werden die Art, die technische Ausrüstung und die erforderliche Leistung der eingesetzten Geräte neben den bereits genannten allgemeinen Kriterien durch folgende Kriterien bestimmt:

a) *Geforderte Abtragsform*: Geländeeinschnitt oder -anschnitt, geböschte Baugrube oder Baugrube mit Verbau, Grabenaushub geböscht oder mit Verbau, flächiger Abtrag, große Abbauhöhen. Auf die Geometrie der Abtragsform sind die Grunddaten des Gerätes und deren Bewegungsspiele abzustellen.

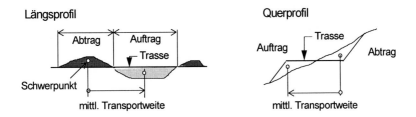

Bild 5.1 Auf- und Abtragsformen

b) *Lösbarkeit bzw. Grabwiderstand* des Bodens, der die Form der verwendeten Werkzeuge beeinflußt. Der Grablöffel ist das Standardwerkzeug für Bagger. Bei geringen Fördermengen setzt man auch Zwei- und Mehrschalengreifer ein. Daneben gibt es zahlreiche Spezial- und Sonderwerkzeuge, die an Serienbagger angebaut werden können. So kann bei schwer baggerbaren Böden (z. B. bei Grabenaushüben mit stark wechselnden Bodenarten) in besonderen Fällen der Einsatz erheblich größerer und stärkerer Geräte durch den Einsatz von hydrodynamischen Tieflöffeln (HDT) vermieden werden. Durch den im Löffel eingebauten hydraulischen Vibrator wirken die Baggerzähne wie kleine Hydraulikhämmer. Mit Schnellwechselkupplungen läßt sich bei wechselnder Bodenart rasch wieder auf Normalbetrieb umstellen.

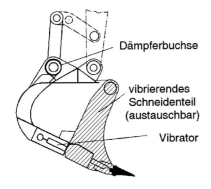

Bild 5.2
Hydrodynamischer Tieflöffel
(HDT)

Die günstigste Form des Grabgefäßes und insbesondere eine optimale Ausrüstung der Schneide für den zu lösenden Boden sollte in enger Abstimmung mit den Geräteherstellern erfolgen (Bild 5.3).

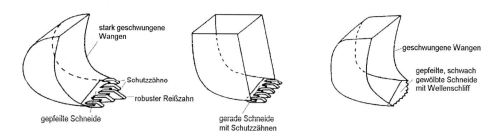

Bild 5.3 Gestaltungskriterien für Löffel von Hydraulikbaggern

c) *Möglicher Füllungsgrad* des jeweiligen Grabgefäßes in Abhängigkeit von den Bodeneigenschaften.

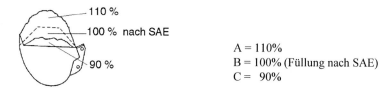

$A = 110\%$
$B = 100\%$ (Füllung nach SAE)
$C = 90\%$

Bild 5.4 Darstellung des Füllungsgrades eines Tieflöffels nach [26]

Er wird ausgedrückt durch den Füllungsfaktor f_F, der in Tabelle 5.9 [19] für einige typische Erdbaugeräte wiederum unter Zuordnung zu den Bodenklassen erfaßt ist. Multipliziert mit dem Auflockerungsgrad f_A (siehe Tabelle 5.8) ergibt er den Ladefaktor f_L des jeweiligen Gerätes als Kenngröße für die Leistungsermittlung an der Schnittstelle Aushubgerät/Transportfahrzeug,

Ladefaktor $\qquad\qquad f_L = f_F \cdot f_A$

d. h., der Ladefaktor gibt an, um wieviel sich der tatsächliche Mengeninhalt des jeweiligen Grabgefäßes vom Nenn- (Norm-) inhalt unterscheiden kann.

Nenninhalte von Grabgefäßen werden nach internationalen Normen festgelegt, wobei zu unterscheiden sind [26]:

• die amerikanische Norm SAE (Society of Automotive Engineers)

• die europäische Norm CECE (Committee on European Contraction Equipment)

Sie unterscheiden sich i. w. in der Neigung der Häufung des Ladegutes z. B. beim Tieflöffel:

Bild 5.5a Nenninhalt (V) nach SAE und CECE beim Tieflöffel [26]

Bei der Klappschaufel ist die Neigung der Häufung bei beiden Normen mit 2:1 gleich anzusetzen.

Bild 5.5b
Nenninhalt (V) nach SAE und CECE bei der Klappschaufel [26]

In diesem Zusammenhang sind auch die verschiedenen Möglichkeiten des Fräsens des Bodens zu nennen, speziell im Rohrleitungsbau mit kombinierten Fräs- und Rohrverlegegeräten, oder an Hydraulikbagger anbaubare, hydraulisch betriebene Fräsköpfe, die auch beim Betonabbruch eingesetzt werden.

5.4.3 Geräte zum Lösen und Laden

Bild 5.6 zeigt eine Systematik der Geräte zum Lösen und Laden im Erdbau [18]. Auf die einzelnen Baumaschinen kann im Rahmen dieses Buches nicht eingegangen werden. Hierzu muß auf die Literatur [21] verwiesen werden.

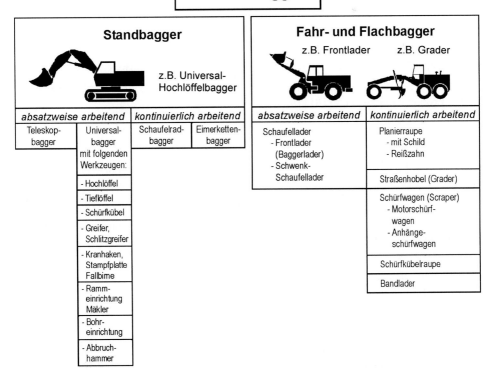

Bild 5.6 Konstruktionsformen von Trockenbaggern

5.4.4 Ermittlung der Ladeleistung

Für die Dimensionierung und die Kostenermittlung des Entnahmebetriebes ist es wichtig, die tätsächliche, unter den jeweiligen Bodenverhältnissen und Arbeitsbedingungen mögliche Nutz- oder Dauerleistung Q_N (m³ feste Masse/h) zu kennen. Die Ermittlung kann dabei – zur Grobabschätzung oder bei geringerer Bedeutung – mit Hilfe von Überschlagsformeln oder Nomogrammen erfolgen [19]. Beispiele für die überschlägige Dimensionierung zeigen die nachfolgenden Seiten.

Für Erdbewegungen größeren Umfanges empfiehlt sich eine genauere Leistungsberechnung anhand von gerätespezifischen Einflußfaktoren, wobei die Kenntnis und die daraus resultierende Optimierung der einzelnen Einflußgrößen eine Grundvoraussetzung für die Planung jedes Erdbetriebes darstellt und letztlich im Aushub- und Abbauplan ihren Niederschlag findet.

Die Vorgehensweise für die genauere Leistungsberechnung ist i. d. R. für die meisten Geräte ähnlich. Zunächst wird

5.4.4.1 Die Grundleistung Q_G

der Geräte ermittelt, d. h. die Leistung, die mit

- der gewählten Arbeitseinrichtung (Geräte, Werkzeuge),

- bei der Einsatzart, bestimmt durch die technischen Randbedingungen und Baustellengegebenheiten, wie Baugrubentiefe, Höhenverhältnisse, Schwenkwinkel, Verhältnis der Gefäßinhalte, Transportwege etc.,

- bei einer vorliegenden Bodenbeschaffenheit (Bodenart und Bodenzustand)

kurzzeitig erreicht werden kann. Nachfolgend werden die Einflußgrößen für die wesentlichen Erdbaugeräte gezeigt [18] [19].

5.4.4.2 Die Nutz- oder Dauerleistung

die ein Gerät unter den gegebenen Betriebs- und Baustellenbedingungen erreichen kann, läßt sich aus der Grundleistung über einen Nutzleistungsfaktor f_N ermitteln:

Nutzleistung $\qquad Q_N = Q_G \cdot f_N$

Der Nutzleistungsfaktor f_N erfaßt betriebsorganisatorische Ausfallzeiten und Leistungsminderungen. Hierzu gehören:

- die zeitliche Nutzung, die von der täglichen Arbeitszeit und den Betriebsbedingungen auf der Baustelle abhängt und wie folgt angesetzt werden kann:
  - gute Betriebsbedingungen ca. 50 min/h: $\qquad f_z = 0{,}83$.
  - starke Behinderung ca. 45 min/h (z. B. ungünstiger Witterung): $f_z = 0{,}75$.

- die Leistungsfähigkeit des Fahrers, die bei
  - sehr guter Einarbeitung mit $\qquad f_M = 1{,}10$
  - bei einem Anfänger mit $\qquad f_M = 0{,}70$

angenommen werden kann (i. d. R. zwischen 0,80 und 1,00);

- die maschinentechnischen Ausfallzeiten z. B. für Reparaturen und Wartung bestimmen die Maschinenverfügbarkeit, also die tatsächliche Einsatzbereitschaft eines Gerätes, bezogen auf seine Vorhaltezeit auf der Baustelle. Sie liegen bei: $f_G = 0,80 - 0,95$.

- Wartezeiten (soweit nicht bei Wagenwechselzeiten des Transportbetriebes erfaßt):
  - im großen Erdbau 5 bis 10 min/h: $f_W = 0,92 - 0,83$.
  - im sonstigen Baubetrieb (bei beengten Verhältnissen, geringer Fördermenge, Behinderung durch Verbau, siehe nachfolgendes Beispiel Kanalbau) bis zu $f_W = 0,45$

Die gesamte zeitliche Nutzung im Erdbetrieb ergibt sich daraus zu:

$$\text{Nutzleistungsfaktor} \qquad f_N = f_Z \cdot f_M \cdot f_G \cdot f_W$$

Als Anhaltswerte für die Kalkulation können folgende Werte für den Nutzleistungsfaktor f_N angesetzt werden [19]:

Tabelle 5.1 Nutzleistungsfaktoren f_N

Baustellen-bedingungen	Betriebsbedingungen			
	sehr gut	gut	mittelmäßig	schlecht
sehr gut	**0,84**	0,81	0,76	0,70
gut	0,78	0,75	0,71	0,65
mittelmäßig	0,72	0,69	0,65	0,60
schlecht	0,63	0,60	0,57	0,52

Die Auswahl der richtigen Werte erfordert Erfahrung mit dem jeweiligen Betrieb und sollte mit den ausführenden Abteilungen besonders hinsichtlich der zu erwartenden störungsbedingten Unterbrechungen, dem Umfang der Arbeiten sowie der Baustellenorganisation abgestimmt werden.

Unter Berücksichtigung der Verteil- u. Erholungszeiten kann von einem optimalen Wert $f_N = 0,84$ ($\cong$ 50 min/h) ausgegangen werden. In ungünstigen Fällen, besonders bei gemischtem Erd- und Baubetrieb können die Werte bis $f_N = 0,35$ abfallen.

5.4.4.3 Berücksichtigung zusätzlicher Arbeiten

bedeutet, daß die Geräte nur zu einem Teil der Gesamtzeit für die berechneten Arbeiten eingesetzt werden, so daß die Durchschnittsleistung über die Gesamtzeit nicht durch einen Faktor, sondern durch einen entsprechenden Abzug ermittelt wird.

Beispiel: Baggereinsatz im Kanalbau
a) 50 % der Zeit für Erdaushub aus einem verbauten Graben, ermittelt mit 30 m³/h
b) 30 % der Zeit für Umsetzen des Verbaus $\rightarrow$ Abminderungsfaktor $1 - 0,30 = 0,70$
c) 20 % der Zeit für Rohrverlegung $\rightarrow$ Abminderungsfaktor $1 - 0,20 = 0,80$
   Durchschnittsleistung des Baggers für den Erdaushub:
   (falsch: $Q_N = 0,70 \cdot 0,80 \cdot 30$ m³/h   = 17 m³/h)
   richtig: $Q_N = (1 - 0,30 - 0,20) \cdot 30$ m³/h = $\underline{15 \text{ m}^3/h}$

Die Nutzleistungsfaktoren f_N sind i. d. R. nicht abhängig von der Geräteart und können deshalb für alle nachfolgend behandelten Gerätetypen herangezogen werden.

Neben Angaben für gängige Gerätegrößen werden in den folgenden Ausführungen auch die wesentlichen Werkzeuge als An- und Umbaugeräte gezeigt. Natürlich kann auch hier nicht auf die Vielfalt der angebotenen Universal- und Spezialgeräte und -werkzeuge eingegangen werden, deren Einsatz- und Leistungsbestimmung am besten unter Hinzuziehung der Kenntnisse und Erfahrungen des jeweiligen Herstellers erfolgt.

5.4.5 Hydraulikbagger

5.4.5.1 Übersicht über die gängigen Grabwerkzeuge und Hydraulikbagger

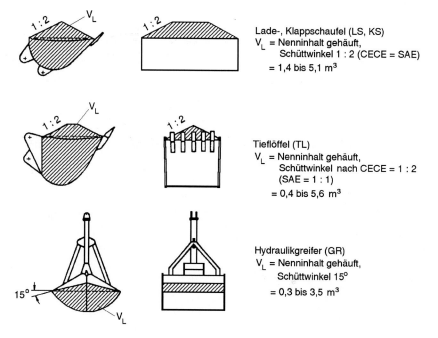

Bild 5.7   Grabwerkzeuge mit Angabe der Nenninhalte V_L nach der europäischen Norm CECE / DIN ISO 7546

Tabelle 5.2 Übersicht Hydraulikbagger nach [19]

Leistung in KW	Gewicht[1] in t	max. TL in m³	max. GR in m³	max. LS, KS in m³
bis 35	9	0,4	0,3	-
36 bis 40	10	0,5	0,5	-
41 bis 50	12	0,7	0,8	-
51 bis 60	13	0,9	0,9	-
61 bis 70	15	1,1	1,0	-
71 bis 80	17	1,3	1,2	1,4
81 bis 100	21	1,5	1,5	1,8
101 bis 150	24	2,3	1,8	2,3
151 bis 200	33	3,6	2,5	3,4
201 bis 250	53	4,5	3,5	3,8
251 bis 350	58	5,6	3,5	5,1

[1] Gewicht des Grundgerätes, für Ausleger und Werkzeug ca. 15% Zuschlag

5.4.5.2 Überschlägige Leistungsbestimmung

Nutzleistung $\quad\quad Q_N = 100 \cdot V_L \quad [m^3 \text{ fest / h}]$

wobei: $\quad V_L$ = Nenninhalt des Grabgefäßes $[m^3]$; Schwenkwinkel = 90°; baggerfähige Bodenarten

5.4.5.3 Genaue Leistungsberechnung

Grundleistung $\quad\quad Q_G = V_L \cdot n \cdot f_L \cdot f_i \quad [m^3 \text{ fest / h}]$

wobei:

- V_L = Nenninhalt des Grabgefäßes $[m^3]$ nach Herstellerangabe bzw. nach CECE / DIN ISO 7546 (Siehe Tabelle 5.2)
- n = theoretische Lastspielzahl $[1/h]$ als Ergebnis von Zeitstudien.

V in m³	Bodenklasse nach DIN 18300											
	3			4			5			6		
	TL	LS	KS	TL	LS	KS	TL	LS	KS	TL	LS	KS
0,5	238	-	-	212	-	-	212		-		-	-
0,75	225	217	-	198	217	-	198		-		-	-
1,0	215	209	-	192	205	-	192	liegen bisher keine Werte vor	-	liegen bisher keine Werte vor	157	-
1,25	205	200	200	184	193	200	184		200		155	160
1,5	196	194	194	177	183	191	177		191		152	155
1,75	190	188	188	172	175	182	172		182		150	151
2,0	185	183	183	165	168	175	165		175		148	150
2,25	-	178	178	159	162	168	159		168		145	148
2,5	-	174	172	154	155	162	154		162		142	148

– $f_L = f_A \cdot f_F$ = Ladefaktor (Siehe Tabellen 5.8 und 5.9)

– Die technischen Einflußgrößen f_i erfassen die jeweiligen Baustellengegebenheiten und setzen sich beim Hydraulikbagger wie folgt zusammen:
$$f_i = f_1 \cdot f_2 \cdot f_3 \cdot f_4 \cdot f_5$$

z.B: $\alpha = 45°$; $f_1 = 1{,}08$

f_1 = Einfluß des Schwenkwinkels α

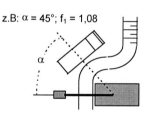

bei α	30°	45°	60°	90°	120°	150°	180°
$f_1 =$	1,12	1,08	1,05	1,00	0,96	0,92	0,88

f_2 = Einfluß der Grabtiefe bzw. Abbauhöhe

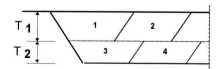

z. B. Bodenklasse 3 bis 4
$T_1 = 3{,}0$ m; $f_2 = 0{,}87$

Bodenklassen n. DIN 18300	1 m	2 m	3 m	4 m	5 m
3 bis 4	1,0	0,93	0,87	0,84	0,82
5 bis 6	1,0	0,95	0,91	0,87	0,85

Werte gelten nur für Grabgefäße mit V = 0,5 bis 1,0 m³. Bei Grabgefäßen > 1,0 m³ Leistung nur abmindern, wenn die vorhandene Grabtiefe bzw. -höhe die günstige Grabtiefe bzw. -höhe unter- oder überschreitet.

Günstige Grabtiefe bzw. -höhe [m] = (1 bis 2) x V, z. B. Grabtiefe: 2,5 m, V = 1,6 m³; 1 x 1,6 < 2,5 < 2 x 1,6 ⇒ günstiger Bereich $f_2 = 1{,}0$

f₃ = **Einfluß der Entladeart**
= bei ungezieltem Entleeren, z. B. auf Halde = 1,0
= bei gezieltem Entleeren in LKW auf Baggerplanum:

Volumenverhältnis LKW / Baggerlöffel	2	3	4	5	6	>6
f₃ =	0,69	0,73	0,76	0,79	0,81	0,83

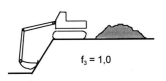

$V_L = 1,0\ m^3$

$f_3 = 1,0$

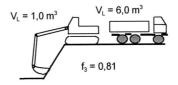

$V_L = 1,0\ m^3$ $V_L = 6,0\ m^3$

$f_3 = 0,81$

f₄ = **Einfluß der Einsatzart**
= behinderungsfreies Arbeiten $f_4 = 1,00$
= Aushub mit häufigem Umsetzen des Gerätes $f_4 = 0,73$
= Grabenaushub, unverbauter Graben $f_4 = 0,90$
= Grabenaushub, verbauter Graben (ohne Verbauarbeiten) $f_4 = $ Tabelle

Grabentiefe in m	2,00	2,50	3,00	3,50	4,00
Boden kurzfristig standfest	0,55	0,51	0,49	0,46	0,44
Boden nicht standfest	0,47	0,45	0,43	0,41	0,39

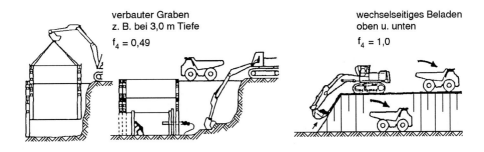

verbauter Graben
z. B. bei 3,0 m Tiefe
$f_4 = 0,49$

wechselseitiges Beladen
oben u. unten
$f_4 = 1,0$

f₅ = **Einfluß des Zustandes und der Form des Grabgefäßes (Schneide, Zähne, siehe Gestaltungskriterien)**
$f_5 = 1$ bei guten und dem Boden angepaßtem Grabgefäß.

Unter Berücksichtigung des zeitlichen Nutzungsgrades bzw. des Nutzleistungsfaktors f_N aus Tabelle 5.1 läßt sich damit die Nutz- oder Dauerleistung $\mathbf{Q_N}$ des Gerätes ermitteln.

5.4.6 Radlader

Radlader sind mit ihrer Luftbereifung selbstfahrende Arbeitsmaschinen, die sich im Baubetrieb als Universalgerät für den Umschlag und Transport der verschiedensten Materialien bewährt haben. Besonders die kleineren Radladertypen (siehe nachfolgende Übersicht) bis etwa 60 kW Antriebsleistung werden mit einer Vielzahl von Anbaugeräten angeboten und eignen sich deshalb besonders als universelles Transport- und Beihilfegerät für den gesamten Baubetrieb.

Im reinen Erdbau werden Großlader eingesetzt. Sie eignen sich für nicht zu schwere Bodenarten und wegen ihrer Straßentauglichkeit für wechselnde Einsatzorte. Neben dem Lösen und Laden können sie auch den Materialtransport bis zu Transportweiten von 100 bis 200 m noch wirtschaftlich übernehmen. Ihre Fahrgeschwindigkeiten betragen bis zu 25 km/h.

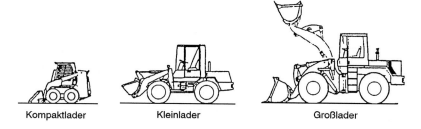

Kompaktlader   Kleinlader   Großlader

Bild 5.8 Übersicht über Baugrößen von Radladern

Tabelle 5.3 Übersicht Radlader [9]

	Kompaktlader	**Kleinlader**	**Großlader**
Motorleistung	10 - 40 kW	20 - 60 kW	70 - 590 kW
Betriebsgewicht	0,7 - 3,5 to	2,5 - 7,5 to	9,0 - 90,0 to
Schaufelgröße SAE	0,2 - 0,7 m³	0,8 - 1,2 m³	1,6 - 10,5 m³
Antrieb	hydrostatisch	hydrostatisch	hydrodynamisch
Lenkung	Antriebslenkung	Allrad- oder Knicklenkung	Knicklenkung
Einsatzbereiche	−Universalgerät für Kleinbaustellen −Pflasterbetriebe −Garten- und Landschaftsbau	−Mit Schnellwechseleinrichtung in allen Baubereichen −Laden u. transportieren von Materialien und Baustoffen −Industrielader	−Laden und Umsetzen von Materialien im Erdbau −Materialumschlag −Materialgewinnung in der Grundstoffindustrie −Industrielader

5.4.6.1 Überschlägige Leistungsbestimmung

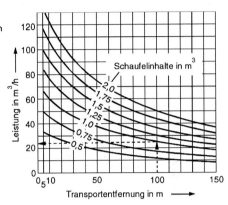

Nomogramm gültig für:
Fahrgeschwindigkeit = 10 km/h
Fixzeit = 0,6 min
Einsatzfaktor = 0,75

Bild 5.9
Nomogramm zur
Leistungsschätzung
von Radladern nach
[19]

5.4.6.2 Genaue Leistungsberechnung

Nutzleistung $\qquad Q_N = f_N \cdot V_L \cdot n \cdot f_L \cdot f_1 \quad [\text{m}^3 \text{ fest/h}]$

wobei:

f_N = Nutzleistungsfaktor (siehe Tabelle 5.1)
V_L = Schaufelfüllung (siehe Herstellerangaben)
f_L = $f_A + f_F$ = Ladefaktor (s. Tabelle 5.8 und 5.9)
f_1 = Einfluß der Entleerungsart: $\qquad$ z. B. Halde oder Übergabetrichter $= 1,0$;
$\qquad\qquad\qquad\qquad\qquad\qquad\qquad$ direkt ins Fahrzeug $\qquad = 0,93$

n = Spielzahl = $3600 / T_H + \Delta T \quad [1/\text{h}]$
$\qquad$ Hauptspielzeit T_H = Füllzeit t_F + Entleerzeit t_E + Fahrzeit t_{Fa}

t_F = Füllzeit [sec]:

Bodenklasse nach DIN 18300		Ladeschaufel-Nenninhalt V in m³					
		bis 1,0	2,0	3,0	4,0	5,0	6,0
1	fest	7,1	8,4	9,7	11,0	12,3	13,6
und	mittelfest	5,3	6,2	7,1	8,0	8,9	9,8
3	lose	4,2	4,5	4,8	5,1	5,4	5,7
4	fest	9,6	10,3	11,0	11,7	12,4	13,1
	mittelfest	7,0	7,5	8,0	8,5	9,0	9,5
	lose	5,1	5,4	5,7	6,0	6,3	6,6
5	fest	14,1	14,8	15,5	16,2	16,9	17,6
	mittelfest	7,0	7,5	8,0	8,5	9,0	9,5
	lose	5,1	5,4	5,7	6,0	6,3	6,6
6	gelöst, feinstückig LZ[1] und FS[2]	8,5	8,0	7,5	7,0	6,5	6,0
7	gelöst, grobstückig LZ[1]	18,9	17,9	16,9	15,9	14,9	13,9
	FS[2]	16,3	15,3	14,3	13,3	12,3	11,3
	gelöst, feinstückig LZ[1]	14,3	13,3	12,3	11,3	10,3	9,3
	FS[2]	11,7	10,9	10,1	9,3	8,5	7,7
[1] LZ = Ladeschaufel mit Zähnen; [2] FS = Felsschaufel							

t_E = Entleerzeit [sec] :

Bodenklasse nach DIN 18300	Entleerungsstelle	Ladeschaufel-Nenninhalt in m³ bis					
		1,0	2,0	3,0	4,0	5,0	6,0
1	Halde	1,2	1,4	1,6	1,8	2,0	2,2
und	Muldenkipper (10 bis 15 m³)	2,0	2,7	3,4	4,1	4,8	5,5
3	LKW (6 bis m³)	2,7	4,1	5,5	6,9	8,3	9,7
4	Halde	1,3	1,5	1,7	1,9	2,1	2,3
und	Muldenkipper (10 bis 15 m³)	1,8	2,5	3,2	3,9	4,6	5,3
5	LKW (6 bis m³)	2,5	4,0	5,5	7,0	8,5	10,0
6	Halde	1,8	1,9	2,0	2,1	2,2	2,3
und 7	Muldenkipper (10 bis 15 m³)	3,0	3,6	4,2	4,8	5,4	

t_{Fa} = Gesamtfahrzeit [sec] hin und zurück, abhängig vom Fahrwegzustand und der mittleren Transportentfernung:

mittlere [1] Transport- entfernung	Fahrwegzustand			
	glatt fest	leicht wellig fest	wellig mittelfest	wellig weich
5 m	8	9	10	12
10 m	12	14	16	18
15 m	15	17	20	23
20 m	17	20	23	27
30 m	22	26	29	32
40 m	27	31	35	41
60 m	34	39	44	55
80 m	42	48	54	69
100 m	50	56	63	84
[1] Mittlere Transportentfernung = Abstand Ladestelle - Entladestelle				

ΔT = Zeitzuschlag [sec], der die Einsatzart und -bedingungen berücksichtigt:

Baustellenbetrieb, Sand- und Kiesgruben		
Fahrwegzustand	Entleerung auf Halde oder Übergabetrichter	Entleeren in Fahrzeuge
glatt, fest	3 s	7,5 s
leicht wellig, fest	3 s	7 s
wellig, mittelfest	3 s	6,5 s
wellig, weich	3 s	6 s

Steinbruchbetrieb	
Zusätzliche Erhöhung der Spielzeit ΔT =	
Halde oder Übergabeeinrichtung	+ 1 s
Fahrzeug	+ 2 s

5.4.7 Raupenlader

Raupenlader werden eingesetzt bei nassen und schweren Böden, steilen Rampen und beengten Platzverhältnissen, da sie fast auf der Stelle drehen können.

5.4.7.1 Überschlägige Leistungsbestimmung

Nomogramm gültig für:
Fahrgeschwindigkeit = 4,0 km/h
Fixzeit = 0,4 min
Einsatzfaktor = 0,80

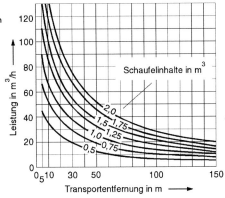

Bild 5.10
Nomogramm zur
Leistungsschätzung
von Raupenladern
nach [19]

5.4.8 Planierraupen

5.4.8.1 Übersicht über die gängigen Geräte und Werkzeuge

Tabelle 5.4 Leistungsklassen von Planierraupen und Schildfüllungen

Leistung in KW	Gewicht [1] in to	Schildbreite in m	Schildvolumen SAE in m^3
45 - 55	7	2,40	1,2
60 - 70	10	2,50	1,7
80 - 90	12	2,80	2,5
100 - 110	15	3,00	3,0
150 - 170	20	3,50	4,5
240 - 260	36	4,00	9,0
280 - 300	42	4,50	12,5
[1] Gewicht des Grundgerätes ohne Anbaugerät			

Schildformen:

S-Schild (engl.: Straight blade)
   Brustschild, Querschild, Standardschild
   Schildenden schmal nach vorn abgewinkelt
   oder mit Seitenblenden

U-Schild (engl.: Universal blade)
   Universalschild
   Schildflügel breit, nach vorne abgewinkelt

A-Schild (engl.: Angle blade)
   Schwenkschild
   beidseitig schwenkbar, keine abgewinkelten
   Schildenden, große Schildbreite, geringe
   Schildhöhe.

5.4.8.2 Überschlägige Leistungsbestimmung

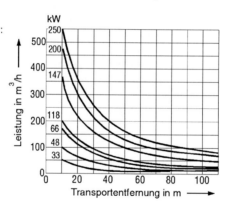

Nomogramm gültig für:
mittelschweren Boden
in m³ fester Masse

Bild 5.11
Nomogramm zur
Leistungsschätzung
von Planierraupen
[19]

5.4.8.3 Genaue Leistungsberechnung

Nutzleistung
$$Q_N = f_N \cdot V_L \cdot n \cdot f_L \cdot f_1 \cdot f_2 \quad [\text{m}^3 \text{ fest/h}]$$

wobei:

f_N = Nutzleistungsfaktor (Siehe Tabelle 5.1)

f_L = $f_A + f_F$ = Ladefaktor (Siehe Tabelle 5.8
    und 5.9)

V_L = Schildfüllung nach SAE J 1265 bzw.
    Herstellerangaben
   = $0,8 \cdot b \cdot h^2$ [m³]
    mit b = Schildbreite in m
    und h = wirksame Schildhöhe in m
    (siehe auch Tabelle 5.4)

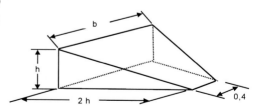

n = Spielzahl [1/h], die abhängig ist von der mittleren Förderweite in m, gemessen von Mitte Abtrags- zu Mitte Auftragsstelle:

mittlere Förderweite in m	20	30	40	50	60	70	80	90	100
Spielzahl n in 1/h =	100	78	63	50	42	36	31	27	24

f_1 = **Einfluß der Schildform:**

Schildform	U- Schild	S- Schild	A- Schild
f_1 =	1,10 - 1,25	1,00	0,70 - 0,85

f_2 = **Einfluß der Neigung des Schürf- und Förderweges:**

Neigung + Steigung/-Gefälle	+30%	+20%	+10%	0%	-10%	-20%	-30%
f_2 =	0,40	0,65	0,85	1,00	1,15	1,22	1,25

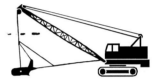

5.4.9 Seilbagger

5.4.9.1 Übersicht über die Geräte und Werkzeuge

Seilbagger werden überwiegend als Universalgeräte eingesetzt. Sie können als Hebegerät (Raupenkrane mit Lasthaken) sowie zum Rammen, Ziehen und Bohren (Polypgreifer) verwendet werden. Im Erdbau werden sie mit Greifer vorzugsweise bei sehr tiefen Baugruben, wie Tunnelförderschächten oder bei Naßbaggerungen mit Schürfkübel eingesetzt.

Tabelle 5.5 Leistungsklassen von Seilbaggern, Nenninhalte von Schürfkübel und Greifer

Leistung in kW	Antrieb[1]	Gewicht in t	Schürfkübel in m³	Greifer in m³	Traglast in t
bis 30	dm	9	-	0,40	7
31 - 52	dm	14	-	0,50	9
53 - 74	dm	20	0,60	0,60	10
39 - 52	dh	15	0,80	0,80	12
53 - 74	dh	17	0,90	0,90	20
75 - 90	dh	19	1,00	1,00	30
91 - 120	dh	33	1,50	1,00	38
121 - 150	dh	46	2,00	1,10	45
151 - 200	dh	58	2,50	1,25	50
201 - 250	dh	75	3,00	1,75	70
251 - 300	dh	93	4,20	2,50	80
[1] dm = dieselmechanisch; dh = dieselhydraulisch (jeweils mit Standardausrüstung)					

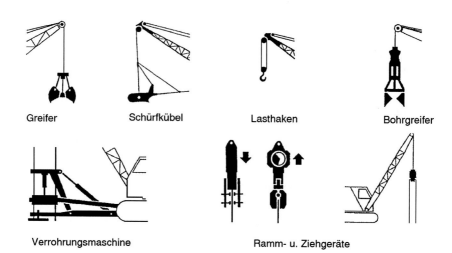

| Greifer | Schürfkübel | Lasthaken | Bohrgreifer |

| Verrohrungsmaschine | Ramm- u. Ziehgeräte |

Bild 5.12 Werkzeuge für Seilbagger

5.4.9.2 Überschlägige Leistungsbestimmung

für alle baggerfähigen Bodenarten bei einem mittleren Schwenkwinkel von 90°:

mit Schürfkübel: $Q_N = 100 \cdot V$

mit Greifer: $Q_N = 60 \cdot V$

5.4.9.3 Genaue Leistungsberechnung

Nutz- oder Dauerleistung $Q_N = f_N \cdot V_L \cdot n \cdot f_L \cdot f_1 \cdot f_2 \cdot f_3 \cdot f_4$ [m³ fest/h]

wobei:

f_N = Nutzleistungsfaktor (Siehe Tabelle 5.1)

f_L = $f_A + f_F$ = Ladefaktor (Siehe Tabelle 5.8 und 5.9)

V_L = Schürfkübel bzw. Greiferinhalt in [m³] (Siehe Tabelle 5.5).

n = Spielzahl [1/h], die abhängig ist vom Grabgefäßinhalt V_L und der Auslegerlänge.

für leichten Boden, z. B. locker gelagerten Sand								
V ihn m³	0,75	1,0	1,25	1,50	1,75	2,0	2,25	2,5
n =	135	128	120	115	111	109	109	110

Abminderungswerte je m Auslegerverlängerung				
Grabgefäß-Nenninhalt in m³	1,0	1,5	2,0	2,5
Normalausleger in m	10	11	12	13
Verringerung der Spielzahl je m Auslegerverlängerung [1/h]	8	7	6	5

f_1 = Einfluß des Schwenkwinkels

Schwenkwinkel	45°	60°	90°	120°	150°	180°
f_1 =	1,20	1,12	1,00	0,93	0,86	0,80

f_2 = Einfluß der Abbautiefe h in m

Grabgefäß-inhalt V in m³	optimale Abbautiefe h in m		Faktor f_2 für h / h_{opt}				
	körnige und leicht lösbare Böden	Mischböden, schwer lösbare Böden	0,2	0,6	1,0	1,5	2,0
1,0	2,8	3,2	0,88	0,98	1,00	0,95	0,88
1,5	3,2	3,6	0,82	0,96	1,00	0,94	0,86
2,0	3,6	4,0	0,76	0,94	1,00	0,93	0,84
2,5	4,0	4,6	0,70	0,92	1,00	0,92	0,82

f_3 = Einfluß der Entleerung
  = 1,00 bei ungezieltem Entleeren z. B. auf Halde
  = 0,95 bei gezieltem Entleeren in Trichter
     bei gezieltem Entleeren in LKW auf Baggerplanum:

Volumenverhältnis LKW / Baggerlöffel	2	3	4	5	6	>6
f_3 =	0,60	0,67	0,71	0,74	0,76	0,80

f_4 = Einfluß der Einsatzart
  = 1,00 bei Schürfkübeleinsatz
  bei Greifereinsatz abhängig von der Hubhöhe in m:

mittlere Hubhöhe in m	bis 5	10	15	20
f_4 =	0,60	0,52	0,44	0,35

5.5 Teilvorgang Transportbetrieb

Heutzutage ist der Erdbau in Mitteleuropa durch den gleislosen Förderbetrieb geprägt. Nur in Ausnahmefällen in stationären Anlagen, z. B in Gewinnungsanlagen mit großen Fördermengen, werden häufig noch Förderbänder für kurze Transportentfernungen und Gleisbetrieb bei großen Entfernungen und weitgehend ortsfesten Be- und Entladestellen wirtschaftlich eingesetzt.

Für die gängigen Erdbewegungen im Baubetrieb bietet der gleislose Transport die wesentlichen Vorteile der hohen Flexibilität, der guten Anpassungsfähigkeit der Leistung an die geforderten Baufortschritte und der geringen Installationskosten gegenüber dem Gleis- oder Bandbetrieb. Seine Nachteile liegen in der starken Abhängigkeit von der Qualität der Fahrbahn und den Witterungseinflüssen.

Besonders bei Transporten, bei denen der anstehende Boden die Fahrstrecke bildet, im Gegensatz zum einfacheren Straßenbetrieb, kommt der *Pflege und dem Unterhalt der Fahrwege* eine besondere Bedeutung zu. Bei Fels und rolligen Böden hält sich dieser Aufwand in Grenzen, während bei bindigen Böden wegen ihrer Wasserempfindlichkeit und damit Abhängigkeit von der Niederschlagsmenge und -häufigkeit der Transportbetrieb ganz entscheidend beeinträchtigt werden kann. Läßt es der Baubetrieb zu, sollte bereits vor Niederschlagseintritt der Transport eingestellt und erst nach ausreichender Abtrocknung des Planums wieder aufgenommen werden. Ist der Transportbetrieb der Leitbetrieb einer Erdbaustelle, wird ein aufwendiger Straßenunterbau mit Drainage und Kiesauskofferung unvermeidbar sein. Auf die Möglichkeiten der Fahrwegverbesserung z. B. durch Bodenverbesserung (Entwässerung, künstliche Aufstandsflächen etc.) und Bodenstabilisierung (Kalk, Zement, Bitumen) kann hier nur auf entsprechende Fachliteratur verwiesen werden.

Bei speziellen Erdbauprojekten, wie z. B. großen Verkehrswegebauten, also bei flachen Abträgen, die innerhalb des Baubereiches als Dammaterial lagenweise wieder eingebaut werden, eignen sich Flach- oder Fahrbagger, die neben dem Lösen und Laden auch noch den Transport und zum Teil den Wiedereinbau übernehmen können. Selbst bei Einsatz großer Motorschürfwagen liegt dabei die Grenze der Wirtschaftlichkeit bei ca. 1 km Entfernung zwischen Entnahme- und Einbaustelle. Bei größeren Entfernungen wird auch hier auf den Transport mit Lastkraftwagen zurückgegriffen.

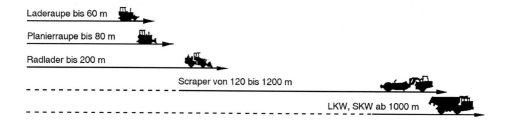

Bild 5.13 Anhaltswerte für den Maschineneinsatz abhängig von der Transportweite

5.5.1 Fahrzeugarten

Der am häufigsten vorkommende Erdtransport ist der LKW-Betrieb, weil er am flexibelsten gestaltbar ist, in vielen Fällen das öffentliche Straßennetz benützen kann und für beliebige Abtragsformen und -mengen mit mittleren und großen Transportentfernungen geeignet ist.

a) Als Unterscheidungsmerkmale für die zum Einsatz kommenden Geräte gelten sowohl:

- *die Kenngrößen*, nach denen die Einstufung in der Baugeräteliste (BGL)[23] vorgenommen wird, z. B. das Gesamtgewicht bei Lastkraftwagen und Sattelzügen, und die Nutzlast bei Muldenfahrzeugen und Dumpern.

- *die Entladeart*, wie Hinter-, Einseiten- oder Dreiseiten- und Vorderkipper.

- *die Fahrwerksart:* die Anzahl der lastverteilenden Achsen, die den Bodendruck bestimmen und die Zahl der angetriebenen Achsen, die entscheidend für die Geländetauglichkeit ist.

b) Bauartbezogen gibt es folgende luftbereifte Transportfahrzeuge:

- *Lastkraftwagen (LKW)* und Sattelzüge für den Straßen- und Baustellenverkehr i. d. R. mit Zulassung nach StVZO. Hier wird unterschieden nach Zugwägen mit Ladefläche (Solo- LKW) und ohne Ladefläche (Sattelzugmaschine) bzw. Anhänger und Sattelaufleger, wobei sich die Sattelzüge wegen ihrer besseren Rangier- und Manövrierbarkeit gegenüber dem Anhängerbetrieb zunehmend als wirtschaftlich erweisen.

- *Schwerlastwagen (SKW)* mit großer Geländetauglichkeit und speziellen Ausrüstungen für den rauhen Baustellenverkehr, z. B Muldenkipper für hohe Transportleistungen und -entfernungen .

- *Vorderkipper oder Dumper* als fahrbare Kleinmulden für den Einsatz bei beengten Verhältnissen auf Klein- und Stadtbaustellen.

Tabelle 5.6 Übersicht über Leistungsklassen von Transportfahrzeugen nach [19].

Fahrzeugtyp	Motor leistung	öffentliche Straße		Baustelle		ca.Volumen 1:2 SAE
		Gesamt gewicht	Nutzlast	Gesamt gewicht	Nutzlast	
	in kW	in t	in t	in t	in t	in m^3
Dreiseitenkipper						
2-Achser	180-215	18 [1]	9-10 [1]	18	10	8-9
3-Achser	180-280	25 [1]	13 [1]	26	14	12
4-Achser	215-280	32	18	36	22	17
Zug	250-280	40	26	44	30	24
Hinterkipper						
3-Achser	215-280	25 [1]	12 [1]	26	14	17
4-Achser	250-280	32	17	36	22	18
Sattelzug	250-280	40	25-27	44	25	18-21
Muldenhinterkipper						
3-Achser	215-280	25 [1]	12 [1]	26	13	10-12
4-Achser	250-280	32	17	41	24	15-17
Schwerlastwagen						
SKW 36 to	336			67	36	24
SKW 93 to	485			52	93	34
Vorderkipper oder Dumper						
	5,5 -110				bis 15	0,9 bis 8
[1] mit Luft- statt Blattfederung 1,0 to mehr						

5.5.2 Fahrzeugauswahl

Die optimale Anpassung des Fuhrparks an die speziellen Bauaufgaben ist trotz hoher Investitionskosten für die betreffende Baumaßnahme die wirtschaftlichste Lösung, jedoch aus firmendispositiven Überlegungen nur selten realisierbar, weil sowohl der bereits vorhandene Fuhrpark optimal genutzt, als auch bei einem Neukauf daran gedacht werden muß, wie die Geräte bei anderen Einsätzen sinnvoll genutzt werden können.

Dennoch sollten folgende grundsätzlichen Überlegungen angestellt werden:

- Bei einer vorgegebenen Transportleistung (Vertrag) besteht die Möglichkeit, diese mit wenigen großen oder mit vielen kleinen Fahrzeugen zu erfüllen. Dabei ist abzuwägen zwischen dem Nachteil höherer Lohnkosten bei der Wahl kleinerer Fahrzeuge und dem Nachteil der größeren Betriebsanfälligkeit beim Einsatz großer Fahrzeuge. Zur Erhaltung eines störungsfreien Transportbetriebes ist es sinnvoll, im ersten Falle einen Fahrer als „Springer" und im zweiten Falle ein Ersatzfahrzeug als Reserve für mögliche Ausfälle vorzuhalten.

- Das Verhältnis des Schaufelinhaltes des Ladegerätes zum Inhalt des Transportgefäßes sollte abgestimmt sein. Bei zu großen Ladeinhalten des Transportgerätes entstehen lange Belade- und damit Ausfallzeiten für den LKW, bei zu kleinen fällt die Leistung des Ladegerätes wegen häufiger Wagenwechsel stark ab. Als optimales Verhältnis kann

$$V_{LKW} / V_{Ladegerät} = 5 \text{ bis } 7$$

angesehen werden. Bei großen Geräten auch kleinere Werte (bis 3).

- Die Fahrzeuge müssen den Boden-, den zu erwartenden Klima- und Witterungsverhältnissen angepaßt werden. Dies geschieht durch die Wahl der
  - erforderlichen Motorkraft,
  - der Anzahl der Antriebsachsen, die die Zug- oder Schubkraft bestimmt,
  - der Bereifung,
  - der Anzahl der Achsen.

In weichem Gelände bestimmt die Achslast in Verbindung mit der Anzahl und Dimension der Bereifung die spezifische Bodenbelastung bzw. den Bodendruck. Wird die Tragfähigkeit des Bodens überschritten, kommt es zum Grundbruch und das Fahrzeug steckt fest. Hier spielen auch die Einflüsse der Geometrie und der Topographie der Baustelle eine entscheidende Rolle. Auf öffentlichen Verkehrswegen ist im Hinblick auf die Tragfähigkeit des Straßenunterbaues die absolute Lastgröße unter den Fahrachsen entscheidend:

allgemein zugelassen sind : bis 10 t Achslast,
mit Sondergenehmigung sind zugelassen: 10 - 12 t Achslast,
mit Ausnahmegenehmigung auch > 12 t Achslast.

- Der unvermeidliche Wartungs- und Reparaturaufwand sollte so gering wie möglich gehalten werden. Erreicht wird dies zum einen durch die Pflege der Förderwege zur Geringhaltung des Fahrzeugverschleißes, zum andern durch eine mobile Treibstoffversorgung (geringe Auftankzeiten) sowie bei abgelegenen Baustellen durch eigene Werkstätten vor Ort (Verringerung der Reparaturausfallzeiten).

5.5.3 Ermittlung der Transportleistung

Die hauptsächlichen Bestimmungsgrößen für die Dimensionierung sind:

- die Baugeschwindigkeit, i. d. R. durch Vertragstermine vorgegeben,
- die Trassierungselemente der Fahrstrecke, Geometrie und Topographie,
- die Fahrwegbeschaffenheit und -zustand (befestigte oder unbefestigte Straßen, dichter Stadtverkehr, etc.),
- die Wahl des Transportgefäßinhaltes,
- die Zahl der eingesetzten Fahrzeuge.

Zur Bestimmung der Transportleistung eines Baustellenerdbetriebes ist zunächst die Grundleistung eines Transportfahrzeuges zu ermitteln. Die Grundleistung des Ladegerätes wird gesondert ermittelt (Siehe Ladegeräte).

5.5.3.1 Grundleistung eines Transportfahrzeuges

$$Q_G = V_L \cdot f_L \cdot n \quad [\text{m}^3 \text{ fest} / \text{h}]$$

wobei:

- $f_L = f_A \cdot f_F$ = Ladefaktor des Transportgerätes (Siehe Tabelle 5.8 und 5.9)
- V_L = der Nenninhalt des Transportfahrzeuges. Er wird nach SAE-Norm, analog Tabelle 5.6 mit 1:2 gehäuft in m³ angegeben. Er ist i. d. R. durch die zur Verfügung stehenden Fahrzeuge vorgegeben. Dabei ist zu beachten, daß die zulässige Nutzlast des LKW's G_{Nutz} in t nicht überschritten wird. Das Ladevolumen ist zu überprüfen nach:

$$V_L = G_{Nutz} / \gamma \cdot f_L$$

wobei: γ = Lagerungsdichte des Bodens in t/m³.

Der kleinere der beiden Werte ist der Berechnung zugrunde zu legen.

- n = Umlaufzahl = 60 [min/h] / T [min] mit:

    T   = Umlaufzeit = $t + t_{voll} + t_{leer}$

    t   = Lade-, Manövrier- und Kippzeit in min.

    $t_{voll} + t_{leer}$ = Fahrzeiten in min.

Bei der Erfassung dieser Zeiten ist zu beachten:

1) die *Lade-, Manövrier- und Kippzeit.* $t_L = V_L \cdot f_L \cdot 60 / Q_G$ [min]

    Sie setzt sich zusammen aus der:

    –   *Ladezeit* t_L, die abhängt von der Baggerleistung Q_G und dem Ladevolumen des Transportfahrzeuges V_L

        Ladezeit $t_L = V_L \cdot f_L \cdot 60/ Q_G$ [min]

    Zu berücksichtigen ist, daß das Ladegerät während der Wagenwechselzeit einen Grabvorgang vollziehen kann, der demnach bei der Wagenwartezeit entfällt:

$$t_L = (n - 1) \cdot t_s$$

    (Beispiel: Baggerspielzeit t_s = 25 sec; Ladespiele für einen LKW n = 7;
            Ladezeit für den LKW $t_L = (7-1) \cdot 25$ sec = $6 \cdot 25$ sec = 2,50 min)

    –   *Kippzeit* t_K

        Die *Entleer- oder Kippzeit* kann nach [22] wie folgt angenommen werden:

t_k [min]	Betriebsverhältnisse		
	gut	mittel	schlecht
Bodenschütter	0,3	0,6	1,5
Hinterkipper	1,0	1,3	2,0

– *Wagenwechselzeit* t_W

Sie hängt von der Zufahrtsmöglichkeit des Fahrzeuges zum optimalen Schwenkbereich des Ladegerätes ab. Nach [18] kann angenommen werden bei:
- günstigem Kreisverkehr keine Wartezeiten $t_W = 0$ [min]
- erforderlichen Rückstoßmanövern für Solofahrzeuge $t_W = 0{,}40$ bis $0{,}60$ [min]
                             für Sattelfahrzeuge $t_W = 1{,}00$ [min]

Hier wird berücksichtigt, daß die starre Aneinanderreihung der rechnerisch ermittelten Teilzeiten der einzelnen Betriebe wie bei einer Fließband-Arbeitskette
nicht realistisch ist und der Störanfälligkeit des Erdbetriebes in der Praxis nicht
gerecht wird. Es treten betriebsbedingte Schwankungen auf, die zum Teil zu
Wartezeiten des Ladegerätes wie auch der LKWs führen können, die zu Abweichungen von bis zu 20 % zwischen der theoretischen Bagger- und Transportleistung führen (Warteschlangentheorie).

– *Lade- und Manövrier- und Kippzeit* $t = t_L + t_K + t_W$

2) *die Zeiten für die Voll- und die Leerfahrt in km/h*

Die Geschwindigkeiten des Fahrzeuges stellen wegen der starken Abhängigkeit von
der Art und Länge der Fahrstrecke, dem Boden und den Witterungsverhältnissen für
den Transportbetrieb schwer bestimmbare Größen dar. Da gerade in Ballungsgebieten
die Verkehrsdichte ganz entscheidend die mittlere Fahrgeschwindigkeit beeinflußt,
werden die sichersten Ergebnisse durch Abfahren der Strecke erzielt.

Fahrdynamische Berechnungen sind sehr kompliziert und wegen der zahlreichen
empirischen Parameter und der häufig schwankenden Randbedingungen für die Praxis zu aufwendig.

Für die Grobdimensionierung lassen sich mit folgenden Erfahrungswerten für den
Erdbetrieb hinreichend genaue Ergebnisse erzielen:

v_{voll}:   im Mittel 10 bis 15 [km/h]
v_{leer}:   im Mittel 15 bis 25 [km/h]

die Dauer der Voll- und Leer-Fahrten errechnet sich dann mit:

$t_{voll} = L_{voll} \cdot 60 / v_{voll}$ in min. für die Hinfahrt des beladenen Fahrzeuges,
$t_{leer} = L_{leer} \cdot 60 / v_{leer}$ in min. für die Rückfahrt des entleerten Fahrzeuges,

L_{voll} und L_{leer} sind die Transportweiten in km, die sich aus der Bauaufgabe für die
Hin- und Rückfahrten auch mit unterschiedlichen Längen ergeben können.

5.5.3.2 Nutzleistung des gesamten Transportbetriebes

Nutzleistung $Q_{Nges} = Q_G \cdot T \cdot f_T \cdot f_N / t_L$ [m³ fest / h]

wobei: Q_G = Grundleistung des Transportfahrzeuges

f_N = Nutzleistungsfaktor (Siehe Tabelle 5.1)

T = Umlaufzeit

f_T = Transportbetriebsfaktor, der das Zusammenwirken mehrerer Transportfahrzeuge mit einem Ladegerät berücksichtigt. Er ist abhängig von der Beladungsrate = Umlaufzeit T / Beladezeit t_L

Anzahl der Fahrzeuge	Beladungsrate = Umlaufzeit T / Beladezeit t_L								
	2	3	4	5	6	7	8	9	10
2	0,89	0,75	0,55	0,45					
3	0,98	0,88	0,74	0,61	0,51	0,46			
4	1,00	0,96	0,87	0,75	0,65	0,58	0,51	0,47	0,41
5		0,99	0,94	0,86	0,77	0,68	0,61	0,55	0,50
6		1,00	0,98	0,92	0,86	0,77	0,70	0,63	0,58
7			1,00	0,96	0,91	0,85	0,78	0,71	0,65
8				0,98	0,95	0,90	0,85	0,79	0,72
9				1,00	0,97	0,94	0,89	0,85	0,79
10					0,99	0,96	0,93	0,89	0,84
11					1,00	0,98	0,95	0,92	0,88
12						1,00	0,97	0,94	0,91

Wahl der Fahrzeuganzahl:

Fahrzeugzahl < Beladungsrate: Verlust durch Warten des Ladegerätes.
Fahrzeugzahl > Beladungsrate: Verlust durch Warten der Fahrzeuge.

In den meisten Fällen ist es günstiger, die Fahrzeuganzahl höher als die Beladungsrate zu wählen, da häufig der Fuhrbetrieb als Nachunternehmerleistung vergeben wird, bei der geringe Wartezeiten billigend in Kauf genommen werden. Die günstigste Fahrzeugzahl kann nur durch eine Kostengegenüberstellung des Lade- und des Transportbetriebes gefunden werden.

Beispiel: „Leistungsberechnung eines Transportbetriebes"

Für den Baugrubenaushub einer Großbaustelle steht als Ladegerät ein Hydraulikbagger mit Tieflöffel V_L = 1,3 m³ zur Verfügung. Für den Abtransport des Aushubmaterials auf eine im Mittel 7 km entfernte Deponie soll die Anzahl der erforderlichen Transportfahrzeuge ermittelt werden.

ANGABEN AUS DEN ÖRTLICHEN UND BETRIEBLICHEN VERHÄLTNISSEN

- Aushub Bodenklasse 4 nach DIN 18300, Sand- Kies- Schluff, mitteldicht gelagert, erdfeucht;

- Für das Lösen und Laden des Aushubes ist unter Berücksichtigung der technischen Leistungsdaten des Ladegerätes sowie der örtlichen Gegebenheiten an der Entnahmestelle von einer für diese Baustelle individuell ermittelten mittleren Spieldauer von $t_S = 28$ sek. auszugehen.

- Als Transportfahrzeuge stehen Sattelzüge mit 260 kW Leistung, einer Nutzlast von 26 t und einem Ladevolumen nach SAE von $V_L = 19$ m³ zur Verfügung.

- Durch Abfahren der Strecke – die überwiegend aus asphaltierten Straßen besteht – von der Entnahmestelle der Baustelle zur Deponie konnten folgende mittleren Fahrgeschwindigkeiten erreicht werden: $v_{voll} = 35$ km/h, $v_{leer} = 55$ km/h.

- Für die zeitliche Nutzung des Erdbetriebes ist von mittelmäßigen Baustellen- und guten Betriebsbedingungen auszugehen.

- Die Sattelfahrzeuge sind Hinterkipper; beim Kippen kann von mittelmäßigen Betriebsverhältnissen auf der Deponie ausgegangen werden.

- Die Zufahrt der Sattelfahrzeuge zum Ladegerät erfolgt über ein Rückstoßmanöver.

BERECHNUNG DER GRUNDLEISTUNG DES LADEGERÄTES

- Spielzahl des Ladevorganges: $n = 3600$ sek/h / $t_S = 3600 / 28 = 128,6$ Spiele/h;

- Grundleistung $Q_G = V_L \cdot n \cdot f_L$
  wobei $V_L = 1,3$ m³; $f_L = f_A \cdot f_F$;
  aus Tabelle 5.8 (DIN 18300):   Auflockerungsfaktor $f_A = 0,79$;
  aus Tabelle 5.9 (DIN 18300):   Füllungsfaktor für Hydraulikbagger $f_F = 1,20$;

  $Q_G = 1,3$ m³ $\cdot$ 128,6 Fahrten/h $\cdot$ 0,79 $\cdot$ 1,20 $\underline{= 158,5 \text{ m}^3/\text{h.}}$

BERECHNUNG DER GRUNDLEISTUNG DES TRANSPORTGERÄTES

- aus Tabelle 5.9 (DIN 18300): Füllungsfaktor für Transportfahrzeuge bei erdfeuchtem Material $f_F = 1,12$;
  $f_L = f_A \cdot f_F = 0,79 \cdot 1,12 = 0,885$;

- Ladekapazität eines Sattelzuges:
  V_L nach SAE gehäuft = 19 m³,

  Ladevolumen nach Nutzlast mit einer Lagerungsdichte des Bodens bei mitteldichter Lagerung aus Tabelle 5.9 (DIN 18300) von $\gamma = 1,70$ t/m³,
  V_L = Nutzlast / $\gamma \cdot f_L$ = 26 t / 1,70 t/m³ $\cdot$ 0,885 = 17,3 m³;
  kleinerer Wert für V_L ist maßgebend!

- Ermittlung der Umlaufzahl:

  Dauer der *Lastfahrt* t_{voll} = L · 60 min/h / v_{voll} = 7 km · 60 / 35 km/h   = 12 min,

  Dauer der *Leerfahrt* t_{leer} = L · 60 min/h / v_{leer} = 7 km · 60 / 55 km/h   = 7,6 min,

  Beladezeit t_{Lade} = $V_{L\text{-Sattel}}$ · $f_{L\text{-Sattel}}$ · 60 min/h / $Q_{G\text{-Bagger}}$
                = 17,3 m³ · 0,885 · 60 / 158,5 m³/h   = 5,8 min,

  Kippzeit für Hinterkipper bei mittleren Betriebsverhältnissen (Tab.) t_K = 1,3 min,

  Wagenwechselzeit für Sattelfahrzeuge bei Rückstoßmanöver t_w = 1,0 min,

  die Umlaufzeit beträgt T   = t_{voll} + t_{leer} + t_{Lade} + t_K + t_w

                   = 12 + 7,6 + 5,8 + 1,3 + 1,0   = 27,7 min.

  die Umlaufzahl beträgt n   = 60 min/h / T = 60 / 27,7   = 2,17 Fahrten pro Stunde,

- die Grundleistung pro Sattelfahrzeug beträgt

  Q_G = V_L · f_L · n = 17,3 m³ · 0,885 · 2,17 = <u>33,22 m³/h.</u>

BERECHNUNG DER NUTZLEISTUNG DES GESAMTEN TRANSPORTBETRIEBES

Zeitliche Nutzung für mittelmäßige Baustellen- und guten Betriebsbedingungen beträgt aus Tabelle: f_N = 0,69,

$Q_{N\,ges}$ = Q_G · T · f_N · f_T / t_{Lade}

        = 33,22 m³/h · 27,7 min · 0,69 · f_T / 5,8 min = 109,5 · f_T

mit der Beladungsrate = T / t_{Lade} = 27,7 / 5,8 = 4,8 ergeben sich aus der Tabelle die Transportbetriebsfaktoren f_T für die in Frage kommenden Fahrzeugzahlen. Daraus werden die jeweilige Nutzleistungen $Q_{N\,ges}$ des gesamten Erdbetriebes berechnet:

4 Sattelzüge	f_T = 0,77	$Q_{N\,ges}$ = 109,5 · 0,77 = 84,3 m³ fest/h
5 Sattelzüge	f_T = 0,88	$Q_{N\,ges}$ = 109,5 · 0,88 = 96,4 m³ fest/h
6 Sattelzüge	f_T = 0,93	$Q_{N\,ges}$ = 109,5 · 0,93 = 101,8 m³ fest/h

Es gilt: Fahrzeugzahl > Beladungsrate: Verlust durch Warten der Fahrzeuge,
        Fahrzeugzahl < Beladungsrate: Verlust durch Warten des Ladegerätes.

Ein geringer Verlust durch Warten der Fahrzeuge wird in Kauf genommen. Es werden 5 Sattelzüge wählt: Fahrzeugzahl 5 > Beladungsrate 4,8.

Ergebnis:

Die stündliche Nutzleistung des Erdbetriebes mit 5 Sattelfahrzeugen kann unter Berücksichtigung nicht erfaßter unvorhersehbarer Störungen mit ca.

        $Q_{N\,ges}$ = **95 m³ fest/h** angesetzt werden.

5.6 Teilvorgänge Einbau und Verdichtung

5.6.1 Einbauvorgang und -formen

Der Boden kann entweder lose abgeladen oder formgerecht und wieder belastbar einge-baut werden. Im üblichen letzteren Fall erfolgt der Einbau grundsätzlich in Lagen, deren Dicke von der Bodenart und dem gewählten Verdichtungsgerät abhängt. Entscheidend für die Planung des Einbau- und Verdichtungsvorganges ist die Form der Ablage-rungsstelle, die allgemein als Kippe bezeichnet wird. Zu unterscheiden sind folgende Einbausysteme:

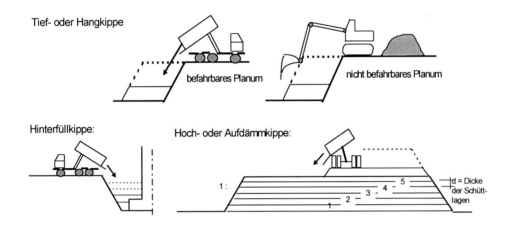

Bild 5.14 Einbausysteme

Die Leistungsfähigkeit der Geräte beim Entleeren auf der Kippe hängt wesentlich von dem Transportvolumen, der Einbaudicke und dem Material ab. Bei der Gestaltung des Entleervorganges ist zu beachten, daß:

- die Fahrzeuge bereits während des Fahrvorganges abkippen, um die Verteilleistung (Schubraupe, Grader) so gering wie möglich zu halten,

- Rangiervorgänge durch einen Rundfahrbetrieb vermieden werden,

- abhängig von der Bodenart die Fahrwege gepflegt werden. Bei bindigen Böden nur bei trockenem Wetter fahren, bei wasserhaltigen Böden u. U. Bodenverbesserung mit Kalk, Zement oder Bitumen.

5.6.2 Verdichtung

Bei der *Verdichtung* werden die Hohlräume entfernt, bis die größtmögliche Lagerungs-dichte erreicht ist. Dabei ist zwischen den Bodenarten wie folgt zu unterscheiden:

Rollige Böden

Hier werden die einzelnen Körner umgelagert, so daß das Feinkorn die Lücken zwischen dem Grobkorn optimal ausfüllt. Voraussetzung für eine gute Verdichtung ist also, daß die kleineren Körner in die Hohlräume der großen passen (Fullerkurve). Die Hohlräume im gelockerten Boden halten sich durch die Kornreibung. Diese kann überwunden werden mit:

- Schlag, Stoß oder statischer Last, oder
- durch Umwandlung der Ruhereibung in Gleitreibung mittels Rütteln, Vibrieren, Erschüttern oder durch Wasser (Schmiermittel!).

Bindige Böden

Hier werden die Hohlräume (Luft, Wasser, Poren) überwiegend durch Kohäsion aufrecht erhalten, die überwunden werden kann mit:

- statischer Last bei großen Hohlräumen, bzw. durch
- Kneten, Schlag oder Stoß bei kleinen Hohlräumen, oder durch
- Nutzung der thixotropen Eigenschaften mittels Vibrieren, Rütteln oder Steigern des Wassergehaltes.

Mischböden

werden durch Kombination von Druck, Kneten und Vibrieren verdichtet.

5.6.3 Verdichtungskontrolle

Zur Feststellung der geforderten Eigenschaften des eingebauten Bodens sind Qualitätsprüfungen erforderlich, die zur einheitlichen Beurteilung und Vergleichbarkeit genormt sind.

- Mit dem Proctorversuch nach DIN 18127 läßt sich in Abhängigkeit vom Wassergehalt des Boden die Verdichtungsarbeit bestimmen.
- Mit dem Plattendruckversuch nach DIN 18134 (Plattendurchmesser 30, 60 und 76 cm) wird die erreichte Tragfähigkeit der Schichten und die Verdichtung bei geringmächtigen Auffüllungen festgestellt. Da die Tiefenwirkung bei homogenem Boden auf

$$t_{max} \leq 4 \cdot \text{Plattendurchmesser}$$

begrenzt ist, müssen bei größeren Schichtdicken mehrere Schichten überprüft werden.

- bei großen Auffüllhöhen auch unter Wasser werden Druck- oder Rammsonden nach DIN 4094 eingesetzt.

5.6.4 Verdichtungsgeräte

Die für die Verdichtung eingesetzten Geräte arbeiten nach verschiedenen physikalischen Prinzipien. Man unterscheidet dabei Geräte mit:

- statischer Druckwirkung (Überrollen der Last mit z. B. Glatt- oder Gürtelradwalze),
- Knetwirkung (Stampffuß-, Gitterrad-, Gürtelrad- oder Gummiradwalze),
- Schlag- oder Stoßwirkung (Fall- oder Stoßenergie wie z. B. Stampfplatten an Baggern für Schollenhohlräume bei bindigen Böden und für Fels, oder universell einsetzbare Explosionsstampfer, deren Leistung vom Gewicht abhängt) und
- vibrierender Wirkung (z. B. Rüttelwalzen, Rüttelplatten mit größeren Amplituden als Walzen und Tauchrüttler für Tiefenverdichtung).

Eine Übersicht der gängigen Oberflächenverdichtungsgeräte im Erdbau gibt Bild 5.15.

5.6.5 Verdichtungsleistung

Zur Festlegung der Verdichtungsleistung sind bei der jeweiligen Bauaufgabe folgende Einflußgrößen maßgebend:

- Arbeitsgeschwindigkeit, also die geforderte Verdichtungsleistung,
- der Einfluß der Betriebsbedingungen,
- die Arbeitsbreite des Gerätes (Baustellengeometrie und verfügbare Geräte),
- die mögliche Schichtdicke (boden- und geräteabhängig),
- die erforderliche Anzahl von Übergängen (boden- und geräteabhängig).

Aus Tabelle 5.7 lassen sich abhängig von der Bodenart für die gängigen Verdichtungsgeräte die Schütthöhen und die erforderliche Anzahl der Übergänge entnehmen.

auch an hydraulische Trägergeräte anbaubar (z. B. Bagger)

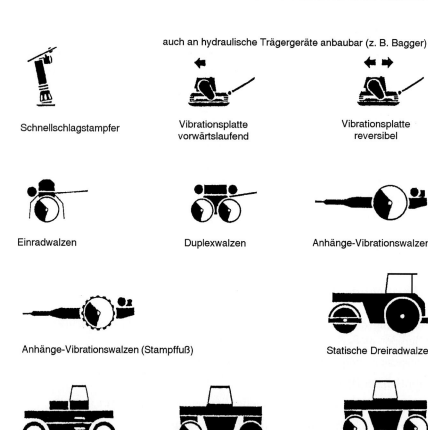

Schnellschlagstampfer

Vibrationsplatte
vorwärtslaufend

Vibrationsplatte
reversibel

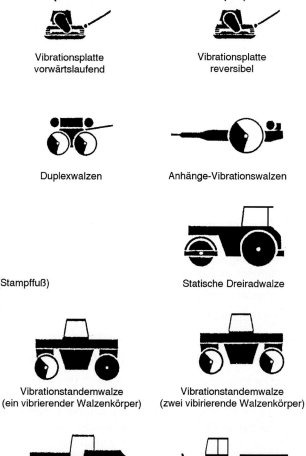

Einradwalzen

Duplexwalzen

Anhänge-Vibrationswalzen

Anhänge-Vibrationswalzen (Stampffuß)

Statische Dreiradwalze

Gummiradwalze

Vibrationstandemwalze
(ein vibrierender Walzenkörper)

Vibrationstandemwalze
(zwei vibirierende Walzenkörper)

Walzenzüge mit Luft-
bereifung einer Achse

Kombi-Vibrationswalze

Müll-Verdichter

Bild 5.15 Übersicht über Oberflächenverdichtungsgeräte im Erdbau

Tabelle 5.7 Verdichtungsgeräte: Einsatzwerte für die Leistungsberechnung nach [25].

Geräteart / Verdichtungsart	Arbeits-gewicht in t	Arbeitsge-schwin-digkeit in m/min	Schütt-höhe in cm	Empfohlene Übergänge Anzahl	Geeignet für Bodenart			
					Sand + Kies	Schluff + Ton	Gemisch	Fels
statisch								
Glattwalzen	6 - 16	50 - 100	10 - 20	7 - 15	o	+	o	−
Schaffußwalze, gezogen	5 - 25	50 - 100	15 - 25	7 - 20	−	+	o	−
Schaffußwalze, selbstfahrend	7 - 28	50 - 300	15 - 25	7 - 15	−	+	o	−
Gummiradwalzen, gezogen	25 - 95	50 - 100	35 - 75	5 - 10	+	+	+	o
Gummiradwalzen, selbstfahrend	15 - 50	100 - 170	50 - 100	5 - 10	+	+	+	o
Gürtelradwalzen	17	100	20 - 30	5 - 10	o	+	+	−
Gitterradwalzen	6 - 15	50 - 170	20 - 30	7 - 15	+	−	o	+
dynamisch								
Anhängervibrations-walzen, leicht	4 - 8	17 - 35	20 - 75	4 - 6	+	o	+	o
Anhängervibrations-walzen, schwer	8 - 16	17 - 35	20 - 130	3 - 5	+	o	+	+
Tandemvibrations-walzen, leicht	2 - 5	17 - 35	20 - 75	4 - 6	+	o	+	o
Tandemvibrations-walzen, schwer	6 - 15	17 - 35	20 - 130	3 - 5	+	o	+	+
Schaffußvibrations-walze	6 - 13	35 - 85	20 - 75	4 - 7	+	+	+	−
Explosionsstampfer	0,07 - 0,15	10 - 16	20 - 50	3 - 5	o	+	o	−
Vibrationsplatten, leicht	0,2 - 1	18 - 22	15 - 25	5 - 10	+	−	o	−
Vibrationsplatten, schwer	1 - 2,8	20 - 40	20 - 50	4 - 7	−	o	o	o

+ = gut bis sehr gut geeignet   o = geeignet   − = nicht geeignet

Die Nutzleistung eines Verdichtungsgerätes läßt sich nach dem zu verdichtenden Volumen mit folgenden Beziehungen bestimmen:

$$Q_N = f_N \cdot b' \cdot v \cdot h / z \quad [m^3/h]$$

wobei: f_N = Nutzleistungsfaktor (Siehe Tabelle 5.1)

              b' = wirksame Arbeitsbreite in m, ca. 0,8 · Platten- bzw. Walzenbreite

              v = Arbeitsgeschwindigkeit in m/h

              h = Schichthöhe des verdichteten Bodens in m

              z = Anzahl der Übergänge mit dem Gerät

Beispiel: Bauwerkshinterfüllung mit Kies- Sandgemisch.

– Gewähltes Verdichtungsgerät: leichte Vibrationswalze, z. B. ATN 2000 mit den Angaben des Herstellers:

– Arbeitsgeschwindigkeit	v =	22 m/min;
– Arbeitsbreite (= Plattenbreite)	b =	68 cm;
– Arbeitsgewicht	=	760 kg;

– Aus Tabelle 5.7 für dieses Gerät: Schütthöhe h = 15 - 25 cm,   gewählt 25 cm;
                                     Anzahl der Übergänge z = 5 -10,   gewählt 7.

– Der zeitliche Nutzungsfaktor wird mit f $_N$ = 0,75 angenommen (gute Baustellen- und Betriebsbedingungen, siehe Tabelle 5.1).

– Verdichtungsleistung:
$Q_N = f_N \cdot b' \cdot v \cdot h / z$
$= 0,75 \cdot (0,8 \cdot 0,68 \text{ m}) \cdot (22 \text{ m/min} \cdot 60 \text{ min/h}) \cdot 0,25 \text{ m} / 7 \quad = \underline{\mathbf{19,23}} \ [m^3/h]$

6 Baugrubenumschließung und -sicherung

6.1 Bauaufgabe

Unter Baugrube ist der Freiraum unter Geländeoberkante zur Herstellung von Bauwerken oder Bauteilen als Bestandteil der Rohbauarbeiten zu verstehen.

Die immer engere Bebauung und die ständig steigenden Grundstückspreise vor allem in Großstädten machen es zunehmend problematischer, Baugruben mit dem natürlichen Böschungswinkel des Bodens herzustellen. Dabei kommt hinzu, daß die Baugruben immer tiefer werden, wodurch die Bodenmassen und damit die Baukosten erheblich ansteigen.

Bodenklasse	β
3 und 4	40°
5	60°
6 und 7	80°

Böschungsneigung β nach DIN 18300: bei Überschreitung dieser Werte und Baugrubentiefen > 5 m ist die Standsicherheit rechnerisch nachzuweisen.

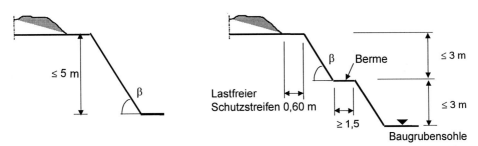

Bild 6.1 Böschung mit Berme bei Gefahr abrutschender Erdbrocken.

Dieser Problematik ist durch spezielle Maßnahmen entgegen zu wirken, bei denen auf Böschungen verzichtet wird, oder im Sonderfall der Senkkastenbauweise das Anlegen von freistehenden Baugruben ganz entfallen kann. Im Folgenden werden die senkrechten Baugrubenumschließungen näher behandelt.

Für die Wahl der geeigneten Baugrubenumschließung sind im Wesentlichen folgende Entscheidungskriterien maßgebend:

— die Nachbarbebauung
— der verfügbare Arbeitsraum
— die Baugrundverhältnisse
— die Grundwasserverhältnisse
— die auftretenden Verkehrslasten (auch Baustellenlasten),
— Umweltschutzauflagen (Lärm, Staub, Erschütterung)
— Bodeneinbauten (Sparten)
— wirtschaftliche und terminliche Zwänge.

Ist nach Wertung dieser Kriterien eine senkrechte Baugrubenumschließung unumgäng-
lich, ist zu entscheiden, ob geringfügige Verformungen (Setzungen) neben der Baugrube
zugelassen werden können oder nicht. Dies hängt von der Setzungsempfindlichkeit der
angrenzenden baulichen Anlagen ab und ist in Fällen von unmittelbarer Randbebauung,
setzungsempfindlichen, starren Versorgungsleitungen oder Verkehrswegen in der Regel
immer gegeben.

Man unterscheidet deshalb aus statischer Sicht den

biegeweichen Verbau, z. B. Spundwand- und Berliner Verbau,

den verformungsarmen Verbau, wie Bohrpfahl- und Schlitzwände, oder

Sonderbauweisen wie Elementwände, Bodenverfestigung u. -vernagelung sowie bewehrte Erde.

Die wesentlichen Vorschriften für diese Verbauarten sind:

DIN 4014	Bohrpfähle, Herstellung, Bemessung und Tragverhalten
DIN 4124	Baugrube mit Gräben
DIN 4125	Verpreßanker (Kurzzeitanker und Daueranker)
DIN 4126	Ortbeton-Schlitzwände
DIN 4127	Schlitzwandtone
DIN 4084	Gelände- und Böschungsbruchberechnung
DIN 4128	Verpreßpfähle
DIN 4093	Einpressen in den Untergrund
DIN 4123	Gebäudesicherung im Bereich von Ausschachtungen, Gründungen und Unterfangungen
Empfehlungen des Arbeitskreises „Baugruben" der Deutschen Gesellschaft für Erd- und Grundbau e. V., 1988, 6. Auflage.	
Empfehlungen des Arbeitsausschusses „Ufereinfassungen", 1990.	
Vorläufige Richtlinien für die Anwendung des Bauverfahrens „Bewehrte Erde" (Ausgabe Januar 1977).	

Die Grundbestandteile einer Baugrubenumschließung sind die eigentliche Verbauwand,
und bei größeren Tiefen, ein Aussteifungs- oder Rückhaltesystem. Nach der Überlegung,
ob diese Bestandteile im Boden verbleiben oder als vorübergehende Maßnahme wieder
entfernt werden müssen, werden sie nachfolgend behandelt.

6.2 Rückbaubare Baugrubenumschließungen

6.2.1 Der Grabenverbau

Der Grabenverbau kommt zur Anwendung bei schmalen Gräben für Kanäle und Leitungen. Als Möglichkeiten sind folgende *Verbauarten* zu unterscheiden

- Verbauten mit senkrechten oder waagrechten Holzbohlen, Kanaldielen oder Spundwänden

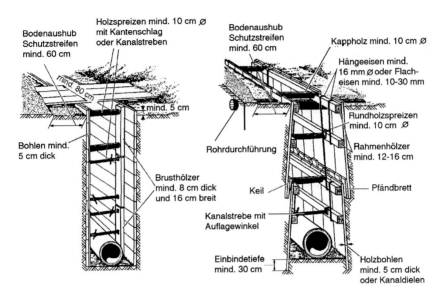

Alle Rahmenhölzer, Rundholzspreizen oder Kanalstreben müssen gegen Abfallen gesichert sein.

Bild 6.2 Waagrechter und senkrechter (gepfändeter) Grabenverbau nach [28]

- Industriell vorgefertigte Verbaugeräte als Montageeinheit bestehend aus Verbauplatten und hydraulisch oder mechanisch bedienbaren Aussteifungen.

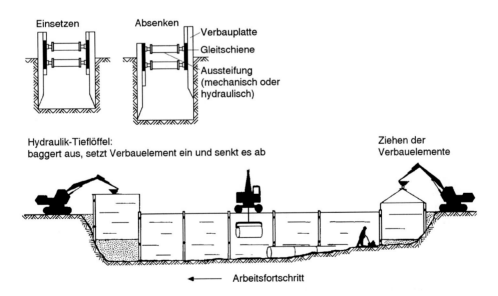

Bild 6.3 Herstellen eines Grabenverbaues mit Verbaugerät im vorübergehend standfestem Boden nach [28].

Entscheidend für die *Einbauart* ist die Standfestigkeit des Bodens:

- bei vorübergehend standfestem Boden wird auf eine gewisse Tiefe vorab ungesichert ausgehoben und dann erst die Sicherung eingebaut. Beim waagrechten Verbau muß dabei der Boden mindestens auf eine Bohlenbreite, bei senkrechten Bohlen entsprechend ihrer Länge größer, freistehend standfest sein.

- bei nicht standfestem Boden (Rollkies, Sand, Grundwasser) müssen die Bohlen vorab in den Boden „vorgepfändet" werden. Danach erfolgt der Aushub.

Auf dieser prinzipiellen Vorgehensweise beruhen nahezu alle Verbauarten und die verschiedenen Einbauverfahren von industriell vorgefertigten Verbaugeräten.

Bei letzteren unterscheidet man zwischen mittig ausgesteiften und randgestützten Platten sowie in abgestützten Gleitschienen geführte Platten sowie die bodenabhängigen Einbauverfahren:

6.2.1.1 Einstellverfahren

bei dem der vorübergehend standfeste Boden auf volle Tiefe der Gerätehöhe ausgeschachtet, das Verbaugerät eingehoben und gegen das Erdreich gepreßt wird.

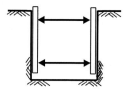

Bild 6.4
Einstellverfahren

6.2.1.2 Absenkverfahren

für gering standfeste Böden, bei dem bis auf die Tiefe ausgeschachtet wird, bei der der Boden gerade noch standfest ist. Dann wird das Verbaugerät eingehoben. Der weitere Aushub erfolgt innerhalb des Verbaugerätes, das dann dem Aushubfortschritt folgend nachgepreßt wird.

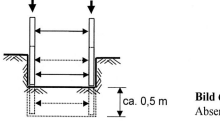

ca. 0,5 m   **Bild 6.5**
Absenkverfahren

6.2.1.3 Dielenkammerverfahren

bei dem das Verbaugerät als Kammerplatte mit den Kanaldielen kombiniert wird. Nach Vorausschachtung wird die ausgesteifte Kammerplatte eingehoben und als Führung bzw.

Schablone für Kanaldielen verwendet, die entweder in den darunter liegenden Baugrund dem Aushub vorauseilend eingedrückt oder eingerüttelt werden.

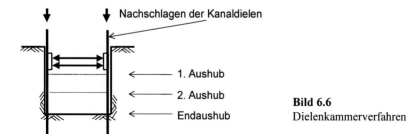

Bild 6.6
Dielenkammerverfahren

Die Vorteile dieser Sonderform liegen in:

- der guten Anpassungsmöglichkeit an variable Grabenhöhen (z. B. Gefälle der Grabensohle)
- der großen nutzbaren Höhe (Arbeitsbereich) unter der Aussteifung der Kammerplatte
- der guten Anpassung an wechselnde Bodenstandfestigkeiten
- der Möglichkeit, Aussparungen für Versorgungsleitungen (Sparten) vorzusehen
- der Einsparung von Verbaugeräten pro Querschnitt.

6.2.2 Trägerwand

Trägerwände bestehen aus senkrechten Tragelementen, die im Abstand von 1,0 bis 3,5 m entlang der geplanten Baugrubenumschließung von Geländeoberkante in den Boden eingebracht werden. Der Einbau erfolgt entweder:

- in vorgebohrte Löcher, in die die Träger eingesetzt werden. In diesem Falle muß bei Auftreten lotrechter Lasten (Wandreibung Boden/Verbau, Rückverankerung, aufgelagerte Brücken etc.) der Fußbereich mit Fußplatten versehen und einbetoniert werden.

- oder sie werden in den Boden direkt eingerammt oder gerüttelt.

Die verschiedenen Einbauverfahren werden bei den Bohrpfahl- und Spundwandverbauten näher beschrieben.

Im Zuge des Aushubes werden die Felder zwischen den Trägern schrittweise durch einen Verbau, i. d. R. mit Holz, in Sonderfällen auch mit Stahlprofilträgern oder Beton, ausgefacht. Die Einsatzmöglichkeiten dieser Ausfachungsarten werden nachfolgend gezeigt .

- Die *Holzausfachung* ist nahezu in allen Bodenarten anwendbar, durch die Wiedergewinnbarkeit der tragenden Teile äußerst wirtschaftlich, bietet durch Variation der Trägerabstände große statische Flexibilität und kann bereits beim Setzen der Verbauträger auch unregelmäßig geformten Baugruben angepaßt werden. Demgegenüber stehen die Nachteile des geringen Aushubfortschrittes und der Wasserdurchlässigkeit.

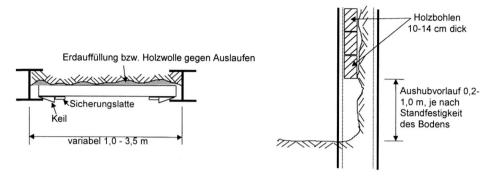

Bild 6.7 Holzausfachung

- Die in Bild 6.8 gezeigte Sonderform eignet sich für gering standfeste Böden, da hier die *Kanaldielen* – dem Aushub vorauslaufend geschlagen – das Auslaufen des Bodens verhindern. Der Nachteil der höheren Materialkosten muß gegen den Vorteil des größeren Aushubfortschrittes abgewogen werden.

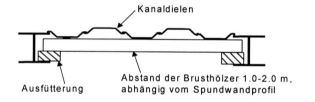

Bild 6.8
Lotrechte Kanaldielen, horizontal gegen Verbauträger abgestützt.

- Die Ausfachung mit *Beton* bietet gegenüber der Holzausfachung den Vorteil der guten Kraftschlüssigkeit zum Erdreich und ist dadurch verformungsärmer. Durch ihre aussteifende Scheibenwirkung eignet sie sich auch zur Aufnahme von Kräften, die in Wandrichtung abzutragen sind. Dem gegenüber stehen die Nachteile, daß sie nicht wieder gewinnbar ist und das Ziehen der Träger erschwert. Um das Ziehen der Träger zu ermöglichen, ist darauf zu achten, zwischen Beton und Träger eine Trennschicht einzubauen (Dachpappe o.ä.). Der Betoneinbau erfolgt gewöhnlich als Spritzbeton, in Sonderfällen kann auch örtlich geschalt werden oder der Einbau von Fertigteilen sinnvoll sein.

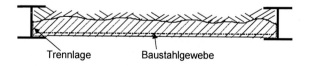

Bild 6.9
Betonausfachung

Zusammenfassend kann gesagt werden, daß die Verbauwand gewöhnlich dann wirtschaftlich ist, wenn keine Wasserdichtigkeit erforderlich und der Boden standfest bis gering standfest anzutreffen ist. Dies gilt vor allem für die Holz- und Kanaldielenausfachung, wenn keine Verbauteile im Baugrund verbleiben dürfen.

6.2.3 Spundwand

Stahlspundwände vereinen das Trag- mit dem Ausfachungselement des Trägerverbaues in einem Bauelement. Aufgrund des umfangreichen Marktangebotes an Profilen können sie der Vielfalt der Belastungsfälle zur Aufnahme sowohl der waagrechten Erd- und Wasserdruckkräfte wie auch der lotrechten Kräfte aus Baustellenlasten und Vertikalkomponenten aus Erdreibung und Rückverankerung angepaßt werden. Wegen der Art des Einbaues werden sie üblicherweise als Rammgut bezeichnet.

6.2.3.1 Das Rammgut

Neben den Kanaldielen und Leichtprofilen (siehe Grabenverbau) sind bei den Normalprofilen grundsätzlich zwei Profilarten zu unterscheiden, die U- und die Z-Profile.

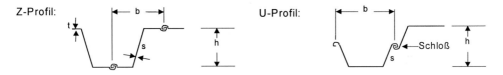

Bild 6.10 Spundwandprofile

Für die Baustellenplanung und die Kostenbetrachtung sind die Abmessungen und die Gewichte entscheidend. Sie reichen von

$$b = 400 \text{ bis } 670 \text{ mm}$$
$$h = 150 \text{ bis } 452 \text{ mm}$$
$$G = 75 \text{ bis } 271 \text{ kg/m}^2$$

wobei die gängigsten Profile im Bereich von 125 bis 175 kg/m^2 liegen und zur Beschleunigung des Einbauvorganges gerne Bohlenbreiten von 60 cm als werksseitig verschweißte Doppelbohlen (b = 1,2 m) eingesetzt werden. Dies setzt natürlich hierfür geeignete Bodenverhältnisse und die richtige Geräteauswahl voraus.

Die möglichen Baugrubentiefen sind zum einen wegen der Transportfähigkeit auf Straße und Schiene, zum anderen wegen der Höhe der verfügbaren Ramm- bzw. Rüttelgeräte auf ca. 15 m begrenzt.

Um wasserdichte Baugruben zu erhalten, können werksseitig Schloßdichtungen aus phenolfreien Bitumenkitten bestellt werden, die aber nur bedingt für den mehrfachen Einsatz geeignet sind. Nachträglich eingebaute Polyurethan-Dichtungen sind nur einmal einsetzbar. Bei hochfrequenten Vibrationsbären besteht die Gefahr des erhöhten Abriebes und der Verbrennung. Für wasserdichte Baugrubenumschließungen eignen sich werksseitig verschweißte Doppelbohlen und Schloßdichtungen an den freien Schlössern.

4.2.3.2 Einbaumöglichkeiten

Der Einbau erfolgt, abgesehen von der teureren Methode des Einhebens in vorgebohrte Löcher, durch hohen Energieaufwand zur Verdrängung des anstehenden Bodens. Dies geschieht i. d. R. durch Rammen, Schlagen oder Pressen.

a) Rammen und Schlagen

gilt als die wirtschaftlichste Einbaumethode, wenn die Bodeneigenschaften und die zumutbaren Umweltbeeinträchtigungen es zulassen. Zum Einsatz kommen:

- der Dampf- oder Dieselbär mit großem Hub, hoher Schlagenergie und geringer Schlagfrequenz (Langsamschläger 40-60 Schläge/min);

- der Hydraulik- *oder Druckluftbär* mit geringem Hub, niedriger Schlagenergie und hoher Schlagzahl (Schnellschlagbären 100-300 Schläge/min).

In beiden Fällen erfolgt der Energieeintrag in das Rammgut über sogenannte Rammhauben, die die Verfomung der Spundwandköpfe verhindern sollen.

Diese Methoden eignen sich neben lockeren Kiesen und Sanden auch für schwere Böden, also bindige Bodenarten, steife Tone und Mergel, wobei für sehr dichte Lagerungen u. U. die später beschriebenen Einbauhilfen erforderlich sind.

- Mit *Impulsbären* werden hydraulisch erzeugte Impulse auf das angeklemmte Rammgut übertragen (180-600 Schläge/min).

b) Rütteln und Vibrieren

hier werden durch Unwuchten sowohl in Frequenz als auch Amplitude steuerbare Vibrationen erzeugt, die direkt vom Rüttelbären über hydraulisch betätigte Klemmzangen auf das Rammgut übertragen werden. Durch die gute Anpassungsmöglichkeit der Vibrationsenergie an die Bodenverhältnisse und an das Rammgut ist der Einbau weit erschütterungsärmer und lärmfreier als das Rammen und Schlagen und ermöglicht dadurch auch in innerstädtischen Gebieten den Einsatz von Spundwänden und Verbauträgern. Weitere Vorteile bieten die universell einsetzbaren Geräte, die auch als Anbaugeräte an gängige Hydraulikbagger geliefert werden. Eine hydraulische Führung des Rammgutes und des Vibrators an Mäklern ermöglicht auch Neigungskorrekturen. Sie können ohne Umbau auch für das Ziehen des Rammgutes verwendet werden (Bild 6.11).

Dieses Verfahren eignet sich besonders für nicht bindige Bodenarten, mit zusätzlichen Schlageinrichtungen auch für bindige Böden. Der natürliche Wassergehalt des Bodens wirkt sich vorteilhaft auf die Vibrationsmethode aus, deshalb ist es sinnvoll, eine notwendige Grundwasserabsenkung erst nach dem Einbringen des Rammgutes durchzuführen.

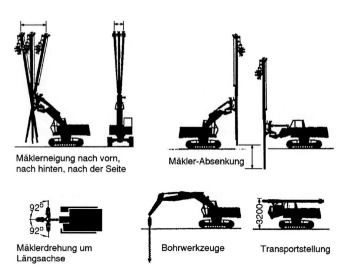

Bild 6.11
Rüttler und Mäkler als
Anbaugeräte an einen
Hydraulikbagger

Mäklerneigung nach vorn,
nach hinten, nach der Seite

Mäkler-Absenkung

Mäklerdrehung um
Längsachse

Bohrwerkzeuge

Transportstellung

c) Einpressen

Das Einpressen ist eine vollkommen lärm- und weitgehend erschütterungsfreie Einbaumethode. Das Rammgut wird mit hydraulischen Pressen in den Boden gedrückt, wobei als Widerlager zur Abstützung der Pressen bereits im Boden vorhandene Bohlen oder ein eigens anzufertigender Reaktionsrahmen dient. Für leichte bis mittelfeste Böden gibt es auch leichtere Pressen, die entweder an Mäklern geführt oder an Löffelstielen von Hydraulikbaggern angebaut werden können. Die Einpreßgeräte eignen sich auch zum Ziehen der Bohlen. Die geringe Verbreitung dieses Verfahrens liegt an der vergleichbar geringeren Leistung und Wirtschaftlichkeit.

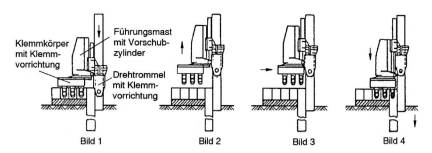

Bild 1: Einpreßvorrichtung auf dem beschwerten Reaktionsrahmen geklemmt und 1. Bohle eingepreßt, Mast ausfahren und 2. Bohle anpressen.

Bild 2: Klemmung am Klemmkörper lösen und anheben.

Bild 3: Mast einfahren, wodurch der Klemmkörper verschoben wird.

Bild 4: Klemmkörper absenken, klemmen und Bohle einpressen.

Beim Ziehen von Bohlen ist darauf zu achten, daß der Klemmkörper zurückversetzt wird, bevor die zu ziehende Bohle sich vollständig gelockert hat, da sonst das Umsetzen nicht möglich ist.

Bild 6.12 Funktionsprinzip des Einpressens bzw. Ziehens

6.2.3.3 Einbaukontrolle

Bei allen Einbauarten sind Aufzeichnungen über das Eindringverhalten des Rammgutes zu machen, um genauere Aufschlüsse über die Schichtung und Beschaffenheit des anstehenden Bodens zu erhalten und Vergleiche mit eventuell vorhandenen Bodenaufschlüssen herstellen zu können. Bei langsam schlagenden Geräten geschieht dies durch Festhalten der Eindringtiefe pro Schlag (z. B. 1 cm/10 Schläge). Bei schnell schlagenden Geräten oder Vibratoren durch Messung der Eindringtiefe pro Zeiteinheit (z. B. mm/min oder cm/min). Diese Aufzeichnungen sind als Rammprotokolle zu führen und können, in Rammdiagrammen dargestellt, wichtige Aufschlüsse über die geeignete Art des Energieeintrags in Verbindung mit der Bodenart liefern. Für Rammpfähle werden Rammprotokolle in der DIN 4026 zwingend vorgeschrieben. Bei den modernen Vibrationsgeräten werden die relevanten Daten i. d. R. elektronisch aufgezeichnet und zeigen u. a. den Einfluß von Frequenz und Amplitude auf den Rammfortschritt auf.

6.2.3.4 Einbringhilfen

Werden beim Einbau des Rammgutes die Solltiefen nicht erreicht, oder sinken die Rammzeiten auf ein wirtschaftlich nicht mehr vertretbares Maß, so können verschiedene Einbringhilfen eingesetzt werden.

- *Lockerungsbohrungen.* Der Boden wird vorauslaufend zum Einbau des Rammgutes mit Bohrschnecken vorgebohrt und aufgelockert, wobei kein Material aus dem Bohrloch entnommen wird. Dabei ist darauf zu achten, daß die Bohrung nicht zu weit vorauslaufend erfolgt, da durch die Ramm- oder Rüttelenergie beim nachträglichen Einbau des Rammgutes der Boden wieder verdichtet und die Maßnahme dadurch erfolglos wird. Die Lockerungsbohrung sollte im späteren Schloßbereich der Spundwand getätigt werden, weil hier der größte Widerstand bei der Verdrängung des Bodens auftritt und sie darf nicht auf die volle Spundwandtiefe geführt werden, um eine spätere Wasserumläufigkeit an der Einbindestelle der Spundwand in den Stauer zu verhindern.

  Das Vorbohren stellt die kostengünstigste Einbringhilfe dar, zumal es bei den modernen Rüttelgeräten mit einfachem Umrüsten des Vibrationsbären am Mäkler auf ein Bohrgerät und Schnecke mit demselben Grundgerät ausgeführt werden kann.

- Durch *Spülen* wird der Eindringwiderstand in den Boden im Fußbereich vor dem Rammgut verringert. Zur Einleitung des Spülmittels werden an den Spundbohlen bzw. an den Trägern Spüllanzen befestigt und mit ihnen in den Boden eingebracht. Je nach Bodenart kann mit

  – Druckluft

  – Niederdruckwasser oder

  – Hochdruckwasser gespült werden.

  Bei Einsatz von Druckluft (Baukompressor mit mindesten 5 m³ Leistung) wird der Boden umgelagert und so der Spitzenwiderstand reduziert. Die Methode ist nur bei nichtbindigen und besonders wasserhaltigen Bodenarten anwendbar.

Bei dicht gelagerten nichtbindigen sowie bindigen und zähen Böden wird i. d. R. mit Niederdruckwasser gespült, da hier das Wasser überwiegend die Funktion einer Gleithilfe einnimmt. Die Spüllanzen (25 bis 40 mm) werden am unteren Ende auf ca. ¼ des Lanzendurchmessers verengt und das Spülwasser mit Drücken von 10 bis 50 bar über eine Kreiselpumpe gefördert. Die Wassermengen liegen je nach Druck und Lanzendurchmesser bei 200 bis 500 l/min.

Bei sehr dicht gelagerten bindigen und nicht bindigen Böden wird der Boden mit Hochdruck an der Spundwandschneide freigeschnitten und durch die Wasserströmung eine Kornumlagerung sowie Verringerung der Mantel- und Schloßreibung erreicht. Es wird mit geringen Wassermengen (bei einem Düsendurchmesser von 1,2 mm ca. 20 l/min) und hohem Druck (350 bis 500 bar) gearbeitet.

Mit dem Ziehen der Spundwände werden die Spüllanzen wieder gewonnen und können u.U. mehrfach eingesetzt werden. Durch geeignete Ausklinkvorrichtungen können die Lanzen auch bei länger verbleibenden Spundwänden vorzeitig gezogen und wiederverwendet werden.

Bild 6.13 Anordnung der Spüllanzen

Beim Spülen mit Druckwasser muß ca. 1 m vor Erreichen der Endtiefe das Spülen eingestellt werden, damit die Tragfähigkeit des Bodens besonders bei hohen axialen Lasten nicht beeinträchtigt wird und keine Grundwasserumläufigkeit entsteht.

• *Spezielle Sprengverfahren* (z. B. Lockerungs- oder Luftpuffersprengungen) bei harten, felsartigen Böden oder Bodenschichten. In der Achse der Spundwand werden in bestimmten Abständen Bohrlöcher niedergebracht und mit Sprengschnüren besetzt. Dadurch kann ein relativ schmaler Graben durch Schocksprengung vorgelockert und die Spundwand mit üblichen Verfahren eingebaut werden, wobei der gelockerte Boden wieder verdichtet und damit standfest wird.

• *Vorgebohrte Löcher.* In Sonderfällen, wenn z B. für das endgültige Bauwerk eine verbleibende Spundwand erforderlich ist, diese aber mit den bisher besprochenen Verfahren wegen sehr empfindlicher Randbebauung oder zu vielen Einbauten im Boden nicht einbaubar ist, werden vorab *Bohrungen* wie bei Pfählen abgeteuft, diese entweder mit Stützflüssigkeit oder Kiesauffüllung (Bodenaustausch) gehalten, dann die Spundwände eingebaut.

Nachfolgende Übersicht zeigt die Eignung der verschiedenen Verfahren mit den zugehörigen Werkzeugen für die jeweilige Bodenart:

Tabelle 6.1 Einbringhilfen für Spundwände in Abhängigkeit von der Bodenart

Einbauhilfen		Bodenart	Werkzeuge
Druckluftspülen		Sand	Spüllanzen
Wasserspülen:	Niederdruck 10-50 bar Mitteldruck 50-200 bar Hochdruck 200-500 bar	Sand, Kies Schluff, Lehm Ton, Mergel	Spülrohre
Bohren		Sand, Kies	Bohrschnecke
Lockerungssprengung		Fels, Mergel	Bohrstangen
Voraushub (Bodenaustausch)		Steine	Greifer, Tieflöffel

Die hier beschriebenen Einbauverfahren gelten im wesentlichen auch für die Stahlprofilträger des Trägerverbaues.

6.2.4 Abstützung der Baugrubenumschließung

Die Verbau- und Spundwände können bei geringen Baugrubentiefen frei auskragend, also im Boden eingespannt, hergestellt werden. Die maximale Tiefe bei dieser baubetrieblich günstigsten Lösung richtet sich nach den Boden- und Grundwasserverhältnissen, den Verkehrslasten und der Größe der Tragelemente des Verbaues, ist aber i. d. R. wegen der rasch anwachsenden Einspanntiefe und der stark zunehmenden Kopfverformung auf ca. 3 m begrenzt.

Bei größeren Baugrubentiefen sind die Umschließungswände abzustützen.

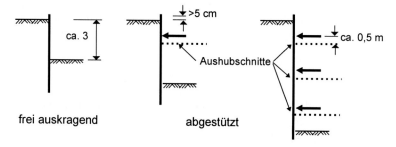

Bild 6.14 Freie und abgestützte Baugrubenwände

Die Nachteile der Abstützung liegen neben den relativ hohen Kosten im baubetrieblichen Bereich, weil zur Herstellung der Abstützkonstruktion der Aushubbetrieb unterbrochen werden muß, um die Verbauwand nicht zu überlasten. Zu unterscheiden sind zwei Verfahren:

6.2.4.1 Steifen zwischen den Baugrubenwänden

Bei geringen Baugrubenbreiten oder wenn eine Verankerung aus technischen oder rechtlichen Gründen ausscheidet, kann die eine Wand gegen die gegenüberliegende abgestützt werden. Begrenzt ist dieses Verfahren durch das Knickverhalten der Stützen und dem mit der Baugrubenbreite stark anwachsenden Materialverbrauch (i. d. R. Stahl). Die Grenze liegt erfahrungsgemäß bei Baugrubenbreiten bis ca. 10 m.

Konstruktiv erfolgt der Abtrag der Lasten über eine horizontale Lastverteilung, bestehend aus Stahlprofilträgern oder Spundwandprofilen, auf die die Steifen aufgesetzt werden.

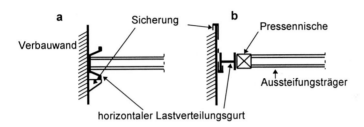

Bild 6.15 Gurte und Steifen

Lösung a ist für biegeweiche Baugrubenumschließungen ausreichend, für starre Baugrubenumschließungen ist die Lösung b vorzuziehen, bei der die Steifen kraftschlüssig angespannt oder gegen das Erdreich vorgespannt werden können. Dies geschieht mit Pressen, die zwischen die Lastverteilungs- und Aussteifungsträger geschaltet werden.

Konsolen, Bügel oder Kettenaufhängungen dienen sowohl als Montagehilfe als auch zur Sicherung gegen Abrutschen der Gurte.

Der baubetriebliche Nachteil dieser Lösung liegt in der starken Behinderung der Bewegungsfreiheit in der Baugrube. Besonders bei engem Steifenabstand und mehreren Steifenlagen sind diese so anzuordnen, daß in bestimmten Abständen Einbringöffnungen für das Einheben von Schalelementen, Geräten oder Fertigteilen offen bleiben. Daneben ist die Möglichkeit zur „Umsteifung", d. h. zur sukzessiven Absteifung der Wände auf das entstehende Bauwerk in der Tragwerksplanung (Bauzustände) vorzusehen.

Bei langen Linienbaustellen (z.B. Kanalbaustellen) bietet sich der wirtschaftliche Vorteil, die Steifen, die dann als Steifenroste ausgebildet werden, im Zuge des Baufortschrittes umzusetzen und so mehrfach einzusetzen.

6.2.4.2 Rückverankerungen

Bei größeren Baugrubenbreiten sind Aussteifungen technisch problematisch und unwirtschaftlich. Hier werden die Abstützkräfte über Injektions- oder Verpreßanker in das dahinter liegende Erdreich geleitet. Diese haben sich aus dem in Sonderfällen heute noch angewandten Prinzip der „toten Männer" entwickelt, bei dem die Stützkräfte über Zugbänder, die in offener Baugrube hinter der Verbauwand verlegt werden, in den Boden eingeleitet werden. Zur Lastverteilung in den Boden dienen entweder Holzpfähle, Spundwände oder Betonplatten, die sog. „toten Männer". Diese schlaffen Spundwandanker werden meist in geringen Tiefen in offener Baugrube verlegt, sind also nur bei freiem, unbebautem Gelände möglich

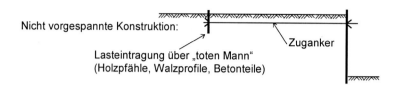

Nicht vorgespannte Konstruktion:

Lasteintragung über „toten Mann"
(Holzpfähle, Walzprofile, Betonteile)

Zuganker

Bild 6.16 Schlaffe Rückverankerung

Bei den Verpreßankern werden von der Baugrube aus geneigte Löcher gebohrt oder gerammt, Ankerstähle eingebracht und im tragfähigen Boden mit Zementmörtel verpreßt. Auf die Länge des Verpreßkörpers, der sogenannten Lasteintragungsstrecke, werden nach dem Erhärten des Zements und dem Anspannen der Ankerstähle die Zugkräfte in den Boden eingeleitet. Dabei stützen sie sich über den Ankerkopf gegen die zu sichernde Verbauwand ab.

Die Rückverankerung in benachbarten Grundstücken ist genehmigungspflichtig.

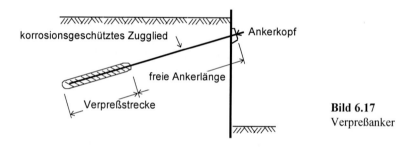

korrosionsgeschütztes Zugglied

Ankerkopf

freie Ankerlänge

Verpreßstrecke

Bild 6.17
Verpreßanker

Das Prinzip beruht auf der Ausnutzung des Erdwiderstandes. Da dieser erst nach einem gewissen Verschiebungsweg voll aktiviert wird und die Berechnung nur über allgemeine Bodenkennziffern möglich ist, legt die DIN 4125 genaue Prüfkriterien fest. Sie unterscheidet zwischen „Injektionsankern für vorübergehende Zwecke" ($\leq$ 2 Jahre) in Blatt 1 und „Daueranker", den sog. Temporärankern (> 2 Jahre) in Blatt 2. Danach muß vom Hersteller bereits eine Grundsatzprüfung vorhanden sein. Bei unbekannten Bodenverhältnissen sind auf jeder Baustelle mindestens 3 ungünstige Anker auf die 1,25-fache Gebrauchslast zu prüfen (bei Dauerankern 1,5-fach).

Das Zugglied eines Ankers besteht entweder aus Einstab-, Mehrstab- oder Litzenankern, die einen einfachen Korrosionsschutz benötigen. Dieser besteht aus einem Kunststoffanstrich auf der freien Ankerlänge und dem Zementmörtel im Verpreßkörper. Daueranker benötigen einen doppelten Korrosionsschutz.

Der Herstellungsprozeß eines Ankers ist in Bild 6.18 schematisch dargestellt.

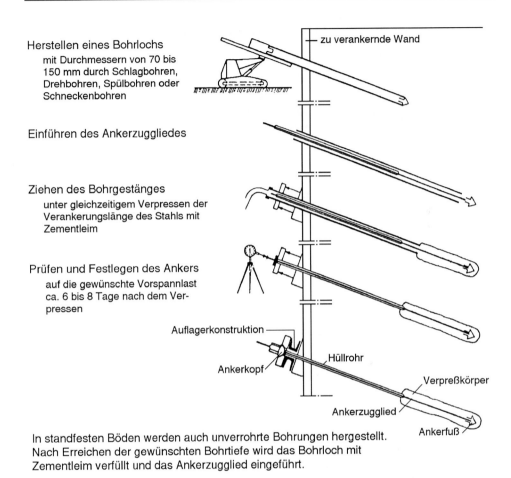

Herstellen eines Bohrlochs

mit Durchmessern von 70 bis 150 mm durch Schlagbohren, Drehbohren, Spülbohren oder Schneckenbohren

Einführen des Ankerzuggliedes

Ziehen des Bohrgestänges

unter gleichzeitigem Verpressen der Verankerungslänge des Stahls mit Zementleim

Prüfen und Festlegen des Ankers

auf die gewünschte Vorspannlast ca. 6 bis 8 Tage nach dem Verpressen

zu verankernde Wand

Auflagerkonstruktion

Ankerkopf

Hüllrohr

Verpreßkörper

Ankerzugglied

Ankerfuß

In standfesten Böden werden auch unverrohrte Bohrungen hergestellt. Nach Erreichen der gewünschten Bohrtiefe wird das Bohrloch mit Zementleim verfüllt und das Ankerzugglied eingeführt.

Bild 6.18 Herstellung eines Verpreßankers nach [34].

Da die erforderliche Ankerkraft erst nach dem Erhärten des Zementmörtels, also 6-8 Tage nach dem Verpressen, aufgebracht werden kann, muß der Aushubvorgang um diese Zeit unterbrochen oder so gesteuert werden, daß er an anderer Stelle weiterläuft. Dies wird bei entsprechend großen Baustellen im Ablaufplan geregelt. Das beim Bohren der Anker anfallende Spülwasser ist in Gräben entlang der Verbauwand zu sammeln und, über Absetzgräben oder -becken gereinigt, dem Vorfluter zuzuleiten (Siehe Bild 6.19).

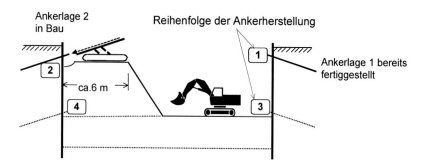

Bild 6.19 Abstimmung des Erdbetriebes mit der Ankerherstellung.
Hier: gleichzeitige Herstellung der Ankerlage 2 und des Aushubes für die Ankerlage 3.

Den bereits genannten Nachteilen der Rückverankerung stehen folgende Vorteile gegenüber:

- durch Verwendung hochfester Stähle können große Kräfte mit kleinen Bohrdurchmessern aufgenommen werden. D. h. es können kleine und handliche Ankerbohrgeräte eingesetzt werden (Platzbedarf siehe Bild 6.19),

- die Baugrube ist frei von störenden Einbauten wie bei den Steifen,

- mit herstellerspezifischen Ankerkopfdichtungen lassen sich auch wasserdichte Baugrubenumschließungen rückverankern.

Beim Rückbau der Baugrubenumschließung werden die Anker im Zuge der Hinterfüllarbeiten gelöst und der überstehende Teil abgeschnitten, der Rest verbleibt im Boden.

Die Abstützungsmöglichkeiten von Baugrubenumschließungen gelten ebenso für die nachfolgend erläuterten verbleibenden Verbauarten.

6.3 Verbleibende Verbauarten

Die hier u.a. angesprochenen Bohrpfahl- und Schlitzwände, bedingt auch Injektionswände, haben gegenüber den bisher behandelten Verbauarten erheblich größere Trägheits- und Widerstandsmomente. Sie eignen sich daher zur Aufnahme großer horizontaler und vertikaler Kräfte. Durch die Einbauverfahren bleibt das umliegende Erdreich nahezu ungestört, so daß Setzungen des angrenzenden Baugrundes weitgehend vermieden werden.

Diese Verbauarten können deshalb auch Funktionen übernehmen, die im Falle der oben behandelten vorübergehenden Baugrubenumschließung das endgültige Bauwerk zu erfüllen hat. Ihr Einsatz ist daher geeignet bei:

- hohen Lasten aus der angrenzenden Bebauung,

- großer Setzungsempfindlichkeit der angrenzenden baulichen Anlagen (z. B. Bahn, Gasleitungen etc.),

- bei Übernahme von Lasten und Funktionen des endgültigen Bauwerks,

- sowie bei ggf. erforderlicher Wasserdichtigkeit der Baugrube.

6.3.1 Bohrpfahlwände

6.3.1.1 Pfahlarten, Vorschriften und Pfahlanordnung

Unabhängig davon, ob sie als endgültiges Bestandteil der Gründung, als Bauwerksteil oder nur als vorübergehende Baugrubenumschließung dienen, gibt es für Pfähle folgende Unterscheidungskriterien:

NACH IHRER HERSTELLART IN

- *Ortbetonpfähle.* Sie werden an Ort und Stelle betoniert als Bohrpfahl (in ein vorge-bohrtes Loch), als Verdrängungs-, Ortbetonramm- und Rüttelpfahl. Als Material wird Beton, Stahl- und Spannbeton verwendet.

- *Fertigpfahl,* der fabrikmäßig vorgefertigt und vor Ort entweder eingerammt, einge-rüttelt, eingespült oder in ein vorgebohrtes Bohrloch gestellt wird. Als Material kommt Beton, Stahl, Stahl- und Spannbeton und Holz in Frage.

NACH IHRER WIRKUNG AUF DEN BAUGRUND

- *Bohrpfähle,* die keine nennenswerte Störung und Verdrängung des Bodens bewirken.

- *Verdrängungspfähle* als Vollverdrängungspfahl, wenn der gesamte Querschnitt ge-rammt wird und als Teilverdrängungspfahl, wenn mit einem kleineren Querschnitt vorgebohrt wird.

NACH DER BELASTUNG

- *Druckpfähle,* bei denen die Lasten über Mantelreibung und Spitzendruck in den Bau-grund abgeleitet werden.

- *Zugpfähle,* deren aufnehmbare Zugkraft sich aus dem Pfahleigengewicht und der Mantelreibung zusammensetzt.

Die geltenden Vorschriften sind:

DIN 1054	Zul. Belastungen des Baugrundes
DIN 4014	Bohrpfähle. Herstellung, Bemessung und Ausführung
DIN 4026	Rammpfähle. Herstellung, Bemessung und zul. Belastung.
DIN 4128	Verpreßpfähle (Ortbeton- u. Verbundpfähle) mit kleinem Durchmesser. Herstellung, Bemessung und zul. Belastung.
DIN 18301	Bohrarbeiten
DIN 18304	Rammarbeiten
EAU	Empfehlungen des Arbeitsausschusses „Ufereinfassungen"
ZTV-K 80	Zusätzliche Technische Vorschriften für Kunstbauten

Als Baugrubenumschließung werden i. d. R. Ortbetonpfähle als verrohrte oder unver-rohrte Pfähle in unterschiedlicher Anordnung eingesetzt. In den überwiegenden Fällen haben sie dabei horizontale Lasten aus Erddruck und Verkehrslasten aufzunehmen und gemessen an ihrem Tragvermögen nur geringe Vertikallasten aus den Verankerungen oder Hilfskonstruktionen. Sie können entweder frei auskragend oder ausgesteift bzw. rückverankert ausgeführt werden. Ist es nötig, sehr dicht an oder gar unter die bestehende Grenzbebauung zu gelangen, können die Pfähle bis zu einer Neigung von 1:5 ausgeführt werden.

6.3.1.2 Pfahlwände

Zur Aufnahme der Lasten und zur Sicherung gegen Austritt von Wasser und Erdreich sind geschlossene Pfahlwände zu bilden. Nachfolgende Abbildung zeigt verschiedene Einsatzbereiche von Bohrpfahlwänden.

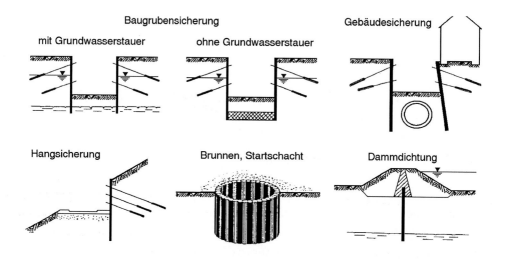

Bild 6.20 Einsatzmöglichkeiten von Bohrpfahlwänden nach [29]

Man unterscheidet entsprechend der Anordnung der Pfähle im Grundriß drei Arten von Pfahlwänden:

- die *aufgelöste Pfahlwand* mit und ohne Ausfachung. Sie gilt als verformungsarm und wird durch die Wahl des Abstandes an die statischen Verhältnisse angepaßt. Sie kann als Bauwerksbestandteil verwendet werden, wenn kein Grundwasser vorhanden ist.

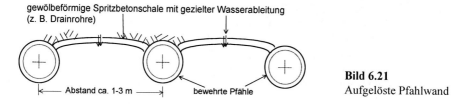

Bild 6.21
Aufgelöste Pfahlwand

- die *tangierende Pfahlwand* wird analog wie die aufgelöste Pfahlwand, jedoch bei großen Lasten gewählt.

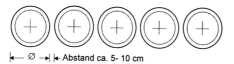

Bild 6.22
Tangierende Pfahlwand

- die *überschnittene Pfahlwand*

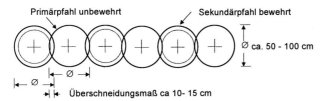

Bild 6.23
Überschnittene Pfahl-
wand

Das Überschneidungsmaß ist abhängig von der zulässigen horizontalen Maßabweichung mit zunehmender Bohrtiefe bei der Herstellung der Bohrpfähle von ca. 0,5-1% der Pfahllänge. Bei dem hier dargestellten Regelfall 1:2-System ist jeder zweite Pfahl bewehrt. Es ist auch möglich jeden 3. oder 4. Pfahl zu bewehren (1:3-; 1:4 -System). Sie ist druckwasserdicht, verformungsarm und gut geeignet als Außenwand eines Bauwerkes.

4.3.1.3 Bohrpfahlherstellung

Grundsätzlich unterscheidet man Kleinpfähle bis zu einem Durchmesser von ca. 40 cm und Großbohrpfähle, deren Durchmesser bis über 2 m möglich sind, wobei die großen Pfahldurchmesser fast ausschließlich zur Bauwerksgründung eingesetzt werden. Gängige Durchmesser für Baugrubenumschließungen liegen zwischen 0,60 und 1,20 m.

Im einzelnen fallen bei der Pfahlwandherstellung folgende Vorgangselemente an:

Einmessen der Pfahlwandachse,

- Herstellung einer Bohrschablone i. d. R. aus 30 bis 40 cm dicken Betonfundamenten, die als Führung für die Bohrrohre dienen,

- Ausbau des Bodens mit Greifer oder Schnecke nach dem jeweils gewählten Verfahren mit oder ohne gleichzeitigem Abteufen der Verrohrung,

- Beseitigung von evtl. anfallenden Bohrhindernissen (Fels, Betonreste o.ä.),

- Überprüfen und Säubern der Pfahlfußsohle,

- Einsetzen des Bewehrungskorbes, wobei durch geeignete Wahl der Abstandhalter auf die mittige Lage des Korbes im Bohrloch zu achten ist (beim Schneckenbohrpfahl wird der Korb in den frischen Beton eingerüttelt),

- Betonieren des Pfahles unter gleichzeitigem Ziehen der Verrohrung,

- Entfernen des Überbetons am Pfahlkopf (ist erforderlich, um ein tragfähiges Beton-Korngerüst an der Lasteintragungsstelle in das Bauwerk zu erreichen),

- Beseitigung des Bohrgutes und der Bohrschablone.

Das verbreitetste Herstellverfahren ist die

a) verrohrte Bohrung

Grundsätzlich muß nicht standfester Boden immer gestützt sein. Bei der verrohrten Bohrung geschieht dies i. d. R. mit doppelwandigen Stahlrohren, die dem greifer- oder schneckengeförderten Aushub nachfolgend durch oszillierende und gleichzeitig nach unten drückende Drehbewegungen (Schwinge oder Drehbohrgerät) oder durch Schlagen abgeteuft werden.

Nachfolgend werden einige gängige Verfahren gezeigt.

- Bagger mit angebauter *Verrohrungsmaschine*. Die Verrohrungstechnik ist mobil und eignet sich für Böden mit erhöhten Anforderungen sowie für beengte Platzverhältnisse.

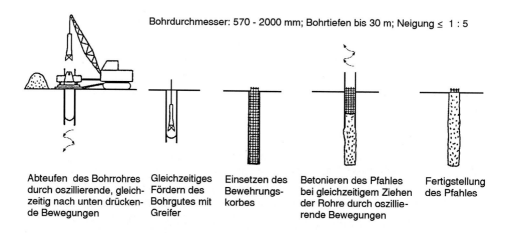

Bohrdurchmesser: 570 - 2000 mm; Bohrtiefen bis 30 m; Neigung ≤ 1 : 5

| Abteufen des Bohrrohres durch oszillierende, gleichzeitig nach unten drückende Bewegungen | Gleichzeitiges Fördern des Bohrgutes mit Greifer | Einsetzen des Bewehrungskorbes | Betonieren des Pfahles bei gleichzeitigem Ziehen der Rohre durch oszillierende Bewegungen | Fertigstellung des Pfahles |

Bild 6.24 Pfahlhstellung mit Bagger und Verrohrungsmaschine nach [34].

- mit *Drehbohrgerät*, geeignet für alle bohrbaren Böden, erschütterungsarm

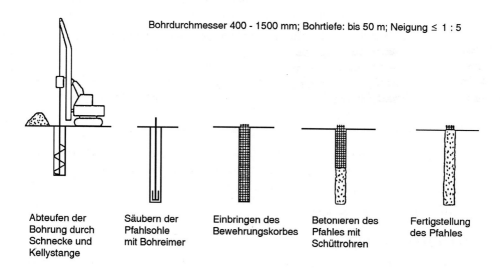

Bohrdurchmesser 400 - 1500 mm; Bohrtiefe: bis 50 m; Neigung ≤ 1 : 5

| Abteufen der Bohrung durch Schnecke und Kellystange | Säubern der Pfahlsohle mit Bohreimer | Einbringen des Bewehrungskorbes | Betonieren des Pfahles mit Schüttrohren | Fertigstellung des Pfahles |

Bild 6.25 Pfahlherstellung mir Drehbohrgerät nach [34]

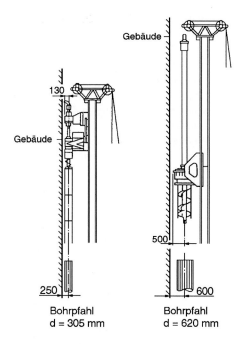

Bohrpfahl d = 305 mm	Bohrpfahl d = 620 mm	**Bild 6.26** VDW-Bohrgerät [27]

Um Bohrrohre unmittelbar an bestehender Bebauung abteufen zu können, wurden Bohrgeräte entwickelt, bei denen der Drehantrieb nicht mehr über das Bohrrohr hinausragt. Der im Bild 6.26 dargestellte Vergleich zeigt links ein *VDW-Bohrgerät* („Vor der Wand"), mit dem aufgrund der begrenzten Leistung Wände mit Pfahldurchmesser von 400 mm und einer Tiefe von maximal 16 m hergestellt werden können und rechts ein konventionelles Kelly-Bohrgerät.

Zur Erhöhung des Tragverhaltens von verrohrten Bohrpfählen besteht die Möglichkeit der *Fußaufweitung*, die sowohl durch Einstampfen eines strengen Betons, als auch mit speziellen Schneidgeräten zur Aufweitung des Pfahlfußbereiches erreicht werden kann.

b) Die unverrohrte Bohrung

Bei unverrohrten Bohrungen übernimmt entweder die Bohrschnecke oder eine Stützflüssigkeit die Abstützung des Bodens.

- Der *Schneckenbohrpfahl* wird mit einer Durchlaufschnecke hergestellt, deren Kern hohl ist (Seelenrohr) und am Fußende eine verlorene Spitze hat. Der Durchmesser des Seelenrohres (100-150 mm) bestimmt, wieviel Boden verdrängt werden muß. Der in den Schneckengängen geförderte Boden übernimmt mit der Schnecke zusammen die Abstützung des Bohrloches. Nach Erreichen der Endtiefe wird durch das Seelenrohr mit einer herkömmlichen Betonpumpe Beton eingepumpt und in den frischen Beton der Bewehrungskorb eingerüttelt (bei großen Seelenrohren bis zu 400 mm kann vor dem Betonieren ein kleiner Bewehrungskorb eingehoben werden). Das wirtschaftliche Verfahren eignet sich für leichte bis mittelschwere Böden und große Stückzahlen.

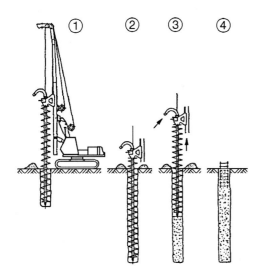

Bohrdurchmesser   400-1000 mm;
Bohrtiefen   bis 30 m;

Herstellphasen:
Abteufen der Bohrung mit Endlosschnecke.

Erreichen der Endtiefe.

Einpressen von Beton durch das Schnek-
kenrohr bei gleichzeitigem Ziehen der
Schnecke.

Einrütteln des Bewehrungskorbes mit großflächigen Abstandhaltern in den noch frischen Beton.

Bild 6.27
Pfahlherstellung mit Schneckenbohrgerät
[27]

- Die *unverrohrte Greiferbohrung* ist ein sehr wirtschaftliches Verfahren, kann i. d. R. aber nur bei kurzen Pfählen und sehr standfesten Böden angewendet werden. Bei nicht oder gering standfesten Böden muß dieser mit Stützflüssigkeit gehalten werden. Wegen der hohen Kosten der Stützmittelaufbereitung und -entsorgung wurde dieses Verfahren weitgehend von der Schneckenbohrung verdrängt.

6.3.2 Schlitzwände

6.3.2.1 Herstellung und Herstellverfahren

Der Schritt von runden, unverrohrten Bohrungen zu den flächenhaften Wandelementen wurde erst Mitte dieses Jahrhunderts nutzbar vollzogen. Da hier die Gewölbetragwirkung des Bodens wie bei einem kreisrunden Bohrloch entfällt, wird der offene Bodenschlitz durch Stützflüssigkeit stabilisiert.

Ein Schlitzwandelement oder auch -lamelle genannt ist nach DIN 4126 eine herstell-bedingte Betoniereinheit. Es kann mit den derzeitigen Geräten in folgenden Abmessun-gen hergestellt werden:

- Lamellendicken: 0,6-1,4 m, abhängig vom Grabwerkzeug, das i. d. R. breiter als die Nenndicke der Schlitzwand gewählt wird. Durch die Bewegung des Werkzeuges beim Graben wird die Wand 2-5 cm dicker als das Nennmaß,

- horizontale Lamellenlängen: 2,5-7,5 m, abhängig von den Bodenkennwerten, den äußeren Lasten, dem Grundwasserstand und der Dichte der Stützflüssigkeit. Die Standfestigkeit des Schlitzes muß nach DIN 4126 statisch nachgewiesen werden auf Sicherheit

  - gegen Zutritt von Grundwasser,

  - gegen Abgleiten einzelner Körner oder Korngruppen aus der Wand,

- gegen Absinken der statischen Höhe der Stützflüssigkeit (Vorratshaltung) und
- gegen Gefährdung des Schlitzes durch Gleitflächen im Boden.

Aus baubetrieblichen Gründen sind so wenig Fugen wie möglich, also möglichst lange Schlitze zu verwenden (Baugeschwindigkeit und Wasserdichtigkeit).

• vertikale Lamellenlängen hängen ab von der Herstellart und der vertikalen Lotabweichung. Die DIN 4126 gibt als zulässige Maßabweichung ± 1,5% an. Hindernisse im Boden führen zu Lageabweichungen und Ausbauchungen in der Wand. Die Abhängigkeit von dem anstehenden Baugrund zeigt sich auch in der Wandoberfläche. Feinkörnige Böden bewirken eine glatte, grobkörnige Böden eine strukturierte Wandoberfläche. Schlitzwandtiefen von ca. 100 m werden bereits ausgeführt.

Aus baubetrieblicher Sicht fallen bei der Schlitzwandherstellung folgende Vorgangselemente an:

a) die *Baustelleneinrichtung* ist für die Schlitzwandherstellung sehr umfangreich. Neben dem großen Trägergerät samt Werkzeugen (Greifer, Fräse, Meißel, Schaber etc.) wird i. d. R. noch ein schweres Hebegerät zum Einheben der großen Bewehrungskörbe benötigt. Des weiteren wird die Stützflüssigkeit, bestehend aus einem Gemisch aus gemahlenem Bentonit und Wasser (30-60 g/l) auf der Baustelle mit hochtourigen Mischanlagen zubereitet, gereinigt und laufend erneuert. Die thixotrope Bentonitsuspension erhält ihre stützende Wirkung erst nach einer bestimmten Quellzeit. Diese Regenerieranlage muß mit einem Leitungssystem mit dem Schlitz verbunden werden, um durch ständiges Umpumpen die Suspension zu erneuern.

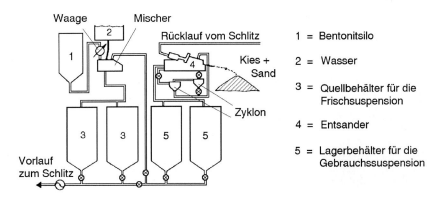

Bild 6.28 Schema einer Bentonitmisch- und Regenerierungsanlage nach [33].

b) *Leitwände* herstellen als Bauhilfsmaßnahme mit folgenden Funktionen:

- Führung des Schlitzgreifers oder der Fräse,
- Stützung des obersten Bodenbereiches,
- Vorratshaltung der Stützflüssigkeit,
- Auflager für Einbauten, wie Bewehrungskörbe,
- Auflager für hydraulische Pressen zum Ziehen der Abschalrohre.

Die Höhe hängt von den örtlichen Gegebenheiten ab und beträgt i. d. R. 0,7-1,5 m.

c) der *Schlitzaushub* erfolgt unter ständigem Zupumpen von neuer Suspension zum Ausgleich von Verlusten. Als Werkzeuge werden verwendet:

– der Seilgreifer als Standardwerkzeug mit Breiten von 0,4 bis 1,4 m;

– der Kellygreifer, der an einer ausfahrbaren Stange bis zu einer Länge von 20 m starr geführt werden kann;

– die Schlitzwandfräse, die im Gegensatz zu den oben genannten abschnittsweise arbeitenden Geräten kontinuierlich an der Schlitzsohle Bodenmaterial löst und zerkleinert und mit der Bentonitsuspension vermischt. Dieses Gemisch wird über ein Absaugrohr in die Regenerierungsanlage gepumpt und in dieser nach dem Prinzip der Zentrifugalkraft, die die Sandteile mit ihrer größeren Dichte aus der Flüssigkeit abscheidet, wieder gereinigt. Das geschieht mit Zyklonen. Das Bentonit ist also Förder- und Stützmittel zugleich.

Durch Auswechseln der Fräsräder kann die Wanddicke von 0,6 - 1,2 m variiert werden. Sie eignen sich für alle gängigen Bodenarten bis hin zum Fels, der in Fraktionen von < 80 mm zerkleinert wird.

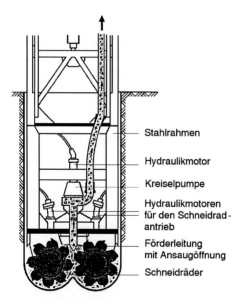

Bild 6.29
Arbeitsweise einer Schlitzfräse.

Stahlrahmen

Hydraulikmotor

Kreiselpumpe

Hydraulikmotoren
für den Schneidrad-
antrieb

Förderleitung
mit Ansaugöffnung

Schneidräder

Als Entscheidungshilfe für die Wahl des geeigneten Verfahrens können folgende Kriterien gelten:

– Aushub mit Greifer:

  • geringer Platzbedarf;

  • günstige Baustelleneinrichtung;

  • geringere Kosten bei Wandflächen bis zu ca. 3000 - 5000 m²;

  • bei Böden, die keine nennenswerte Meißelarbeit erfordern;

  • bei Wandtiefen bis ca. 20 bis 30 m.

- Aushub mit Fräse:

  - sehr hohe Leistung, auch bei felsigen Böden;

  - hoher Personal- und Geräteaufwand, daher nur bei großen Wandflächen wirtschaftlich;

  - erschütterungsarme Arbeitsweise;

  - sehr große Wandtiefen bis ca. 100 m;

  - große Wandgenauigkeit durch moderne Meßtechnik, geringe Abweichungen von der Vertikalen;

  - durch Separation günstige Entsorgung des Aushubmaterials;

  - Möglichkeit der Überschneidung der Nachbarelemente.

d) *Abschalelemente* zur stirnseitigen Begrenzung der Vorläuferlamelle. Da die Herstellung der einzelnen Lamellen in überschlagendem Rhythmus erfolgt, erst Vorläufer 1,3,5 etc., dann die Nachläufer 2,4 etc., werden zum Erzielen sauberer Fugen i. d. R. stählerne Abschalrohre eingebaut, die nach dem Ansteifen des Betons wieder gezogen werden. Der verbleibende Hohlraum sorgt für die Führung des Werkzeuges beim Aushub des nächsten Schnittes. In Sonderfällen werden zur Erhöhung der Wasserdichtigkeit auch Flachfugenelemente z. B. aus Stahlbeton eingebaut.

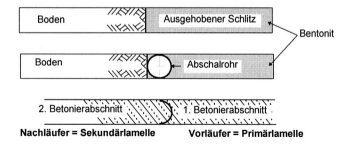

Bild 6.30 Fugenausbildung mit Abschalrohr

e) *Einbau der Bewehrung* als vormontierter Korb. Bei großen Schlitztiefen kann der Einbau in mehreren Schüssen, die provisorisch gegen die Leitwand abgestützt und verbunden werden, erfolgen. Zur Sicherung der Betondeckung sind großflächige Abstandhalter zu verwenden. Aussparungen müssen vorab in den Bewehrungskorb eingeflochten werden.

f) *der Beton* wird als Fließbeton nach DIN 1045, jedoch mit höherem Ausbreitmaß von ca. 55-60 cm im Kontraktorverfahren eingebaut. Er verdrängt aufgrund seines höheren spezifischen Gewichts die Suspension. Folgende Betonierregeln sind zu beachten:

- Vermeiden von längeren Betonierpausen,

- die Steiggeschwindigkeit soll mindestens 3 m/h betragen,

- vor dem Betonieren soll die Stützflüssigkeit homogenisiert oder von starken Versandungen befreit werden.

g) *Ziehen der Abschalrohre* nach dem Erstarren des Betons; nicht zu früh, damit die Hohlräume nicht einstürzen. Die Abschalrohre können wiederverwendet werden.

h) *Nacharbeiten der Schlitzwandoberkante*, da sich oben meist eine mit Suspension vermischte Betonschicht ansammelt, die nicht zur Kraftübertragung geeignet ist.

In Bild 6.31 ist die Herstellung mit einem Schlitzwandgreifer sowie die Lamelleneinteilung als Vor- und Nachläuferlamelle dargestellt.

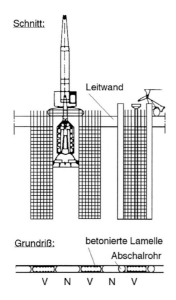

Bild 6.31
Herstellung einer Schlitzwand mit Greifer, Vor- und Nachläuferlamellen

Bei einer gefrästen Schlitzwand werden zunächst die dreiteiligen, breiten Vorläuferschlitze gefräst und betoniert, die dann durch schmale Nachläuferschlitze geschlossen werden.

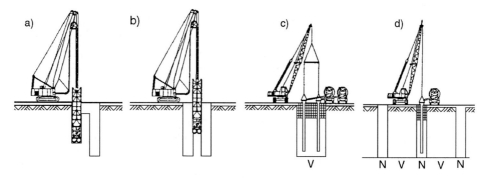

Bild 6.32 Herstellung einer gefrästen Schlitzwand (a und b), sowie Betonieren der Vorläufer- und Nachläuferlamelle (c und d) nach [27].

Die Anforderungen an die *Wasserdurchlässigkeit* bei Schlitz- und Bohrpfahlwänden ist nach DIN 18313 so geregelt, daß sie nicht größer sein kann, wie sie beim Herstellen ohne besondere Maßnahmen erreichbar ist.

Werden gesteigerte Anforderungen an die Dichtigkeit oder auch an die Betonoberfläche gestellt, gibt es die Möglichkeit,

6.3.2.2 Fertigteile

in die Schlitze einbauen. Dabei sollten die Schlitze ca. 10-20 cm breiter als die Fertigteile sein. Die Suspension wird durch Zusatz von Zement selbsthärtend ausgeführt und dient damit neben ihrer Stützeigenschaft gleichzeitig als Dichtungsmaterial im Fugenbereich. Darüber hinaus können Fugenbänder aus Gummi oder Stahl in eine Stirnseite der Fertigteile eingebaut und beim Absenken in einen vorzusehenden Schlitz des benachbarten Fertigteils eingefädelt werden. Die Größe der Fertigteile hängt überwiegend von der Kapazität der einzusetzenden Hebegeräte ab.

6.3.2.3 Einsatzbereiche

Schlitzwände werden wegen ihrer geräusch- und erschütterungsarmen Herstellverfahren bevorzugt in bewohnten Gebieten mit dichter Bebauung eingesetzt. Aufgrund der hohen statischen Belastbarkeit sind sie verformungsarm und eignen sich besonders bei baugrubennaher Bebauung und tiefen Baugruben. Wegen ihrer weitgehenden Wasserundurchlässigkeit lassen sie sich sowohl als Bestandteil des endgültigen Bauwerks bei einschaligen Bauweisen als auch zur vorübergehenden Baugrubenumschließung bei anstehendem Grundwasser nutzen. Grundwasserverschmutzungen durch die Suspension sind nicht zu befürchten.

Gegenüber der Bohrpfahlwand sind sie bei kleinen Wandflächen, beengten Platzverhältnissen und geringen Wandtiefen wegen der aufwendigeren Baustelleneinrichtung, dem höheren Materialverbrauch und der Entsorgungskosten meist teurer.

Aus dem konsequenten Einsatz der Bohrpfahl- und Schlitzwände als Bestandteil des zu errichtenden Bauwerks hat sich die Deckelbauweise entwickelt, die sich vor allem im innerstädtischen Bereich besonders bewährt.

6.3.2.4 Deckelbauweise

In einem ersten Arbeitsgang werden von OK-Gelände aus die Bauwerkswände abgeteuft, dann in einer Baugrube oberhalb des Grundwassers die Bauwerksdecke auf die Wände gesetzt. Bei unterirdischen Bauten wie z. B. dem U-Bahnbau kann nun die Oberfläche wieder ihrer ursprünglichen Nutzung als Bau- oder Verkehrsfläche zugeführt werden.

Im zweiten Arbeitsgang wird dann das restliche Bauwerk im Schutze dieser Platte und der seitlichen Baugrubenumschließungwände von oben nach unten erstellt, wobei evtl. vorhandene Zwischendecken zur Aussteifung der Wände herangezogen werden. Die Belüftung erfolgt entweder durch eine künstliche Bewetterung wie im Untertagebau, durch die ohnehin notwendigen Versorgungsschächte und -rampen der unterirdischen Baustelle oder durch offen bleibende Luft- und Lichtschächte an die Oberfläche.

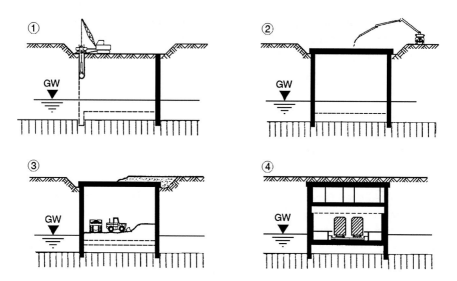

Bild 6.33 Herstellphasen bei der Deckelbauweise

6.3.3 Dichtwände

Die Aufgabenbereiche von Dichtungen im Baugrund sind:

- die Verhinderung von Unterströmungen von Dämmen, Wehren und anderen Wasserbauten,
- Baugrubenumschließungen zur Absenkung des Grundwasserspiegels,
- Umschließungen zur Einsperrung von Verunreinigungen des Grundwassers, z. B. bei Mülldeponien, Tanklagern, Industrieanlagen etc.

Dazu gibt es die Möglichkeit, tragende und wasserdichte Baugrubenumschließungen bis unter das Bauobjekt zu führen und mit einer horizontalen Abdichtung den Zu- oder Austritt nach unten zu verschließen. Für die vertikale Abschottung sind die bisher behandelten, wasserdichten Konstruktionen geeignet. Die horizontale Abdichtung erfordert jedoch eine relativ teuere Injektion des Sohlbereiches (Bild 6.34 a).

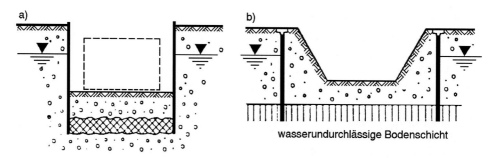

Bild 6.34 Abdichtungsmöglichkeiten einer Baugrube nach [30]: a) mit wasserdichtem Verbau und Injektionssohle, b) mit Schmalwand bis in den Stauer.

Hier ist es häufig wirtschaftlicher, die senkrechte Abdichtung bis in den tiefliegenden Stauer zu führen (Bild 6.34 b). Geeignet hierfür ist die Einphasenschlitzwand und – als das derzeit wirtschaftlichste Verfahren – die Rüttelschmalwand.

6.3.3.1 Einphasen- oder Dichtungsschlitzwand

Während bei der herkömmlichen Schlitzwand zunächst in einer ersten Phase eine Bentonitsuspension als Stütze des ausgehobenen Schlitzes eingebracht und dann in einer zweiten Phase kontinuierlich durch Beton ersetzt wird, wird bei der Einphasen-Schlitzwand eine selbsterhärtende Suspension mit Zementzusatz eingebaut, die nach dem Erhärten auch die Funktion der Dichtung übernimmt. Die Dichtwandmasse bzw. Stützflüssigkeit besteht i. d. R. aus Bentonit, Zement, Füllstoffen (wie z. B. Gesteinsmehl) und Wasser, also aus mineralischen Stoffen. In Sonderfällen werden auch chemische Additive zugegeben.

Die Anforderungen an die Dichtwandmasse müssen individuell bei jeder Baumaßnahme entsprechend den zu erfüllenden Aufgaben angepaßt werden. Dabei ist zu unterscheiden, ob es sich um eine *vorübergehende* oder eine *dauerhafte Abdichtung* handeln soll. Folgende Forderungen sind an die verbleibende Abdichtungsmasse zu stellen:

- Mindestdruckfestigkeit höher als der umgebende Boden zur Vermeidung von Erosion.
- Abstimmung auf die chemischen Bestandteile des anstehenden Bodens und Grundwassers sowohl aus Gründen des Umweltschutzes als auch aus Überlegungen der Dauerhaftigkeit der Dichtmasse.
- Dauerhaft plastisches Verhalten, um sich unter Belastung möglichst rissefrei verformen zu können.
- Durchlässigkeitsbeiwert $k < 10^{-8}$, wobei dieser infolge andauernder Hydratation des Zements im Laufe der Zeit um ca. eine Zehnerpotenz auf 10^{-9} abnimmt.

Die Nachläuferlamellen werden dann zeitlich versetzt eingebaut, wenn die Dichtungsmasse der Vorläuferlamelle noch eine stichfeste Konsistenz hat. Abschalrohre sind nicht erforderlich. Die Nachläuferlamelle schneidet in die noch relativ weiche Dichtmasse der Vorläuferlamelle ein. Das zu wählende Überschneidungsmaß (i. d. R. 10-60 cm) richtet sich nach der Tiefe der Dichtwand und den Maßtoleranzen bei der Herstellung. Da der Erhärtungsvorgang beider Lamellen noch nicht abgeschlossen ist, ergibt sich ein relativ guter Verbund des Dichtmaterials.

Da der Erfolg einer derartigen Abdichtungsmaßnahme entscheidend von der Sorgfalt der Ausführung und den Eigenschaften des Dichtmaterials abhängt, sind sowohl meßtechnisch aufwendige Kontrollen beim Aushub, als auch Güteprüfungen der eingebauten Dichtmasse auf der Baustelle durchzuführen.

Gängige Wanddicken betragen 0,4-1,0 m. Die Einbautiefen richten sich nach den herstellbedingten Maßabweichungen mit zunehmender Tiefe, sind aber bis 14 m problemlos möglich.

Eine wirtschaftliche Variante gegenüber der abschnittsweisen Herstellung mit dem Schlitzwandgreifer stellt die in Bild 6.35 gezeigte kontinuierliche Arbeitsweise mit einem normalen Tieflöffelbagger dar, die bis zu Tiefen von 12 m möglich ist.

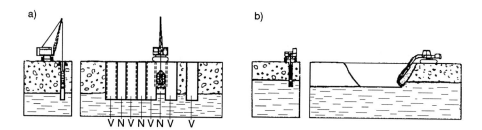

Bild 6.35 Schema Einphasendichtwand mit Schlitzwandgreifer und mit Tieflöffelbagger [27].

Gegenüber der Rüttelschmalwand (siehe später) bietet sie die Vorteile der geringeren Fugenanzahl, der größeren Sicherheit wegen der größeren Wandstärke und den Vorteil des guten Bodenaufschlusses, vor allem im Bereich der Einbindung in die undurchlässige Bodenschicht.

6.3.3.2 Rüttelschmalwände

Bohlen aus Breitflanschträgern IPB 500 - 1000 mit befestigten Injektionsrohren werden in den Boden eingerüttelt. An den Bohlenfüßen sind eine oder mehrere Injektionsdüsen angebracht, über die während des Ziehvorganges des Trägers das Dichtungsmaterial in den Baugrund gepreßt wird. Durch Verbreiterung des Bohlenfußes (i. d. R. 60 - 80 mm) wird die Wanddicke beeinflußt, d. h. die Nenndicke der Wand. Die tatsächliche Wanddicke kann jedoch abhängig von der Bodenart und dem Einpreßdruck davon abweichen. Bei Sanden und Kiesen werden ca. die doppelten Werte der Nenndicke erreicht.

Hinsichtlich ihrer Lückenlosigkeit sind Rüttelschmalwände wegen der geringen Wanddicke gegenüber den Schlitzwänden erheblich empfindlicher. Die einzelnen Doppel-T-Lamellen werden zwar auch überlappend eingebracht, wobei das Überlappungsmaß analog der Schlitzwand von der Tiefe und der Bodenart abhängt. Bei einer Dicke von 10 cm und einer Tiefe von 20 m ist sie nur dann dicht, wenn die Abweichung vom Sollmaß < 0,2 % beträgt. Das bedeutet, daß neben einer exakten Führung der Bohle eine ständige Kontrolle mit sehr genauen Meßsystemen erforderlich ist. Gewissenhafte Ausführung ist also für die Funktionsfähigkeit oberstes Gebot.

Zur Erhöhung der Sicherheit werden Rüttelschmalwände häufig als doppelte Dichtwand ausgeführt, die aufgrund der hohen Einbauleistungen (400-1000 m²/Schicht) auch bei doppelter Ausführung immer noch wirtschaftlicher als die anderen Verfahren sind.

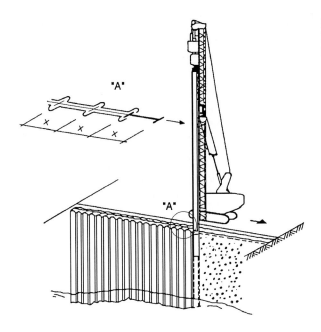

Bild 6.36
Herstellen einer Schmalwand im
Rüttelverfahren [30].

6.3.4 Injektionswände

Unter Injektion versteht man das Einbringen von Injektionsgut in die Poren und Klüfte des Untergrundes zum Zwecke der Verbesserung der Festigkeit und / oder der Dichtigkeit.

Das Injektionsmedium ist der anstehende Boden, der in sorgfältigen Voruntersuchungen erschlossen werden muß.

Als Entscheidungskriterien für die *Wahl des Injektionsverfahrens* gelten:

- der Bodenaufbau (Schichtung) und
- die Bodenart (Ton, Schluff, Sand, Kies etc.)
- Größe, Zahl und Ausbildung der Poren und Fließwege (Klüfte) und natürlich
- die Aufgabenstellung, ob Verfestigungen und / oder Abdichtungen erforderlich sind.

Je genauer der Boden bekannt ist, um so genauer läßt sich die Größe und Form des Injektionskörpers vorherbestimmen.

6.3.4.1 Injektionsmittel

Als *Injektionsmittel* werden Mörtel, Pasten, Suspensionen, Lösungen und Emulsionen verwendet, deren Zusammensetzungen entscheidend von der Technik des Einpressens und dem Boden abhängt. Tabelle 6.2 zeigt die verschiedenen Anwendungsbereiche:

Tabelle 6.2 Anwendungsbereiche der Injektionsmittel

Art	Bezeichnung	Zusammensetzung	Anwendung
Mörtel und Pasten	hoher Feststoffanteil	Wasser, Zement, Sand, ggf. Zusätze w/z-Wert < 1	Verfüllen von Hohlräumen und Spalten, Herstellen von Injektions- und Unterwasserbeton
Suspensionen	nicht gelöster Stoff in einer Trägerflüssigkeit fein verteilt	Wasser, Zement oder Feinstbindemittel, ggf. Füller wie Bentonit, Flugasche etc. w/z-Wert > 1	Abdichten und Verfestigen von Kies u. Sand, Klüften u. Spalten im Fels, Risse im Mauerwerk
Lösungen	feste Stoffe in Lösungsmitteln aufgelöst	Wasser, Wasserglas, Härter, Kunstharze, Kunststoffe.	Abdichten und Verfestigen von Sand- u. Feinkies, Haarrisse im Mauerwerk
Emulsionen	zwei verschiedene flüssige Medien meist mit Stabilisatoren aufgeschwemmt	Wasser, Bitumen, Emulgatoren, wasserunlösliche Wasserglashärter.	Abdichten von Feinsandböden

6.3.4.2 Injektionsverfahren

Entsprechend der Einwirkung auf den anstehenden Boden unterscheidet man zwei Verfahren:

a) Die Niederdruckinjektion

mit Pumpendrücken bis 20 bar, also mit relativ geringen Druck, wird das Korngefüge des Bodens nicht verändert. Das Injektionsgut dringt in die Poren ein und füllt diese auf.

Die Bohrungen werden heute i. d. R. mit *Manschettenrohren* unverrohrt oder verrohrt hergestellt. Bei unverrohrten Bohrungen wird das Manschettenrohr in eine Stützflüssigkeit gestellt. Bei verrohrten Bohrungen wird es im Schutze des Bohrrohres in den Boden eingebaut. Verwendet werden i. d. R. Kunststoffrohre mit 30 bis 60 cm Durchmesser, die in Abständen von 33 bis 50 cm ringförmig gelocht und in diesem Bereich mit einer Gummimanschette abgedeckt sind. Innerhalb des Manschettenrohres sind Doppelpacker beweglich angeordnet, die es ermöglichen, jede einzelne Gummimanschette getrennt mit Injektionsgut zu beaufschlagen. Unter dem Druck des Verpreßmittels (i. d. R. 2 bis 5 bar) öffnen sich die Manschetten und das Injektionsgut wird in den Boden gepreßt. Bei nachlassendem Druck schließen sie sich wieder. Der Vorgang ist wiederholbar, so daß gezielt bestimmte Bereiche des Bodens beaufschlagt werden können. Die Manschettenrohre verbleiben im Boden.

b) Die Hochdruckinjektion (HDI)

auch Düsenstrahlverfahren genannt. Ein Düsenstrahl, bei dem mit Pumpendrücken von 300-600 bar Strahlgeschwindigkeiten von bis zu 400 m/s erreicht werden, schneidet den Boden auf. Dabei wird grundsätzlich wie folgt vorgegangen:

- Abteufen von Injektionsbohrungen mit üblichen Bohrverfahren, meist mit Außenspülung. Die Bohrwerkzeuge müssen den hohen Drücken angepaßt werden.

- Nach Erreichen der Endtiefe wird über ein Ventil von Bohrspülen auf Düseninjektion umgeschaltet und das Rohr langsam zurückgezogen (10 bis 50 cm/min), wobei für den Lockerungs- und Füllvorgang wieder drei verschiedene Verfahren angewandt werden können:

  - beim Rückziehen wird der Boden von dem Suspensionsstrahl aufgefräst und gleichzeitig verpreßt.

  - der Suspensionsdüsenstrahl wird mit Luft gebündelt, was höhere Reichweiten und damit größere Injektionskörper ermöglicht.

  - der Boden wird erst mit einem luftummantelten Wasserstrahl aufgefräst und dann aus einer darunter liegenden gesonderten Düse mit niedrigerer Austrittsgeschwindigkeit mit Suspension vermörtelt. Dadurch werden das Bohrgestänge und die Düsen geschont.

- Durch Drehen des Bohrgestänges können säulenförmige, ohne Drehung scheibenartige Injektionskörper erzeugt werden, deren Größe und Festigkeit durch die Wahl der Ziehgeschwindigkeit, dem Pumpendruck und dem Düsendurchmesser vorherbestimmt werden können. Durch die Verbindung mehrerer Säulen erhält man Injektionswände, Unterfangungskörper oder plattenförmige Injektionen (Sohlinjektion).

- Während des gesamten Injektionsvorganges ist ständig der Rückfluß zu kontrollieren, da das gelöste Bohrgut und die überschüssige Suspension möglichst drucklos entweichen muß, andernfalls kann es zu Gelände- oder Gebäudehebungen kommen. Neben der Beweissicherung vor und nach der Injektionsmaßnahme sind während der Ausführung Kontrollen am Gebäude durchzuführen (Einbau von Hebungswächtern)

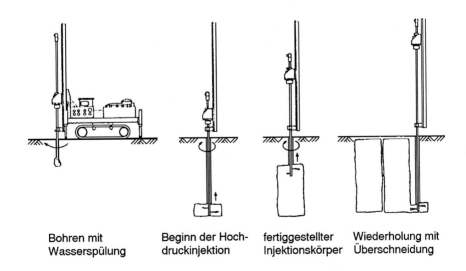

| Bohren mit | Beginn der Hoch- | fertiggestellter | Wiederholung mit |
| Wasserspülung | druckinjektion | Injektionskörper | Überschneidung |

Bild 6.37 Herstellungsprinzip einer Hochdruckinjektion (HDI) nach[27].

Abhängig von den anstehenden Bodenarten sind folgende Injektionskörper zu erzielen:

– Durchmesser	= 0,6 - 2,0 m	
– Einaxiale Druckfestigkeit	bei organischen Böden	bis 3 MN/m²
	bei Schluff und Ton	bis 12 MN/m²
	bei Sand	bis 15 MN/m²
	bei Kies	bis 20 MN/m²
– Wichte	= 16 - 20 KN/m³	
– k-Wert	= 10⁻⁷ - 10⁻⁹ m/s	

Die Hochdruckinjektion ist nahezu in allen Bodenverhältnissen anwendbar, bei geschichteten Böden fallen allerdings die Formen des Injektionskörpers unterschiedlich aus. Es lassen sich beliebige Verpreßkörperformen herstellen, die im Falle von Unterfangungsarbeiten mit kleinen Geräten auch bei beengten Verhältnissen vom Gebäudeinneren aus möglich sind.

Dem stehen die relativ hohen Gerätekosten und der hohe Suspensionsverbrauch gegenüber. Da die Suspension auf der Baustelle zubereitet wird, fallen hohe Einrichtungskosten an.

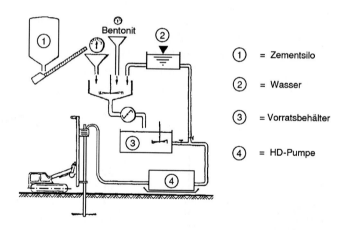

Bild 6.38 Schema einer Baustelleneinrichtung

6.3.4.3 Anwendungsbereiche

Die Anwendungsgrenzen der Injektionsverfahren abhängig von den Bodeneigenschaften sind in Bild 6.39 dargestellt:

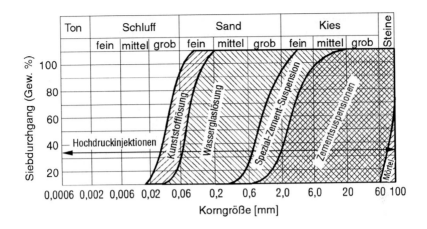

Bild 6.39 Anwendungsbereiche von Injektionsmittel und -verfahren nach [27].

Im Abschnitt „Dichtwände" wurde bereits bei den Abdichtungsmöglichkeiten einer Baugrube auf die Notwendigkeit einer horizontalen Dichtungsschicht immer dann hingewiesen, wenn die wasserstauende Schicht sehr tief oder gar nicht vorhanden ist. Hier ist eine *Injektionssohle* auszuführen.

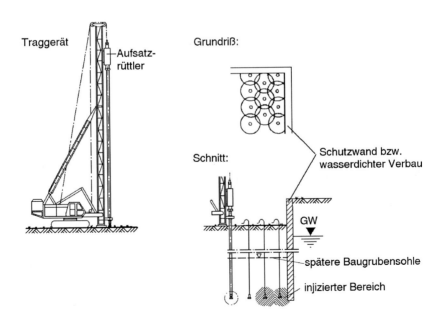

Bild 6.40 Schematische Darstellung der Herstellung einer Injektionssohle nach [27].

Bei grenznaher Bebauung sind häufig *Gebäudeunterfangungen* nötig, bei Umbauten oder Erweiterungen müssen vorhandene Fundamente verstärkt oder vergrößert werden.

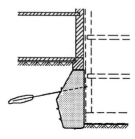

Bild 6.41 Gebäudeunterfangung

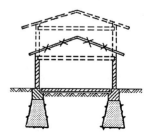

Bild 6.42 Fundamentverbesserung bei Lasterhöhung oder Setzungsschäden.

Schirminjektionen bei unterirdischen Bauten, z. B. im Tunnelbau zur Erhöhung der Tragwirkung oder Dichtigkeit des anstehenden Gebirges.

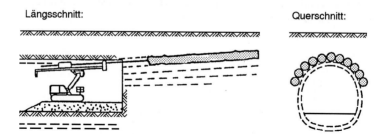

Bild 6.43 Schirminjektion im Tunnelbau

Lückenschluß

Zur Behebung von Lücken oder Undichtigkeiten von verbauten Baugruben. Beabsichtigte Lücken entstehen z. B. bei Versorgungsleitungen, die die Baugrube kreuzen, oder bei unterirdischen Anschlüssen an bestehende Bauwerke (Tunnelanschlüsse).

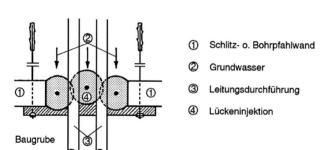

① Schlitz- o. Bohrpfahlwand

② Grundwasser

③ Leitungsdurchführung

④ Lückeninjektion

Bild 6.44
Lückenschließen beim
Baugrubenverbau

Bodenstabilisierung der Lockerzonen hinter einem Trägerverbau bei setzungsempfindlicher Grenzbebauung.

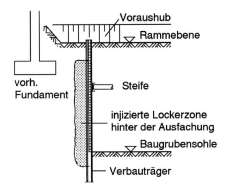

Bild 6.45
Stabilisierung des Bodens hinter einem
Trägerverbau

6.4 Sonderbauweisen zur Böschungssicherung

Projektbezogen können neben den vorgenannten Systemen noch einige Varianten und Sonderbauweisen zur Sicherung von Erdwänden und Böschungen zur Ausführung kommen. Hierzu gehören u.a.:

6.4.1 Die Elementwand

Sie stellt eine Modifikation der rückverankerten Trägerbohlwand dar. Bei vorübergehend standfesten, nicht wasserführenden Böden wird auf eine durchgehende Verbauwand und die lotrechten Tragelemente verzichtet. Der Boden wird abschnittsweise ausgehoben und mit vorgefertigten oder örtlich hergestellten Lastübertragungsplatten und vorgespannten Erdankern rückverhängt. Bei Böden mit geringer Scherfestigkeit werden die Platten dicht an dicht zu einer geschlossenen Elementwand eingebaut. Bei der aufgelösten Elementwand werden die Bereiche zwischen den Tragelementen mit Spritzbeton gegen Ausspülung gesichert. Bei Hangwasser sind Drainagen vorzusehen.

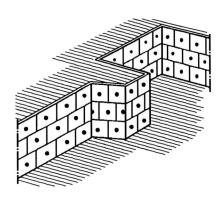

Bild 6.46
Geschlossene Elementwand nach [30]

Schnitt:

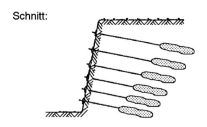

Ansicht:

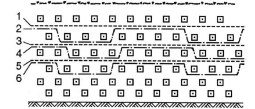

Bild 6.47
Systemskizze einer aufgelösten Elementwand mit den Aushubschnitten 1-6 nach [27].

Die bevorzugten Einsatzgebiete von Elementwänden sind schwierige, gestaffelte Geländeverhältnisse, bei denen Geräteeinsätze von Großbohranlagen aus technischen und wirtschaftlichen Gründen ausscheiden.

6.4.2 Die Bodenvernagelung

Bei der Bodenvernagelung wird der natürlich anstehende Boden mit Betonstahl bewehrt, wodurch die Zug- und Scherfestigkeit des Bodens soweit erhöht wird, daß der vernagelte Bodenkörper als monolithischer Block (Verbundbaustoff Boden-Stahl) betrachtet und rechnerisch nachgewiesen werden kann. Der Nachweis der äußeren Standfestigkeit erfolgt ähnlich wie bei einer Schwergewichtsmauer.

Die Vorgehensweise bei der Herstellung:

*   Der Boden, der vorübergehend standfest sein muß, wird auf Tiefen von 1,0 bis 1,5 m ausgehoben,

*   mit einer bewehrten Spritzbetonschale 10 bis 20 cm dick gesichert,

*   Erdnägel, bestehend aus werksmäßig korrosionsgeschütztem Gewindebaustahl mit Durchmessern von 22 bis 28 mm, werden in vorzubohrende Löcher gesteckt und mit Zementmörtel verfüllt bzw. verpreßt,

*   nach der Erhärtung werden die Erdnägel kraftschlüssig über Ankerplatten mit der Spritzbetonwand verbunden (keine Vorspannung!). Zum Zwecke des Korrosionsschutzes können die Ankerköpfe mit einer ca. 5 cm dicken Spritzbetonschicht überzogen werden,

*   danach kann weiter ausgehoben und die nächste Lage eingebaut werden.

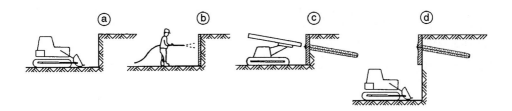

Bild 6.48 Herstellphasen einer Nagelwand

Vorbehaltlich des statischen Nachweises kann überschlägig angenommen werden, daß die Länge der Nägel etwa das 0,5 bis 0,7-fache der Wandhöhe, der maximale Nagelabstand 1,5 m in lotrechter und waagrechter Richtung betragen sollen.

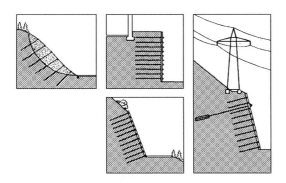

Bild 6.49 Anwendungsbeispiele der Bodenvernagelung nach [27].

Eingesetzt wird die Bodenvernagelung

- zur Sicherung von Böschungen oder Baugrubenwänden,
- für Stützbauwerke und
- zur Untergrundsicherung, wenn die Grundbruchgefahr verringert werden soll.

6.4.3 Bewehrte Erde

Hier werden in einem lagenweise geschütteten nichtbindigen Boden waagrechte, korrosionsgeschützte Metallbänder eingelegt und an der Außenfläche mit Außenhautelementen verbunden. Die Außenhautelemente können aus bewehrten Betonfertigteilen (Bild 6.50) oder aus korrosionsgeschützten Stahlblechelementen bestehen. Sie verhindern das seitliche Herausdrücken des Bodenmaterials unter Auflast und dienen gleichzeitig als Erosionsschutz. Durch die Metallbänder wird die Reibungs- und damit Scherfestigkeit des an sich kohäsionslosen Bodens so erhöht, daß lotrechte Böschungen standfest werden.

Die Bänder sind i. d. R. 3 bis 5 mm dick, 60 bis 80 mm breit und bis zu 25 m lang, wobei die Länge der ca. 0,7 bis 0,8-fachen Wandhöhe entsprechen soll. Der hinterfüllte Boden soll drainagefähig und gut verdichtbar sein.

Ein bevorzugtes Einsatzgebiet für „bewehrte Erde" sind Stützkörper im Verkehrswege-bau.

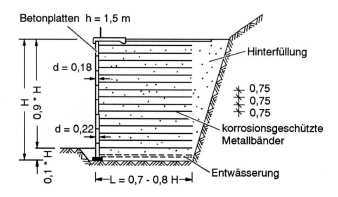

Bild 6.50 Schnitt durch eine „bewehrte Erde"-Stützwand nach [27].

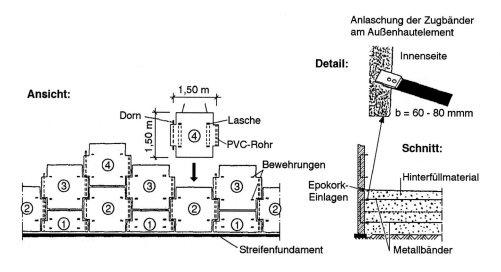

Bild 6.51 Montageschema und Details.

6.4.4 Weitere Sonderbauweisen

Hier soll noch auf den Einsatz von

Geotextilien hingewiesen werden, die – ähnlich der bewehrten Erde – in lagenweise geschütteten Boden in Form von Kunststoffbahnen eingebaut werden, wodurch ein Verbundbaustoff „Kunststoff-Erde" erzeugt wird. Es besteht auch die Möglichkeit, im Gegensatz zum lagenweisen Einbau, dem Schüttboden kontinuierlich Kunststoffgarne als Endlosfäden beizumengen und das Kunststoff-Erde-Gemisch zu verdichten.

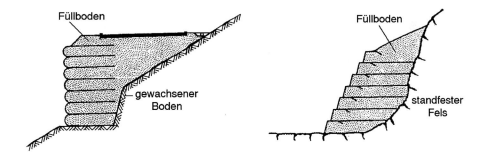

Bild 6.52   Stützmauer (links) und Futtermauer (rechts) als Kunststoff-Erde-Konstruktion nach [27]

Bei den *biologischen Verbaumethoden* werden Pflanzen und Pflanzenteile als lebende Baustoffe eingesetzt. Da sie relativ oberflächennah wurzeln, dienen sie überwiegend zum Schutz gegen wasser-, wind- und schwerkraftbedingter Erosion und als landschaftsgestalterisches Element.

Die *Bodenvereisungen* oder Gefrierverfahren gibt es schon seit 1883. Sie werden aber wegen der hohen Kosten nur in Ausnahmefällen, bevorzugt im Schachtbau, angewendet. Voraussetzung ist ein ausreichend wasserhaltiger Boden, bei dem weniger auf die festigende als auf die abdichtende Wirkung des Vereisens Wert gelegt wird. Der entscheidende Vorteil liegt in der Umweltfreundlichkeit diese Verfahrens, weil zwar die physikalischen Eigenschaften des Bodens und des Wassers genutzt, aber nicht bleibend verändert werden.

7 Wasserhaltungsarbeiten

7.1 Bauaufgabe

Unter Wasserhaltung [35] werden allgemein Maßnahmen verstanden, die während der erforderlichen Bauzeit je nach Situation und Erfordernis u. a.

- die Trockenhaltung von Baugruben und Gräben,
- die Sicherheit gegen Auftrieb im jeweiligen Bauzustand,
- die Sicherheit gegen hydraulischen Grundbruch (durch Entfernen der Bodenauflast beim Aushub bzw. durch Umspülen des Baugrubenverbaues),
- die Reduzierung des Wasserdruckes auf eine Verbauwand,
- die Aufrechterhaltung des Grundwasserstromes bzw. des Grundwasserstandes gewährleisten.

Das Prinzip einer Bauwasserhaltung läßt sich durch nachstehende Skizze beschreiben:

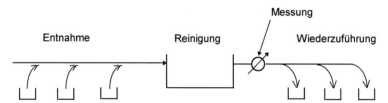

Bild 7.1 Schema einer Bauwasserhaltung

Dabei sind folgende Punkte zu beachten:

- Alle Eingriffe in den Wasserhaushalt (siehe u. a. WHG = Wasserhaushaltsgesetz) sind i. d. R. genehmigungspflichtig und mit entsprechenden Auflagen verbunden. Die entsprechenden Genehmigungsverfahren (z. B. über Wasserwirtschaftsämter, Landratsämter, kommunale Entwässerungsbehörden) sind rechtzeitig zu beantragen.
- Wasserhaltungsmaßnahmen sind in aller Regel sicherheitsrelevant für die gesamte Baumaßnahme. Die Installation, Wartung und Überprüfung der Anlagen durch Fachpersonal ist daher eine Grundvoraussetzung. Akustische und/oder optische Warneinrichtungen, die einen Pumpenausfall sofort anzeigen, sind dabei eine gute und kostengünstige Hilfe.

7.2 Wasserfassung, Entnahme

Eine Übersicht über die wichtigsten Möglichkeiten der Wasserentnahme zeigt Tabelle 7.1:

Tabelle 7.1 Arten von Wasserentnahmen

Schwerkraftentwässerung	offene Wasserhaltung	Gräben, Längs- und Flächendrainagen, zentrale, offene Pumpensümpfe
	vertikale Brunnen	Flachhaltungen Tiefbrunnen Wellpointanlagen
	Horizontalbrunnen	
Unterdruckentwässerung	Spülfilteranlagen Vakuumtiefbrunnen	
Elektro-Osmose		

Die Einstufung der einzelnen Verfahren in, vom technischen und wirtschaftlichen Aufwand her angemessene, Anwendungsgebiete in Abhängigkeit von der maßgeblichen Bodenkenngröße, dem Wasserdurchlässigkeitswert, ist in Bild 7.2 dargestellt.

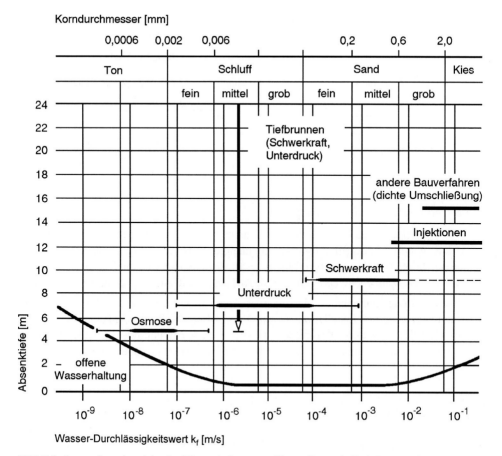

Bild 7.2 Anwendungsbereiche der Wasserhaltungsverfahren (Prospekt B & B, Mannheim)

Die Kenntnis des Wasserdurchlässigkeitswertes k_f [m/s], der in der Regel durch vorab durchgeführte Pumpversuche in situ, bei kleineren Wasserhaltungsmaßnahmen auch unter Zugrundelegung von Anhaltswerten (vergl. Tab. 7.2), ermittelt werden muß, ist Grundvoraussetzung für die Planung und Dimensionierung jeder Wasserhaltungsmaßnahme (Entnahme und Versickerung).

Tabelle 7.2 Anhaltswerte für den Wasserdurchlässigkeitsbeiwert [28].

Bodenart	Literatur	k_f [m/s]
grober Flußkies	Loos	10^{-2}
Grobkies, Flußkiese u. Grobsand	Jelinek	$10^{-3} - 10^{-4}$
Sand	Loos	$10^{-3} - 10^{-4}$
Feinsand	Jelinek	$10^{-4} - 10^{-5}$
Feinsand u. Schluff	Loos	$10^{-4} - 10^{-7}$
Schluff	Jelinek	$10^{-5} - 10^{-8}$
schluffiger Ton, Ton	Loos	$10^{-7} - 10^{-11}$
Ton, fett	Petermann	$10^{-9} - 10^{-10}$
Ton, schluffig	Petermann	$10^{-8} - 10^{-9}$
Ton	Jelinek	$10^{-8} - 10^{-11}$
Löß, gestört	Petermann	$10^{-9} - 10^{-10}$
Schlamm	Petermann	$10^{-9} - 10^{-11}$
Bentonit		0,0033 mm pro Jahr!

Zur generellen Einschätzung kann ergänzend folgende Einstufung vorgenommen werden:

Böden mit: $k_f > $ ca. 10^{-4} [m/s] $\Rightarrow$ wasserdurchlässig

$k_f \leq $ ca. 10^{-6} [m/s] $\Rightarrow$ halbdurchlässig

$k_f \leq $ ca. 10^{-8} [m/s] $\Rightarrow$ nahezu undurchlässig

7.2.1 Schwerkraftentwässerung

Unter Schwerkraftentwässerung versteht man Verfahren, bei denen das Wasser – ohne zusätzliche Maßnahmen wie z. B. Veränderung des atmosphärischen Druckes – nur aufgrund des Höhenunterschiedes zwischen den Wasserständen (unbeeinflußter Wasserspiegel und Wasserstand an der Entnahmestelle) der Entnahme zufließt.

7.2.1.1 Offene Wasserhaltung

Kennzeichnend für eine offene Wasserhaltung ist, daß das Wasser, das der Baugrube durch Niederschläge oder durch die Baugrubensohle und -böschungen zufließt, oberflächlich über Gräben bzw. Drainagen gesammelt und entweder direkt abgeführt oder offenen Pumpensümpfen zugeführt wird, von denen aus zentral abgepumpt werden kann (Bilder 7.3 - 7.5).

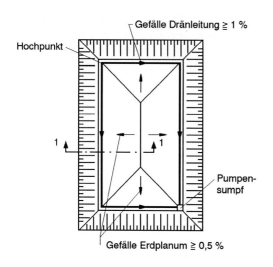

Bild 7.3
Baugrube mit Ringdrainage und Pumpensumpf
nach [28].

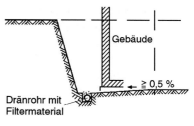

Bild 7.4 Schnitt 1-1

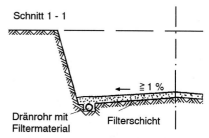

Bild 7.5
Alternative bei erforderlicher trockener
Baugrubensohle: Flächenfilter zusätzlich
nach [28].

7.2.1.2 Vertikale Brunnen, Flachhaltungen

Flachhaltungen werden in der Regel mit einer Kreiselpumpe betrieben (Bild 7.6). Die
Wasserförderung erfolgt über eine gemeinsame Saugleitung. Die theoretisch mögliche
max. Ansaughöhe beträgt 10,33 m. Sie wird aber durch Undichtigkeiten und Reibungsverluste in der Praxis auf 7,0 bis 7,5 m reduziert.

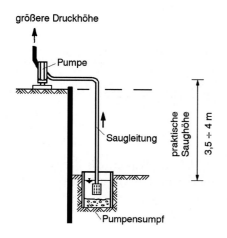

Bild 7.6
Schematische Darstellung eines Saugbrunnens
nach [28].

Berücksichtigt man weitere Reibungsverluste in den Saugleitungen sowie das erforderliche Absenkmaß in den einzelnen Brunnen, so ergibt sich eine mögliche Absenkung des Grundwassers von höchstens ca. 4 m. Werden tiefere Absenkungen erforderlich, muß eine Staffelabsenkung mit mehreren Anlagen erfolgen, deren Einrichtung und Betrieb sehr schnell unwirtschaftlich wird. (Bild 7.7 links). Insbesondere deshalb werden heute die Brunnen meist sogleich auf die endgültige Tiefe abgeteuft (Tiefbrunnen).

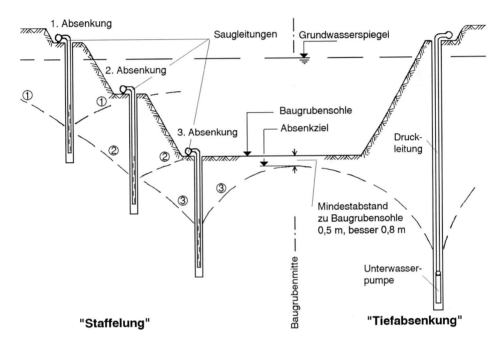

Bild 7.7 Vergleich zwischen Staffelabsenkung (Saugbrunnen) und Tiefabsenkung (Druckbrunnen) nach [28].

7.2.1.3 Vertikale Brunnen, Tiefbrunnen

Bei Tiefbrunnenanlagen (Bild 7.7 rechts) wird jeder Brunnen mit einer Unterwasserpumpe bestückt. Das Wasser wird von der Pumpe nicht hochgesaugt, sondern in der Verrohrung bzw. Verschlauchung hochgedrückt. Die Pumpen sind dabei in der Regel mit einer Schaltautomatik versehen, die sowohl ein Trockenlaufen der Pumpe bei zu geringem Wasserandrang durch Abschalten sowie die Einhaltung des wählbaren Absenkziels durch rechtzeitiges Wiedereinschalten der Pumpe gewährleisten. Die Anzahl und Lage der Brunnen richtet sich nach den Grundwasser- und Bodenverhältnissen sowie nach dem erforderlichen Absenkziel. Bei größeren Baugruben ist dabei oft eine Anordnung innerhalb der Baugrube erforderlich. Dabei werden die Aufsatzrohre mit dem fortschreitenden Baugrubenaushub rückgebaut. Nach Abschluß der Wasserhaltungsarbeiten werden die Brunnen im Bauwerk mit Brunnentöpfen abgedichtet und ggf. verpresst.

7.2.1.4 Vertikale Brunnen, Wellpointanlagen

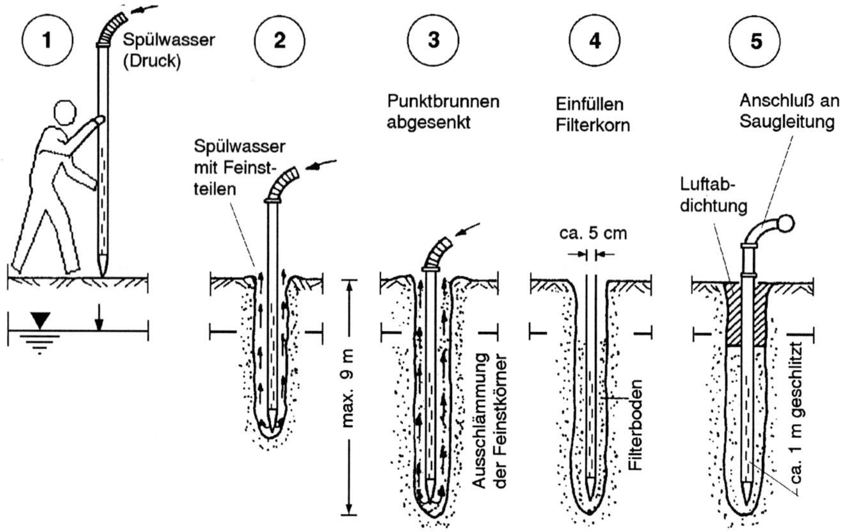

Bild 7.8 Niederbringen von Punkt- oder Nadelbrunnen durch Einspülen [28].

Wellpointanlagen sind Flachhaltungen in sehr einfacher Ausführung. Das Filterrohr des Brunnens (d = 2 bis 4 Zoll) dient gleichzeitig als Saugrohr. Die Brunnen von Well-pointanlagen werden meist nicht gebohrt, sondern die Rohre, die im Bereich der unteren 1 bis 2 m geschlitzt sind, werden in den Boden eingespült. Der durch das Ansaugen erzeugte Unterdruck dient nur zum Heben des Wassers und wirkt nicht auf den Boden (Schwerkraftentwässerung). Werden Wellpointanlagen allerdings in Böden mit geringen k-Werten eingesetzt, können sie in Verbindung mit stärkeren Luftpumpen wie Unter-druckanlagen (siehe 7.2.2) wirken.

Aufgrund der einfachen Ausführung werden Wellpointanlagen (auch als Unterdruck-anlagen) häufig für die Grundwasserabsenkung beim Bau von Leitungsgräben eingesetzt (Bilder 7.8 u. 7.9).

7.2.1.5 Horizontalbrunnen

Horizontale Brunnenanlagen werden zur Grundwasserabsenkung für sehr großflächige, flache Baugruben und für sehr lange betriebene bzw. ständige Wasserhaltungen einge-setzt. Sie bestehen aus Sickerschlitzen, in denen Filterrohre verlegt werden, und Flächen-filtern zwischen den einzelnen Sickerschlitzen. Sammel- und Revisionsschächte sind so anzulegen, daß Wartungs- und Kontrollarbeiten (Kamerabefahrung) durchgeführt werden können.

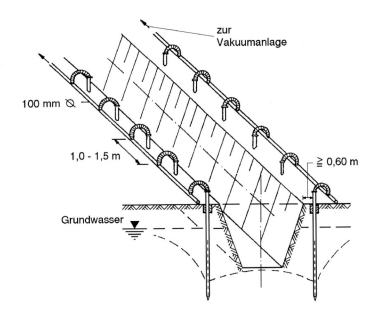

Bild 7.9 Leitungsgraben (hier abgeböscht) mit Absenkung durch „well-points" [28].

7.2.2 Unterdruckentwässerung

Bei der Unterdruckentwässerung fließt das Wasser nicht nur aufgrund des hydraulischen Gefälles aus der Schwerkraft der Entnahmestelle zu, sondern es wird durch Beaufschlagung eines Unterdrucks im Brunnen ein zusätzliches Gefälle erzeugt. Im Unterschied zu den Wellpointanlagen muß dabei der erzeugte Unterdruck so groß sein, daß nicht nur das Wasser im Brunnen selbst gehoben bzw. angesaugt werden kann, sondern daß darüber hinaus ein Unterdruck im umgebenden Boden erzeugt wird. Damit wird zum einen eine größere Wassermenge entzogen und zum anderen eine flachere Ausbildung der Absenkkurven erreicht.

Damit wird die Entwässerung von Böden (mit geringer Durchlässigkeit) möglich, in denen sich bei reiner Schwerkraftentwässerung (Bild 7.10) sehr steile Absenkkurven ausbilden würden, und die eine entsprechend größere Anzahl und wesentlich tiefere Schwerkraftbrunnen erforderlich machen.

Voraussetzung für die Anwendung der Unterdruckentwässerung ist neben den entsprechenden Vakuum- und Saugpumpen und einer dichten Leitungsführung, daß die zu entwässernde Bodenschicht zur Oberfläche hin durch „luftdichte" Schichten überdeckt ist und daß auch im Bereich der Brunnenrohre selbst z. B. durch einen Abdichtungsring aus Tonmaterial das Ansaugen von Luft verhindert wird.

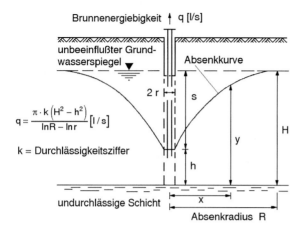

Bild 7.10
Absenktrichter (in senk-
rechter Schnittebene)
nach [28], Regelfall.

7.2.2.1 Unterdruckentwässerung, Spülfilteranlagen

Spülfilteranlagen sind in der Herstellung und von der Anlage her Wellpointanlagen vergleichbar. Üblicherweise werden Filter von 1,5 bis 2,5 Zoll Durchmesser mit einem 1 bis
2 m langen geschlitzten Filterteil (am unteren Ende) eingespült. Die Vakuumaggregate
(Hochleistungsvakuumpumpen und Wasserpumpen) arbeiten voll- oder halbautomatisch
und sind so konzipiert, daß eine dauernde Unterdruckhaltung gewährleistet wird. Wie bei
den Wellpointanlagen werden Spülfilteranlagen bei entsprechenden Bodenvorausset-zun-
gen vorzugsweise für die Wasserhaltung im Leitungsbau (auch in Staffelausführung)
eingesetzt, wobei Absenktiefen von 4 bis 6 m (ohne Staffelung) erreicht werden können.
Aufgrund der einfachen Handhabung eignen sich die „Vakuumlanzen" auch sehr gut zur
Entwässerung lokaler Wassereinschlüsse z. B. hinter Verbauwänden. Dabei werden die
Filterlanzen horizontal oder schräg von der Innenseite der Verbauwand eingebracht.

7.2.2.2 Unterdruckentwässerung, Vakuumtiefbrunnen

Für Fälle, in denen aufgrund der anstehenden Bodenverhältnisse eine Unterdruckentwässerung angebracht erscheint, die erforderliche Absenktiefe aber mit Spülfilteranlagen
entweder nicht erreichbar ist, oder die Anlage von mehreren gestaffelten Anlagen unwirtschaftlich oder aus Platzgründen nicht realisierbar ist, können „Vakuumtiefbrunnen"
ausgeführt werden.

Vakuumtiefbrunnen sind verrohrt gebohrte Kiesschüttungsbrunnen mit einem Bohrdurchmesser von 0,5 bis 0,8 m und einer Filterstärke von 0,25 bis 0,30 m. Im Gegensatz
zu den Spülfilteranlagen wird das Wasser nicht durch den Unterdruck hochgefördert,
sondern durch separate Tauchpumpen im Brunnen. Damit steht auch der im Inneren
aktivierte Unterdruck voll zur Erzeugung des zusätzlichen Unterdruckgefälles zur Verfügung.

7.2.3 Elektro-Osmose

Das Verfahren der Elektro-Osmose kommt zur Anwendung, wenn die Kapillarkräfte im Boden so groß werden, daß eine Entwässerung mit Unterdruck nicht mehr möglich ist. Dies ist bei Tonen und Schluffen mit einem Durchlässigkeitsbeiwert von $k_f < 10^{-7}$ der Fall (siehe Bild 7.2 und 7.11).

Die Wirkungsweise beruht auf dem physikalischen Prinzip, daß Materie aus Stoffen unterschiedlicher elektrischer Konstitution zusammengesetzt ist. Die Grenzflächen laden sich unterschiedlich (entgegengesetzte Vorzeichen) auf und neutralisieren sich gegenseitig. Dies ist auch an den Berührungsflächen Bodenteilchen/Wasser der Fall. Wird dieses System nun von außen her durch die Zufuhr von Gleichstrom beeinflußt, beginnt der bewegliche Teil des Systems zu wandern, und zwar bewegen sich in einer Suspension die festen Teilchen von der Anode zur Kathode. Sind dagegen die festen Teilchen unbeweglich, wie es im Boden der Fall ist, bewegen sich die Flüssigkeitsteilchen von der Anode zur Kathode. Dieser Vorgang wird als Elektro-Osmose bezeichnet. Wird die Kathode nun als Brunnen ausgebildet, so wird hier die Flüssigkeit (= Wasser) gesammelt und kann abgepumpt werden.

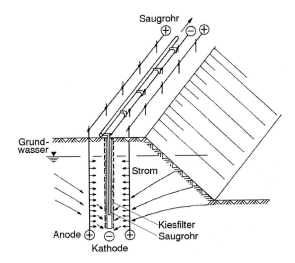

Bild 7.11
Schema einer elektroosmotischen
Entwässerung nach [28].

In der Praxis wird der negative Pol (= Kathode) einer Gleichstromquelle in Reihenschaltung an die Brunnenhaltung (Filterrohr, z. B. Wellpoints bei flachen Haltungen), der positive Pol an benachbarte, in den Boden eingeschlagene Eisenteile, angelegt. Voraussetzung für die Anwendung der Elektro-Osmose sind in jedem Fall Laboruntersuchungen, die Auskunft über die Entwässerbarkeit des anstehenden Bodens mit diesem Verfahren und über die aufzuwendende Energie geben.

7.3 Reinigung

Grundsätzlich sind nach DIN 18305 Pumpensümpfe und Brunnen so anzulegen, daß die Förderung von Bodenteilchen

- bei offener Wasserhaltung, soweit erforderlich,
- bei Grundwasserhaltung mittels Brunnen völlig

vermieden wird.

Da heute in den meisten Fällen eine Wiederversickerung des abgepumpten Wassers erfolgt (Abschnitt 7.6), ist insbesondere für die offene Wasserhaltung und für das in der Baugrube anfallende Niederschlags- und Brauchwasser eine Reinigung erforderlich, um zum einen die Filtrationseigenschaften der Versickerungsstellen auf Dauer zu gewährleisten und zum anderen Verunreinigungen des Grundwassers (oder auch des Vorfluters) auszuschließen. In den meisten Fällen genügt hier eine sedimentative Reinigungsvorrichtung, d. h. das Wasser läuft vor der Wiedereinleitung durch ein Absetzbecken (Bild 7.12), in dem sich noch vorhandene Feinteilchen ablagern können.

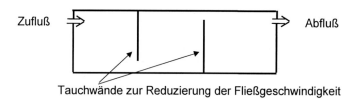

Bild 7.12 Schema eines Absetzbeckens

Die Beckengröße ist dabei so zu bemessen, daß die Durchflußgeschwindigkeit soweit verringert wird, daß eine Sedimentation erfolgt (andernfalls Anordnung mehrerer Becken). Ein wesentlich höherer Reinigungsgrad wird z. B. durch Zentrifugen oder Zyklonanlagen sowie zusätzliche Aktivkohlefilter o.a. erreicht.

Auf die Notwendigkeit zur Reinigung von kontaminiertem Wasser bzw. die hierzu möglichen Verfahren soll hier nur hingewiesen werden.

7.4 Wassermengenmessung

Messungen der entnommenen Wassermengen sind aus verschiedenen Gründen erforderlich, u. a.:

- zur Abrechnung der Bauleistung,
- zur Kontrolle der Vorgaben aus der wasserrechtlichen Genehmigung,
- zur Überprüfung der Bemessungsvorgaben (Pumpenleistungen, Fassungsvermögen der Brunnen) und Feststellung von Schwankungen (Veränderung des Grundwasserstandes nach starken Niederschlägen, Trockenperioden) und gegebenenfalls Anpassung der Wasserhaltung.

7.4.1 Meßeinrichtungen

Grundsätzlich möglich sind Messungen mit

- Wasseruhren,
- Meßwehren,
- Meßblenden,
- Prallplatten,
- Gefäßen und Zeitmessern,
- der Wurfparabel des frei austretenden Wasserstrahls,
- induktiven Meßeinrichtungen.

In der baubetrieblichen Praxis bewährt hat sich insbesondere die Messung mit Hilfe von Meßwehren. Sie können in sehr einfacher Weise am Auslauf der Absetzbecken als Dreieck-, Rechteck- oder Trapezwehre angebracht werden und liefern bei entsprechender Ablesehäufigkeit (z. B. täglich) hinreichend genaue Ergebnisse. Zudem ist die Wartung (Entfernen von Versinterungen etc.) sehr einfach. Allerdings setzen sie einen druckfreien Ablauf voraus.

Die häufig durchgeführte Messung mit Wasseruhren bringt bei Bauwasserhaltungen oftmals Probleme mit sich, da das gepumpte Wasser zu Korrosion, Versinterung, Sedimentation oder Verockerung führt und damit die Messung über die sehr empfindlichen Meßflügel schnell ungenau wird. Weitere Abweichungen ergeben sich, wenn die Meßstrecke, das heißt, das gerade Rohrleitungsstück, in dem die Wasseruhr eingesetzt ist, nicht ständig voll beaufschlagt wird oder zu kurz ausgelegt ist, so daß sich Turbulenzen ausbilden können. In jedem Fall sind die Herstellerangaben genau zu beachten und regelmäßige Überprüfungen (Einbau von Nebenschlußleitungen zur Aufrechterhaltung des Betriebes vorsehen) durchzuführen.

Aufgrund der geringen Anwendungshäufigkeit in der Praxis soll auf die übrigen Verfahren hier nicht näher eingegangen werden. Zu erwähnen ist allerdings, daß induktive Meßmethoden trotz relativ hoher Ausrüstungskosten immer mehr Bedeutung gewinnen, da diese berührungsfreien Meßeinrichtungen den o. g. Einflüssen aus Korrosion etc. nicht unterliegen.

7.5 Kontrolle des Grundwasserstandes

Die Kontrolle des Grundwasserstandes bzw. der erzielten Absenkungskurven erfolgt über Meßpegel innerhalb und außerhalb der Baugrube. Meßpegel bestehen aus Filterrohren, deren unteres Ende jeweils etwa 1 m lang geschlitzt ausgeführt ist. Der Schlitzbereich wird mit Filterkies eingekiest. Der Durchmesser der Pegel beträgt (je nach Meßmethode für den Wasserstand) 1,5 bis 4 Zoll. Liegen mehrere Grundwasserhorizonte vor, werden Mehrfachpegel eingebaut, d. h. an einer Stelle werden gepaarte Pegel in die verschiedenen wasserführenden Schichten niedergebracht. Die dazwischenliegenden wassersperrenden Schichten müssen dann im Bereich des Pegelrohres mit Ton abgedichtet werden.

Die Messung des Wasserstandes erfolgt mit:

- Brunnenpfeifen (akustisches Signal beim Eintauchen des Meßlotes in den Grundwasserspiegel im Pegel),
- Lichtlot (optische Anzeige beim Eintauchen),
- selbstschreibenden Pegeln mit permanenter Aufschreibung des Grundwasserstandes (Voraussetzung: Pegeldurchmesser mind. 2 Zoll, besser 4 Zoll).

Als Bezugshöhe wird die Oberkante des Pegelrohres angenommen, deren geodätische Höhe vorab durch Nivellement bestimmt wird. Die Meßergebnisse sind fortlaufend zu dokumentieren und bei Bedarf den zuständigen Aufsichtsbehörden zur Kontrolle der Einhaltung der wasserrechtlichen Auflagen vorzulegen.

7.6 Wiederzuführung

Für die Wiederzuführung des Wassers kommen im wesentlichen 3 Möglichkeiten in Betracht:

- Ableitung in eine vorhandene Vorflut (Gewässer),
- Ableitung in das vorhandene Kanalnetz,
- Versickerung.

7.6.1 Ableitung in eine vorhandene Vorflut

Sie stellt die einfachste Möglichkeit für die Einleitung des Wassers dar. Voraussetzung ist allerdings neben der aus wirtschaftlichen Gründen erforderlichen Nähe eines entsprechenden Gewässers, daß durch die entfallende Wiederversickerung kein größerer Einfluß auf den Wasserhaushalt erfolgt und keine benachbarten Bauwerke gefährdet sind (Gefahr durch Entwässerung setzungsempfindlicher Böden). Aus den genannten Gründen ist eine Einleitung in Vorfluter zumeist auf kurzlaufende Wasserhaltungen und geringe Wassermengen beschränkt und wird in den wenigsten Fällen genehmigt. In jedem Fall ist aber eine Verschmutzung des Gewässers auszuschließen.

7.6.2 Ableitung in das vorhandene Kanalnetz

Hier gilt zunächst entsprechend das oben Gesagte bezüglich der einseitigen Beeinflussung des Wasserhaltes. Darüber hinaus ist die Kapazität der örtlichen Kanalhaltungen im Regelfall nicht auf zusätzliche und dauernd eingeleitete größere Wassermengen ausgelegt. Dies trifft insbesondere für die Niederschlagswasserbeseitigung (zeitliches Zusammentreffen mit Spitzenbelastungen des Netzes) zu. Die Genehmigung der betreffenden Behörden ist in jedem Falle einzuholen. Die angefallenen Gebühren sind dabei für die Wirtschaftlichkeitsbetrachtung zu berücksichtigen.

7.6.3 Wiederversickerung

Die Wiederversickerung kann durch Oberflächenfiltration über Versickerungsgräben, Sickerrohrstränge oder Sickerbecken bzw. durch Tiefenfiltration über Brunnenanlagen analog Kap. 7.2.1 erfolgen.

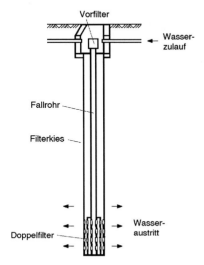

Bild 7.13
Beispiel eines Versickerungsbrunnens

Dabei entsteht zwangsläufig ein geschlossener Kreislauf mit der Entnahme, d. h. die Wiederversickerung muß in ihrer Leistungsfähigkeit und Funktion auf die Entnahme abgestimmt sein.

Mit der Wiederversickerung bietet sich die Möglichkeit, die negativen Einflüsse aus der Grundwasserhaltung so gering wie möglich zu halten. Dies betrifft im Besonderen die Punkte

- Wiederherstellung der ursprünglichen Grundwasserhöhe in möglichst geringer Entfernung zur Baugrube,
- Beeinflussung der durch die Entnahme gestörten Strömungsrichtung des Grundwassers,
- Reduzierung der Setzungsgefahr benachbarter Gebäude bei setzungsempfindlichen Böden.

Bei der Wahl der Wiederversickerung ist neben kapazitiven Überlegungen darauf zu achten, daß

- die Versickerung mit einer Überstauung des vorhandenen Wasserspiegels verbunden ist, d. h. es ist darauf zu achten, daß eine Beeinflussung oder gar Überflutung von Gebäuden (insbesondere Keller u. Tiefgaragen) ausgeschlossen ist;
- der Flächenbedarf für die Versickerung erheblich ist (Abbau des „Versickerungskegels");
- die Versickerungseinrichtungen soweit von der Baugrube entfernt sind, bzw. unterstromig im Grundwasserstrom angeordnet werden, daß eine gegenseitige Beeinflussung von Versickerung und Entnahme weitestgehend ausgeschlossen wird.

8 Gründungsarbeiten und Unterfangungen

8.1 Bauaufgabe

Die Gründung ist die Verbindung zwischen dem Bauwerk und dem Baugrund. Der Gründungskörper hat die Aufgabe, die ständigen Lasten und die Verkehrslasten eines Bauwerkes standsicher auf den Boden zu übertragen.

An Lasten können auftreten:

- die ständigen Lasten, wie Eigengewicht, Erddruck, Erdlasten und Wasserdruck (auch der Strömungsdruck) und

- die Verkehrslasten. Dazu gehören Personen- und Einrichtungslasten, versetzbare Trennwände, Lagerstoffe, Maschinen, Fahrzeuge, Kranlasten, Wind, Schnee, wechselnder Erd- und Wasserdruck sowie die Ersatzlastannahmen für Straßen- und Wegebrücken. Richtwerte dafür gibt die DIN 1055 und 1072.

Entsprechend sind bei den statischen Nachweisen nach DIN 1054 folgende Lastfälle mit unterschiedlicher Gewichtung zu untersuchen:

- die Regellastfälle mit ständigen Lasten und regelmäßig auftretenden Verkehrslasten (auch Wind),

- die seltenen Lastfälle, wie nicht regelmäßig auftretende, große Verkehrslasten und Bauzustände, die nur während der Bauzeit auftreten,

- außergewöhnliche Lastfälle, z. B. durch Ausfall von Betriebs- und Sicherungseinrichtungen oder bei Belastung durch Unfälle.

Unter standsicher ist zu verstehen, daß das zu errichtende Bauwerk, die angrenzende Bebauung und der Baugrund selbst keinen Schaden erleiden. Der Baugrund wird unter Last zusammengedrückt und erleidet Setzungen. Bei nichtbindigen Böden tritt die Setzung praktisch zeitgleich mit der Lasteintragung auf, bei bindigen Böden dauert es mitunter sehr lange, bis das Porenwasser unter Last ausgepreßt ist.

An einem Beispiel soll die Empfindlichkeit eines Zweifeldträgers gezeigt werden, abhängig von seinem Verformungsverhalten und bei unterschiedlichem Setzungsverhalten des Baugrundes:

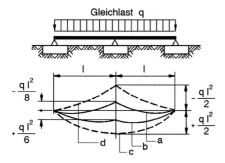

Bild 8.1
Biegemomente eines Zweifeldträgers für unterschiedliche Verformungseigenschaften von Bauwerk und Baugrund nach [27].

Fall a: bei Einhaltung der zul. Bodenpressungen ohne Berücksichtigung des Setzungs-
          verhaltens des Bodens ist das Bauwerk standsicher. Folge: günstige Momente,
          geringe Bewehrung, aber: DIN 1045, 15.1.3 verlangt Berücksichtigung der
          Zwangsschnittkräfte aus unterschiedlichem Setzungsverhalten.

Fall b: bei sehr steifem Träger und gleichmäßiger Nachgiebigkeit des Bodens (homo-
          gen).
          Folge: hohe Momente erfordern viel Bewehrung (Ausnahme bei hohen Wand-
          scheiben).

Fall c: nachgiebige Störzone im Boden an Mittelunterstützung, weicher als an den End-
          auflagern.
          Folge: Risse in Bauwerksmitte unten.

Fall d: umgekehrter Fall von c), starres Mittelauflager und weiche Endauflager.
          Folge: instabile Lagerung, Gefahr des Kippens, Risse in Bauwerksmitte oben.

Werden die zulässigen Bodenpressungen der DIN 1054 eingehalten, so sind i. d. R. all
diese Anforderungen an eine standsichere Gründung erfüllt. Sie richten sich bei nichtbindigen Böden nach der Grundbruchsicherheit, bei bindigen Böden nach der als un-
schädlich angesehenen Setzung. Dies gilt aber nur für einfache Fälle mit klar definierten
Randbedingungen. In allen anderen Fällen ist für jeden Gründungskörper der rechnerische Standsicherheitsnachweis zu erbringen.

Als wichtigste Setzungsursachen für Fundamente sind zu berücksichtigen die Ursachen
aus:

- der Bauwerkslast (Eigengewicht und Nutzlast),

- benachbarten, belasteten Gründungskörpern,

- Anschüttungen in der Nähe des Bauwerks, vor allem großflächige,

- Grundwasserabsenkungen, weil sich dabei das wirksame Raumgewicht des Bodens
  um nahezu 100% erhöht und diese Zusatzlast neue Setzungen verursacht,

- Erschütterungen bei nichtbindigen Böden, die zu einer Verdichtung des Baugrundes
  führen,

- benachbarten Baugruben, die ein seitliches Ausweichen des Bodens ermöglichen
  (z. B. mit biegeweichem Verbau).

Da der Boden in natürlicher Lagerung mit zunehmender Tiefe i. d. R. dichter gelagert ist,
kann er größere Pressungen aufnehmen und die Fundamentabmessungen werden entsprechend kleiner.

Bei sehr oberflächennahen Flachgründungen sind die Mindesttiefen gegen Frosteinwir-
kung und Grundbruch einzuhalten. Das Maß der frostsicheren Überdeckung liegt in Mitteleuropa, abhängig von der Höhenlage über NN, zwischen minimal 0,8 und maximal
1,5 m. Wegen der Grundbruchsicherheit fordert die DIN 1054 eine Einbindetiefe von
minimal 0,5 m.

Durch die Wahl der geeigneten Gründungskörper kann die Wechselwirkung zwischen Last und Baugrund aufeinander abgestimmt werden. So werden abhängig von der Tiefe der tragenden Bodenschicht verschiedene Gründungsverfahren unterschieden:

- die *Flachgründung*, wenn in Höhe der geplanten Gründungssohle tragfähiger Boden ansteht und

- die *Tiefgründung*, wenn der tragfähige Boden erst in größerer Tiefe angetroffen wird und die Lasten dorthin geleitet werden müssen.

8.2 Flachgründungen

8.2.1 Tragverhalten und Herstellung

Flächenhafte Gründungskörper können nur Druck- und Reibungs-, aber wegen des fehlenden kohäsiven Verbundes keine Zugkräfte übertragen. Die Lasteintragung erfolgt in der Gründungssohle und erzeugt auf den Boden die Sohl- oder Bodenpressung, die i. d. R. geradlinig angenommen wird. Bei senkrechten Lasten ist die Gründungssohle waagerecht, bei überwiegend geneigten Lasten senkrecht zur Lastresultierenden geneigt herzustellen. Wegen der Gleitsicherheit ist die Gründungssohle immer möglichst senkrecht zur Lasteinwirkung anzuordnen.

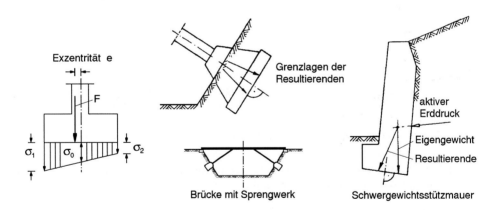

Bild 8.2 Neigung der Sohlfuge [28].

Bei der Herstellung einer Flachgründung auf tragfähigem Baugrund sind folgende Hinweise zu beachten:

- Flachgründungen werden i. d. R in trockener Baugrube hergestellt (in Ausnahmefällen auch als Unterwasserbeton).

- Eine Grundwasserabsenkung muß mindestens bis 0,5 m unter die Gründungssohle erfolgen.

- Mögliche Auflockerungen der Gründungssohle durch das Aushubgerät sind durch Nachverdichten oder Magerbetonersatz zu beseitigen.

- Zum Schutz der Gründungssohle ist unmittelbar nach dem Aushub entweder eine Sauberkeitsschicht aus Magerbeton oder das endgültige Fundament einzubauen. Bei starken Regenfällen sind besonders bei bindigen Böden auch Abdeckungen mit Planen o.ä. möglich.

- Ausgehobene Fundamentgräben niemals dem Frost aussetzen. Bereits fertiggestellte Fundamente vor Wintereinbruch hinterfüllen.

- Bei größeren Baugruben und vor allem bei wasser-, sowie in der kalten Jahreszeit bei frostempfindlichen Böden (Gefahr von Nachtfrost) den Aushub nur bis ca. 30 bis 50 cm oberhalb der Gründungssohle führen und die restliche Schutzschicht erst kurz vor dem Einbau der Sauberkeitsschicht bzw. Fundament entfernen.

- Anlegen eines Gefälles zur Ableitung des Oberflächenwassers, ggf. Anlegen von Gräben und Pumpensümpfen.

8.2.2 Formen

8.2.2.1 Einzelfundamente

tragen bei der Flachgründung Punkt- oder Einzellasten ab.

Die einfachste Form Bild 8.3a kann mit einer einfachen Schalung oder bei gut standfestem Boden ohne Schalung direkt gegen das Erdreich betoniert werden. Die dabei erzielbaren Einsparungen müssen dem relativ großen Betonverbrauch gegenübergestellt werden. Gewöhnlich wird diese Form bei geringen Lasten, manchmal auch unbewehrt ausgeführt. Bei großen Lasten oder gering tragfähigem Boden kann es wirtschaftlicher sein, einen höheren Schalaufwand zugunsten der Betoneinsparung in Kauf zu nehmen. Bei entsprechend großer Stückzahl ist immer ein kalkulatorischer Kostenvergleich zu empfehlen (Form b bis d). Die der Lastausbreitung im Beton nachempfundene, optimale Form d) empfiehlt sich wegen der schrägen Sonderschalung nur bei sehr großen Stückzahlen. Für den Betoneinbau ist hier eine Sicherung der Schalung gegen Aufschwimmen unter Auftrieb des flüssigen Betons vorzusehen (beschweren oder nach unten verankern).

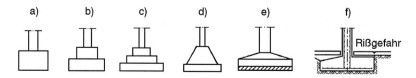

Bild 8.3 Formen von Einzelfundamenten nach [27].

Die Ausbildung sehr flacher Fundamente, wie e) und f) bieten die Vorteile der geringeren Gründungstiefe (u.U. Wegfall einer Wasserhaltung!), sowie Einsparungen bei Aushub, Schalung und Beton. Sie erfordern dagegen eine Sauberkeitsschicht und mehr Bewehrung. Die Abschrägung der Oberfläche im Erdreich (> 5%, Neigung ca. 25 bis 30% noch ohne Konterschalung möglich) erhöht den Korrosionsschutz der Bewehrung durch gezielte Wasserabführung, im Bauwerk (sorgt sie für eine weichere Lagerung der darüber liegenden Bodenplatte und vermindert dadurch die Gefahr der Rißbildung.

Da die Fertigteilbauweise immer mehr an Bedeutung gewinnt, sind in Bild 8.4 noch zwei Möglichkeiten für die Ausbildung von Köcherfundamenten dargestellt. Für einen guten Verbund bei der Kraftübertragung von der Stütze in das Fundament durch den Verguß-mörtel ist die Innenseite des Köchers und die Außenseite der Fertigteilstütze profiliert auszubilden. Eine relativ seltene Variante ist das vorgespannte Einzelfundament, das bei zu großer schlaffer Bewehrung oder bei völliger Rissefreiheit z. B. bei aggressivem Grundwasser sinnvoll ist.

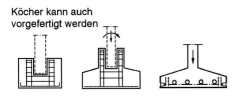

Bild 8.4
Köcherfundamente und vorge-
spanntes Fundament nach [27].

8.2.2.2 Streifenfundamente und Gründungsbalken

Streifenfundamente tragen Linienlasten ab, z. B. senkrechte Wandlasten. Sie werden im Wohnungsbau i. d. R. als unbewehrte „Bankette" ausgeführt. Die erforderlichen Fundamentabmessungen richten sich nach der zul. Bodenpressung und der Betongüte. Die Herstellung erfolgt i. d. R. als ungeschalter Beton, der von der Baugrubensohle aus in gesondert ausgeschachtete Gräben eingebaut wird. Bei Kellerwänden aus Beton empfiehlt sich der Einbau von Steckeisen als Verbindung zu den Kellerwänden, um einen schubfesten, steifen „Kellerkasten" zu erhalten. Kreuzen Entsorgungsleitungen die Fundamente, so sind diese durch eine Trennschicht (Styropor o. ä.) zum Beton abzudecken, um Rohrbrüche im Falle unterschiedlicher Vertikalbewegungen zu vermeiden.

Sofern die Wandauflast auf einem Bankett durch Öffnungen (Türen) unterbrochen ist, muß dieser Bereich wie ein Balken bewehrt werden.

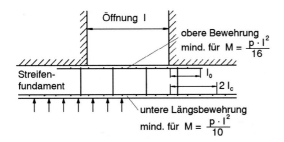

Bild 8.5
Zusätzliche Bewehrung in Streifenfundamenten bei unterbrochenen Wänden.

Einseitige Fundamente an Grundstücksgrenzen sind in möglichst kurzen Abständen (ca. 12 d) durch Querwände gegen Verdrehen auszusteifen.

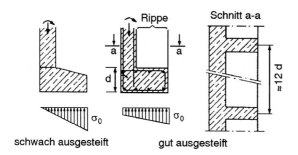

schwach ausgesteift   gut ausgesteift

Bild 8.6
Einseitige Streifenfundamente an Grundstücksgrenzen.

Bei hohen Lasten und flachen Fundamentquerschnitten sind Streifenfundamente durchgehend bewehrt mit der Hauptbewehrung in Querrichtung auszubilden.

Gründungsbalken unterscheiden sich von den Streifenfundamenten nur dadurch, daß ihre Tragwirkung in Quer- und Längsrichtung erfolgt. Sie sind auszubilden bei

- eng stehenden Einzellasten, bei denen der Aufwand von vielen Einzelfundamenten zu groß wäre,
- bei ungleichförmigen Baugrund, bei dem unterschiedliche Setzungen zu erwarten sind,
- zur Ableitung großer Horizontallasten in Wandrichtung,
- bei der Aufnahme von Randmomenten.

Die Querschnittsformen entsprechen im wesentlichen den Formen der Einzelfundamente. In Längsrichtung werden sie der Grundrißanordnung der Wände oder Stützenreihen eines Gebäudes angepaßt. Die Abtreppung bei einer Hangbebauung ist in Bild 8.7 schematisch sowohl als Streifenfundamente als auch für Gründungsbalken dargestellt.

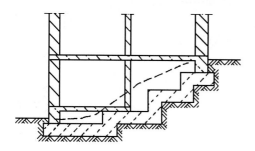

Bild 8.7
Abgetrepptes Streifenfundament
[31].

8.2.2.3 Plattenfundamente

Bei einer Gründungsplatte wird die gesamte Bodenfläche unter einem Bauwerk oder Bauwerksteil belastet. Platten werden ausgeführt,

- wenn Einzelfundamente bei einem engen Stützenraster unwirtschaftlich sind,

- bei großen Bauwerkslasten und / oder schlechtem Baugrund, bei dem der Grundbruchnachweis eine große Fläche erfordert,
- wenn das Bauwerk gegen Grundwasser abzudichten ist,
- wenn große Horizontallasten über Reibung in der Gründungssohle abzutragen sind.

Die Dicke einer Bodenplatte wird über den Durchstanznachweis nach DIN 1045, 22.7 ermittelt. Bei hochbelasteten Stützen oder Stützenreihen kann durch die Ausbildung pilzkopf- oder balkenförmiger Verstärkungen eine unwirtschaftliche Plattendicke vermieden werden. Da diese i. d. R. wegen der späteren Nutzung der Räume an der Unterseite der Platte angeordnet werden, ist darauf zu achten, daß eine zwängungsfreie Beweglichkeit der Platte z. B. auf einer Gleitfolie gewährleistet wird. Bei der Bemessung von Bodenplatten ist besonders auf das eingangs bereits geschilderte Problem der Verteilung der Bodenpressung abhängig von der Steifigkeit des Überbaues (Gebäude), der Gründungsplatte selbst und dem Setzungsverhalten des Bodens zu achten.

Der Hauptgrund für eine durchgehende Bodenplatte ist die Herstellung eines dichten Bauwerks im Grundwasser. Dies wird erreicht mit einer Außenabdichtung oder durch Verwendung von wasserundurchlässigem Beton. Im Falle der Außen- oder Hautabdichtung spricht man von der

„Schwarzen Wanne", weil im allgemeinen die Abdichtung mit bituminösen Stoffen hergestellt wird. Die Abdichtung ist seitlich an den Wänden hoch zu führen bis 30 cm über den höchsten Grundwasserstand bei nichtbindigen, bis 30 cm über Gelände bei bindigen Böden. Die Herstellung einer Außenabdichtung beeinflußt den Baubetrieb entscheidend, sie erfordert folgende Vorgänge:

- Herstellen einer Betonsohle als Dichtungsträger,
- Aufbringen der Sohlabdichtung,
- Schutzbeton auf der Sohldichtung,
- Herstellen der tragenden Sohle und Wände,
- Hochziehen der Wandabdichtung mit vorschriftsmäßiger Überlappung der einzelnen Lagen zur Sohlabdichtung,
- Schutzbeton bzw. -mauerwerk als Vorsatzschale vor der Wandabdichtung (Wandrücklage).

Baubetrieblich wesentlich günstiger ist die starre Abdichtung, die Herstellung einer dichten Betonwanne aus wasserundurchlässigem Beton, der sogenannten

„Weißen Wanne". Hier fallen abgesehen von den wasserdichten Ausbildungen an Dehn- und Arbeitsfugen keine zusätzlichen zeitbeanspruchenden Vorgänge neben den tragenden Bauteilen an.

8.2.3 Baugrundverbesserung

Wie bereits erwähnt, setzen Flachgründungen einen tragfähigen Boden in der Gründungsebene voraus. Abhängig von der Tiefe des anstehenden tragfähigen Baugrundes ist zu überlegen, ob der Boden ertüchtigt werden kann oder gleich eine Tiefgründung gewählt wird. Bevor die Tiefgründung behandelt wird, sollen noch die häufigsten Verfahren aufgezeigt werden, die zur Erhöhung der Tragfähigkeit des Baugrundes und zur Verringerung bzw. der Beschleunigung der Setzungen entwickelt wurden.

Die geltenden Vorschriften hierfür sind:

EAU 1990: Empfehlungen des Arbeitsausschusses „Ufereinfassungen", 8. Auflage, Verlag Ernst & Sohn, Berlin, 1990.

ESpE-NS 1977: Spülverfahren bei Erdarbeiten im Straßenbau 1977, Niedersächsisches Landesverwaltungsamt.

ZTVE-StB 1976: Zusätzliche Technische Vorschriften und Richtlinien für Erdarbeiten im Straßenbau. 1976; Der Bundesminister für Verkehr.

Merkblatt für die Untergrundverbesserung durch Tiefenrüttler, Forschungsgesellschaft für das Straßenwesen, Arbeitsgruppe Untergrund-Unterbau, 1979.

DIN 4094: Sondierungen.

DIN 4093: Einpressungen (Injektionen).

DIN 18309: Einpreßarbeiten.

8.2.3.1 Bodenaustausch und Oberflächenverdichtung

Der nicht tragfähige Boden (weiche bindige Böden, Torf, etc.) wird entfernt und durch gut verdichtbare Kiese, Sande oder Steinmaterial ausgetauscht. Bei kleinen Flächen wie Gebäudefundamenten oder Brückenwiderlagern geschieht dies i. d. R. mit dem Tieflöffel- oder Schleppschaufelbagger. Der neu eingebaute Boden muß im Trockenen verdichtet werden, deshalb ist bei Einbindung in das Grundwasser eine entsprechende Wasserhaltung nötig. Ist das nicht möglich, z. B. bei fehlender Baugrubenumschließung, ist als Bodenersatz auch Unterwasserbeton geeignet.

Bei großflächigem Bodenaustausch ist es oft ausreichend und wirtschaftlicher, nur einen Teil des nicht oder gering tragfähigen Bodens auszutauschen. Dieser „Teilersatz" bewirkt bereits eine günstigere Lastverteilung und vermindert oder vergleichmäßigt die Setzungen. Die Wirtschaftlichkeit derartiger Maßnahmen muß von Fall zu Fall untersucht werden, ist aber bei kleinen Flächen i. d. R. bei maximal 3 m Tiefe begrenzt. Die Verdichtung ist entsprechend den Regeln bei den Erdarbeiten durchzuführen und nachzuweisen.

8.2.3.2 Tiefenverdichtung

Durch Verbesserung ihrer mechanischen Kennwerte können auch nicht oder ungenügend tragfähige Böden zur Aufnahme von Bauwerkslasten herangezogen werden.

a) Rütteldruckverdichtung

Bei der Rütteldruckverdichtung wird durch Eintrag von Vibrationsenergie mittels Tiefenrüttlern die Lagerung des Korngefüges des Bodens verbessert. Der Tiefenrüttler dringt unter Einfluß seines Eigengewichts, der von ihm erzeugten Schwingungen und mit Hilfe von Wasserspülung in den Boden bis zur gewünschten Tiefe (von 4 bis 25 m) ein. Beim stufenweisen Ziehen des Rüttlers wird die Wasserspülung gedrosselt, durch den Einfluß der horizontalen Schwingungen der Boden vorübergehend „verflüssigt", umgelagert und spannungsfrei verdichtet. Die so entstehenden zylindrischen Verdichtungssäulen können durch geeignete Wahl der Rüttelansatzpunkte zu beliebig geformten Erdkörpern aneinandergereiht werden.

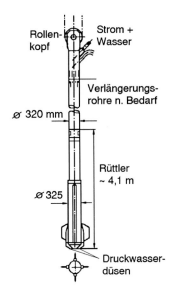

Rollen-
kopf

Strom +
Wasser

Verlängerungs-
rohre n. Bedarf

⌀ 320 mm

Rüttler
~ 4,1 m

⌀ 325

Druckwasser-
düsen

Bild 8.8
Schnitt durch einen Tiefenrüttler nach [27].

Der Verdichtungsgrad hängt von der eingebrachten Rüttelenergie und dem Kornaufbau des Bodens ab. Generell gilt, daß der Durchmesser eines verdichteten Bodenzylinders umso kleiner ist, je feinkörniger der Boden und je steiler der Verlauf der Kornverteilungskurve ist. Die Verringerung des Porenvolumens ist an dem Trichter erkennbar, der sich um den Rüttler an der Gebäudeoberfläche ausbildet. Es ist dafür zu sorgen, daß geeignetes Bodenmaterial entweder gleicher oder einer Ausfallkörnung nachgefüllt wird. Eine flächenhafte Abdeckung ist am besten mit einem Raster der Verdichtungspunkte in Form eines gleichseitigen Dreiecks zu erzielen, wobei die Seitenlänge i. d. R. zwischen 1,5 bis 3,0 m liegt. Es werden Bodenpressungen von ca. 0,8 bis 1,0 MN/m² erreicht.

Die Rütteldruckverdichtung eignet sich nur für kohäsionslose Böden mit weiter Streuung des Körnungsbereichs bis zu Feinsandböden mit Schluffanteil unter etwa 5%, ebenso für grobkörnige Schotterböden.

b) Rüttelstopfverdichtung

Die Rüttelstopfverdichtung kommt bei kohäsiven Böden zur Anwendung, bei denen keine spürbare Eigenverdichtung mehr stattfindet. Dazu gehören Böden mit bis zu 15% Schluff- und 5 bis 15 % Tonanteil.

Das Prinzip beruht auf der Verdrängung des nicht tragfähigen Bodens und Ersatz mit grobkörnigem Material. Ein Tiefenrüttler wird unter Druck und ggf. mit Wasserspülung in den Boden eingefahren. In das wegen der Kohäsion offen bleibende Loch wird schichtweise Kies (auch Schotter oder Splitt) eingefüllt und durch nochmaliges Einfahren des Rüttlers solange in den umgebenden Boden gestopft, bis dieser nichts mehr aufnimmt. Eine Weiterentwicklung des Tiefenrüttlers, der *Schleusenrüttler* ermöglicht das

Einfüllen des Zugabematerials durch ein im Rüttler eingebautes Rohr. Bei weicher und breiiger Beschaffenheit des Bodens, wenn das Loch nicht offen bleibt, kann der Boden mit Druckluft oder Druckwasserzugabe abgestützt werden.

Der Durchmesser der erzeugten Schottersäulen hängt im wesentlichen von der Konsistenz des anstehenden Bodens und der angewendeten „Stopfarbeit" ab und liegt zwischen 0,6 und 1,0 m. Die Schottersäulen werden im Raster von 1 bis 3 m angeordnet.

Der bei Aufbringen der Last entstehende Porenwasserüberdruck wird durch die Drainagewirkung der durchlässigen Schottersäulen abgebaut, was sich gut auf das Tragverhalten auswirkt.

Die Tragfähigkeit von Schottersäulen ist auch von dem sie seitlich stützenden Boden abhängig, da sie nur eine geringe Scherfestigkeit haben. Deshalb sind sie nicht geeignet in breiigen und flüssigen Böden und bei Einlagerungen von organischen Zwischenschichten (z. B. Torf).

c) Vermörtelte Rüttelsäulen

Vermörtelte Rüttelsäulen sind unbewehrte Pfähle im Sinne der DIN 1045. Sie können auf verschiedene Arten hergestellt werden.

Durch seitlich am Rüttler angebrachte Injektionsleitungen wird während des Stopfens Zementsuspension in den Boden gepreßt. Sie können auch mit dem Schleusenrüttler hergestellt werden, wobei neben den Zuschlagstoffen auch das Bindemittel über die Schleuse zugeführt wird. Die Tragfähigkeiten von vermörtelten Rüttelsäulen liegen bei etwa 350 bis 400 kN.

Wird anstelle der Injektionsleitung ein Betonierrohr angebracht, durch das über eine Betonpumpe Beton eingepreßt wird, spricht man von Betonrüttelsäulen, deren Tragfähigkeiten bis ca. 600 kN gehen.

d) Dynamische Intensivverdichtung

Sie ist eine Weiterentwicklung der mechanischen Verdichtungsverfahren. Auf die zu verdichtende Fläche wird zur besseren Lasteinleitung eine Kies- oder Steinschüttung aufgebracht. Fallplatten von 20 bis 200 t (Stahl oder Stahlbeton) werden aus einer vorher festgelegten Höhe von 5 bis 30 m im Rasterabstand von 5 bis 15 m mehrmals fallengelassen (ca. 5 bis 20-mal). Je nach Grad der Verdichtung wird das Gewicht der Platten bzw. das Verhältnis von Gewicht zur Aufprallfläche vorher gewählt.

Durch die hohe Aufschlagenergie wird bei nichtbindigen Böden eine Art Proctor-Verdichtung erzeugt. Bei wassergesättigten (bindigen) Böden wird abwechselnd das Porenwasser komprimiert und entspannt, wodurch das Festkörpergerüst des Bodens gelöst wird, sich Risse bilden, die den Dränweg des Porenwassers verkürzen. Die Wirkungsweise kann wie folgt beschrieben werden: Erzeugung einer bleibenden Zusatzspannung durch die Stoßenergie, thixotrope Verflüssigung und Erhöhung der Durchlässigkeit durch Rissebildung.

Wegen der extrem großen Trägergeräte ist der wirtschaftliche Einsatz dieses Verfahrens an große Flächen gebunden (> 5000 m²). Bevorzugt wird es im Straßen- und Tankanlagenbau, beim Bau von Schiffswerften, Flugplätzen und Industrieanlagen, bei Mülldeponien, Schutt- und Abraumhalden eingesetzt. Wegen der starken Erschütterungen und aus Gründen des Unfallschutzes ist beim Einsatz in dicht besiedelten Stadtgebieten Vorsicht geboten.

8.2.3.3 Weitere Verfahren

a) Injektionen

Siehe Kapitel 6.3.4, Injektionswände

b) Untergrundverdichtung durch Entwässerung und Belastung

Das Prinzip beruht darauf, daß dem Boden Wasser entnommen wird, wodurch der Luftporenraum vergrößert und der Boden unter Lasteinwirkung verdichtet wird. Die Wasserentnahme erfolgt i. d. R. über Drainagen, das sind vertikale, sandgefüllte Bohrlöcher (Drän-Dochte), die die Wasserableitung erleichtern. Die Belastung wird durch zusätzliche Aufschüttungen, z. B. bei Straßendämmen, erzeugt.

Bei Hängen mit tiefliegenden Wasserschichten kann die Entwässerung auch mit Horizontaldrainagen von Sammelschächten aus erfolgen, die über eine verbindende Sohl-Leitung an den Vorfluter angeschlossen werden.

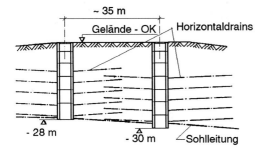

Bild 8.9
Längsschnitt einer Hangentwässerung mit horizontalen Drainagebohrungen von Sammelschächten aus nach [27].

8.3 Tiefgründungen

Steht tragfähiger Baugrund nicht oder nur in sehr tiefliegenden Bodenschichten zur Verfügung, müssen Tiefgründungen angewendet werden. Dabei ist zu unterscheiden zwischen der Art, wie die Lasten in tiefere Bodenschichten abgetragen werden. Sie können punktförmig in Form von Einzellasten und flächenhaft abgetragen werden. Der Übergang ist fließend, wenn man die Möglichkeiten von den Kleinbohrpfählen über die Großbohrpfähle bis zu 3 m Durchmesser, die Brunnengründungen bis hin zu den Senkkastengründungen betrachtet.

Für die tiefliegenden flächenhaften Gründungen gelten im wesentlichen die Regeln der Flachgründungen. Bei der punktförmigen Lastabtragung ist dagegen die Art der Krafteinleitung in den Baugrund näher zu betrachten. Dabei sind die lastübertragenden Baukörper in erster Linie Pfähle, die heute zu den wichtigsten Bestandteilen der Tiefgründung zählen. Aus wirtschaftlichen Überlegungen werden oft konzentrierte Lasten über Pfahlgründungen abgetragen, wo man früher Flachgründungen ausgeführt hätte. Damit können große Erdbewegungen, Fundamentmassen, Umspundungen und Wasserhaltungen vermieden werden.

8.3.1 Pfähle

Durch die ständige Verbesserung der Verfahren und Geräte sind immer größere Pfahltiefen und damit eine bessere Nutzung des immer teuerer werdenden Baugrundes zu erreichen.

8.3.1.1 Tragverhalten

Die Lastübertragung erfolgt einerseits über den Spitzendruck, der im Querschnitt der Aufstandsfläche des Pfahles wie bei einer Flachgründung in den Boden geleitet wird, andererseits durch die Reibung, die zwischen dem Pfahlmantel und dem umgebenden Boden entsteht.

In Fällen, in denen der tragfähige Baugrund erst sehr tief und in den oberen Schichten kein (Wasser) oder nur sehr schlechter Boden angetroffen wird, werden die Lasten nur über Spitzendruck abgetragen; dabei handelt es sich um eine „stehende" Pfahlgründung (Bild 8.10 rechts). Liegt der belastbare Untergrund aber so tief, daß er mit wirtschaftlich vertretbarem Aufwand nicht mehr erreicht wird, so wird seine Auflast nur über die Mantelreibung aufgenommen. Man spricht in diesem Falle von einer „schwebenden" Pfahlgründung (Bild 8.10 links).

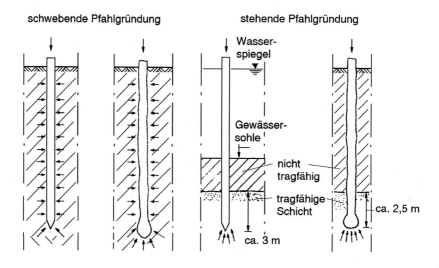

Bild 8.10 Pfahlgründungen nach [28].

Die Höhe der Mantelreibung hängt von dem Erddruck des umgebenden Bodens auf den Pfahlmantel ebenso ab, wie von der Rauhigkeit der Mantelfläche. Damit wird deutlich, daß die Tragfähigkeit der Pfähle sehr stark von den verschiedenen Herstellverfahren beeinflußt wird. Für die Berechnung der aufzunehmenden Lasten geben die in Kapitel „Baugrubenumschließung" aufgeführten Pfahlnormen hinreichende Erfahrungs- und Bemessungswerte. Durch die rasche Weiterentwicklung auf dem Gebiet der Pfahlherstellung können diese Werte nur als unterste Belastungswerte angenommen werden, die genaue Lastaufnahme kann nur durch Probebelastungen an Ort und Stelle für den jeweils vorliegenden Fall ermittelt werden.

8.3.1.2 Pfahlarten

Aufgrund ihres Tragverhaltens unterscheidet man:

- Druckpfähle (Spitzendruck und Mantelreibung oder nur Spitzendruck),

- Zugpfähle (Eigengewicht und Mantelreibung),

- Pfähle mit Wechselbelastung (abwechselnd) und

- biegebeanspruchte Pfähle (durch Aufnahme horizontaler Kräfte).

Nach ihrer Wirkung auf den Baugrund wird unterschieden nach den:

a) Bohrpfählen,

die bereits in Kapitel „Baugrubenumschließung" ausführlich behandelt wurden und nach den

b) Verdrängungspfählen,

die überwiegend für Gründungen eingesetzt werden. Ihr Vorteil gegenüber den Bohrpfählen liegt in der Vorverdichtung des Boden, wodurch die Mantelreibung erhöht und die Setzungen verringert werden. Zur besseren Unterscheidung der Vielzahl der hier praktizierten Verfahren werden sie gegliedert in die Ortbetonramm- und Fertigpfähle.

ORTBETONRAMMPFÄHLE

Durch Einbringen eines dickwandigen Rohres wird der Boden verdrängt und es entsteht ein Hohlraum, der bewehrt und ausbetoniert wird. Dabei gibt es unterschiedliche , herstellerspezifische Methoden für den Einbau der Rohre:

- durch Kopframmung mit Rammhaube zum Schutz des Rammgutes. Mit einem provisorisch verschlossenen Rohrfuß kann auch im Grundwasserbereich im trockenen Bohrrohr gearbeitet werden. Nach Entfernen der Fußspitze kann eine Fußverbreiterung ausgerammt werden, die eine gute Verdichtung des Bodens und eine breitere Aufstandsfläche erzeugt. Nachteil: Starke Lärmentwicklung.

- durch Freifall-Innenrammung, bei der der Rammbär im Rohr geführt wird und seine Energie über das verschlossene Fußende in den Boden überträgt. Vorteil: geringere Lärmentwicklung.

- der Bohr-Verdrängungspfahl, bei dem über einen leistungsstarken Bohrtisch ein Rohr mit einer verlorenen Schraubspitze in den Boden gebohrt wird. Nach Erreichen der Endtiefe wird die Bewehrung eingebaut und unter Ziehen des Rohres betoniert. Vorteil: durch die abschraubbare Spitze ist das Bohrloch auch im Grundwasser trocken. Die Ausführung gewährleistet Lärm- und Erschütterungsfreiheit und hohe zulässige Pfahllasten.

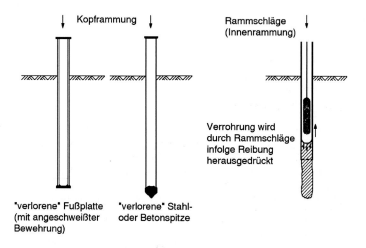

Bild 8.11 Ortbeton-Rammpfähle nach [28].

- der Ramm-Verpreßpfahl, bei dem ein Pfahlschaft mit erweitertem Fuß, dem sog. „Schuh" in den Boden getrieben und der hinter dem Schuh entstehende Hohlraum fortlaufend von unten mit Zementmörtel verpreßt wird. Vorteil: gute Verdichtung des Bodens durch Verpreßdruck.

- die Sonderform des Schneckenbohrpfahles als Teilverdrängungspfahl wurde bereits in Kapitel 8.3.1 behandelt.

FERTIG-RAMMPFÄHLE

Sie sind der klassische Typ und haben gemeinsam, daß werksmäßig vorgefertigte Pfähle aus Stahlbeton, Stahl oder Holz früher nur in den Boden gerammt (daher der Name), heute überwiegend gerüttelt werden. Sie werden überall da eingesetzt, wo es auf die sofortige Belastbarkeit ankommt. Sie haben den Vorteil der guten Kontrollierbarkeit der werksmäßig hergestellten Materialgüte. Der wesentliche Nachteil liegt darin, daß die Tiefe des tragfähigen Bodens nicht immer vorherbestimmbar ist und deshalb die vorgefertigten Pfahllängen nicht passen. Sind sie zu lang, können sie gekürzt werden; sind sie zu kurz, müssen sie mit sehr aufwendigen Kopplungskonstruktionen verlängert werden.

- Stahlbeton-Fertigpfähle gibt es mit quadratischen, rechteckigen oder Doppel-T-förmigen Vollquerschnitten oder auch mit kreisförmigen Hohlquerschnitten. Gebräuchlich sind quadratische Vollquerschnitte, Rechtecksquerschnitte werden immer dann eingesetzt, wenn Biegebeanspruchung in einer Richtung verlangt wird. Bei der Pfahl-konstruktion ist der Transportlastfall zu untersuchen.

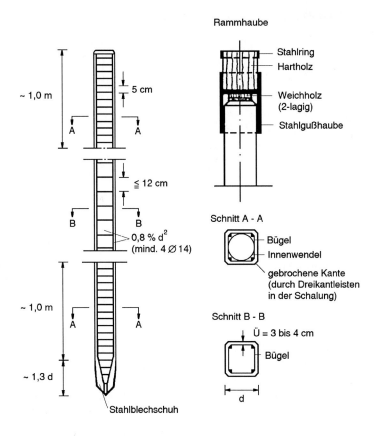

Bild 8.12 Stahlbeton-Rammpfahl nach [28].

- Stahl-Fertigpfähle gibt es als handelsübliche Trägerquerschnitte, als geschlossenen Kasten (Spundwandprofile) oder als Kreisquerschnitte. Sie werden bevorzugt im Ha-fenbau und für Ufereinfassungen, aber auch als Brückengründungen gewählt. Ihre Vorzüge gegenüber den Stahlbeton- und Holzpfählen ist die wirtschaftlichere Kop-pelungsmöglichkeit nicht nur, wenn er zu kurz geliefert wurde, sondern auch für sehr lange Pfähle. So wurden bereits bis zu 85 m lange Stahlpfähle (Durchmesser 2 m) ge-rammt. Die zulässigen Druckbelastungen sind in DIN 4026 geregelt.

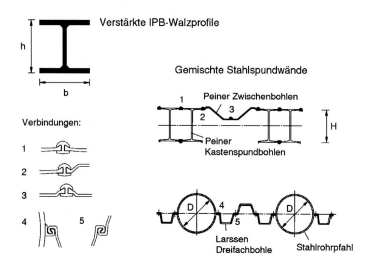

Bild 8.13 Mögliche Stahl-Rammprofile.

- Holzpfähle bestehen aus Rundhölzern (Eiche, Kiefer, Fichte, Tanne, Lärche), die am Kopf mit stählernen Rammringen gegen Aufspleißen zu schützen sind und am zugespitzten Pfahlfuß einen Stahlschuh erhalten. Sie werden häufig für provisorische Bauten (Bauhilfsbrücken), aber auch als verbleibende Gründung verwendet, wenn sie ständig unter Wasser bleiben. Besonders eignen sie sich bei aggressivem Grundwasser, z. B. bei Säuren, gegen die sie im Gegensatz zu Stahl und Stahlbeton unempfindlich sind.

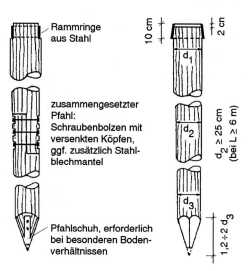

Bild 8.14 Rammpfahl aus Holz nach [28].

8.3.1.3 Pfahlroste

Meist werden Pfahlgruppen ausgeführt. Zur Umlenkung der Flächen- oder Linienlasten aus der Bauwerksgeometrie in die vom Boden aufzunehmenden Punktlasten ist ein Pfahlrost, bei Flächenlasten durch eine Pfahlkopfplatte, bei Linienlasten durch einen Pfahlkopfbalken verbunden, erforderlich. Eng stehende Einzellasten aus dem Bauwerk werden entsprechend zusammengefaßt.

Von „hohen" Pfahlrosten spricht man, wenn sie über dem Gelände liegen und die freistehenden Pfähle nachträglich angeschüttet werden, z. B. bei Kaimauern, Anlegebrücken oder Molen. Der Regelfall sind die „tiefen" Pfahlroste, die im gewachsenen Boden gegründet werden, z. B. Gebäude- oder Brückengründungen.

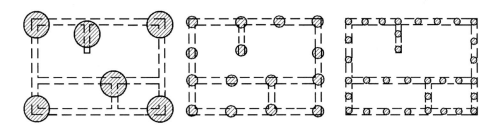

Bild 8.15 Pfahlkopfbalken bei Brunnen- (1,5-2,0m), Bohrpfahl- (0,6-1,2m) und bei Rammpfahlgründung (0,25-0,4m) nach [30].

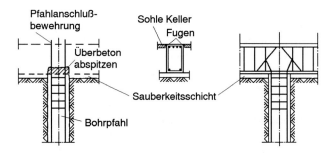

Bild 8.16 Einbindung des Pfahles in den Pfahlkopfbalken nach [28].

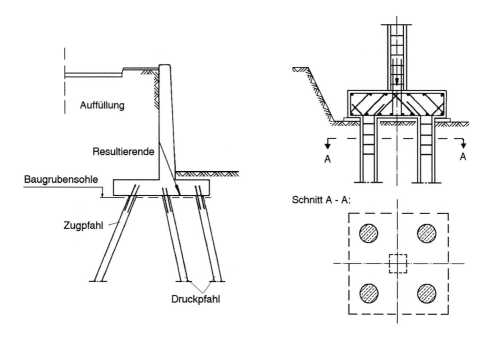

Bild 8.17 Pfahlkopfplatte eines Stützenfundamentes und einer Winkelstützmauer nach [28].

8.3.2 Brunnengründung

Die klassische und einfachste Form der Tiefgründung ist die Brunnengründung. Im Schutze vorgefertigter Betonrohre (Brunnen- oder Schachtringe) wird der Boden innerhalb des Rohres entweder mit einem Brunnengreifer (Polypgreifer) oder von Hand (mindestens Durchmesser 80 cm) ausgehoben; das Rohr rutscht nach unten oder wird mit dem Greifer nach unten gedrückt. Bei hoher Mantelreibung kann durch Anbringen eines überkragenden Fußringes, dem sog. Brunnenschuh ein Hohlraum zwischen Erdreich und Rohraußenwandung erzeugt werden, in den eine thixotrope Gleitschicht (Bentonit oder Ton) eingefüllt wird. Da die Rohre in den Fugen nicht wasserdicht und nach unten offen sind, sind die Grenzen der Einsetzbarkeit im Grundwasserbereich gegeben. Auch die Maßgenauigkeit beim Abteufen ist besonders bei Bodenhindernissen (Findlingen) sehr ungenau. Nach Erreichen der Endtiefe können die Ringe entweder ausbetoniert oder mit tragfähigem Kies aufgefüllt werden. Einsatzgebiete immer dann, wenn

- kein oder nur geringes Grundwasser vorhanden ist,
- wenn keine großen Tiefen zu erreichen sind,
- wenn keine besonderen Anforderungen an die Genauigkeit gestellt werden.

Der entscheidende Vorteil gegenüber fast allen Verfahren ist, daß keine Groß- oder Spezialgeräte erforderlich sind. Die Arbeiten können mit gängigen Baugeräten ausgeführt werden.

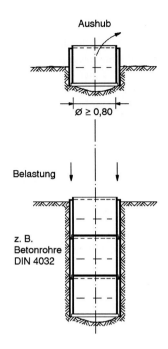

Bild 8.18
Einbau einer Brunnengründung nach [28].

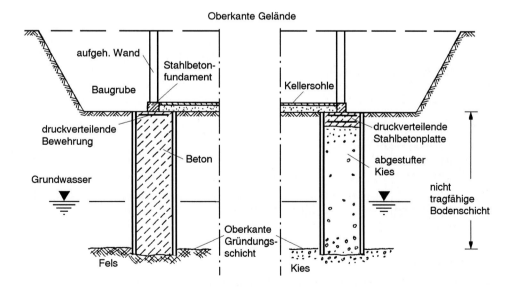

Bild 8.19 Möglichkeiten von Brunnengründungen nach [28].

8.3.3 Senkkasten

Bei der Senkkastenkonstruktion handelt es sich um eine tiefliegende, flächenhafte Gründung, bei der das Bauwerk selbst als Baugrubenumschließung herangezogen wird. Sie setzt ein im Grundriß geschlossenes Bauwerk voraus und eignet sich daher besonders als Gründungselement oder als selbständiges Bauwerk im Schacht- und Brunnenbau, für Dükerbauwerke und Start- bzw. Zielschächte z. B. bei Rohrdurchpressungen oder Tunnelvortrieben. Die geeignetste Querschnittsform ist rund, weil

- sie die kürzeste Schneidenlänge besitzt,
- den geringsten Baustoffverbrauch hat,
- die Reibung an den Außenflächen bezogen auf die Grundrißfläche am geringsten ist und
- die statische Beanspruchung der Wände am günstigsten ist (Ringdruck).

Bei der Wahl von Rechteckquerschnitten sollten die Querschnittsformen wegen der Gefahr der Verkantungen nicht gestreckt sein, d. h. die Seitenverhältnisse nicht über 2:1 gewählt werden.

Zu unterscheiden ist zwischen dem

- offenen Senkkasten und
- geschlossenen Druckluftsenkkasten.

8.3.3.1 Offener Senkkasten

Er ist nach oben offen und erlaubt den Aushub analog bei der Brunnengründung unter atmosphärischen Bedingungen. Bei Arbeiten im Grundwasser wird nach Erreichen der Endtiefe das Wasser entweder abgepumpt, wenn die Einbindung in die wasserstauende Schicht gewährleistet ist, oder es wird eine Unterwassersohle zur Verhinderung des Wasserzutrittes von unten eingebaut.

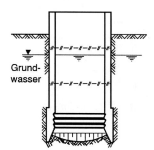

Bild 8.20
Offener Senkkasten.

Vorgehensweise:

- Herstellung der Schneide mit dem 1. Abschnitt an Ort und Stelle,
- gleichmäßiger Aushub des Innenraums von oben, wobei der Senkkasten unter dem Eigengewicht in den Boden eindringt. Der Überstand am Schneidenschuh verringert die Reibung, die durch Einpressen von Stützflüssigkeit noch weiter reduziert werden kann.

- nach dem ersten Absenkvorgang wird der nächste Abschnitt aufbetoniert oder als Fertigteil aufgesetzt und analog dem ersten wieder abgesenkt. Das wird solange fortgesetzt, bis die Endtiefe erreicht ist. Bei hohem Grundwasserstand erfolgt der Aushub unter Wasser.

- nach Erreichen der Endtiefe werden die seitlichen Hohlräume verpreßt und die Schachtsohle eingebaut. Steht der Senkkasten im Grundwasser, wird die Schachtsohle als Unterwasserbeton eingebaut und die Baugrube nach dem Erhärten gelenzt, wobei die Auftriebssicherheit zu beachten ist.

8.3.3.2 Druckluftsenkkasten

Bei diesem auch „Caisson-Bauweise" genannten Verfahren werden die Arbeiten im Schutze einer Luftblase im Inneren der nach unten offenen Arbeitskammer, auch Druckkammer genannt, mit einer Mindesthöhe von 2,0 m ausgeführt.

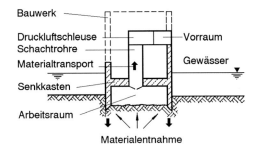

Bild 8.21
Druckluftsenkkasten (Caisson) nach [31].

Die Vorteile gegenüber dem offenen Senkkasten im Wasser sind:

- die bessere Überprüfbarkeit der Beschaffenheit des Bodens,

- Hindernisse können ohne besondere Maßnahmen beseitigt werden,

- die Sohle kann im Trockenen bewehrt und eingebaut werden.

Neben den allgemeinen DIN-Normen gelten folgende Vorschriften:

- EAU: Empfehlungen des Arbeitsausschusses für Ufereinfassungen

- Verordnung über Arbeiten in Druckluft (Druckluftverordnung / Bundesgesetzblatt vom 14.10.1972)

- Richtlinien für die Gestaltung und Konstruktion von Senkkästen.

8.3.3.3 Konstruktive Gestaltung der Wände

Die Wände werden i. d. R. senkrecht ausgeführt, selten geneigt. Die Wandoberfläche soll zur Verringerung der Reibung glatt ausgebildet werden. Zum Schneidenfuß ist ein Versprung von ca. 5 bis 10 cm auszubilden, wobei folgende Überlegungen zu berücksichtigen sind:

- ab 3 cm stellt sich an den Außenwänden bereits der aktive Erddruck anstelle des Erdruhedrucks ein;

- ein kleiner Versprung bietet eine gute Führung, erschwert aber Richtungskorrekturen;

- ist er > 10 cm, z. B. bei offenen Senkkästen, ist der entstehende Ringraum mit Stützflüssigkeit zu füllen (Bentonit), die auch als Gleitflüssigkeit dienen kann;

- bei Druckluftsenkkästen sollte wegen der Gefahr von Ausbläsern der Absatz < 10 cm sein.

8.3.3.4 Konstruktive Gestaltung der Schneiden

- Die Schneidenausbildung hat die Aufgabe, die Grundbruchspannung des Bodens knapp zu überwinden, um eine nötige Mindesteinbindung zur Verhinderung von Ausbläsern bei Druckluft und von Bodeneinbrüchen beim offenen Senkkasten zu gewährleisten,

- die abgeschrägten Innenseiten wirken als Bremsflächen zur Vermeidung eines zu schnellen Absinkens,

- die Schneiden werden mit Stahlprofilen verstärkt,

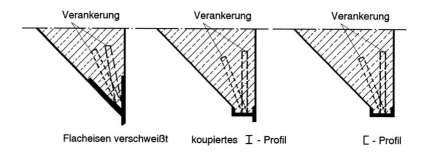

Bild 8.22 Möglichkeiten der Schneidenausbildung nach [32].

- als Absenkhilfe kann Bentonit, Wasser oder ein Wasser-Druckluft-Gemisch über Düsen eingebracht werden. Die Düsen sollten so angeordnet sein, daß sie abschnittsweise zu bedienen sind, um Richtungskorrekturen vornehmen zu können (mögliche Düsenanordnung s. Bild 8.23).

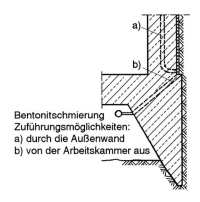

Bentonitschmierung
Zuführungsmöglichkeiten:
a) durch die Außenwand
b) von der Arbeitskammer aus

Bild 8.23
Leitungsführung für Absenkhilfen nach [32].

8.3.3.5 Anwendungsbereiche

Die wesentlichen Vorzüge dieser Bauweise sind:

- Einsparung eines Baugrubenverbaues und einer Grundwasserabsenkung.

- Die Herstellung des Bauwerks erfolgt unter optimalen Bedingungen immer an derselben Stelle auf OK-Gelände.

- Gegenüber einer Pfahlgründung sind die Hindernisse sichtbar und können besser beseitigt werden.

- Der anstehende Baugrund kann im ungestörten Zustand überprüft und beurteilt werden.

- Die Gründungstiefe kann auch nachträglich entsprechend dem angetroffenen Baugrund angepaßt werden.

- Sehr umweltfreundlich, weil die Grundwasserverhältnisse nicht gestört werden und keine Erschütterungen auftreten.

Die Nachteile liegen in der begrenzten Grundrißausdehnung der Bauteile (max. 50m wurden bereits ausgeführt) und in der Begrenzung des Seitenverhältnisses ($\leq$ 1:2) wegen der Verkantungsgefahr.

8.4 Unterfangungen

Werden Bauwerke neben bestehenden Gebäuden auf verschiedenen Gründungsebenen erstellt, so besteht die Gefahr, daß sich die bestehenden Fundamente nachträglich setzen mit den Folgen von Rissebildung oder im Extremfall der Gefährdung von deren Standsicherheit. Ohne besondere Maßnahmen sind Baugruben gemäß Bild 8.24 auszuführen.

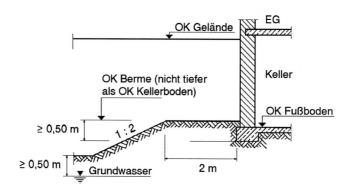

Bild 8.24 Aushub einer Baugrube neben bestehenden Gebäuden nach [31].

Bei angrenzender Neubebauung in einer tieferliegenden Gründungsebene ist das bestehende Gebäude abzufangen. Dabei wird unterschieden zwischen

- direkten und

- indirekten Unterfangungen.

8.4.1 Indirekte Unterfangungen

Von indirekten Unterfangungen spricht man, wenn Gebäude, die unmittelbar neben einer Baugrube liegen, durch einen weitgehend unverschieblichen Verbau der Baugrube gesichert werden. Dazu kommen vorwiegend die in Kapitel 6.3 beschriebenen Pfahl- oder Schlitzwände in Betracht, wobei sich gerade bei Unterfangungen mit Bohrpfählen die VDW-Pfähle besonders gut eignen. Bild 8.25 zeigt eine Pfahlwandsicherung mit Spritzbeton.

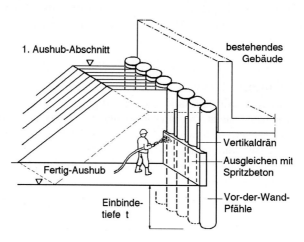

Bild 8.25 Gebäudesicherung mit VDW-Pfählen und Spritzbeton.

8.4.2 Direkte Unterfangungen

Bei direkten Unterfangungen wird der Gründungskörper bestehender Gebäude, die an eine Baugrube angrenzen, tiefer geführt. Die direkte Unterfangung wird auch bei Nachgründungen, z. B. nach Umbauten, Gebäudeaufstockungen oder bei alten, mangelhaften Gründungen erforderlich.

8.4.2.1 Die klassische, abschnittsweise Unterfangung

Bei der klassischen Handunterfangung wird das zu unterfangende Fundament abschnittsweise in Stichgräben oder Schächten von höchstens 1,25 m Breite unter Ausnutzung der Gewölbewirkung freigelegt. Zwischen gleichzeitig hergestellten Schächten ist ein Abstand von mindestens der dreifachen Breite eines Schachtes einzuhalten (Bild 8.26). Weitere Schächte dürfen erst dann hergestellt werden, wenn die fertigen Unterfangungsabschnitte ausreichend verfestigt sind. Je nach Bodenart sind die Schächte mit einem Verbau oder durch Injektionen zu sichern.

Die Unterfangungskonstruktion selbst kann gemauert oder betoniert werden, wobei größte Sorgfalt auf einen kraftschlüssigen Verbund zwischen Unterstützung und UK-Fundament des Bestandes zu verwenden ist. Bei geschaltem Beton ist dies durch gut verdichteten Überbeton zu erreichen.

Bei größeren Unterfangungshöhen müssen die Unterfangungswände zusätzlich rückverankert werden.

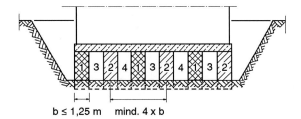

Bild 8.26
Abschnittsweises Unterfangen bestehender Gebäude nach [31].

Dieses klassische Verfahren ist sehr lohnintensiv und zeitaufwendig und eignet sich nur bei kleineren Maßnahmen und relativ geringen Belastungen. Bei großen innerstädtischen Bauvorhaben, bei denen häufig sehr hohe Lasten weitgehend setzungsfrei aufgenommen werden müssen, werden deshalb die Möglichkeiten der Injektions- und Verpreßpfahltechnik genutzt.

8.4.2.2 Injektionen und Verpreßpfähle

Es eignen sich sowohl die Niederdruck- als auch die Hochdruckinjektionen. Da sie bei den Baugrubenumschließungen bereits ausführlich erörtert wurden, sollen hier nur noch einige Möglichkeiten der Ausführung mit Injektionen und mit Verpreßpfählen gezeigt werden.

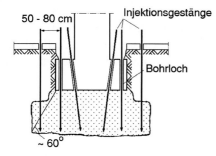

Bild 8.27
Fundamentunterfangung mit Niederdruck-
injektion.

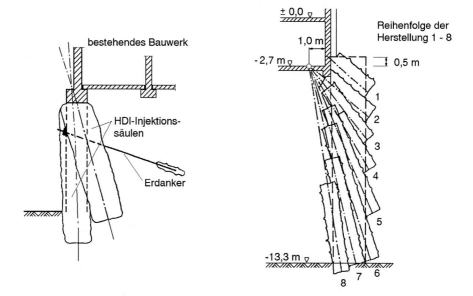

Bild 8.28 Fundamentunterfangung mit Hochdruckinjektionssäulen nach [30];
linkes Bild: Bohrungen von außen; rechtes Bild: Bohrungen von innen

Bei den Verpreßpfählen handelt es sich um Bohrpfähle mit kleinen Durchmessern, für
die Geräte mit geringen Abmessungen entwickelt wurden, um von Kellerräumen aus die
Bohrungen durch die Fundamente hindurch abteufen zu können (z. B. Wurzelpfähle). Sie
eignen sich gut für Unterfangungen, weil der Beton unter Druck eingebaut wird und so
ein inniger Verbund sowohl mit dem Erdreich (Mantelreibung) als auch mit dem zu un-
terfangenden Fundament entsteht (Kraftschluß). Die zulässigen Belastungen werden in
der DIN 4128 „Verpreßpfähle mit kleinen Durchmessern" geregelt.

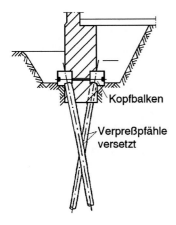

Kopfbalken

Verpreßpfähle versetzt

Bild 8.29
Fundamentertüchtigung mit Verpreßpfählen nach [30].

9 Beton- und Stahlbetonarbeiten

9.1 Bauaufgabe

Im Hoch- und Ingenieurbau ist Beton der am häufigsten verwendete moderne Baustoff. Sein wesentlicher Vorteil besteht darin, daß aus einem leicht verarbeitbaren „flüssigen Gemisch" durch die Erhärtung monolithische Bauteile entstehen, die vor Ort oder werkseitig in nahezu jeder gewünschten Abmessung und Form produziert werden können. Dabei zeichnet sich der entstehende „künstliche Stein" durch eine hohe Druckfestigkeit, ein dichtes Gefüge, Wasserundurchlässigkeit und hohe Widerstandsfähigkeit gegen chemische Angriffe, Abrieb, Verwitterung und thermische Belastung (Feuer) aus.

Im „Verbundwerkstoff" Stahlbeton bzw. Spannbeton werden die Eigenschaften des Betonsteins durch die hohe Zugfestigkeit des Stahls ergänzt und damit die Möglichkeit für die Konstruktion von Tragwerken geschaffen.

Die erforderlichen Vorgangsschritte veranschaulicht Bild 9.1.

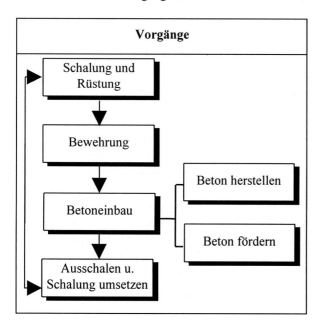

Bild 9.1 Herstellung von Stahlbeton

9.2 Der Baustoff Beton

Wesentliche Begriffe für den Baubetrieb

Aus den vielen Möglichkeiten der *Zusammensetzung* und der *Anwendung* sind verschiedene Bezeichnungen und Begriffe für den Beton zu unterscheiden:

Tabelle 9.1 Betonbezeichnungen und -begriffe

• nach Bewehrung:	unbewehrter Beton	(DIN 1045)
	bewehrter Beton als	Stahlbeton (DIN 1045), Spannbeton (DIN 4227)
• nach Trockenroh-dichte:	Leichtbeton	bis 2,0 kg/dm³ (Naturbims, Hüttenbims, Blähton, Blähschiefer)
	Normalbeton	2,0 bis 2,8 kg/dm³ (Sand, Kies, Splitt)
	Schwerbeton	über 2,8 kg/dm³ (Schwerspat, Eisenerze, Baryt, Stahlsand und Stahlschrott)
• nach Anforderungen an Herstellung und Überwachung (in Festigkeitsklassen)	Beton B I	Festigkeitsklassen B 5 bis B 25 (mit vorgeschriebenem Mindestzementgehalt nach DIN 1045)
	Beton B II (und Straßenbeton nach ZTV-Beton 91)	Festigkeitsklassen B 35 und höher sowie Beton mit besonderen Eigenschaften (Festlegung des Mindestzementgehaltes aufgrund von spezifischen Eignungsprüfungen)
• nach Erhärtungs-zustand	Frischbeton	solange der Beton verarbeitet werden kann
	Junger Beton	Beton in der Erhärtungsphase; keine Verarbeitung mehr möglich
	Festbeton	nach dem Erhärten
• nach der Konsistenz des Frischbetons	Konsistenz KS	steifer Beton Verdichtungsmaß v $\geq$ 1,20 Ausbreitmaß a = entfällt
	Konsistenz KP	plastischer Beton Verdichtungsmaß v = 1,19 ÷ 1,08 Ausbreitmaß a = 35 ÷ 41 cm

Tabelle 9.1 Fortsetzung

	Konsistenz KR	weicher Beton Verdichtungsmaß v = 1,07 ÷ 1,02 Ausbreitmaß a = 42 ÷ 48 cm
	Konsistenz KF	fließfähiger Beton Verdichtungsmaß v = entfällt Ausbreitmaß a = 49 ÷ 60 cm
• nach dem Ort der Herstellung	Baustellenbeton	Beton, der auf der Baustelle hergestellt wird.
	Transportbeton (Lieferbeton)	Beton, der außerhalb der Baustelle, i. d. R. in stationären Mischwerken hergestellt und in speziellen Transportfahrzeugen einbaufertig auf die Baustelle geliefert wird.
• nach dem Ort der Verarbeitung	Ortbeton	Beton, der als Frischbeton in seiner endgültigen Lage als Bauteil eingebaut wird.
	Betonerzeugnisse (Fertigteile, Teilfertigteile)	Beton, der als bereits ausgehärtetes Bauteil in seine endgültige Lage gebracht wird.

9.3 Betonherstellung

Die Produktion des Frischbetons erfolgt

- in stationären Werken = Transportbeton,
- in Baustellen-Mischanlagen = Baustellenbeton.

Für geringe Festigkeitsklassen bzw. für Füll- und Stützbetone (z. B. zum Setzen von Randsteinen) kann der Mischvorgang auch während der Fahrt oder auf der Baustelle im Transportmischer (= fahrzeuggemischter Transportbeton) erfolgen.

Die wesentlichen Bestandteile einer Mischanlage zeigt das Verfahrens-Fließschema im Bild 9.2.

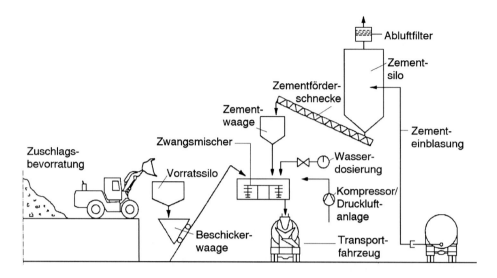

Bild 9.2 Verfahrens-Fließschema einer Mischanlage [43]

Die Bausysteme von Mischanlagen lassen sich in drei Hauptvarianten unterteilen:

• Mischanlagen mit Zuteilstern

  – für kleinere und mittlere Betonleistungen von ca. 15 bis 50 m³/h Festbeton

  – Der Aktivvorrat der Anlage (über den Dosieröffnungen im Stern) wird mit einem manuell oder automatisch bedienten Ausleger-Schrapper beschickt.

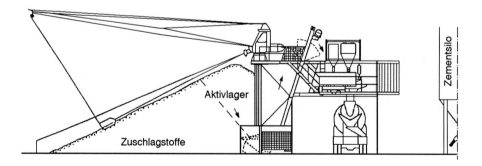

Bild 9.3 Mischanlage mit Zuteilstern [43]

- Reihenanlagen

  - für Betonleistungen von ca. 50 bis 90 m³/h Festbeton

  - Die Lagerung der (nach Fraktionen getrennten) Zuschlagstoffe erfolgt in Reihensilos. Die Verwiegung wird über Bandwaagen vor der Übergabe in die Beschickung durchgeführt.

  - Für die Mischerbeschickung werden Becherwerke oder bei größerer Entfernung Förderbänder (s. Bild 9.4a und 9.4b) eingesetzt.

  - Die Befüllung der Reihensilos erfolgt i. d. R. mit einem Radlader.

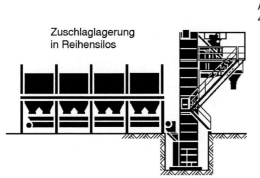

Bild 9.4a
Mischerbeschickung mit
Becherwerk [43]

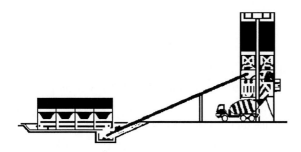

Bild 9.4b
Mischerbeschickung mit
Förderband [43]

- Mischtürme

  - für Betonleistungen von ca. 55 bis 130 m³/h Festbeton

  - die Vorratssilos (großer Aktivvorrat) sind im Turm integriert. Dadurch ergeben sich:
    Minimaler Platzbedarf, geringer Bedienungsaufwand.

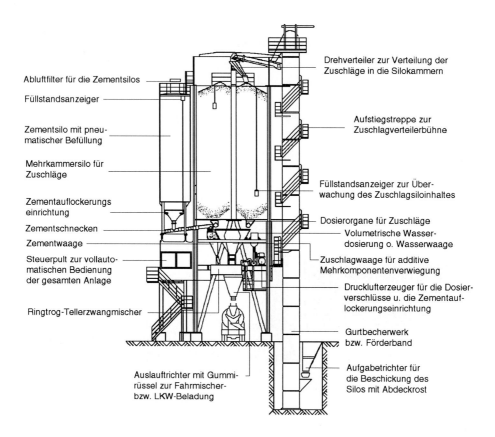

Ablüftfilter für die Zementsilos

Füllstandsanzeiger

Zementsilo mit pneu-
matischer Befüllung

Mehrkammersilo für
Zuschläge

Zementauflockerungs
einrichtung

Zementschnecken

Zementwaage

Steuerpult zur vollauto-
matischen Bedienung
der gesamten Anlage

Ringtrog-Tellerzwangmischer

Drehverteiler zur Verteilung der
Zuschläge in die Silokammern

Aufstiegstreppe zur
Zuschlagverteilerbühne

Füllstandsanzeiger zur Überwachung des Zuschlagsiloinhaltes

Dosierorgane für Zuschläge

Volumetrische Wasser-
dosierung o. Wasserwaage

Zuschlagwaage für additive
Mehrkomponentenverwiegung

Drucklufterzeuger für die Dosier-
verschlüsse u. die Zementauf-
lockerungseinrichtung

Gurtbecherwerk
bzw. Förderband

Aufgabetrichter für
die Beschickung des
Silos mit Abdeckrost

Auslauftrichter mit Gummi-
rüssel zur Fahrmischer-
bzw. LKW-Beladung

Bild 9.5 Betonmischturm [43]

Die Leistungsfähigkeit von Mischanlagen und Baustellenmischern wird neben den Beschickungs- und Dosiermöglichkeiten hauptsächlich von der Leistung des Mischers bestimmt.

Die Bauarten von Betonmischern nach DIN 459 zeigt Bild 9.6.

Daten zu Mischzeit und Energieaufwand sowie zur Abschätzung der max. Leistung in m³/h Festbeton sind in den Tabellen 9.2 und 9.3 zusammengestellt.

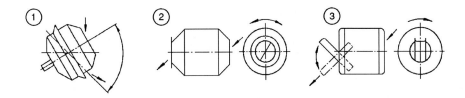

Trommelmischer

Das Mischgefäß in Form einer Trommel, an deren Innenwand Schaufeln angebracht sind, dreht sich beim Mischen um eine waagrechte oder eine geneigte Achse.

Nach Art der Entleerung werden unterschieden:

–   durch Neigen der Trommelachse:
Kipptrommelmischer (1)

–   durch Umkehr der Drehrichtung:
Umkehrmischer (2)

–   durch Einschwenken einer Auslaufschurre bei gleichbleibender Drehrichtung:
Gleichlaufmischer (3)

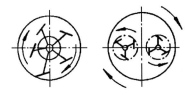

Tellermischer

In einem feststehenden oder umlaufenden kreisförmigen Mischteller mit senkrechter Achse sind feststehende oder umlaufende Mischschaufeln angeordnet.

Umlaufende Mischschaufeln sind als zentrische oder exzentrische Rührwerke ausgebildet. Ein- oder Mehrstern.

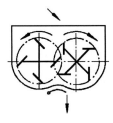

Trogmischer

In einem feststehenden oder kippbaren Mischtrog sind 1 oder 2 waagrechte Mischwellen angeordnet.

Bild 9.6 Betonmischer-Bauarten nach DIN 459

Tabelle 9.2 Leistungsdaten nach [39]

Bauart	Mischzeit[1] in [s]	Spielen in [1/h]	spezifische Leistung in [kW/m³]	Verwendung als
Trommelmischer	60 bis 180	15 bis 30	15	mobile Baustellenanlage
Tellermischer	30 bis 60	45 bis 60	30 bis 40	mobile Baustellenanlage
Trogmischer	30 bis 60	45 bis 60	30 bis 40	im Hoch- u. Straßenbau, Großanlagen, stationäre Mischwerke

[1] Mischzeit nach DIN 1045, 9.3.1: ≥ 30 s bei Mischern mit besonders guter Mischwirkung, ≥ 1 min bei den übrigen Mischern

Tabelle 9.3 Schätzung der Leistung nach [39]

Maximale Anlagenleistung in m³/h Festbeton (Voraussetzung: moderne Komplettanlagen mit automatischem Ablauf aller Einzelvorgänge und optimale Betriebsbedingungen)

Kenngröße in [ltr]	Ausstoß = Festbetonvolumen je Spiel in [ltr]	übliche Bezeichnung	Leistung in [m³/h] verdichteter Beton bei reiner Mischzeit von			
			30 s	60 s	120 s	180 s
Trommelmischer						
180	125	125/180		4	2,5	2
560	375	375/560		11	7,5	5,5
750	500	500/750		15	10	7,5
Trog- und Tellermischer						
560	375	375/560	20	14		
750	500	500/750	27	19		
1125	750	750/1125	40	28		
1500	1000	1000/1500	53	37		
1875	1250	1250/1875	65	45		
2250	1500	1500/2250	75	52		
3000	2000	2000/3000	90	66		

9.4 Betonförderung

Die vorgesehene Güte des Frischbetons muß auf dem Weg zur Einbaustelle erhalten bleiben, d. h. der Beton darf sich nicht entmischen, darf kein Wasser verlieren oder durch Witterungseinflüsse verändert werden. Dabei ist insbesondere die Entmischungsgefahr stark abhängig von der Konsistenz des Frischbetons. Als Faustregel gilt hier: Je steifer die Konsistenz gewählt wird, desto weniger neigt der Beton zur Entmischung, je weicher oder flüssiger der Frischbeton ist, desto mehr ist die Möglichkeit einer Trennung der schwereren Zuschlagbestandteile vom Zementleim (= Entmischung) gegeben. Dementsprechend sind auch die Fördermittel zu wählen: Während bei der Konsistenz KS praktisch alle üblichen Fördermöglichkeiten mit Ausnahme des Pumpens (Einschränkungen siehe 9.4.1.3) in Betracht kommen, werden Betone der Konsistenz KP bis KF nach dem Transport im Fahrmischer in der Regel über größere Entfernungen nur gepumpt oder mit Kran und Kübel gefördert. Ebenfalls aus Gründen der Entmischungsgefahr sollte die freie Fallhöhe des Frischbetons nach dem Verlassen des Fördermittels (Krankübel, Pumpe etc.) 1,5 m nicht überschreiten (bei Verwendung von Schütt- oder Hosenrohren mit freiem Austritt Gesamthöhe < 10 m).

9.4.1 Förderverfahren

9.4.1.1 Schütten

auch Abkippen und Rutschen.

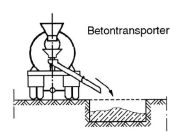

Betontransporter

Besondere Merkmale und Hinweise:

- bei Betonen mit steifer Konsistenz (KS)
- freie Fallhöhe < 1,5 m
- Gesamthöhe von Rutschen < 5 m
- Gesamthöhe bei Fallrohren (Hosenrohre) mit Schütttrichter (Zusammenhalt des Betons) < 10 m

Bild 9.7 Betoneinbau durch Schütten nach [43]

9.4.1.2 Kran und Kübel

- Für praktisch alle Betonkonsistenzen geeignet.

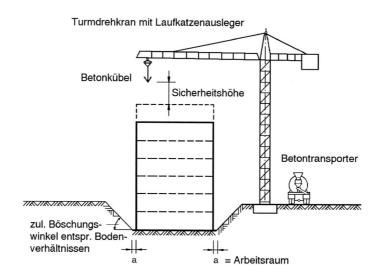

Bild 9.8 Betonieren mit Kran und Kübel [43]

Bauarten der Kübel:

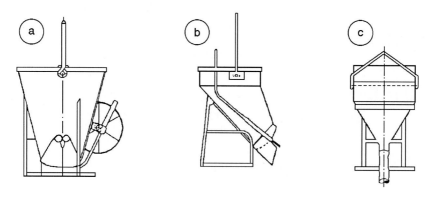

Bild 9.9 Betonkübel mit Bodenentleerung (a), seitlicher Entleerung (b) und Schlauchauslaß (c) (zur Beschränkung der freien Fallhöhe) nach [43]

- Das Gewicht des Betonkübels ist bei der Krandimensionierung zu berücksichtigen. Bei sehr großen Kübelinhalten (Talsperrenbau) ist die schnelle Gewichtsreduzierung (Rückgang des Seildurchhangs bei Kabelkränen) bei der Entleerung zu beachten.

- Leistungswert im Hochbau ca. 20 m³ Festbeton/h (abhängig von Krangröße, Kübelgröße, erforderl. Hubhöhe u. -weite).

9.4.1.3 Betonpumpen

- Für Betone mit Konsistenz KP und KR (Entmischungsgefahr beachten).
- Pumpfähigkeit (erforderliche „Rohrschmierung") ist in der Regel gegeben wenn:
  - Mehlkorngehalt (Zement + Füller) ca. 400 kg/m³ (bei Größtkorn 32 mm),
  - Mindestzementgehalt ≥ 240 kg/m³ (bei Größtkorn 32 mm),
  - w/z-Wert 0,42 ÷ 0,65,
  - Sieblinie nach DIN 1045 im oberen Bereich zwischen A und B.
- Bei kritischen Mischungen empfiehlt sich ein Anpumpen mit Schlämpe (nicht im Werksteil einbauen!).

Folgende Varianten finden am häufigsten Anwendung:

AUTOBETONPUMPE

Pumpe, Förderleitung mit Verteilermast auf straßenzugelassenem LKW-Unterbau

Vorteil: hohe Flexibilität.

Nachteil: Standort an der Gebäudeaußenseite (Reichweite bis ca. 48 m; Reichhöhe bis ca. 62 m; Reichtiefe bis ca. 38 m).

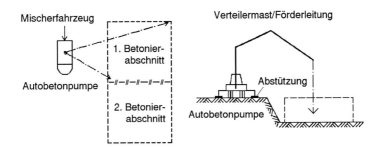

Bild 9.10 Autobetonpumpe nach [43]

STATIONÄRE BETONPUMPE

mit Förderleitung und stationärem, separatem Verteilermast

Vorteil: Standort auch im Gebäudeinneren (Reichweite),
           Länge der Förderleitung „beliebig" anpaßbar.

Nachteil: Vorhalte- und Wartungskosten.

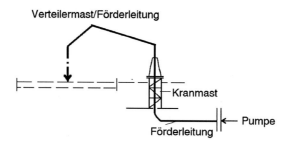

Bild 9.11 Stationäre Betonpumpe nach [43]

STATIONÄRE BETONPUMPE MIT FÖRDERLEITUNG UND VERTEILERMAST AUF TURM-DREHKRAN MIT SPEZIALAUSLEGER

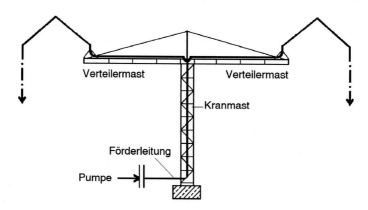

Bild 9.12 Mit Betonverteilern am Turmdrehkran nach [43]

9.4.1.4 Sonstige

FÖRDERBÄNDER

* Entmischungsgefahr und „Bandverklebung" beachten.

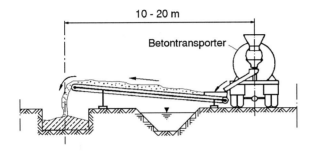

Bild 9.13
Betonförderung mit Förderband nach [43]

FAHRMISCHER - BETONPUMPEN

* Für kleinere Mengen und/oder häufig wechselnde Einsatzorte (sonst wie Autobetonpumpen.

RADLADER), BAGGER ETC.

* Hier gelten die o. g. allgemeinen Regeln.

9.4.2 Erforderliche Förderleistung

Innerhalb der Produktionskette „Beton" stellt die Bereitstellung einer ausreichenden Förderleistung zur Sicherstellung einer dauernden Materialbereitstellung eine wichtige Komponente dar. Besonders bei der Verarbeitung größerer Betonmengen bzw. bei der Personaldisposition für den Einbauvorgang ist daher die Überlegung anzustellen, welche Betonmenge mit dem vorhandenen Hebezeug (Kran) an die jeweilige Einbaustelle gefördert werden kann, bzw. welche Kapazität (Pumpen) bereitzustellen ist, um die geplanten Leistungswerte beim Einbau erzielen zu können. Für die Fälle

* Betonförderung mit Hochbaukran und
* Betonförderung mit Pumpen

soll diese Berechnung überschlägig durchgeführt (Kran) bzw. die Ermittlung mit Nomogrammen beispielhaft gezeigt werden (Pumpen).

Beispiel: Betonförderung mit Hochbaukran:

Bei dem im Grundriß dargestelltem Gebäude ist die Geschoßdecke des Blockes I in Höhe +25,5 m mit einem Krankübel 750 Ltr. Nenninhalt zu betonieren. Block II ist auf Höhe +12,0 m bereits fertiggestellt. Der Standort des stationären Laufkatzkranes und des Betonlieferfahrzeuges ist in der Lageskizze angegeben. Der Katzausleger ist lang genug, um das gesamte Gebäude zu überstreichen.

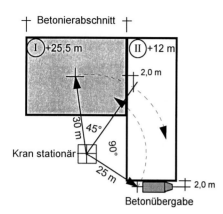

Betonübergabe

Beispiel: Betonförderung mit Hochbaukran:

Bei dem im Grundriß dargestelltem Gebäude ist die Geschoßdecke des Blockes I in Höhe +25,5 m mit einem Krankübel 750 Ltr. Nenninhalt zu betonieren. Block II ist auf Höhe +12,0 m bereits fertiggestellt. Der Standort des stationären Laufkatzkranes und des Betonlieferfahrzeugs ist in der Lageskizze angegeben. Der Katzausleger ist lang genug, um das gesamte Gebäude zu überstreichen.

Bild 9.14 Lageplan einer Baustelle

Technische Daten des Kranes:

- Schwenkgeschwindigkeit   1 U / min
- Hubgeschwindigkeit voll   40 m / min (Hubhöhe gesamt 28 m)
- Hubgeschwindigkeit leer   40 m / min (Hubhöhe 2 m)
- Senkgeschwindigkeit voll   30 m / min (Absenkhöhe 2 m)
- Senkgeschwindigkeit leer   60 m / min (Absenkhöhe gesamt 28 m)
- Katzfahrt voll und leer   30 m / min
- Drei Bewegungen des Kranes können gleichzeitig ausgeführt werden.

Weitere Annahmen:

- Der Sicherheitsabstand beträgt   2,0 m.
- Betonkübel füllen   20 sek
- Betonkübel leeren   30 sek
- Füllungsgrad des Krankübels $f_F = 95\ \%$
- Auflockerungsgrad des Betons   10 %
- Gesamtausfallzeit   6 Minuten pro Stunde

Zu ermitteln ist die Dauer- oder Nutzleistung Q_N.

Lösung:

Heben voll auf 12 + 2 = 14 m:	(40 m/min ≡ 0,67 m/sek;)	14 / 0,67	= 21 sek
Heben voll auf 28 m:		28 / 0,67	= 21 sek
Schwenken 90°:	(1 U/min ≡ 360°/ 60 min = 6 °/sek;)	90°/6	= 15 sek
Schwenken 45°:		45°/6	= 7,5 sek
Katzfahrt 5 m:	(30 m/min ≡ 0,5 m/sek;)	5/0,5	= 10 sek
Senken voll 2 m:	(30 m/min ≡ 0,5 m/sek;)	2/0,5	= 4 sek
Heben leer 2 m:	(40 m/min ≡ 0,67 m/sek;)	2/0,67	= 3 sek
Senken leer von 28 auf 14 = 14m:	(60 m/min ≡ 1 m/sek;)	14/1	= 14 sek

Ablauffolge der Kranspiele:

Zeit [sek]

Bewegung	0	10	20	30	40	50	60	70	80	90	100	110	120	130	140	150
Füllen	20															
Heben voll 14m			21													
Heben voll 14m					21											
Schwenken 90°						15										
Schwenken 45°							7,5									
Katzfahrt 5m			10													
Senken voll 2m								4								
Leeren									30							
Heben leer 2m											3					
Schwenken 45°											7,5					
Schwenken 90°												15				
Senken leer 14m												14				
Senken leer 14m														14		
Katzfahrt 5m													10			

◄——————— Kranspielzeit t_S = 143 sek ———————►

Spielzahl $\qquad$ $n = 3600 / t_S$ $\qquad$ $= 3600 / 143$ $\qquad$ $= 25{,}17$ Spiele/h;

Theoretische Leistung $Q_O = V_L \cdot n$ $\qquad$ $= 0{,}75 \text{ m}^3 \cdot 25{,}17$ $\qquad$ $= 18{,}88 \text{ m}^3$ lose/h;

Grundleistung $\qquad$ $Q_G = Q_O \cdot f_A \cdot f_F$ $\qquad$ $= 18{,}88 \cdot (1/1{,}10) \cdot 0{,}95 = 16{,}31 \text{ m}^3$ fest/h;

Nutz- oder
Dauerleistung: $\qquad$ $q = 60 - 6 / 60 = 0{,}9$

$\qquad Q_N = Q_G \cdot q$ $\qquad$ $= 16{,}31 \cdot 0{,}9$ $\qquad$ $= \mathbf{\underline{14{,}68}} \text{ m}^3$ fest/h;

Beispiel: Betonförderung mit Pumpen:

Die mögliche Fördermenge ist hier von den maschinentechnischen Gegebenheiten der Pumpe, den geometrischen Rahmenbedingungen der Baustelle und von der Betonkonsistenz abhängig. In der Regel ist es sinnvoll, auf die Erfahrung und die Kennwerte der Hersteller zurückzugreifen. Aufgrund der unterschiedlichen Einflußkomponenten werden die möglichen Leistungsdaten von den Herstellern meist in Form von Nomogrammen angegeben, die eine Ermittlung der Grundleistung (vergl. Kapitel Erdbau) ermöglichen. Da eine volle Auslastung der Pumpe i. d. R. aufgrund von Betriebsstörungen (Unregelmäßigkeiten bei der Anlieferung, Einbauunterbrechungen, Umsetzvorgänge) nicht gewährleistet ist, kann für die Nutz-/Dauerleistung nur von einem abgeminderten Wert (vergl. Tabelle 5.1, Nutzleistungsfaktoren) ausgegangen werden.

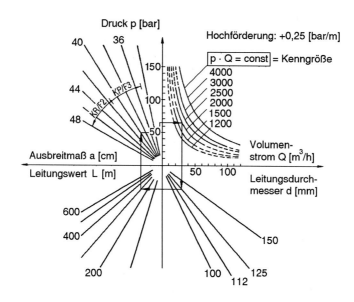

Bild 9.15 Nomogramm zur Ermittlung der Grundleistung von Betonpumpen nach [39]

Die moderne Pumpentechnologie ermöglicht bei entsprechender Geräteauswahl in der Regel die sichere Bereitstellung der erforderlichen Fördermenge, sodaß dieser Teilvorgang für die Gesamtkette (im Gegensatz zur Kranförderung) nicht kritisch wird. Ein weiterer wirtschaftlicher Vorteil des Betonpumpens liegt in der Freisetzung der Baustellenkrane für andere Arbeiten (Schalen, Bewehren) und beeinflußt damit die Kapazitätsdisposition.

9.4.3 Einbringen des Frischbetons

Vor Beginn des Betoniervorgangs sind u. a. folgende Vorarbeiten bzw. Kontrollen durchzuführen:

- Aufrauhen der Arbeits- und Anschlußfugen. Vorhandene Betonschlämme aus dem vorhergehenden Betoniervorgang sind zu beseitigen. Die Anschlußbereiche werden vorgenäßt bzw. mit Haftbrücken vorbereitet.

- Verschmutzungen z. B. durch Schalöle, die den Verbund beeinträchtigen, sind zu beseitigen.

- Bewehrungskontrolle und -abnahme.

- Überprüfung der Schalung auf Standsicherheit (maßgeblicher Frischbetondruck siehe Kapitel 9.5.1).

- Befeuchten von Holzschalungen zur Vermeidung von Schwindrissen und Veränderung des w/z-Wertes des Frischbetons durch Wasserentzug infolge der trockenen Holzschalung.

- Überprüfen der eingesetzten Geräte und gegebenenfalls Bereitstellung von Ersatzgeräten (längere Unterbrechungen des Betoniervorgangs sind i. d. R. nicht möglich).

Beim Einbringen selbst sollten folgende Grundsätze beachtet werden:

- Wegen der Entmischungsgefahr sollte der Beton kontinuierlich in die Schalung gleiten. Dazu sollte die freie Fallhöhe (zwischen Auslaß Transportgefäß und Betonierlage) unter 1,0 m betragen (max. 1,5 m).

- Der Beton soll lagenweise mit etwa gleichen waagrechten Lagenstärken eingebracht werden. Die Dicke der Schüttlagen ist dabei vom eingesetzten Verdichtungsgerät abhängig. Als Anhaltswerte können hierfür gelten: max. Schüttlagendicke = 50 cm bei Innenrüttlern, 30 cm bei Außenrüttlern, 20 cm bei Oberflächenrüttlern.

- Bei senkrechten Schalflächen (Wände, Stützen) ist ein direkter Aufprall auf die Schalung, der zur Entmischung führt, zu vermeiden. Für den Betonierbeginn ist hier außerdem die Verwendung von Anschlußmischungen (Größtkorn 8 mm oder 16 mm) in einer ersten ca. 10 cm dicken Schüttlage zu empfehlen, um die Gefahr der „Nesterbildung" zu reduzieren.

- Bei Betonplatten, Decken und anderen flächenhaften Bauteilen ist der Betoniervorgang so anzulegen, daß immer in direktem Anschluß an den bereits verdichteten Beton gearbeitet wird. Damit werden Luft- und Wassereinschlüsse (z. B. bei Niederschlägen) vermieden.

- Gewölbte oder gebogene Bauteile müssen von beiden Seiten her (Belastungssymmetrie) vom Kämpfer zum Scheitel hin betoniert werden, um durch eine konstruktionsgemäße Schalungsbelastung die Formgebung der Schalung zu gewährleisten. Generell gilt, daß die Lastaufbringung durch den Betoneinbau soweit wie möglich dem Trag- und Verformungsverhalten der Rüstung bzw. dem Tragsystem des Bauwerkes entsprechend erfolgt, um ungewollte Last- bzw. Verformungszustände zu vermeiden. Hierzu sind Anweisungen im Betonierprogramm zu geben.

- Geneigte Bauteile sind grundsätzlich (auch bei geringer Schräge) von unten nach oben zu betonieren, um eine Rißbildung aus dem Verdichtungsvorgang bzw. durch Nachsacken des Frischbetons zu vermeiden.

9.4.4 Verdichten

Der eingebrachte, unverdichtete Frischbeton ist (abhängig von der Konsistenz) von Lufteinschlüssen durchsetzt und weist ein inhomogenes Gefüge auf. Um die Funktion eines hoch belastbaren künstlichen Steins zu erfüllen, muß durch mechanische Einwirkung (Verdichtung) dafür gesorgt werden, daß der Beton

- eine optimale Lagerungsdichte erreicht,
- der Luftporengehalt auf ein Minimum beschränkt ist,
- die Zuschläge überall im Zementleim eingebunden sind.

Damit ist die Verdichtungswirkung i. d. R. erreicht, wenn

- die Schalung vollständig ausgefüllt ist,
- sich der Frischbeton nicht mehr setzt,
- die Oberfläche mit Feinmörtel geschlossen ist,
- keine oder nur vereinzelt Luftblasenbildung auftritt.

Die für eine optimale Verdichtung erforderliche Verdichtungsarbeit ist von der Zusammensetzung des Betons abhängig (Verdichtungswilligkeit). Je steifer und wasserärmer der Frischbeton ist, desto geringer ist seine Verdichtungswilligkeit. Als Maß dient hierfür das im Verdichtungsversuch (DIN 1048 - Teil 1, Abschnitt 3.1.1; Bild 9.16) ermittelte Verdichtungsmaß v:

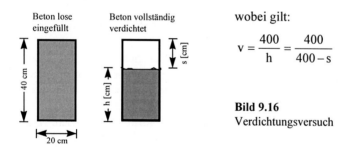

wobei gilt:

$$v = \frac{400}{h} = \frac{400}{400 - s}$$

Bild 9.16
Verdichtungsversuch

Je größer das Verdichtungsmaß ist, desto weniger dicht hat sich der Frischbeton durch das einfache Schütten ($\hat{=}$ Einbringen in die Schalung) gelagert und desto größer ist demnach der erforderliche mechanische Verdichtungsaufwand. Einen Überblick gibt Tabelle 9.4.

Tabelle 9.4 Konsistenzbereiche des Frischbetons (nach DIN 1045) nach [45]

Konsistenzbereiche		Verdich-tungsmaß v	Ausbreitmaß a (cm)		Eigenschaften		Verdichtungsart
Bezeichnung	Kurz-zeichen		Grenz-werte	Zielwert	des Fein-mörtels	des Frisch-betons beim Schütten	
steif	KS [früher K1]	1,20	—	—	etwas nasser als erdfeucht	noch lose	Kräftig wirken-de Rüttler oder kräftiges Stampfen bei dünner Schütt-lage
plastisch	KP [früher K2]	1,19 - 1,08	35 - 41	38	weich	schollig bis knapp zusammen-hängend	Rütteln oder stochern und stampfen
Regelkonsi-stenz (weich)	KR [früher K3]	1,07 - 1,02	42 - 48	45	flüssig	schwach fließend	Rütteln oder stochern
Fließbeton (fließfähig)	KF	—	49 - 60	55	sehr flüssig	gut fließend	„Entlüften" durch leichtes Rütteln oder Stochern

Abhängig von der geforderten Verdichtungsart (s. Tabelle 9.4) und der Konsistenz des Frischbetons kommen die in Tabelle 9.5 aufgeführten Geräte bzw. Verdichtungsmethoden in Frage.

Tabelle 9.5 Geräteauswahl in Abhängigkeit der Konsistenz nach [45]

Verdichtungsart		Konsistenzbereiche			
		KS steif	KP plastisch	KR weich	KF fließfähig
Stampfen		✓			
Oberflächenrüttler	Platte	✓			
	Bohle	✓	✓	✓	✓
Innenrüttler		✓	✓	✓	✓
Außenrüttler (Schalungsrüttler)			✓	✓	✓
Stochern bzw. mehrmaliges Abziehen				✓	✓
Zusätzliches Klopfen an der Schalung			✓	✓	✓

Für den Einsatz der in Tabelle 9.5 genannten Rüttelgeräte können folgende Hinweise Beachtung finden:

OBERFLÄCHENRÜTTLER

- Vibrationsplatten/Vibrationswalzen
  Erdfeuchter bis sehr steifer Beton kann von der Oberfläche her sehr gut mit Vibrationsplatten oder -walzen verdichtet werden. Die Geräte und auch die Grundsätze für das Verdichten entsprechen dabei im wesentlichen dem Erdbau. Es sollte solange verdichtet werden, bis die Oberfläche gut geschlossen und mattfeucht erscheint. Die Walzbetonbauweise findet hauptsächlich Anwendung bei Staudämmen und -mauern, Massenbetonbauwerken und Verkehrsflächen.

- Vibrationsbohlen
  Vibrationsbohlen werden hauptsächlich eingesetzt bei dünnen Betonschichten (z. B. Hallenböden oder Estrichen), die mit Innenrüttlern nur schlecht verdichtet werden können oder, neben der Verdichtung mit Innenrüttlern, zur Erzielung einer maßgenauen, ebenen und geschlossenen Betonoberfläche (Führung auf vormontierten Schienen oder Fertiger im Betonstraßenbau). Vollverdichtet werden i. d. R. nur Frischbetonlagen von max. 20 cm.

INNENRÜTTLER (Rüttelflaschen)

sind die auf Betonbaustellen am häufigsten eingesetzten Rüttelgeräte. Der Durchmesser der Rüttelflaschen reicht dabei üblicherweise von ⌀ 30 bis 80 mm, für Sondereinsätze werden Geräte mit ⌀ 18 mm und 25 mm bzw. an der oberen Grenze mit ⌀ 150 mm für grobkörnigen Massenbeton angeboten. Der Durchmesser der Rüttelflasche bestimmt maßgeblich den Wirkungskreisdurchmesser. Als Faustregel (bei „normalen" Betonvoraussetzungen) gilt hier, daß der erzielbare Wirkungskreisdurchmesser in etwa dem 10fachen Flaschendurchmesser entspricht. Dementsprechend sind die *Tauchabstände* beim Verdichten zu wählen (siehe Bild 9.17 und 9.18).

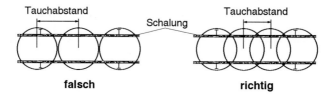

Bild 9.17 Tauchabstände bei Wandverdichtung

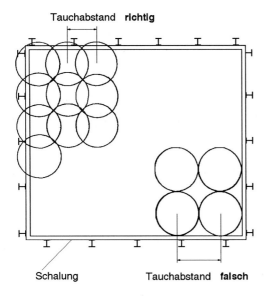

Bild 9.18
Tauchabstände bei Flächen-
verdichtung

Die *Eintauchtiefe* der Rüttelflasche soll so groß sein, daß die gerade eingebaute Schicht vollständig erfaßt wird und ein „Vernähen" der Schüttlagen (frisch auf frisch) erfolgt. Hierfür wird die Rüttelflasche ca. 10 bis 15 cm in die untere Schüttlage eingebracht, so daß die dort an der Oberfläche gebildete Feinmörtelschicht und Lufteinschlüsse entweichen können (siehe Bild 9.19).

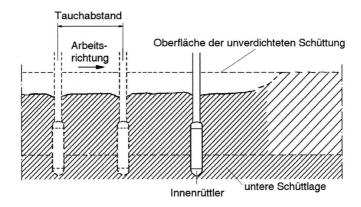

Bild 9.19 Praxisgerechter Einsatz des Innenrüttlers

Für das Eintauchen und Ziehen der Rüttelflasche ist wichtig, daß:

- das Absenken der Rüttelflasche zügig erfolgt, damit nicht die obere Schicht der Betonlage verdichtet ist, bevor Luft und Wasser aus den unteren Schichten ausgetreten sind,

- das Ziehen langsam (4 - 8 sec pro cm) erfolgt, damit die Verdichtungsleistung des Rüttlers wirksam werden kann. Es soll solange gerüttelt werden, bis sich der Beton nicht mehr setzt, keine Luftblasen mehr austreten und sich beim Herausziehen eine geschlossene Oberfläche bildet,

- die Rüttelgeräte nicht in Berührung mit Schalung, Bewehrung, Einbauteilen etc. kommen, damit keine Entmischung oder Reduzierung des Verbundes durch Wasseranreicherung im Bereich mitschwingender Teile erfolgen kann.

AUßENRÜTTLER (Schalungsrüttler)

werden vorwiegend in folgenden Bereichen eingesetzt:

- Fertigteilproduktion
- Ortbetonschalungen bei:
  - schlanken und/oder hohen Bauteilen, die mit Rüttelflaschen schwer verdichtbar sind,
  - unzugänglichen Bauteilen (Tunnelschalungen),
  - bei hohem Bewehrungsgrad der Bauteile zur Unterstützung der Verdichtung durch Innenrüttler.

Die Verdichtungswirkung beruht auf der Optimierung der Lagerungsdichte des Frischbetons durch kurzfristige Herabsetzung der inneren Reibung. Die Schalungsrüttler (Antrieb elektrisch oder mit Druckluft) werden mit der Schalung verschraubt, oder mit Schnellspannvorrichtungen oder Klemmschienen angeklemmt.

Da die Verdichtungswirkung über die Schalung aktiviert wird und die Vibrationsschwingungen eine besondere Beanspruchung für die Schalungskonstruktion darstellen, ist in jedem Falle die Ausrüstung unter Hinzuziehung der Fachleute des Schalungsherstellers und des Rüttlerherstellers festzulegen. Dies gilt auch für die Festlegung der Rüttlerabstände (Wirkzonen) und der Einschaltzeiten.

VAKUUMBEHANDLUNG

Mit der Vakuumbehandlung wird dem Frischbeton das zur Verarbeitbarkeit erforderliche Überschußwasser unmittelbar nach dem Einbau entzogen. Damit wird die spätere Austrocknung des Überschußwassers, die i. d. R. Kapillarporen hinterläßt, deutlich reduziert und damit eine Erhöhung der Dichtigkeit, der Druckfestigkeit, der Verschleißfestigkeit und eine frühzeitige Begehbarkeit erzielt. Der entzogene Wasseranteil beträgt ca. 10 bis 20 % des Wassergehalts des Frischbetons.

Die Geräteanordnung (siehe Bild 9.20) besteht aus einer Filtermatte, die einen kleinen Abstand zwischen der Betonoberfläche und dem eigentlichen Vakuumteppich, der eine gleichmäßige Unterdruckverteilung bewirkt, herstellt. In diesem Zwischenraum kann das Wasser zum Saugschlauch hin abgesaugt werden. Die Wirksamkeit des Verfahrens ist auf einen Tiefenbereich von ca. 25 bis 30 cm beschränkt. Als Richtzeit für die Vakuumbehandlung kann mit etwa 1 min pro cm Betondicke gerechnet werden.

Für den Ablauf wird folgende Vorgehensweise empfohlen:

- Einbringen des Frischbetons nach üblichen Verfahren,
- Verdichten mit Innenrüttlern,
- Abziehen der Oberfläche mit Oberflächenfertigern oder Rüttelbohlen,
- Auslegen der Vakuumeinrichtung und Absaugen des Überschußwassers,
- Schließen der Betonoberfläche mit Flügelglättern (für glatte Betonoberflächen) oder Scheibenglättern (für griffige Betonoberflächen).

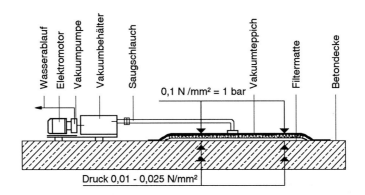

Bild 9.20 Vakuumverfahren nach [46]

9.4.5 Spritzbeton

Ein besonderes Verfahren für das *Einbringen und Verdichten* des Betons stellt das Betonspritzen dar. Dabei werden das

- Trockenspritzverfahren und das
- Naßspritzverfahren

unterschieden.

- Beim Trockenspritzverfahren wird ein Trockengemisch aus Zuschlagstoffen und Zement mit Luftförderung einer Spritzdüse zugeführt. In der Spritzdüse selbst erfolgt (über Handventil) die Wasserzugabe zur Herstellung des fertigen Gemisches. Das Verfahren wird überwiegend für kleinere Mengen angewendet, da durch die manuelle Wasserzugabe Schwankungen im w/z-Wert auftreten können.

- Beim Naßspritzverfahren wird der nach Rezeptur fertig aufbereitete Beton (gegebenenfalls unter Zugabe von Verflüssigern) über eine Betonpumpe oder eine
Naßspritzmaschine zur Spritzdüse (Zugabe von Erstarrungsbeschleunigern an der
Spritzdüse) gefördert und in Lagen aufgetragen. Der w/z-Wert liegt bei 0,5 bis
0,55. Das Größtkorn beträgt i. d. R. 16 mm. Im Naßspritzverfahren werden Leistungswerte bis zu 20 m³/h erreicht.

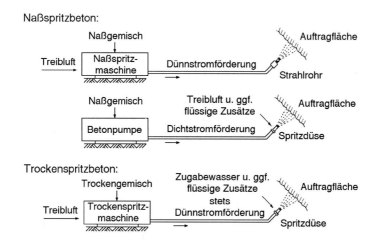

Bild 9.21 Verschiedene Spritzbetonverfahren nach [45]

9.4.6 Unterwasserbeton

Beton im Unterwassereinbau entmischt sich bei freiem (ungeschützten) Fall durch
das Wasser. Der Einbau erfolgt demgemäß z. B. im Contractor-Verfahren über ein
Stahlschüttrohr, das im Beton ständig eintaucht oder im Pumpverfahren. Über einen
Peilstab kann dabei der Betonierfortschritt kontrolliert werden. Wichtig ist weiterhin,
daß vor dem Erhärten kein Auswaschen des Zementleimes oder der Feinstteile erfolgt. Gefordert ist daher ein gut zusammenhaltender Beton mit einem Mindestzementgehalt von 350 kg/m³ (gegebenenfalls auch unter Zugabe von Hilfsstoffen wie
z. B. Kunststoffdispersion).

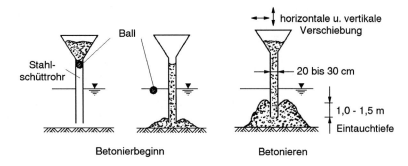

Bild 9.22 Das Contractor-Verfahren [45]

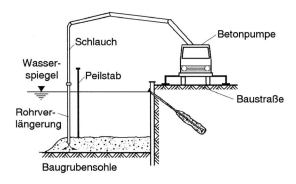

Bild 9.23 Einbau von Frischbeton unter Wasser [40]

9.4.7 Beton-Nachbehandlung

Für die Qualität des Betons ist die Nachbehandlung von entscheidender Bedeutung. Unter Nachbehandlung versteht man allgemein den Schutz des frisch eingebauten Betons vor ungünstigen äußeren Bedingungen (sowohl von Ortbeton wie auch in der Betonfertigteilproduktion) bis zu dem Zeitpunkt, an dem der Beton in seinem Erhärtungsprozeß keine Qualitätsminderung durch diese äußeren Umstände mehr erleiden kann. Zwangsläufig ist daher der erforderliche Zeitraum für die Nachbehandlung sowohl von der Art der äußeren Einflüsse, wie auch von der Festigkeitsentwicklung des Betons abhängig. Einen Überblick über die Mindestdauer der Nachbehandlung für Außenbauteile gibt Tabelle 9.6.

Die häufigsten Maßnahmen unter den jeweiligen äußeren Bedingungen sind in Tabelle 9.7 zusammengestellt. Dabei ist zu beachten, daß die Austrocknung durch Wind bzw. Luftströmungen auch z. B. bei Kanälen oder sonstigen geschlossenen Bauwerken, die keiner direkten Sonneneinstrahlung ausgesetzt sind, zu vermeiden ist. Ebenso ist der frische Beton gegebenenfalls gegen Niederschläge (Regen, Hagel), die die Qualität der Oberfläche herabsetzen, (z. B. durch Schutzzelte im Betonstraßenbau) zu schützen.

Tabelle 9.6 Mindestdauer (in Tagen) für die Nachbehandlung von Außenbauteilen nach [45]

Umgebungs-bedingungen	Betontemperatur ggf. mittlere Lufttemperatur	Festigkeitsentwicklung des Betons		
		schnell, z. B. w/z < 0,50 Zement 52,5 R; 52,5; 42,5 R	mittel, z. B. w/z = 0,50 bis 0,60 Zement 52,5 R; 52,5; 42,5 R	langsam, z. B. w/z = 0,50 bis 0,60 Zement 32,5 oder w/z < 0,50 Zement 32,5 -NW/HS
g ü n s t i g vor unmittelbarer Sonnenein-strahlung u. vor Windein-wirkung geschützt, rel. Luft-feuchte durchgehend ≥ 80 %	≥ 10° C	1	2	2
	< 10° C	2	4	4
n o r m a l mittlere Sonneneinstrahlung und/oder mittlere Windeinwirkung und/oder rel. Luftfeuchte ≥ 50 %	≥ 10° C	1	3	4
	< 10° C	2	6	8
u n g ü n s t i g starke Sonneneinstrahlung und/oder starke Windeinwirkung und/oder rel. Luftfeuchte < 50 %	≥ 10° C	2	4	5
	< 10° C	4	8	10

Tabelle 9.7 Nachbehandlungsmaßnahmen für Beton [45]

Art	Maßnahmen	Außentemperatur in °C				
		unter -3°	-3° bis +5°	5° bis 10°	10° bis 25°	über 25°
Folie/Nachbehandlungsfilm	Abdecken bzw. Nachbehandlungsfilm aufsprü-hen *und* benetzen ; Holzschalung nässen; Stahl-schalung vor Sonnenstrahlung schützen					x
	Abdecken bzw. Nachbehandlungsfilm aufsprü-hen			x	x	
	Abdecken bzw. Nachbehandlungsfilm auf-sprühen *und* Wärmedämmung; Verwendung wärmedämmender Schalung – z. B. Holz – sinn-voll		x[1]			
	Abdecken und Wärmedämmung; Umschließen des Arbeitsplatzes (Zelt) oder Beheizen (z. B. Heizstrahler); zusätzlich Betontemperaturen wenigstens 3 Tage lang auf +10° C halten	x[1]				
Wasser	Durch Benetzen ohne Unterbrechung feucht halten				x	

[1] Nachbehandlungs- und Ausschalfristen um Anzahl der Frosttage verlängern, Beton mindestens 7 Tage vor Niederschlägen schützen

9.4.8 Betonieren unter besonderen Bedingungen

Über die in Kap. 9.4.7 genannten Schutzmaßnahmen hinaus sind besondere Maßnahmen erforderlich, insbesondere für:

- Betonieren bei niedrigen Temperaturen,
- Betonieren von Bauteilen mit großer Wärmeentwicklung (Massenbeton),
- Betonieren von Betonbauteilen mit großen Abmessungen (z. B. Bodenplatten).

Grenzwerte hierfür sind in DIN1045 festgelegt. Im wesentlichen sind daraus zu nennen:

- Bei einer Lufttemperatur zwischen +5° C und -3° C darf die Frischbetontemperatur +5° C nicht unterschreiten. Bei einem Zementgehalt unter 240 kg/m³ darf die Frischbetontemperatur +10° C nicht unterschreiten. Die maximale Frischbetontemperatur beträgt (in beiden Fällen) +30° C.
- Bei einer Druckfestigkeit des erhärtenden Betons < 5 N/mm² ist bei Frost die Gefahr gegeben, daß das umgebende Wasser im grünen Beton gefriert, verbunden mit Gefügeauflockerungen und Festigkeitsverlusten. Erst ab einer Festigkeit größer 5 N/mm² weist der Beton ausreichende Widerstandsfestigkeit gegen Durchfrieren auf. Allerdings sind die Ausschalfristen um den Zeitraum zu verlängern, in dem die Betontemperatur unter 0° C absinkt.

Die gebräuchlichsten zusätzlichen Maßnahmen beim Betonieren unter besonderen Bedingungen sind nachstehend zusammengefaßt.

Betonieren bei niedrigen Temperaturen:

- Erwärmen des Zuschlagswassers und/oder der Betonzuschläge bei der Herstellung. Hierfür wird i. d. R. eine gesonderte Vergütung verlangt.
- Verwendung von Zementen mit höherer Festigkeitsklasse und/oder Erhöhung des Zementgehaltes und / oder Einsatz schnell abbindender Zemente.
- Entfernen von Eis, Schnee und Reifbildung an allen Anschlußflächen (Schalung, Bewehrung und Bauteilanschlüssen) mit Warmluftgebläsen (keinesfalls durch Streusalz!). Beim Betonieren im Zusammenhang mit Gefrierverfahren (siehe Kap. 6.4.4) sind besondere Vorkehrungen notwendig.
- zügiger Einbau des Betons (kurze Transport- u. Standzeiten der Mischer) u. U. in vortemperierte (und ggf. wärmegedämmte) Schalung.
- schnellstmögliches Abdecken des eingebauten Betons mit Luftpolsterfolien oder Thermomatten.
- Beheizung von darunterliegenden oder anschließenden Betonflächen.

Betonieren bei hohen Temperaturen:

- Verwendung frisch gewonnener (Bodentemperatur!) Zuschläge oder Zuschläge aus abgedeckten Boxen).
- möglichst keine frisch gemahlenen Zemente (hohe Temperatur) verwenden.

- Zugabewasser gegebenenfalls durch Zugabe von gemahlenem Eis kühlen (bei Massenbeton). Die Gesamtmenge des Wassers gemäß Rezeptur ist dabei einzuhalten.

- Schnelle Verarbeitung des Frischbetons. Insbesondere durch Optimierung der Transport- und Entladezeiten.

- In besonderen Fällen Kühlung des Frischbetons durch Stickstoffzugabe im Mischerfahrzeug (Sonderverfahren!).

- Verwendung langsam abbindender Zemente. Gegebenenfalls Reduzierung des Zementgehaltes durch Füllerersatz (Eignungsprüfung erforderlich!).

- Gutes Vornässen aller Anschlußflächen und Schalungen.

- Betonierzeiten in die kühlere Tageszeit (oder Nachtstunden) legen.

- Optimale Nachbehandlung (siehe Kap. 9.4.7).

- Einbau von Kühlschlangen in den Beton (bei großvolumigen Bauteilen, Massenbeton).

- Betonieren großflächiger Bauteile:

  Reduzierung der Reibung an den Kontaktflächen (z. B. Sauberkeitsschicht) von flächigen Bauteilen (Bodenplatten) durch (Gleit-) Folien, um die Gefahr der Rißbildung bei der thermischen Kontraktion zu verringern.

9.5 Schalung

Die Formgebung der Betonbauteile erfolgt durch die Schalung, in die der Frischbeton eingebaut wird. Die damit verbundenen Schalarbeiten erfordern zeitaufwendige manuelle Arbeiten und verursachen damit einen Großteil der Lohnkosten. Aus repräsentativen Untersuchungen geht hervor, daß im Stahlbetonbau ca. 50 % der Gesamtlohnkosten und ca. 10 % der Gesamtstoffkosten auf die Schalung entfallen (siehe Tabelle 9.8)

Dementsprechend beinhalten die Schalarbeiten ein großes Potential an Rationalisierungsmaßnahmen. Hauptansatzpunkte dabei sind:

- Optimierung der Vorhaltemenge durch differenzierte Einsatzplanung mit möglichst hohen Einsatzzahlen der einzelnen Elemente. (Reduzierung der Transportkosten, Vorhaltekosten und ggf. Erstherstellungskosten).

- Optimierung der Ein- und Ausschalarbeiten durch die Auswahl geeigneter Schalverfahren.

Die wesentlichen Ansprüche an Schalungen sind demnach:

- Formgebung des Betons unter Berücksichtigung der Forderungen bezügl. Maßhaltigkeit (DIN 18201, 18202 und DIN 18203 für vorgefertigte Teile), Oberflächenbeschaffenheit (Sichtbeton, Strukturflächen) und Betoneigenschaften an der Oberfläche.

Tabelle 9.8 Lohn- und Stoffkosten im Stahlbetonbau [36]

	Anteil an Gesamtkosten (%)	Lohnkosten Anteil (%)	Stoffkosten Anteil (%)	Lohnkostenanteil an Gesamtlohnkosten (%)	Stoffkostenanteil an Gesamtstoffkosten (%)
Stahl	25	6	19	13	34
Beton	20	8	12	18	22
Schalung	28	22	6	49	11
Rest	27	9	18	20	33
Summe	100	45	55	100	100

- Aufnahme und Ableitung der Kräfte während des Betonierens (Frischbetondruck, Verkehrslasten, Rüttlerenergie) und sonstiger Lasten (Windkräfte, Betriebslasten).

- Verwindungssteifigkeit der Elemente beim Ein- und Ausschalen und Stabilität für Mehrfach-Einsätze.

- Kombinierbarkeit und Möglichkeit zur Vorfertigung größerer Schalungseinheiten unter Verwendung standardisierter, anwenderfreundlicher Verbindungsmittel.

- geringer Aufwandswert, der ohne große Einarbeitungsphase erreicht werden kann.

- Erfüllung der Sicherheitsanforderungen (Integration der erforderlichen Schutzmaßnahmen in das Schalsystem).

- Minimierung der Investitions- bzw. Vorhaltekosten.

Da diese komplexe Optimierungsaufgabe vielfach die Möglichkeiten der Baufirmen in personeller und wirtschaftlicher Hinsicht übersteigt, bieten die meisten Schalungshersteller heute bereits komplette Arbeitsvorbereitungsprogramme bzw. auch fertig ausgearbeitete Lösungsvorschläge an, wobei auch Miet- und Serviceangebote zur Abdeckung von Bedarfsspitzen zur Verfahrensoptimierung oder für Sonderschalungen immer mehr an Attraktivität gewinnen.

9.5.1 Aufbau der Schalung

Prinzipiell kann das System Schalung in

- die Schalhaut und

- die Tragkonstruktion

unterteilt werden.

9.5.1.1 Schalhaut

Die Schalhaut bestimmt die Beschaffenheit der Betonoberfläche in optischer und betontechnologischer Hinsicht sowie im Zusammenhang mit der Tragkonstruktion die Ebenflächigkeit (Durchbiegung). Eine Beschreibung der Anforderungen erfolgt in DIN 18331 und DIN 18217. Als Materialien kommen neben speziellen Struktur-matrizen im wesentlichen Holz und Holzwerkstoffe (mit unterschiedlichen Verlei-mungstechniken und Oberflächenbeschichtungen) und Stahl zur Anwendung.

Maßgeblich für die Auswahl sind u. a. die Kriterien:

- geforderte (Bauvertrag) bzw. mögliche Einsatzzahl und daraus resultierendes Preis-/Leistungsverhältnis,

- geforderte (Bauvertrag) Oberflächenbeschaffenheit des Betons,

- Reparaturfreundlichkeit und möglichst geringer Aufwand bei Schalhautwech-sel,

- geringer Reinigungsaufwand,

- Eignung als „Tragfläche" für Einbauteile, Aussparungen etc..

Einen Überblick über die Eignung und die mögliche Einsatzzahl (bei entsprechender Pflege bzw. Behandlung) gibt Tabelle 9.9.

Um eine Verbindung zwischen Schalhaut und Betonoberfläche zu verhindern und den Wasserentzug aus dem Frischbeton bei saugfähigen Schalhautoberflächen (Holz) zu reduzieren, werden Trennmittel eingesetzt. Gleichzeitig wird damit der Reini-gungsaufwand reduziert. Bei der Verwendung ist auf die Eignung für die jeweilige Schalhaut zu achten, sowie auf die richtige Dosierung, um insbesondere Verfärbun-gen der Betonoberfläche und Haftungsprobleme bei späterer Beschichtung zu ver-meiden. Eine Übersicht hierzu gibt Tabelle 9.10.

Besondere Beachtung bezüglich der Wirtschaftlichkeit sollte auch den sogenannten Hilfsschalungen für Aussparungen, Bauteildurchdringungen etc. zukommen. Diese Schalungen werden i. d. R. nur einmal eingesetzt und zählen bezogen auf die Schal-fläche damit zu den aufwendigsten Schalungen. Hier bietet der Baustoffmarkt mitt-lerweile eine breite Palette von Möglichkeiten für verbleibende Aussparungskörper an, die zumindest die sehr aufwendigen Ausschalarbeiten und die Entsorgungskosten, die beim einmaligen Einsatz einen hohen Kostenfaktor darstellen, entfallen lassen.

Tabelle 9.9 Eignung und Einsatzzahlen der Schalhaut (im Wohnungsbau) [38]

Schalhaut	Geeignet für			Einsatz-häufig-keit
	Schalungs-rauhe Be-tonflächen	Glatte Beton-flächen	Sicht-beton-flächen	
Hartfaserplatten, normal	+			1 - 2
Hartfaserplatte, ölgehärtet	+			3 - 5
Bretter, rauh	+			2 - 4
Spanplatte	+	(+)*)		3 - 5
Bretter gehobelt, Nut und Feder	+		+	10 - 15
Brettplatte (Schalungstafel)	+			15 - 20
Dreischichtenplatte	+	+	+	20 - 25
Tischlerplatte, 3fach, beharzt	+	(+)		20 - 30
Tischlerplatte, 5fach, filmbeschichtet	(+)	+	+	40 - 60
Furnierplatte mittelhart, 4 mm, filmbe-schichtet	(+)	+	+	40 - 60
Furnierplatte mittelhart, 8 - 12 mm, filmbe-schichtet	(+)	+	+	60 - 80
Furnierplatte hart, 4 mm, filmbeschichtet	(+)	+	+	60 - 80
Furnierplatte hart, 8 - 12 mm, filmbe-schichtet	(+)	+	+	70 - 90
Multiplex, weich, filmbeschichtet	+	(+)	(+)	20 - 30
Multiplex, mittelhart, beharzt	+	+		40 - 60
Multiplex, mittelhart, 12- 22 mm, filmbe-schichtet	+	+	+	60 - 80
Multiplex, hart, 12 - 22 mm, filmbeschich-tet	(+)	+	+	70 - 90
Multiplex-Tischlerplatten mit Schichtstoff-plattenauflage	(+)	+	(+)	- 100
Multiplex mit GFK-Beschichtung	(+)	+	+	- 150
Stahlschalung	+	+		- 300

*) (+) nur bedingt geeignet

Tabelle 9.10 Trennmittel für Betonschalungen [38]

	Stoffgruppen							
	Mineralöle	Öle mit Trennzusätzen	Chemisch-physikalisch wirkende Trennmittel		Öl-Emulsionen		Wachs	
Eigenschaften								
Viskosität:								
- dünnflüssig	x	x	x	x	x		x	
- dickflüssig						x		
- pastös								x
Mischbarkeit mit Wasser:								
- mischbar				x	x			
- nicht mischbar	x	x	x				x	x
Wirkungsweise:								
- physikalisch	x	x	x	x	x	x	x	x
- chem.- physikalisch		x	x	x	x	x		
Eignung								
Schalhaut mit saugfähiger Oberfläche:								
- Holz, rauhe Oberfläche		+	+		+		-	
- Holz, glatte Oberfläche		+	+		+		-	
Schalhaut mit nicht-saugfähiger Oberfläche:								
- Sperrholz mit Oberflächenvergütung		+	+		-		+	
- Metallschalungen		+	+		-		+	
Eignung für								
- Rohbeton	+	+	+		+		-	
- Sichtbeton	-	+	+		+		-	
Bemerkungen			Lösungen sind feuergefährlich		Können nicht bei Regen und nicht bei Frost verarbeitet werden		Müssen gleichmäßig dünn aufgetragen werden; können Putzhaftung beeinträchtigen	

+ geeignet   - nicht geeignet

9.5.1.2 Tragkonstruktion

Schalungen sind Traggerüste entsprechend DIN 4421 mit Lastannahmen nach DIN 1055. Weitere ergänzende Normen sind u. a.:

- DIN 1045
- Für Holzbauteile DIN 68800 T2 und T3
- Für Korrosionsschutz von Stahlbauteilen DIN EN 39
- Für Arbeits- und Schutzgerüste DIN 4420
- Für Verbindungen
  - stahlbaumäßige Verbindugen DIN 1050, DIN 18800, DIN 4100
  - brückenähnliche Konstruktionen (z. B. Vorschub- und Verbaugeräte im Brückenbau) DIN 4101 und DIN 1073
  - Holzverbindungen DIN 1052
- Für Gründungen DIN 1054 (mit Ausnahmen).

Eine gute Übersicht hierzu findet sich z. B. in [39].

Schalungen müssen so konstruiert und dimensioniert sein, daß sie alle auftretenden Lasten sicher aufnehmen und ableiten können. Dabei sind im wesentlichen folgende Lastgrößen anzusetzen:

LOTRECHT WIRKENDE LASTEN

- Gewicht des Frischbetons:
  25 kN/m³ für Stahlbeton aus Normalbeton + 1 kN/m³ Zuschlag für Frischbeton (DIN 1055, Teil 1, Nr. 7.1.4) = 26 kN/m³

- Ersatzlast aus Arbeitsbetrieb (DIN 4421, Traggerüste, Lasteinwirkung mit begrenzter Dauer):
  - auf einer Fläche von 3 x 3 m 20 % der aufzubringenden Frischbetoneigenlast (also insgesamt das 1,2-fache Betongewicht wegen Anhäufung beim Entleeren), dabei mindestens 1,5 kN/m², maximal 5,0 kN/m².
  - auf der restlichen Schalfläche 0,75 kN/m².

- Eigengewicht der Schalungskonstruktion.

WAAGRECHT WIRKENDE LASTEN

- Windlast (nach DIN 1055)
- Ersatzlasten für unbeabsichtigte Stützen-Schrägstellung in Höhe der Schalungsunterkante: = 1 % der einwirkenden lotrechten Lasten
- Sonstige: z. B.
  - seitlicher Betondruck auf Abschalungen (Deckenrand)
  - Kräfte aus Schrägstützen oder Seilzug
  - Pumpenstöße
  - Frischbetondruck

FRISCHBETONDRUCK

Der Frischbetondruck auf lotrechte Schalungen wird in 'DIN 18218 behandelt. Schalungen gelten dabei bis zu einer Abweichung von ±5° von der Vertikalen als lotrecht.

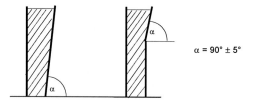

α = 90° ± 5°

Bild 9.24
Lotrechte Schalungen

Bei der Ermittlung der Druckverteilung geht man von der Vorstellung des flüssig-keitsanalogen Verhaltens des Frischbetons aus, d. h. in einer vollständig mit „flüssigem" Beton gefüllten Wand (hydrostatische Druckhöhe h_s = Wandhöhe) würde sich ein von oben nach unten stetig zunehmender Druck auf die Wand auf-bauen, entsprechend einer dreiecksförmigen Verteilung. Dieser Druckaufbau wird aber in Wirklichkeit durch die kohäsiven Kräfte des Frischbetongemisches und insbesondere durch das frühzeitig einsetzende Abbindeverhalten des Betons be-einflußt, so daß von einem gewissen Zeitraum nach dem Einbringen des Betons an, nicht mit einer weiteren Zunahme des Betondruckes gerechnet werden muß, sondern von da an eine konstant bleibende Größe (p_b) angenommen werden kann.

Betonoberfläche

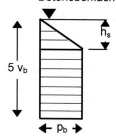

Bild 9.25
Lastbildannahme für die Verteilung
des Frischbetondruckes

Damit wird auch deutlich, daß die Einbringungsgeschwindigkeit des Frischbetons in die Schalung bzw. bei Wänden die Füll- oder Steiggeschwindigkeit (v_b in m/h) neben den betontechnologischen Eigenschaften die entscheidende Rolle für den Beginn des Abbindevorganges und damit für den Ansatz einer konstanten Beton-druckgröße spielt.

Das Erstarrungsende liegt für Normalbeton bei ca. 5 Stunden. In DIN 18218 wird demgemäß auch der Ansatz des Frischbetondruckes auf einen Abschnitt der Wandhöhe [m] von 5 v_b begrenzt.

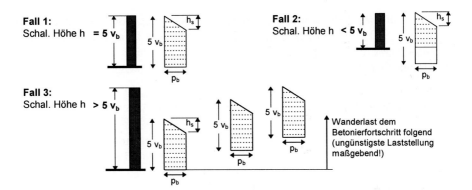

Bild 9.26 Lastansatz des Frischbetondruckes bei unterschiedlichen Wandhöhen.

DIN 18218 weist ein Grunddiagramm (Bild 9.27) auf, aus dem mit den Kenngrößen Steiggeschwindigkeit v_b in m/h (= baubetrieblicher Einfluß) und Konsistenz des Frischbetons (= wichtigster betontechnologischer Einfluß) der wirksame Frischbetondruck p_b in kN/m² und die hydrostatische Druckhöhe h_s in m ermittelt werden können. Umgekehrt kann damit natürlich auch für einen vorgegebenen max. Schalungsdruck (Herstellerangabe bzw. im Diagramm Höchstwert = 80 KN/m² für Wandschalungen) und für den verwendeten Beton die mögliche Steiggeschwindigkeit festgelegt werden.

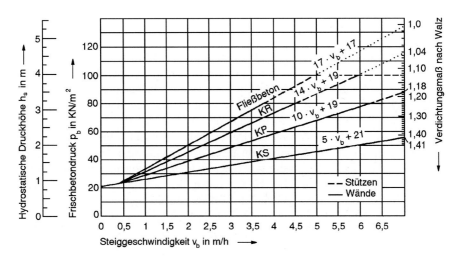

Bild 9.27 Grunddiagramm zur Bestimmung des Frischbetondruckes p_b und der hydrostatischen Druckhöhe h_s nach DIN 18218

Aus dem Diagramm ist weiter erkennbar, daß hohe Stützenschalungen auf Beton-
drücke > 80 kN/m² auszulegen sind. Dies hängt damit zusammen, daß die Beto-
nier- bzw. Steiggeschwindigkeit in der Stützenschalung aus baubetrieblichen
Gründen i. d. R. durch die kurzen Betonierzeiten (Kleinmengen) sehr hoch ist.

Neben der Konsistenz und der Steiggeschwindigkeit sind weitere Einflüsse auf
die Größe des Frischbetondruckes zu berücksichtigen [39]:

– Rütteltiefe:	Ist bei Verwendung von Innenrüttlern die Rütteltiefe h_r (OK-Beton bis UK-Rüttelflasche) größer als die hydrostatische Druckhöhe h_s, dann ist (bei Einhaltung der übrigen Parameter des Grunddiagrammes) der Frischbetondruck auf $p_b = 25 \, h_r$ zu erhöhen. Dies gilt auch beim Einsatz von Außen- (Schalungs-) rüttlern.
– Frischbeton-temperatur:	Dem Grunddiagramm liegt eine Frischbetontemperatur von +15° C zugrunde. Für eine Unterschreitung von je 1° C sind p_b und h_s um jeweils 3 % zu vergrößern (verzögertes Abbindeverhalten). Bei einer Überschreitung ist eine Verminderung von p_b und h_s um jeweils 3 % pro 1° C möglich. Die Abminderung darf allerdings max. 30 % betragen.
– Betonverflüssiger, Luftporenbildner:	Durch diese Betonzusatzmittel wird die Konsistenz des Frischbetons verändert, d. h. im Grunddiagramm ist die maßgebende Konsistenz zu bewerten.
– Lufttemperatur:	Hier ist ebenfalls der Einfluß auf das Abbindeverhalten bzw. die Frischbetontemperatur zu beachten. Bei wärmedämmenden Maßnahmen, die zur Erhaltung der Eigentemperatur des Betons führen, kann der Einfluß der Außentemperatur unberücksichtigt bleiben. Bei ungehinderter Abkühlung ist eine Erhöhung von p_b aufgrund sinkender Frischbetontemperatur wie oben zu berücksichtigen. Lufttemperaturen über 15° C werden nicht abmindernd angesetzt. Dies gilt auch für beheizte Schalungen.
– Verzögerer:	Diese Zusatzmittel verzögern den Erstarrungsbeginn. Dementsprechend sind der Frischbetondruck p_b und die hydrostatische Druckhöhe h_s zu erhöhen. Faktoren hierzu sind im Bild 9.28 angegeben (Zwischenwerte sind linear zu interpolieren). Abminderungen aus Erhöhung der Frischbetontemperatur über 15° C dürfen bei Verwendung von Verzögerern nicht angesetzt werden.

Konsistenz bereich	Faktoren bei Erstarrungs- verzögerung in Stunden	
	5 h	15 h
KS	1,15	1,45
KP	1,25	1,80
KR, KF	1,40	2,15

Bild 9.28
Erhöhungsfaktoren für den Frischbetondruck p_b und die hydrostatische Druckhöhe h_s bei Verwendung von Verzögerern. (Geltungsbereich für Betonierhöhen ≤ 10 m)

- Erschütterungen: Durch Erschütterungen kann das Abbindeverhalten des Frischbetons stark gestört bzw. die Erstarrung verhindert werden (Achtung bei Verwendung von *Außenrüttlern!*). In diesem Fall ist mit dem vollen hydrostatischen Druck $p_b = \gamma \cdot h$ ($\gamma = 25$ kN/m³; h = Wandhöhe bzw. Höhe der erregten Schalung bei Außenrüttlern) zu rechnen.

- Veränderung der Frischbetonwichte: Bei der Bestimmung von p_b nach dem Grunddiagramm sind für die Verwendung von Leicht- oder Schwerbetonen ($\gamma \neq 25$ kN/m³) die Faktoren α nach Bild 9.29 anzusetzen. h_s bleibt unverändert.

γ_b in kN/m³	α	γ_b in kN/m³	α	γ_b in kN/m³	α
10	0,40	20	0,80	28	1,12
12	0,48	22	0,88	30	1,20
14	0,56	24	0,96	35	1,40
16	0,64	25	1,00	40	1,60
18	0,72	26	1,04		

Bild 9.29   Faktoren zur Umrechnung von p_b nach dem Grunddiagramm bei abweichender Frischbetonwichte.

Die Betondruckermittlung gemäß Bild 9.27 nach DIN 18218 bezieht sich auf lotrechte Schalungen. Werden geneigte Wandschalungen erforderlich z. B. bei Stützmauern oder für Schlammtrichter im Klärwerksbau (Bild 9.30), so ist neben dem horizontalen Betondruck auch eine vertikale Auftriebskomponente zu beachten, die bei fehlender Abspannung oder Verankerung zu einem „Aufschwimmen" der Schalung führen würde, verbunden mit entsprechenden Maßabweichungen bis hin zum Auslaufen des Frischbetons.

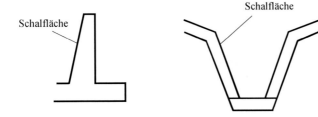

Schalfläche

Schalfläche

Bild 9.30
Geneigte Schalungen

Die Entstehung dieser Auftriebskomponente hängt damit zusammen, daß sich der Frischbeton vor dem Erstarrungsbeginn flüssigkeitsanalog verhält, d. h. ein hydrostatischer Druck aufgebaut wird, der senkrecht auf die Schalhaut wirkt (Bild 9.31).

Dieses flüssigkeitsanaloge Verhalten bzw. die Auftriebsgefahr ist selbstverständlich auch beim Einbau von geschlossenen Verdrängungskörpern (z. B. Köcheraussparungen bei Fundamenten oder sonstigen Aussparungskörpern) zu berücksichtigen und durch entsprechende Verankerungen zu kompensieren.

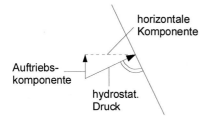

Bild 9.31
Auftrieb bei geneigter Schalung

Beispiele zur Ermittlung des maßgeblichen Betondruckes.

1. Eine Wand von 4 m Höhe soll in 1 Stunde betoniert werden.

   Es wird Normalbeton (ohne Zusatzmittel) B 25 der Konsistenz KP eingebaut. Die Schalung ist auf einen Betondruck von 70 kN/m² ausgelegt.

$$\text{Steiggeschwindigkeit } h = \frac{4,0\,\text{m}}{1\text{h}} = 4\,\frac{\text{m}}{\text{h}}$$

aus Bild 9.27 für Konsistenz KP und $v_b = 4\,\dfrac{\text{m}}{\text{h}}$

$$\text{Frischbetondruck } p_b = 58\,\frac{\text{kN}}{\text{m}^2} < 70\,\frac{\text{kN}}{\text{m}^2}$$

hydrostatische Druckhöhe $h_s = 2{,}30$ m

$$\text{wirksame Höhe: Wandhöhe} = 4{,}0\,\text{m} < 5\,\text{h} \cdot v_b = 5\text{h} \cdot 4\,\frac{\text{m}}{\text{h}} = 20\,\text{m}$$

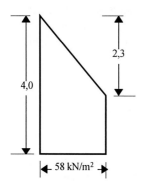

Bild 9.32
Betondruckverteilung

2. Eine Decke mit 16cm Stärke soll betoniert werden.

Frischbetongewicht (siehe „lotrecht wirkende Lasten")

$$= 26 \frac{kN}{m^3} \cdot 0{,}16 = 4{,}16 \frac{kN}{m^2}$$

Vibrationszuschlag (Annahme 100 %) $= 4{,}16 \dfrac{kN}{m^2}$

Ersatzlast aus Arbeitsbetrieb

$$= 4{,}16 \cdot \frac{20}{100} = 0{,}83 < 1{,}5 \text{ (Mindestwert)} = 1{,}50 \frac{kN}{m^2}$$

Belastung im Arbeitsbereich: $= 9{,}82 \dfrac{kN}{m^2}$

Anmerkung: Aus den Berechnungsbeispielen ist u. a. erkennbar, daß die Belastung der Wandschalung aus dem Frischbetondruck üblicherweise höher ist als die Belastung der Deckenschalung.

LASTABLEITUNG

- Wandschalungen

  Der auf die Schalhaut ausgeübte Betondruck wird zunächst von den Schalungsträgern aufgenommen. Der Abstand der Schalungsträger ist dabei abhängig von der Größe des Betondruckes und von der aufzunehmenden Flächenbelastung der Schalhaut bzw. deren zulässiger Durchbiegung (Ebenflächigkeit).

  Die weitere Lastabtragung erfolgt sinnvollerweise nicht durch Abstützung jedes einzelnen Schalungsträgers, sondern über die als Durchlaufträger wirkenden Gurtungen (Schalungsträger plus Gurtungen = stabiler <u>Trägerrost</u>).

  Da Wände in der Regel 2-seitig (plus Stirnabschalungen) geschalt werden, kann die Belastung nun, unter Ausnutzung der Belastungssymmetrie, von Schalungsankern (Ankerteile, -verschlüsse und -platten nach DIN 18216; vergl. Bilder 9.33 und 9.34), die gegen die Gurtung verspannt werden, aufgenommen werden. Um die Wanddicke herzustellen, werden (als Hüllrohre über die Spannstäbe geschoben) Abstandhalter („Mauerstärken") eingebaut. Zum Ausrichten der Wandschalung und zur Sicherung gegen Kippen wird die Schalung mit Richtstützen arretiert. Schalungsträger und Gurtungen wurden früher aus Kanthölzern hergestellt. Heute kommen hier verleimte Holzträger (Fachwerk- oder Vollwandträger) mit hohem Widerstandsmoment bei geringerem Materialeinsatz oder Stahlprofile zum Einsatz.

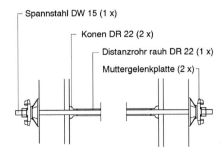

Spannstahl DW 15 (1 x)

Konen DR 22 (2 x)

Distanzrohr rauh DR 22 (1 x)

Muttergelenkplatte (2 x)

Bild 9.33
Beispiel für eine Ankerstelle
(bei einer Stahlrahmenschalung).

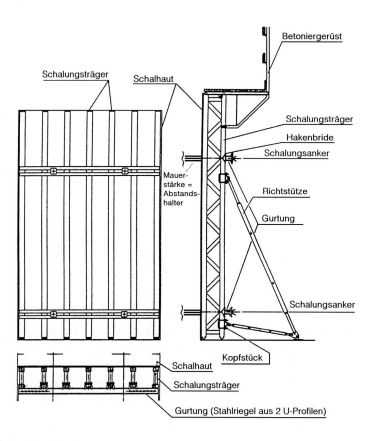

Bild 9.34 Trägerrost einer Wandschalung

Bei *einseitiger Schalung* (Vorsatzschalung) kann die Lastabtragung nicht unter Ausnutzung der Symmetrie erfolgen. Dementsprechend müssen entweder die Schalungsanker auf der nicht geschalten Seite im Bestand (z. B. Verbauwand) für die aufzunehmende Last verankert werden, oder der Betondruck wird einseitig ohne Schalungsanker auf der geschalten Seite aufgenommen und über stabile Stützböcke in die Aufstandsflächen abgeleitet (Bild 9.35, 9.36).

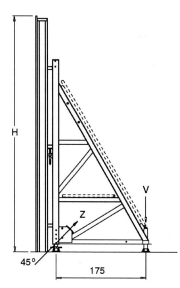

Bild 9.35
Stützbock (Beispiel Universal 4,5 m, System DOKA)
für einseitige Wandschalung (ohne Schalungsanker) in
Verbindung mit einer Rahmentafelschalung.

Schalungshöhe H [m]	Einflußbreite e = 1,00 m	
	Ankerkraft Z [kN]	Spindelkraft V [kN]
zulässiger Schalungsdruck 50 kN/m²		
3,0	141	50
3,5	177	80
4,0	212	116
4,5	247	160
zulässiger Schalungsdruck 40 kN/m²		
3,0	124	48
3,5	153	73
4,0	181	105
4,5	209	142

Bild 9.36 Auftretende Kräfte bei einseitiger Schalung mit Stützbock nach Bild 9.35

- Deckenschalungen (siehe Kapitel 9.5.1.2 a. und 9.5.3.3)

  Wie bei der Wandschalung erfolgt die Lastabtragung über die Schalhaut auf einen
  Trägerrost aus Schalungsträgern und Jochträgern, um von dort über Stützen oder
  Stützensysteme (z. B. Lasttürme) in eine tragfähige Aufstandsfläche eingeleitet zu
  werden.

9.5.2 Ausschalfristen

Das Ausschalen von Betonbauteilen ist in DIN 1045 geregelt. Generell darf nur dann ausgeschalt werden, wenn der Beton ausreichend erhärtet ist und der Bauleiter das Ausschalen anordnet, nachdem er sich von der ausreichenden Betonfestigkeit überzeugt hat. Als Kriterien für die ausreichende Festigkeit gelten dabei der jeweils maßgebende Bauzustand und die in der Norm vorgegebenen Sicherheiten. Für die Ausschalfrist sind in DIN 1045 Anhaltswerte für verschiedene Bauteile in Abhängigkeit von der verwendeteten Zementfestigkeitklasse angegeben (Tabelle 9.11).

Tabelle 9.11 Anhaltswerte für Ausschalfristen nach DIN 1045

Zementfestigkeitsklasse		32,5	32,5 R 42,5	42,5 R 52,5 R
Für die seitliche Schalung der Balken und für die Schalung der Wände und Stützen	(Tage)	3	2	1
Für die Schalung der Deckenplatten	(Tage)	8	5	3
Für die Rüstung (Stützung) der Balken, Rahmen und weitgespannten Platten	(Tage)	20	10	6

Diese Ausschalfristen sind zu vergrößern bzw. u. U. zu verdoppeln, wenn die Betontemperatur in der Aushärtezeit überwiegend unter + 5° C liegt. Bei Frosteintritt während der Aushärtezeit ist die Ausschalfrist mindestens um die Dauer des Frostes zu verlängern.

Zur Reduzierung der Durchbiegung aus Kriechen und Schwinden auch bei unterschiedlichem Aushärteverhalten infolge ungleichmäßiger Querschnitte oder Temperatur empfehlen sich längere Ausschalfristen oder zumindest Hilfsstützen, die möglichst lange stehen bleiben. Dies gilt insbesondere auch für den Stahlbetongeschoßbau, wenn relativ frühzeitig bereits zusätzliche Belastungen aus Folgegeschoßen abgetragen werden müssen (Hilfsstützen hier übereinander in den Stockwerken anordnen!).

9.5.3 Schalverfahren/Schalsysteme

Nachfolgend sollen die am häufigsten eingesetzten Schalverfahren/-systeme im Überblick dargestellt werden. Dabei können bauteilbezogen unterschieden werden:

- Wandschalungen
- Stützenschalungen
- Deckenschalungen
- Balkenschalungen
- Raumschalungen
- Sonderschalungen

eine Sondergruppe stellen dabei die abschnittsweise oder kontinuierlich „beweglichen" Schalungen dar:

- Fahrschalung

- Kletterschalung

- Gleitschalung

9.5.3.1 Wandschalungen

KONVENTIONELLE WANDSCHALUNGEN

Sie werden mit einer Schalhaut aus Schalbrettern oder Schaltafeln und einem Trägerrost aus Kanthölzern (6/12 cm; 8/16 cm) gefertigt. Aufgrund des hohen Stundenaufwands bei der Erstherstellung und ggf. beim Umbau kommen sie nur mehr bei untergeordneten Bauteilen (z. B. Fundamenten, Unterfangungen) oder in Anpassungsbereichen zum Einsatz.

TRÄGERSCHALUNG

Trägerschalungen aus vorgefertigten Holzträgern (Vollwand- oder Fachwerkträgern) und Gurtungen aus Stahlprofilen sind die konsequente industrialisierte Fortführung der konventionellen Trägerrostschalung (Bild 9.37). Durch die Wahl der Trägerabstände und Trägerprofile (Bauhöhen von 16 bis 36 cm) und der Gurtungsabstände und -profile weisen sie eine hohe Flexibilität bezüglich der Wahl der Schalhaut, des aufzunehmenden Betondruckes und insbesondere bezüglich der Ankerlagen auf, was aus technischen (z. B. bei Bauteilen im Wasser) oder optischen (keine sichtbaren Ankerstellen) Gründen vorteilhaft sein kann. Weitere Vorteile sind das vergleichsweise (zu Stahlschalungen) geringe Gewicht und die häufig erwünschte „zimmermannsmäßige Bearbeitbarkeit". Mit verstellbaren Gurtungen (= Gelenkriegel) können überdies Radien geschalt werden. Aufgrund dieser Flexibilität werden Trägerschalungen häufig in kompletten (incl. Richtstützen und Betoniergerüste) Großelementen vorgefertigt, die unter dem Begriff Großflächenschalung (bei Elementgrößen > 5 m²) als individuell für den jeweiligen Baustelleneinsatz optimierte Elemente eingesetzt werden. Die Elementverbindung erfolgt dabei mit gerasterten (Standard-) Laschen in den Gurtungen (horizontal) und mit speziellen Aufstockelementen (vertikal). Mit Großflächenschalungen werden relativ geringe Aufwandswerte von 0,2 bis 0,5 h/m² (bei Wandhöhen bis 3,0 m) [39] für Ein- und Ausschalen erzielt.

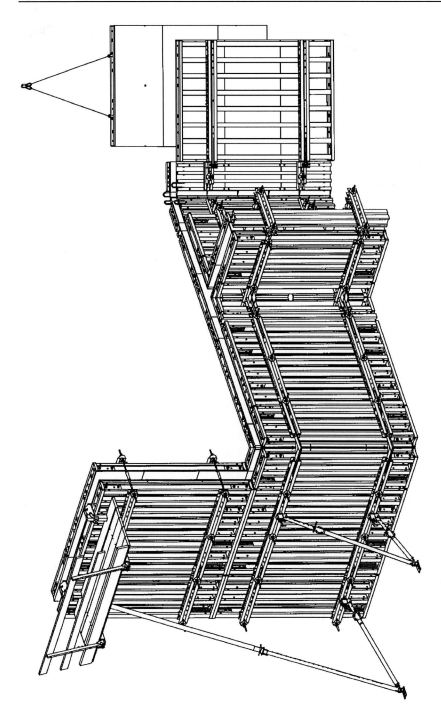

Bild 9.37 Beispiel einer Holzträgerschalung mit standardisierten Elementen
(Firma DOKA FF 20).

Nachteilig ist u. U. der relativ hohe Erstherstellungsaufwand bei nicht standardisierten Elementen und der durch die Elementgröße bestimmte Bedarf an Transportkapazität und Zwischenlagerflächen auf der Baustelle.

RAHMENTAFELSCHALUNGEN (Bild 9.38)

Rahmentafelschalungen weichen vom Prinzip des Tragrostes insofern ab, als hier die beiden Ebenen der Schalungsträger und der Gurtungen in eine Rahmenebene zusammengefaßt werden. Dadurch wird auch die Bauhöhe deutlich reduziert (ca. 10 cm).

Die einzelnen Elemente bestehen aus einem Stahl- oder Aluminiumrahmen mit einer auswechselbar montierten Schalhaut, meist aus Multiplex-Platten (höhere Einsatzzahlen). Die Elementgrößen sind rasterförmig gestaltet, so daß zusammen mit der in Längs- und Querrichtung gleichen Tragfähigkeit der Rahmenkonstruktion ein hohes Maß an geometrischer Flexibilität gewährleistet ist. Maßanpassungen sind durch Einfügung von Paßhölzern oder mit Sonderelementen (auch für Eckausbildungen, Schrägabgänge, Stirnschalungen etc.) i. d. R. problemlos möglich.

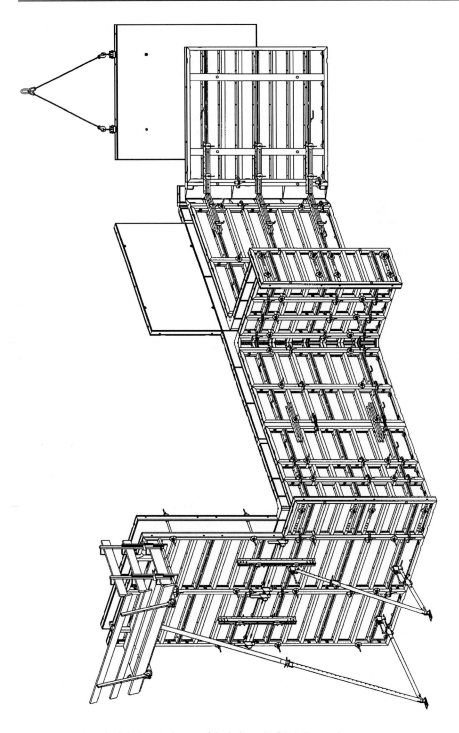

Bild 9.38 Beispiel einer Rahmentafelschalung (DOKA Framax)

Die Verbindung der Elemente untereinander erfolgt mit Klemmen (Bild 9.39), wobei zur Vereinfachung des Baubetriebes darauf geachtet werden sollte, daß möglichst nur ein Verbindungsteil für alle „normalen" Einsätze verwendet werden muß.

Die Anker werden entweder durch vorgesehene Rahmen-Bohrungen oder Ankerhülsen im Randprofil gesteckt. Die Anzahl und Lage der Anker ist dadurch weitgehend vorgegeben.

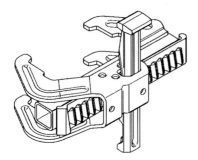

Bild 9.39
Beispiel für eine optimierte Rahmentafel-
verbindung (BFD System PERI Trio)

Dies kann ggf. (gegenüber der Trägerschalung), neben den durch die standardisierten Tafelgrößen vorgegebenen Plattenstößen, bei optisch anspruchsvollen Bauteilen nachteilig sein.

Vorteile der Rahmentafelschalung liegen in ihrer geringen Bauhöhe, der großen Formstabilität, die auch die Vormontage von Groß-Elementen ermöglicht, der schnellen und ohne große handwerkliche Grundkenntnisse erlernbaren Montagetechnik, dem geringen Lagerplatzbedarf und den optimierten Transportabmessungen. Die Aufwandswerte für Ein- und Ausschalen liegen bei 0,30 bis 0,60 h/m² (für Wandhöhen bis 3,0 m) [39], wobei ein zusätzlicher Erstmontageaufwand weitgehend entfällt.

Nachteilig sind u. U. die relativ hohen Gewichte (bei großen vormontierten Elementen), die bei Stahlrahmenschalungen bis ca. 80 kg/m² betragen (eine Alternative bieten hier Aluminiumrahmen, die auch für kranunabhängigen Einsatz geeignet sind) und der relativ hohe Erst-Investitionsaufwand (kann durch Spitzenbedarfsanmietung deutlich reduziert werden).

BAUKASTENSCHALUNGEN

Baukastenschalungen sind „einfache" Rahmentafelschalungen für relativ geringe Frischbetondrücke (bis ca. 40 kN/m²). Kennzeichnend sind die kleineren und in Verbindung mit der einfacheren Konstruktion leichteren Elemente, die i. d. R. einen kranunabhängigen Betrieb („Handschalungen") ermöglichen. Randprofile und Zwischenstege sind mit einem (Nonius-) Lochraster bzw. speziellen Schnell-Spann-Klemmen versehen, so daß eine nahezu stufenlose Koppelung der Elemente möglich ist. Die Verbindung der einzelnen Tafeln erfolgt z. B. durch Schlag-Klemmen, die in die Raster-Lochungen eingehakt werden.

9.5.3.2 Stützenschalungen

Rechteckige Stützen können schalungstechnisch wie kurze Wandabschnitte betrachtet werden. Zu beachten ist allerdings der i. d. R. höhere Schalungsdruck (große Steiggeschwindigkeit!). Dementsprechend kommen konventionelle Trägerrostschalungen aus Kanthölzern ebenso in Frage wie Trägerschalungen (Vollwand- und Fachwerkträger) und Rahmentafelschalungen. Im Gegensatz zu Wänden ist ein Durchankern des Betonquerschnittes (aus optischen Gründen) nicht gewünscht und auch i. d. R. nicht erforderlich. Bei Kantholz- und Trägerschalungen wird die Funktion der Gurtung (Aufnahme des Schalungsdruckes und Weiterleitung an die Anker) von Stützenzwingen mit Keilverschluß (bei kleineren Abmessungen) oder stufenlos verstellbaren Säulenriegeln mit Eck-Verankerung (Bild 9.40) übernommen.

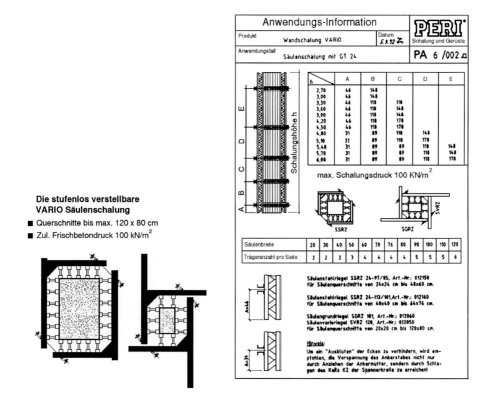

Die stufenlos verstellbare VARIO Säulenschalung
■ Querschnitte bis max. 120 x 80 cm
■ Zul. Frischbetondruck 100 kN/m^2

Bild 9.40 Beispiel einer Trägerschalung für Stützen (Fa. PERI)

Rahmentafelschalungen werden im vorgegeben Rastermaß „windmühlenförmig" gestellt (Bild 9.41), wobei auch Rahmenschalungen ohne Schalhaut (nach optischem Anspruch frei wählbar) angeboten werden (Bild 9.42).

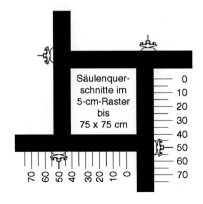

Bild 9.41
Rahmentafel-Stützenschalung (Fa. PERI)

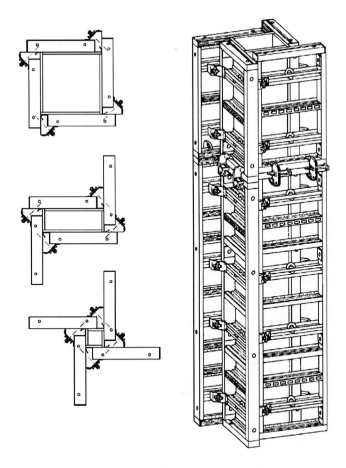

Bild 9.42 Rahmentafel-Stützenschalung mit frei wählbarer Schalhaut
(Beispiel DOKA-Stützenschalung Alu)

Rundstützen können konventionell mit Schalbrettern und Kranzhölzern geschalt werden, wobei die Verspannung der Kranzhölzer bei hohem Schalungsdruck durch eine Träger-Lehrschalung ersetzt werden kann (Bild 9.43).

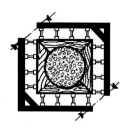

Bild 9.43
Rundstützenschalung mit Kranzhölzern und Trägerschalung

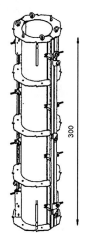

Bild 9.44
Beispiel für eine aufstockbare Stahlschalung für Rundstützen
(Fa. PERI für Durchmesser von 25 bis 70 cm in 5-cm Raster)

Für häufige Einsätze werden Elemente aus Aluminium-Lamellen oder Stahlschalungen (meist 2teilig) für verschiedene Durchmesser angeboten (Bild 9.44)

Für Einzelanwendungen werden heute auch vielfach Einmal-Schalungen aus Wickelblechrohren oder Pappmaterial mit Aufreißverschluß zum Ausschalen eingesetzt.

Aufwandswerte für das Ein- und Ausschalen von Stützen können der nachstehenden Tabelle entnommen werden.

Tabelle 9.12 Aufwandswerte für Stützenschalungen [39]

Vorgang	Aufwandswert
Stützen (Fläche > 0,25 m²) [1]	[h / m²]
Konventionelle Schalung	1,30 bis 1,80
Systemschalung	0,90 bis 1,40
[1] geometrieabhängige Zulagen, siehe Literatur [39]	

9.5.3.3 Deckenschalungen

KONVENTIONELLE DECKENSCHALUNGEN

Sie bestehen aus einer Schalhaut aus Schalbrettern oder Schaltafeln, einem Trägerrost (Schalungsträger + Jochträger) aus Kanthölzern und einer Unterstützung aus Rundhölzern, die zur Ausrichtung untereinander verschwertet werden (diagonale Aussteifung der Stützen mit Schalbrettern). Aufgrund der hohen Aufwandswerte und der geringen Einsatzzahl insbesondere der Rundholzstützen kommen sie nur in untergeordneten Bauteilen zum Einsatz.

TRÄGERSCHALSYSTEME

Bei den Trägerschalsystemen werden anstelle von Kanthölzern vorgefertigte, verleimte Fachwerkträger oder Vollwandträger aus Holz (siehe Wandschalung) als Schalungs- und Jochträger verwendet. Die Jochträger werden auf Stahlrohrstützen mit gabelförmigen Stützenköpfen (Bild 9.45 a)) aufgelegt, die eine Arretierung der einzelnen Träger oder eines übergreifenden Trägerstoßes und beim Ausschalen eine sofortige Absenkung ermöglichen. Dabei werden zunächst Stützen mit Faltbeinen gestellt, um das Traggerüst zu stabilisieren (Bild 9.45 c)). Die für die gewünschte Tragfähigkeit erforderlichen restlichen Stahlrohrstützen (mit einfachen Halteköpfen) können später ergänzt werden (Bild 9.45 b) u. c)).

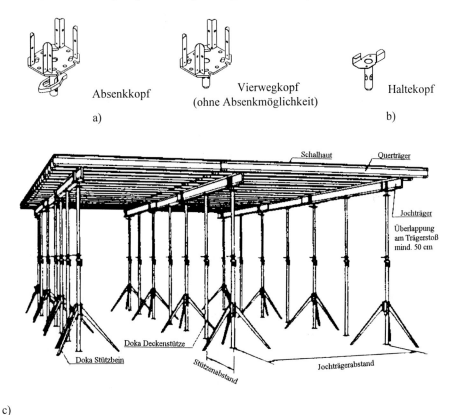

Absenkkopf

Vierwegkopf
(ohne Absenkmöglichkeit)

Haltekopf

a)

b)

c)

Bild 9.45 a), b) und **c)** Ausbildung von Deckenschalungsstützen (DOKA)

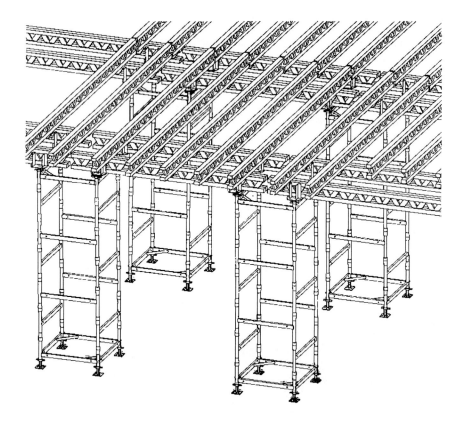

Bild 9.46 Beispiel von Trägerschalsystemen mit Lasttürmen für Decken (PERI)

Bei großen Deckenhöhen und hohen Betonierlasten nimmt der Anteil der Unterstützung an der Gesamt-Materialvorhaltung überproportional zu. Hier werden von den Schalungsherstellern verschiedene Lösungen mit Schwerlast- und Rahmenstützen oder konzentrierter Lastabtragung über Lasttürme (Bild 9.46) angeboten.

Als Schalhaut können praktisch alle Arten von Schalbrettern, -tafeln und -platten verwendet werden, wobei bei der Festlegung des Rastermaßes der Schalungsträger darauf zu achten ist, daß Belagstöße mittig auf den Trägern erfolgen. Kennzeichnend für die Trägerschalsysteme ist wie bei der Wandschalung ihre große Flexibilität, mit Anpassungsmöglichkeit an verschiedenste Belastungsanforderungen, optische Gestaltung und räumliche Situation.

Als Aufwandswerte für Ein- und Ausschalen können 0,4 bis 0,7 h/m² (Höhe bis 3,0 m, Deckendicke bis 0,20 cm) angesetzt werden. Bei rasterförmig angelegten Geschoßdecken mit gleichbleibenden Abschnittsgrößen ist daher wie bei der Wandschalung die Vormontage großflächiger, im Ganzen umsetzbarer Elemente sinnvoll. Eine Möglichkeit hierfür besteht durch kranumsetzbare Deckenschaltische.

DECKENSCHALTISCHE (Bild 9.47)

Die Unterstützungskonstruktion besteht entweder aus Gerüstrahmen (Lasttürme) oder in die Ebene des Tisches hochklappbaren Hochleistungsstützen (z. B. PERI Uniportal). Der Quer- und Längstransport auf der jeweiligen Geschoßebene erfolgt entweder durch an die Rüststützen anmontierte Räder (nach Abspindeln der Stützen beim Ausschalen) oder mit Transportwagen, auf die der Schaltisch abgesenkt wird (Bild 9.48).

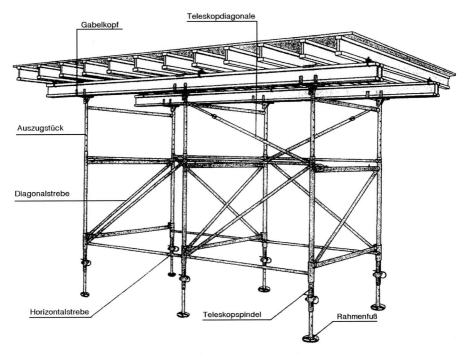

Bild 9.47 Beispiel eines Deckenschaltisches (DOKA)

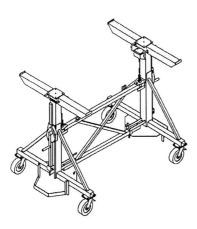

Bild 9.48
Beispiel eines Umsetzwagens (Fa. PERI);
max. Höhe 3,20 m (4,20 m mit Aufsatz);
min. Höhe 1,45 m

Zum Umsetzen in die nächste Geschoßebene wird der Deckenschaltisch zunächst zur Gebäudeaußenseite gefahren und dann entweder direkt am Krangehänge transportiert oder mit Hilfe einer Umsetzgabel (Bild 9.49) verhoben. Vorteilhaft ist in jedem Fall, wenn dabei zumindest in Transportgassen brüstungsfreie Öffnungen belassen werden, um unnötige Demontagen zu vermeiden (nicht bei hochklappbaren Stützen).

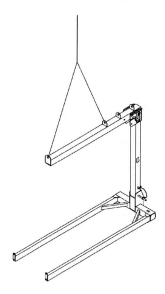

Bild 9.49
Beispiel einer Umsetzgabel (Fa. DOKA)
zum Umsetzen von Deckenschaltischen

Für Hochbauten mit gleichem Raster der Innenwände oder bei sehr hohen Decken (z. B. Hochregallager) kommt als Alternative zu Deckenschaltischen die

SCHUBLADENSCHALUNG

in Frage. Bei der Schubladenschalung sind Schaltische und Unterkonstruktion getrennt. Der Schaltisch wird auf Rollen, die sich auf der Unterkonstruktion befinden in das jeweilige Deckenfeld eingeschoben. Als Varianten kommen zum Einsatz:

– Wandkonsolen mit spindelbaren Rollenträgern. Die darunterliegende Decke bleibt belastungsfrei und steht außerdem als Arbeitsraum für Folgearbeiten sofort zur Verfügung (Bild 9.50).

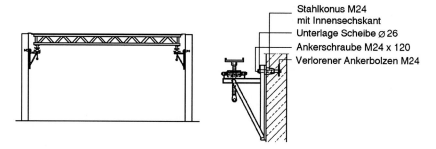

Bild 9.50 Beispiel einer Schubladenschalung mit Wandkonsolen (System Steidle)

– Randstützen, die an der Wand verankert werden, mit absenkbaren Stützenköpfen mit Rollen.

Die Aufwandswerte für Deckenschaltische und Schubladenschalung (Ein- und Ausschalen) können mit 0,35 bis 0,60 h/m² (ohne Erstmontage) angenommen werden [39].

PANEELSCHALUNGEN

Deckenschaltische und Schubladenschalungen sind kranabhängige Schalungen. Ähnlich wie bei den Wandschalungen fand auch bei den Deckenschalungen eine parallele Entwicklung mit kranunabhängigen, kleinflächigen Schalelementen zu

– Rahmentafelsystemschalungen (Modul- oder Paneelschalungen) statt.

Die Rahmentafeln aus Aluminium (Gewichtseinsparung!) mit vormontierter Schalhaut werden in Deckenträger eingelegt, die in Stahlrohrstützen mit Fallkopf oder speziellen Stützköpfen eingehängt sind (Bild 9.51).

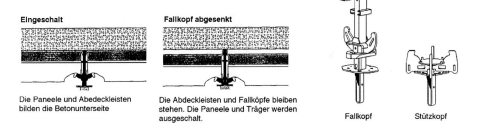

Eingeschalt

Die Paneele und Abdeckleisten bilden die Betonunterseite

Fallkopf abgesenkt

Die Abdeckleisten und Fallköpfe bleiben stehen. Die Paneele und Träger werden ausgeschalt.

Fallkopf   Stützkopf

Bild 9.51 Fallkopfsystem, ein- und ausgeschalt (Skydeck, Fa. PERI)

Ein typisches Anwendungsbeispiel

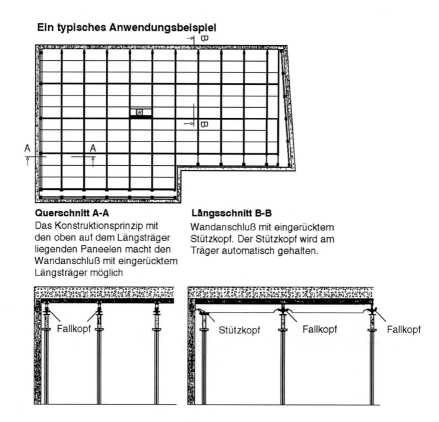

Querschnitt A-A
Das Konstruktionsprinzip mit
den oben auf dem Längsträger
liegenden Paneelen macht den
Wandanschluß mit eingerücktem
Längsträger möglich

Längsschnitt B-B
Wandanschluß mit eingerücktem
Stützkopf. Der Stützkopf wird am
Träger automatisch gehalten.

Bild 9.52 Beispiel eines Paneelsystems für Deckenschalung (Skydeck, Fa. PERI)

Ausgeschalt wird (Bild 9.52) durch das Absenken der Fallköpfe, wobei der Kopfkern kraftschlüssig an der Betonunterseite bleibt und nur die Träger und Paneele ausgehängt werden und für den nächsten Einsatz zur Verfügung stehen. Die Fallkopfstützen verbleiben als Hilfsunterstützung und ermöglichen dadurch kurze Ausschalfristen. Darin liegen auch (neben dem kranunabhängigen Betrieb und den geringen Stapel- und Transportkapazitäten) die Hauptvorteile dieser Systemschalungen, da kurze Ausschalfristen in Verbindung mit genauer Taktung mit geringeren verfügbaren Vorhaltemengen (mit Ausnahme der Hilfsunterstützung) gleichzusetzen sind. Nachteilig sind die Investitionskosten, die hier für eine rein bauteilbezogene Schalung anfallen und ggf. die Notwendigkeit geometrisch bedingter Anpassungsflächen (Rundungen etc.).

Als Aufwandswerte für Ein- und Ausschalen können 0,4 bis 0,7 h/m² angesetzt werden.

9.5.3.4 Balkenschalungen

Balkenschalungen (Unterzüge, Überzüge) sind niedrige, unterstützte (bei Unterzügen) Wandschalungen. Bei den Schalsystemen wird daher meist die Verbindung mit den eingesetzten Deckenschalsystemen unter Verwendung entsprechender Wandschalungselemente gesucht (Bild 9.53).

Aufwandswerte sind in Tabelle 9.13 angegeben.

Unterzugschalung für breite Unterzüge

Unterstützung: PERI Stapelturm ST 100
Jochträger: GT 24 (einfach o. doppelt)
Querträger: GT 24 o. VT 16

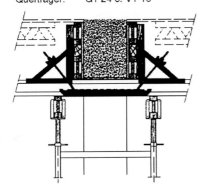

Unterzugschalung mit TRIO

Unterstützung: PERI Stapelturm ST 100
Jochträger: GT 24 (einfach o. doppelt)
Querträger: VT 16 o. Kantholz

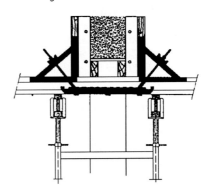

Unterzugschalung kombiniert mit FT-Decke

Unterstützung: Deckenstützen mit
                DS-Traverse 100
Jochträger: GT 24
Querträger: VT 16 o. Kantholz

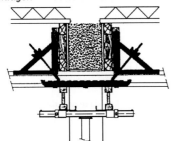

**Schalung für Randunterzug
kombiniert mit Deckenschalung**

Unterstützung: Deckenstützen mit
                DS-Traverse 100
Jochträger: GT 24 (einfach o. doppelt)
Querträger: VT 16 o. Kantholz

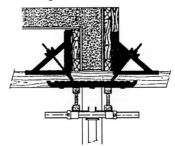

Bild 9.53 Beispiele für Unterzugschalungen (Fa. PERI)

Tabelle 9.13 Aufwandswerte für Balkenschalungen [39]

Unterzüge und Balken	h/m²
(Fläche > 0,15 m²)	
Konventionelle Schalung	1,70 bis 2,00
Systemschalung	0,90 bis 1,30
Zulage für Fläche 0,05 - 0,15 m²	0,10 bis 0,20
Zulage für Fläche < 0,05 m²	0,25 bis 0,55
Zulage für Sichtbeton	0,10 bis 0,30
Zulage für Vouten	0,40 bis 0,70
Zulage für einseitige Schalung	0,15 bis 0,30
Überzüge und Brüstungen	
(Höhe 0,50 bis 1,40 m)	
Konventionelle Schalung	1,10 bis 1,30
Systemschalung	0,70 bis 1,05
Zulage für Höhe bis 0,50 m	0,25 bis 0,45
Zulage für Sichtbeton	0,10 bis 0,30
Zulage für einseitige Schalung	0,15 bis 0,30

9.5.3.5 Raumschalungen

Raum- oder Tunnelschalungen ermöglichen die gleichzeitige Herstellung von Wänden und Decken mit einem Schalungssystem. Aufgrund des hohen Erstmontageaufwands kommt ihr Einsatz i. d. R. nur bei großen Einsatzzahlen in Betracht. Beim Ausschalen wird die Raumschalung über ein Ausschalspiel in der Deckenschalung und durch das Abspindeln der Wände gelöst. Bei wechselnden Raumbreiten werden 2 Halbtunnel eingeschalt und die Deckenschalung in der Mitte ergänzt. Diese „Paßstücke" eignen sich auch sehr gut für die Anbringung einer Hilfsunterstützung und damit zur Verkürzung der Ausschalfrist der Decke, die ansonsten bei weiter gespannten Bauteilen deutlich über der Ausschalfrist der gleichzeitig betonierten Wandteile liegen würde (ungünstige Vorhaltezeit der Wandschalungselemente).

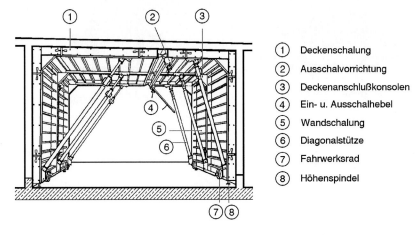

1. Deckenschalung
2. Ausschalvorrichtung
3. Deckenanschlußkonsolen
4. Ein- u. Ausschalhebel
5. Wandschalung
6. Diagonalstütze
7. Fahrwerksrad
8. Höhenspindel

Bild 9.54 Beispiel für eine Raumschalung nach [40]

9.5.3.6 Spezialschalungen

Für spezielle Anwendungen kommen Spezialschalungen zum Einsatz, die hier nur beispielhaft genannt werden sollen:

- Aufblasbare Schalungen für die Herstellung von Rohrquerschnitten von $\varnothing$ 25 cm bis 3,0 m und Abschnittslängen bis 30 m.
- Matritzenschalungen für stark gegliederte Decken.
- Aufbringen von Schalhautvliesen zur Verbesserung des w/z-Wertes an den Betonoberflächen bei nichtsaugender Schalhaut.
- Folienbeschichtete bzw. mit Streckmetall bezogene Baustahlmatten zum Einschalen von Bauteilen mit geringem Betondruck (Fundamente) und zur Herstellung von Aussparungen, Abstellungen und Hohlkörpern.
- „Schalung" mit Teilfertigteilen wie z. B. Filigrandecken oder vorgefertigten Wandelementen oder Schalungssteinen.

9.5.3.7 Bewegliche Schalungen

FAHRSCHALUNGEN

Sollen großflächige Wand-, Decken- oder Tunnelschalungen (aus Gewichtsgründen oder mangels Aufstellflächen) kranunbhängig umgesetzt werden, wird die Rüstung auf (z. B. schienengeführten) Rollen oder Wälzlagern montiert, die ein Umsetzen mit Greifzügen, Winden oder Fahrzeugen ermöglichen. Diese fahrbaren Schalungen werden häufig bei Linienbaustellen wie Stützmauern, Ortbetonkanälen oder Tunnelbauwerken eingesetzt (vergl. Bild 9.54).

KLETTERSCHALUNGEN

Kletterschalungen kommen bei hohen Wänden oder turmartigen Bauwerken (z. B. Kühltürme, Brückenpfeiler, Treppenhaus- und Aufzugskerne, Hochhäuser, Talsperren etc.) zum Einsatz, bei denen die Wandschalung nicht mehr (wirtschaftlich) auf einer stabilen Unterlage abgestützt werden kann, sondern in mehreren gleichen vertikalen Abschnitten hergestellt wird. Die Einzelelemente bestehen aus einem großflächigen Schalelement (Breiten bis ca. 5 m, Höhen bis ca. 5 m) und einer Stützkonstruktion (Klettereinrichtung), die die auftretenden Kräfte in den jeweils darunterliegenden, bereits erhärteten Wandabschnitt ableitet. Sie werden gleich mit den erforderlichen Arbeitsbühnen ausgestattet. Nach der Einsatzart und nach der Klettertechnik wird unterschieden zwischen:

- einhäuptiger Kletterschalung = Sperrenschalung (Entwicklung im Talsperrenbau),
- zweihäuptiger Kletterschalung,
- kranumsetzbarer Kletterschalung,
- kranunabhängiger, selbstkletternder Schalung mit Kletterautomaten,
- Abklappen und Ausrichten der Elemente mit Kippgelenk,
- Kletterfahrschalung mit horizontaler Verschiebbarkeit der Schalelemente (Arbeitsraum).

Wesentliches Befestigungselement ist der Kletterkonus, in den das Klettergerüst eingehängt wird. Dieser wird auf eine zuvor mit einem herausdrehbaren Vorlaufkonus hergestellte Ankerstelle geschraubt.

Die Taktzeiten von Kletterschalungen sind wie bei Wandschalungssystemen abhängig vom Umfang der Arbeiten (Schalen, Bewehren, Betonieren) und der Aushärtezeit des Betons (Ausschalfrist). Der systemabhängige Umsetzvorgang (Klettern) der Schalung selbst nimmt dabei bei den modernen Systemen nur einen sehr geringen Zeitanteil (Minuten) in Anspruch. Wesentlich erscheint hier nochmals der Hinweis auf die von der Schalungskonstruktion aufzunehmenden Windkräfte (überproportionale Zunahme mit steigender Gebäudehöhe), die eine genaue Kenntnis der erforderlichen Betonfestigkeit (Ankerstelle in zuletzt betoniertem Wandabschnitt) voraussetzen.

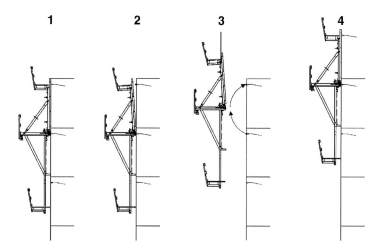

Phase 1:
der nächste Aufhängepunkt wird als Vorlaufanker eingebaut.

Phase 2:
Ausschalen des Elementes durch Öffnen des Keilriegels und Abspindeln mit der Spindelstütze. Austauschen der Vorlaufkonen gegen Kletterkonen.

Phase 3:
Anheben und Umsetzen mit dem Kran in den neuen Betonierabschnitt.

Phase 4:
Einspindeln des Elementes in die gewünschte Lage und Fixieren des Keilriegels. Einsetzen der Vorlaufanker und Betonieren

Bild 9.55 Beispiel einer einhäuptigen Sperrenschalung mit Kippgelenk. Anpassbar an Neigungsänderungen und Gewölbeformen (über Spindelstütze bzw. Keilriegel). Umsetzen mit Kran. (System DOKA)

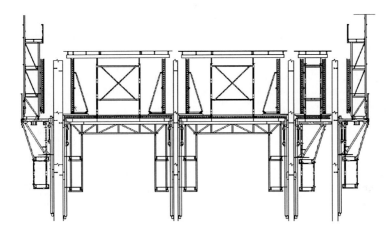

Bild 9.56 Konstruktionsbeispiel für den Einsatz von selbstkletternden (kranunabhängigen) Kletterschalungen, fahrbar, im Hochhausbau (System PERI)

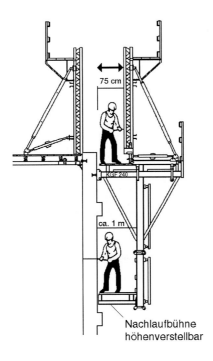

Bild 9.57 Beispiel einer Kletterschalung mit horizontaler Verschiebbarkeit der Schalelemente (fahrbar), System PERI.

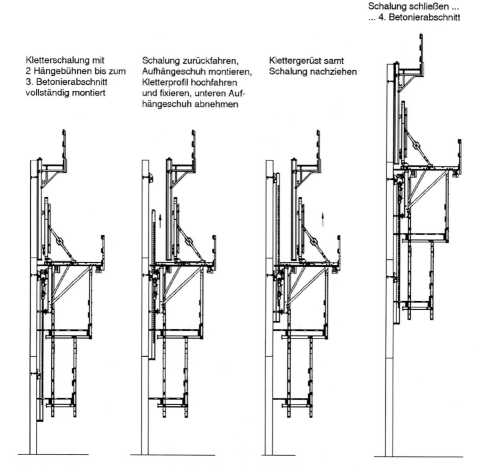

Vor dem Klettern werden an den vorlaufenden Ankerstellen die DOKA-Kletterschuhe montiert. Der Kletterautomat selbst besteht aus zwei ineinander verschieblichen Rahmen, die jeweils abwechselnd an den Kletterschuhen zu verankern sind. Der Verschiebevorgang zwischen den Rahmen und damit das automatische Hochklettern der Schalung erfolgt über ein hydromechanisches Hubsystem.

Nach Erreichen der Betonierhöhe wird mit wenigen Handgriffen die serienmäßige DOKA-Kletterschalung F für den nächsten Betoniervorgang eingerichtet.

Bild 9.58 Beispiel für den Arbeitsablauf beim Umsetzen einer selbstkletternden Schalung (System DOKA)

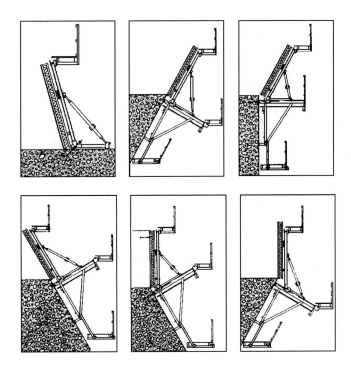

Bild 9.59 Beispiel für den Einsatz einer Sperrenschalung bei unterschiedlicher Wandneigung (System PERI)

GLEITSCHALUNG

Gleitschalungen werden wie Kletterschalungen für hohe Bauwerke eingesetzt. Im Gegensatz zur Kletterschalung wird aber bei der Gleitschalung nicht abschnittsweise gearbeitet, sondern der gesamte Bauwerks- oder Bauteilgrundriß (z. B. Treppenhauskern) eingeschalt und kontinuierlich und fugenlos in „Fließfertigung" bis zur endgültigen Höhe erstellt. Der eigentliche Schalbereich des Betons hat dabei in der Regel nur eine Höhe von 1,20 m bis 1,30 m, d. h. der oben in die Schalung eingefüllte Frischbeton verläßt die (an ihm hochgleitende) Schalung bereits nach 5 bis 6 Stunden, bei einer Steiggeschwindigkeit von 20 bis 25 cm pro Stunde und muß dann die für den Bauzustand erforderliche Festigkeit aufweisen. Damit wird klar, daß beim Einsatz einer Gleitschalung der funktionelle Zusammenhang zwischen

- Schalungshöhe der Gleitschalung,
- Hub- oder Gleitgeschwindigkeit,
- Betoneigenschaften,

eine wesentliche Rolle spielt. Die Gleitgeschwindigkeit darf einerseits nicht zu gering sein (> 15 cm/h), da sonst der Beton in der Schalung zu weit erhärtet, was zu Schwierigkeiten bei der Nachbearbeitung, zu Lotabweichungen und eventuell zu Zugrissen durch erhöhte Reibung führt. Auf der anderen Seite darf eine zu hohe Steiggeschwindigkeit nicht die Standfestigkeit gefährden. Alle übrigen „Betriebe" wie Verlegen der Bewehrung, Einbau von Aussparungen, Betoneinbau, Betrieb der Gleitschalung, Krankapazität etc. müssen an diese Vorgaben in der Kapazitätsplanung angepaßt werden.

Der Gleitvorgang kann i. d. R. nicht unterbrochen werden und wird daher im Schichtbetrieb durchgeführt (Tag und Nacht, incl. Sonn- und Feiertage falls erforderlich). Falls dennoch eine Unterbrechung erfolgen muß, wird die Gleitschalung nach oben „frei gefahren", d. h. vom Beton gelöst und später wieder neu angesetzt. Geschieht dies häufiger, ist neben dem Wirtschaftlichkeitsverlust auch mit Qualitätseinbußen zu rechnen.

• Konstruktion: (Bild 9.60) Die Schalhaut der Gleitschalung besteht aus stehenden gehobelten Brettern, kunststoffbeschichteten Schalplatten oder Stahlblech (Überlappungsmöglichkeit bei konischen Querschnitten). Als Schalungsträger werden häufig horizontal liegende Rahmenhölzer verwendet, die mit den Gerüstjochen verbunden werden. Die Schalhaut muß einen „Anzug" nach oben von ca. 4 bis 7 mm aufweisen, um die Reibung zu verrringern.

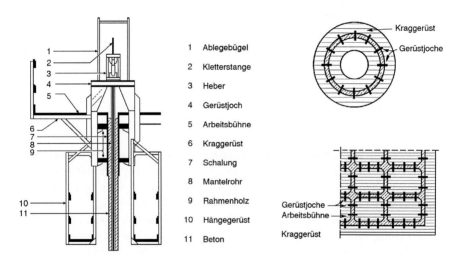

Bild 9.60 Aufbau einer Gleitschalung und Beispiele für die Anordnung von Gerüstjochen im Bauteilgrundriß nach [41]

Die Gerüstjoche (Abstand ca. 1,50 bis 2,0 m, je nach Grundrißgeometrie) übernehmen den Schalungsdruck der ankerfreien Schalung. Auf den Gerüstjochen werden die Schalungsheber montiert. Die Schalungsheber verfügen über Klemmköpfe (oder -scheiben) und einen hydraulisch betätigten Hubzylinder. Durch die Schalungsheber (und das Gerüstjoch) werden die Kletterstangen geführt, an denen die Gleitschalung – durch wiederholtes Heben und Klemmen – gehoben wird. (Bild 9.61).

Die Kletterstangen (26 bis 28 cm Durchmesser, Längen von 2 bis 4 m) stehen auf der Bodenplatte auf und werden während des Gleitvorganges über Innengewinde aufgestockt. Um ein Einbetonieren zu verhindern, werden die Kletterstangen innerhalb der Schalung in einem Mantelrohr geführt. Beim Austritt aus dem Mantelrohr legen sich die Kletterstangen s-förmig an den durch das Mantelrohr hergestellten Betonhohlraum an. Damit ist eine ausreichende Sicherheit gegen Ausknicken gegeben. Dies gilt allerdings nicht bei größeren Aussparungen. Hier muß zusätzlich eine Aussteifung der Stangen vorgesehen werden.

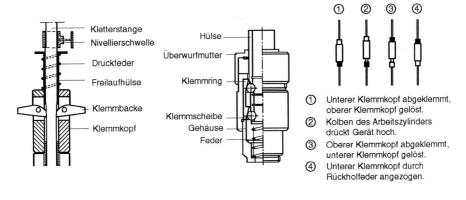

Bild 9.61 Klemmköpfe von Hubeinrichtungen
        links: Klemmbacken (System Hochtief)
        Mitte.   Klemmscheiben nach nach [42]
        rechts: Arbeitsweise eines Klettergerätes nach nach [42]

Die Konstruktion wird ergänzt durch die Arbeitsbühnen (untere u. ggf. obere Bühne für Stahllagerung), Hängegerüste für Nacharbeiten und die räumliche Schalungsaussteifung, mit der die gesamte Gleitschalung zu einem räumlichen Tragwerk („Scheibe" mit 1,20 m Dicke) zusammengefaßt wird.

Beim Einbau der Bewehrung ist darauf zu achten, daß die vertikalen Bewehrungsstäbe nicht zu große Längen aufweisen (Haltemöglichkeit begrenzt) und die Stöße versetzt sind, um ein kontinuierliches Arbeiten zu ermöglichen. Die horizontalen Verteiler müssen unterhalb der Gerüstjoche eingebunden werden. Da die Arbeiten nicht unterbrochen werden können, ist eine ausreichende Personalkapazität unabdingbar. Zur Sicherstellung der Betonüberdeckung werden auf der Schalung kurze Stahlstäbe in entsprechender Stärke angebracht, die die Bewehrung beim „Hineingleiten" in die Schalung auf Abstand halten.

Aussparungen etc. werden in die Bewehrung eingebunden oder verschweißt. Die Aussparungkörper sollen dabei mindestens 1 cm schmaler sein als die Wandstärke, damit die Aussparungskörper nicht durch den Gleitvorgang mitgezogen werden.

9.5.3.8 Rüstungen, Arbeits- und Schutzgerüste

Die beschriebenen Schalverfahren und Schalungssysteme erfordern für ihre Unterstützung i. d. R. Rüstungen bzw. bei weitgespannten Bauteilen Lehrgerüste (Brükken) und Arbeits- und Schutzgerüste für die Ausführung. Auf eine eingehende Darstellung wird hier verzichtet. Hingewiesen sei aber auf die einschlägigen Normen DIN 4421 für Traggerüste und DIN 4420 für Arbeits- und Schutzgerüste.

9.6 Bewehrung

Im Verbundwerkstoff Stahlbeton übernimmt die Bewehrung die Aufgabe, die aus der Belastung resultierenden Zugkräfte und – bei Überschreitung der Betondruckfestigkeit – Druckkräfte, aufzunehmen. Der jeweilige erforderliche Stahlquerschnitt, seine Aufteilung in die einzelnen Bewehrungsstäbe und die Lage der Bewehrung im Bauteil wird vom Tragwerksplaner im Bewehrungsplan festgelegt. Daraus ergibt sich für jedes Bauteil ein Bewehrungskörper, der auf der Baustelle hergestellt oder als vorgefertigter Bewehrungskorb in der vorgegebenen Lage eingebaut wird. Die Eigenschaften des Betonstahls, Abmessungen, Festigkeiten, zulässige Spannungen, Prüfungen, Bewehrungsführung und -konstruktion sind DIN 488 (Betonstahl), DIN 4227 (Spannbeton) und DIN 4099 (Schweißen von Betonstahl) und entsprechenden Zulassungsbescheiden zu entnehmen.

NICHT VORGESPANNTE („SCHLAFFE") BEWEHRUNG

Die Bewehrung muß allseitig im Beton eingebunden sein, um einerseits den Verbund zur Kräfteübertragung zu gewährleisten und andererseits den Korrosionsschutz durch den Beton sicherzustellen. Die erforderliche minimale Betonüberdeckung ist abhängig von der Art der Herstellung (Ortbeton/Fertigteil), dem verwendeten Beton, dem Stabdurchmesser der Bewehrung und der Tragwerkskonstruktion. Die geforderten Werte werden für Normalbeton nach DIN 1045 und für Leichtbeton nach DIN 4219 ermittelt.

Um die Betonüberdeckung nach außen und den Abstand der einzelnen Bewehrungslagen untereinander zu sichern, werden Abstandhalter eingebaut. Konstruktive Empfehlungen für Abstand und Anzahl bzw. Lage von Abstandhaltern sind in Bild 9.62 zusammengestellt.

Erforderliche Bewehrung und Abstandhalter bilden zusammen einen formstabilen Bewehrungskorb, der während des Betoniervorgangs nicht verschoben oder verdrückt werden darf. Die Bewehrungsstäbe (und Abstandhalter) werden daher untereinander mit Drahtmaschen in manueller Arbeit verknüpft oder verschweißt (Teilvorfertigung in Form von Baustahlmatten oder Bewehrungsteppichen).

Betonstahl wird heute i. d. R. in weitgehend automatisierten Biegereibetrieben geschnitten und gebogen und einbaufertig nach Positionen geordnet auf die Baustelle geliefert. Für die Disposition der Baustelle sind u. a. folgende Gesichtspunkte wesentlich:

- Abstimmung der Paketgewichte (Positionsbündel) auf die vorhandenen Hebegeräte,

- Positionsweise, saubere und kranorientierte Lagerung des Baustahles,

- genaue Arbeitsvorbereitung unter Beachtung der erforderlichen Planvorlauf- und Fertigungszeiten im Biegebetrieb
  (Erfahrungswerte für Fertigungszeiten:
  min. Vorlaufzeit für Stabstahl   = 2 Wochen
  min. Vorlaufzeit für Baustahlmatten   = 4 Wochen),

- Taktplanung für den Einsatz der Bewehrungskolonnen. Die Bewehrungsarbeiten werden heute zumeist von spezialisierten Unternehmen, häufig auch von den Biegebetrieben selbst, in Akkordarbeit ausgeführt. Baustellenbedingte Unterbrechungen führen daher meist zu erheblichen Dispositionsschwierigkeiten bei diesen Unternehmen (Einsatz auf anderen Baustellen). Falls daher die Bewehrungsarbeiten als Aussetzerbetrieb organisiert werden müssen, ist hierfür eine langfristige Vorplanung und Disposition unerläßlich, um die Folgearbeiten nicht zu stören.

- Vorfertigung der Bewehrung. Neben den bereits angesprochenen Dispositionsschwierigkeiten wirken sich die Bewehrungsarbeiten bei konventioneller Arbeitsweise eindeutig verlängernd bezüglich der Bauzeit und der Vorhaltedauer für die Schalung aus. Hier kann die Vorfertigung von Bewehrungsteilen (werkseitig oder vor Ort), wie sie z. B. im Spezialtiefbaubereich üblich ist (Pfahlkörbe, Schlitzwandbewehrung), zu einer spürbaren Entzerrung des Baubetriebs auch im Bereich der erforderlichen Hebegerätzeiten beitragen.

Ein wesentlicher Gesichtspunkt im modernen Stahlbetonbau ist die Abstimmung zwischen der Bewehrungsführung und den eingesetzten Schalsystemen. Bauwerke können nie in einem Stück erstellt werden, so daß zwangsläufig zwischen den Bauteilen Bewehrungsverbindungen in Form von Anschlußbewehrungen, Bewehrungsstößen etc. erforderlich sind. Auf der anderen Seite ist ein wirtschaftliches Arbeiten mit Schalsystemen wie Großflächenschalungen, Rahmentafelschalungen oder Gleit- und Kletterschalungen nur möglich, wenn Bewehrungsdurchdringungen, -auskragungen etc. auf ein Mindestmaß beschränkt sind. Hier ist eine möglichst frühzeitige Abstimmung zwischen Planung und Ausführung zwingend erforderlich. Der Einsatz von

- vorgefertigten Anschlußbewehrungen,

- Schraubstößen und

- Fließpreßmuffenstößen

ermöglicht hier neben konventionellen Detaillösungen in der Bewehrungsführung eine wirtschaftliche Arbeitsweise bei technischer Gleichwertigkeit. Das gleiche gilt selbstverständlich für die konsequente Planung von Rüttelgassen und ggf. seitlichen Einfüllöffnungen (bei hohen Wänden).

Betondeckung (Nennmaß)
c (cm)
gemäß Bewehrungszeichnung

Punktförmige Abstandhalter:

z. B. Klötzchen
Stehbügel
U-Haken
S-Haken

Linienförmige Abstandhalter:

z. B. Unterstützungskorb

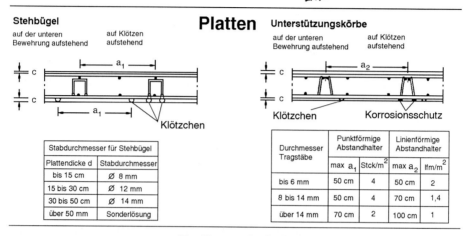

Stehbügel

auf der unteren Bewehrung aufstehend

auf Klötzen aufstehend

Platten

Unterstützungskörbe

auf der unteren Bewehrung aufstehend

auf Klötzen aufstehend

Klötzchen

Klötzchen   Korrosionsschutz

Stabdurchmesser für Stehbügel	
Plattendicke d	Stabdurchmesser
bis 15 cm	Ø 8 mm
15 bis 30 cm	Ø 12 mm
30 bis 50 cm	Ø 14 mm
über 50 mm	Sonderlösung

Durchmesser Tragstäbe	Punktförmige Abstandhalter		Linienförmige Abstandhalter	
	max a_1	Stck/m^2	max a_2	lfm/m^2
bis 6 mm	50 cm	4	50 cm	2
8 bis 14 mm	50 cm	4	70 cm	1,4
über 14 mm	70 cm	2	100 cm	1

Balken, Stützen

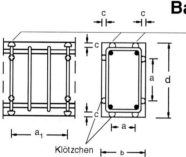

Klötzchen
bei Stützen

Klötzchen in Längsrichtung	
Ø Längsstäbe	max a_1
bis 10 mm	50 cm
12 bis 20 mm	100 cm
über 20 mm	125 cm

Klötzchen in Querrichtung	
b bzw. d	Anzahl
bis 100 cm	2 Klötzchen
über 100 cm	3 u. mehr Klötzchen max. a = 75 cm

Wände

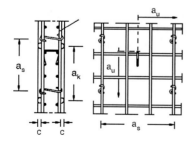

Durchmesser Tragstäbe	Klötzchen		S-Haken (nur erforderlich bei c < 2 Ø)		U-Haken	
	max a_k	Stück je qm Wand	max a_s	Stück je qm Wand	max a_u	Stück je qm Wand
bis 8 mm	70 cm	4	---	---	100 cm	1
10 bis 14 mm	100 cm	2	---	---		
über 14 cm	100 cm	2	50 cm	4		

Bild 9.62 Richtwerte für Anzahl und Anordnung von Abstandhaltern; „Merkblatt: Betondeckung" des Deutschen Betonvereins u. a. 1982 [41]

VORGESPANNTE BEWEHRUNG

Neben dem Stahlbetonbrückenbau [44] kommt auch im Hoch- und Ingenieurbau bei wasserundurchlässigen fugenlosen Bauteilen mit großen Abmessungen (Klärwerksbauteilen) oder bei weitgespannten Decken *Vorspannbewehrung* zum Einsatz. Dabei werden meist vormontierte Spannglieder für nachträglichen Verbund oder Hüllrohre eingebaut, in die die Spannlitzen nach dem Betonieren des Bauteils „eingeschossen" werden. An den Enden der Spannglieder wird i. d. R. jeweils ein Festanker bzw. ein Spannanker, über die die Spannlitzen vorgespannt (gezogen) werden können, angeordnet. Die Spannglieder (oder Hüllrohre) werden in den „schlaffen" Bewehrungskorb eingebunden. Dabei ist die vorgegebene Lage der Spannglieder exakt zu sichern. Dies gilt insbesondere für noch nicht mit Spannstahl belegte Hüllrohre, die beim Betonieren aufschwimmen können. Das Vorspannen selbst erfolgt, in einer oder mehreren Stufen, durch einen Fachingenieur entsprechend der Spannanweisung des Tragwerksplaners. Der eingebaute Spannstahl muß lückenlos mit Produktnachweisen dokumentiert sein.

Spannstahl ist auf der Baustelle mit besonderer Akribie zu behandeln. Keinesfalls darf der „blank" angelieferte Spannstahl anrosten (auch kein Flugrost). Während beim Schlaffstahl durch geringen Flugrost i. d. R. keine relevante Querschnittsschwächung erfolgt (ein Weiterrosten wird durch die Einbindung im Beton bekanntlich verhindert), führen die von den Roststellen ausgehenden Kerbspannungen bei den im vorgespannten Zustand hochbelasteten Spannstählen zu vorzeitigem Versagen.

Besonderes Augenmerk ist auf die Herstellung vorgespannter Bauteile bei niedrigen Außentemperaturen zu richten. Einerseits erfordert die Festigkeitsentwicklung des Betons die Fertigstellung der Spannglieder, das Aufbringen der Vorspannung und in einem festgelegten Zeitrahmen das Verpressen der Spannglieder, um den Verbund und den Korrosionsschutz (Umhüllung des Stahls mit Verpreßmörtel) herzustellen. Auf der anderen Seite kann der Verpreßmörtel nur eingebracht werden, wenn die Bauteiltemperaturen dies gestatten. Hier hat die Baustelle in Absprache mit dem Spanningenieur und dem Tragwerksplaner rechtzeitig Vorkehrungen bezüglich einer Bauteilbeheizung oder alternativ eines Korrosionsschutzes der Spannglieder durch Stickstofffüllung (Sauerstoffverdrängung verhindert Rostbildung) oder Luftspülung (Trockenhaltung verhindert Rostbildung) der Spannkanäle zu treffen.

Auf die Verarbeitungsrichtlinien und Regelungen der DIN 4227 (Spannbeton) sei hier besonders hingewiesen.

Anhang

Tabellen

Zu Kapitel 5:

Tabelle 5.8 Bodenklassen und Auflockerungsfaktor f_A.
Die Zahlenangaben sind mittlere Richtwerte. Neben der Korngröße und -verteilung ist der Wassergehalt der Böden von Einfluß auf den Auflockerungsfaktor. Genaue Werte sind jeweils durch Versuche zu ermitteln.

Bodenklassen nach DIN 18300 Klassifizierung nach Lösbarkeit (in Klammern Beispiele)	Lagerung	Lagerungs-dichte in t/m³	Auflok-kerung Faktor f_A
1 Oberboden (Mutterboden) Oberste Schicht des Bodens, die neben anorganischen Stoffen, z. B. Kies-, Sand-, Schluff- und Tongemischen, auch Humus und Bodenlebewesen enthält. (Oberboden wird wegen der besonderen Behandlung getrennt aufgeführt)	locker mitteldicht dicht	0,95 1,13 1,37	1,00 0,84 0,69
2 Fließende Bodenarten Bodenarten, die von flüssiger bis breiiger Beschaffenheit sind und die das Wasser schwer abgeben.			
3 Leicht lösbare Bodenarten Nichtbindige bis schwachbindige Sande, Kiese und Sand-Kies-Gemische mit bis zu 15 % Beimengungen an Schluff und Ton (Korngröße kleiner als 0,06 mm) und mit höchstens 30 % Steinen von über 63 mm Korngröße bis zu 0,01 m³ Rauminhalt*) (z. B. Grobkies, Geröll, Gesteinsschotter)	locker mitteldicht dicht	1,51 1,72 1,86	1,00 0,88 0,81
Organische Bodenarten mit geringem Wassergehalt (z. B. feste Torfe, Schluffe und Tone mit organischen Beimengungen , Mudden, weich, schnittfest wie z. B. Seekreide, Kleie Faulschlamm)	locker mitteldicht dicht	0,95 1,13 1,37	1,00 0,84 0,69
4 Mittelschwer lösbare Bodenarten Gemische von Sand, Kies, Schluff und Ton mit mehr als 15 % der Korngröße kleiner als 0,06 mm. (wie z. B. Auelehm, Geschiebelehm, Geschiebemergel mit < 30 Gew.% Steinen 63/100 mm Ø)	locker mitteldicht dicht	1,34 1,70 1,92	1,00 0,79 0,70
Bindige Bodenarten von leichter bis mittlerer Plastizität, die je nach Wassergehalt weich bis halbfest sind und die höchstens 30 % Steine von über 63 mm Korngröße bis zu 0,01 m³ Rauminhalt*) enthalten (z. B. Hochflutlehm, Seeton, Geschiebemergel, Bänderton, Lößlehm, Keupermergel)	locker mitteldicht dicht	1,47 1,75 1,84	1,00 0,84 0,80
5 Schwer lösbare Bodenarten Bodenarten nach den Klassen 3 und 4, jedoch mit mehr als 30 % Steinen von über 63 mm Korngröße bis zu 0,01 m³ Rauminhalt*). Nichtbindige und bindige Bodenarten mit höchstens 30 % Steinen von über 0,01 m³ bis 0,1 m³ Rauminhalt*) (z. B. Moränegeschiebe, Felsgerölle)	locker mitteldicht dicht	1,45 1,73 2,11	1,00 0,84 0,69
Ausgeprägt plastische Tone, die je nach Wassergehalt weich bis halbfest sind (z. B. steife und zähe Schluffe und Tone)	locker mitteldicht dicht	1,66 1,87 2,02	1,00 0,89 0,82

Tabelle 5.8 Fortsetzung

6 Leicht lösbarer Fels und vergleichbare Bodenarten Felsarten, die einen inneren, mineralisch gebundenen Zusammenhalt haben, jedoch stark klüftig, brüchig, bröckelig, schiefrig, weich oder verwittert sind, sowie vergleichbare feste oder verfestigte bindige oder nichtbindige Bodenarten (z. B. durch Austrocknung, Gefrieren, chemische Bindungen) (z. B. Tone sehr hoher Trockenfestigkeit, stark mit Steinen durchsetzt)	locker dicht	1,55 2,60	1,00 0,60
Nichtbindige und bindige Bodenarten mit mehr als 30 % Steinen von über 0,01 m³ bis 0,1 m³ Rauminhalt*) (z. B. gesprengter oder gerissener Fels)	locker dicht	1,70 2,26	1,00 0,75
7 Schwer lösbarer Fels Felsarten, die einen inneren, mineralisch gebundenen Zusammenhalt und hohe Gefügefestigkeit haben und die nur wenig klüftig oder verwittert sind.			
Festgelagerter, unverwitterter Tonschiefer, Nagelfluhschichten, Schlackenhalden der Hüttenwerke und dgl. Steine von über 0,1 m³ Rauminhalt*)		$\geq 2,26$	0,75 - 0,5
*) 0,01 m³ Rauminhalt entspricht einer Kugel mit ca. 30 cm Durchmesser, 0,1 m³ Rauminhalt einer mit ca. 60 cm Durchmesser.			

Tabelle 5.9 Füllungsfaktor f_F für Erdbaugeräte

Bodenklasse nach DIN 18300 und Bodenarten nach DIN 18196	Hydr. Bagger	Seilbagger			Radlager			Planier-raupe	Scrap-per	Transportfahrzeuge		
		trok-ken	erd-feucht	naß[5]	trok-ken	erd-feucht	naß[5]			trok-ken	erd-feucht	naß[5]
1 Oberboden Mutterboden	1,20	1,00	1,10	1,07	0,90	1,00	1,00	1,00	1,20	1,00	1,10	1,10
3 Leicht lösbare Bodenarten Sand, Kiessand (nicht bindig)	1,13	0,90	1,05	1,18	0,73	0,86	0,86	1,00	0,85 - 0,95	0,92	1,08	1,10
Kies, Schotter (nicht bindig)	1,13	0,90	0,90	0,90	0,77	0,87	0,87	1,00	–	0,95	1,05	1,03
Sand, Kies (schwach bindig)	1,13	0,97	1,05	1,15	0,91	0,97	0,95	1,00	0,85 - 0,95	0,98	1,12	1,10
Torf, Mudden (schnittfest)		1,15	1,05	0,85					–	–	–	–
4 Mittelschwer lösbare Boden-arten Sand-Kies-Gemisch (bindig) mit kleinen Steinen[1]	1,20	0,86	1,05	1,24	0,90	0,98	1,02	0,95	1,20 - 1,40	1,02	1,12	1,10
Mergel, Schutt, lehm- u. tonhaltige Böden mit kleinen Steinen[1]	1,20	–	0,82	0,78	–	0,93	0,99	0,95	1,20 - 1,40	–	1,08	1,05
5 Schwer lösbare Bodenarten Gesteinsschotter, Geröll[2]	1,15	0,78	0,78	0,78	0,87	0,87	–	0,85	–	0,89	1,00	1,00
fest zusammen-hängende Böden mit Geröll und großen Steinen[3]	1,15	0,55	0,55	0,55	–	0,89	0,89	0,85	1,15 - 1,25	1,00	1,05	1,02
6 Leicht lösbarer Fels und vergleichbare Bodenarten Gesprengter oder gerissener fein-stückiger Fels[4]	0,95	0,55	0,55	0,55	0,80	0,80	0,80	0,80	–	1,00	1,06	1,06
grobstückiger Fels[4]	0,92	–	–	–	0,72	0,72	0,72	0,60	–	0,95	0,95	0,95

[1] höchstens 30 Gew.% Steine bis 0,01 m^3 nach DIN 18300
[2] mehr als 30 Gew.% Steine bis 0,01 m^3 nach DIN 18300
[3] höchstens 30 Gew.% Steine zwischen 0,01 und 0,1 m^3 nach DIN 18300
[4] Steine mit mehr als 0,1 m^3 nach DIN 18300 (0,01 m^3 entspricht etwa 25 cm, 0,1 m^3 ca. 50 cm Kantenlänge)
[5] Feuchtigkeit: trocken = 0 bis 5%, erdfeucht = 5 bis 10%, naß = 10 bis 15%

Quellennachweis

Zu Kapitel 1:

[1]   KLR Bau 1979, herausgegeben vom Hauptverband der Deutschen Bauindustrie und vom Zentralverband des Deutschen Baugewerbes

[2]   Baukontenrahmen: herausgegeben vom Hauptverband der Deutschen Bauindustrie und vom Zentralverband des Deutschen Baugewerbes. Er entspricht dem Bilanzrichtliniengesetz und dem HGB.

Zu Kapitel 2:

[3]   Opitz: Selbstkostenermittlung für Bauarbeiten, Werner-Verlag, Düsseldorf

[4]   Hauptverband der Deutschen Bauindustrie e.V. und Zentralverband des Deutschen Baugewerbes e.V.: Kosten- und Leistungsrechnung der Bauunternehmen – KLR Bau Bauverlag GmbH Wiesbaden u. Berlin Verlagsgesellschaft Rudolf Müller, Köln Werner-Verlag, Düsseldorf

Zu Kapitel 3 und 4:

[5]   Dressel G. – Arbeitstechnische Merkblätter 3. Auflage

[6]   Bauorg 1994 Abschnitt V

[7]   Müller Klaus – Management für Ingeniere 1994

[8]   ACOS PLUS 1– Handbuch 1995

[9]   Schub/Meyran – Praxis-Kompendium Baubetrieb Band 1 Teil D

[10] Drees/Spranz – Handbuch der Arbeitsvorbereitung in Bauunternehmen 1976

[11] Drees/Reiff – Die Baustelleneinrichtung 1971

[12] Fleischmann – Bauorganisation 1993

[13] Gehri – Computergestützte Baustellenführung 1992

[14] Talaj – Operatives Controlling 1993

[15] Schmidt – Technische Nachkalkulation in Bauunternehmen 1976

[16] B.A.S. – JfA-Verlag 1968

[17] Drees – Arbeitsvorbereitung und Steuerung von Baustellen 1972

Zu Kapitel 5:

[18] Baubetrieb, Hermann Bauer, 2. Auflage, Springer Verlag

[19] Hoffmann/Kremer, Zahlentafeln für den Baubetrieb, 4. Auflage, Verlag B. G. Teubner, Stuttgart 1996

[20] G. Meyer, Handbuch der Ing. Wissenschaften, 1.Band, 2.Abs., III. Kap., Leipzig 1897

[21] G. Kühn, Der maschinelle Tiefbau, Verlag B. G. Teubner, Stuttgart 1992

[22] Der maschinelle Erdbau, G. Kühn, Stuttgart 1984

[23] BGL, Baugeräteliste 1991

[24] G. Dressel, Arbeitstechnische Merkblätter für den Baubetrieb, Stuttgart

[25] Handbuch BML, Hrsg. Bundesausschuß Leistungslohn Bau, Fachgruppe Erdbau. Frankfurt Zeittechnik-Verlag, 1983

[26] Horst König, Maschinen im Baubetrieb, Bauverlag 1996.

Zu Kapitel 6, 7 und 8:

[27] Betonkalender 1994, Teil II, Abschnitt D Grundbau; P. Arz, Dr. H. G. Schmidt, J. Seitz, Dr. S. Semprich

[28] Voth, Tiefbaupraxis Band 1 und 2, Bau Verlag 1977

[29] Grundbautaschenbuch Teil I,II,III; 4. Auflage, Berlin Verlag Ernst & Sohn, 1992, (Herausgeber und Schriftleiter U. Smoltczyk)

[30] Handbuch des Baugrund- und Tiefbaurechts; Englert, Grauvogl, Maurer; 1. Auflage 1993; Werner Verlag

[31] Fachstufen Bau, Hochbau; 6. Auflage, Verlag Handwerk und Technik G.m.b.H.

[32] Baldauf, H. u. Timm; Betonkonstruktionen im Tiefbau; Ernst & Sohn, Berlin 1988

[33] Hoffmann, Kremer; Zahlentafeln für den Baubetrieb, 4. Auflage; B. G. Teubner Verlag; Stuttgart 1996

[34] Prospektunterlagen Fa. Bauer, Schrobenhausen

[35] Herth, Arndts; Theorie und Praxis der Grundwasserabsenkung; Verlag Ernst & Sohn, Berlin 1985

Zu Kapitel 9:

[36] Müller, H.; Rationalisierung des Stahlbetonhochbaues durch neue Schalverfahren und deren Optimierung beim Entwurf. Dissertation Karlsruhe 1972

[37] Bundesminister für Raumordnung, Bauwesen und Städtebau (Hg); Querschnittsbericht: Arbeitstechnik im Wohnungsbau; Teilbericht Schalarbeiten. Schriftenreihe Bau- und Wohnforschung Nr. 04.020; Bonn, 1976

[38] Schmitt, O. M.: Einführung in die Schaltechnik des Betonbaues. Werner Verlag, Düsseldorf 1981

[39] Hoffmann/Kremer, Zahlentafeln für den Baubetrieb, 4. Auflage; B. G. Teubner Verlag; Stuttgart 1996

[40] Bautechnik, Fachkunde Bau; Verlag Europa-Lehrmittel, Haan-Gruiten

[41] Simons/Kolbe; Verfahrenstechnik im Ortbetonbau; Teubner Verlag Stuttgart

[42] Ahnert, R.; Schennen, B.; Grundlagen der Gleitbauweise, Berlin, 1971

[43] Bauer, Hermann; Baubetrieb, 2. Auflage; Springer Verlag, Berlin, Heidelberg, New York, 1994

[44] Weidemann; Brückenbau; Werner-Verlag, Düsseldorf 1982

[45] Wacker Werke GmbH & Co. KG; Grundlagen der Betonverdichtung, München 1995

[46] König, Horst; Maschinen im Baubetrieb; Bauverlag GmbH, Wiesbaden und Berlin 1996

Massivbau

Bemessung im Stahlbetonbau

von Peter Bindseil

1996. XVI, 513 S. mit 291 Abb. u. 22 Tab.
(Viewegs Fachbücher der Technik) Br. DM 52,00
ISBN 3-528-08813-3

Aus dem Inhalt:
Grundlagen und Bemessung von Tragwerken (Grundlagen des Stahlbetons) - Sicherheitskonzept - Bemessungsschnittgrößen - Bemessung bei überwiegender Biegung und Längskraft - Bemessung bei Querkraft - Bemessung von Plattenbalken - Schubmessung und Bewehrung - Momentenumlagerung - Berechnungs- und Konstruktionsbeispiele - Nachweis der Gebrauchstauglichkeit) Stabilität von Bauwerken und Bauteilen (Räumliche Steifigkeit und Stabilität - Bemessung von Druckgliedern)

Dieses Buch behandelt den Stahlbetonbau auf der Basis der neuen Sicherheits- und Bemessungskonzepte, wie sie derzeit im Eurocode EC 2 formuliert sind. Im Anhang wird ein Ausblick auf die geplante DIN 1045-1 gegeben. Der umfangreiche Stoff wird in einem Band als Lehrbuch vorgestellt, um Grundlagen und Berechnungsmethoden direkt durch Beispiele vertiefen zu können.

Teil A: Sicherheitstheorie, Grundlagen der Bauweise, Bemessung stabförmiger Biegetragwerke, konstruktive Grundsätze Teil B: Globale und lokale Stabilität von Bauwerken und Bauteilen (Räumliche Steifigkeit und Stabiliät, druckbeanspruchte Stäbe, Kippen) Teil C: Fundamente, Rahmen, Konsolen, zweiachsig gespannte Platten, Flachdecken, kurze Einführung in die Berechnung von Fläche.

Abraham-Lincoln-Str. 46,
Postfach 1547,
65005 Wiesbaden
Fax: (06 11) 78 78-4 00,
http://www.vieweg.de

Änderungen vorbehalten. Stand April 1998
Erhältlich im Buchhandel oder beim Verlag.